高等教育材料科学与工程专业系列教材

无机材料
热工基础与窑炉工程

Inorganic Material Heat Fundamentals and Kiln Engineering

◯ 主编　马成良　王改民　李素平

郑州大学出版社

图书在版编目(CIP)数据

无机材料热工基础与窑炉工程／马成良,王改民,李素平主编 . — 郑州：
郑州大学出版社，2022. 9(2023.9 重印)
ISBN 978-7-5645-8918-9

Ⅰ.①无…　Ⅱ.①马…②王…③李…　Ⅲ.①无机材料－热工学－高等
学校－教材②工业炉窑－高等学校－教材　Ⅳ.①TB321②TK175

中国版本图书馆 CIP 数据核字(2022)第 128048 号

无机材料热工基础与窑炉工程
WUJI CAILIAO REGONG JICHU YU YAOLU GONGCHENG

策划编辑	祁小冬	封面设计	苏永生
责任编辑	吴　波	版式设计	凌　青
责任校对	李　香	责任监制	凌　青　李瑞卿

出版发行	郑州大学出版社	地　　址	郑州市大学路 40 号(450052)
出版人	孙保营	网　　址	http://www.zzup.cn
经　销	全国新华书店	发行电话	0371-66966070
印　刷	河南大美印刷有限公司		
开　本	787 mm×1 092 mm　1／16		
印　张	22.5	字　　数	535 千字
版　次	2022 年 9 月第 1 版	印　　次	2023 年 9 月第 2 次印刷

书　号	ISBN 978-7-5645-8918-9	定　价	45.00 元

编者名单

主　　编　马成良　王改民　李素平

编写人员　高金星　谭　伟　刘世凯

　　　　　　边华英　赵新力　姚文博

前　言

　　《无机材料热工基础与窑炉工程》是郑州大学规划教材,是为材料科学与工程专业新工科课程建设而编写的一部兼具理论知识和工程技术的实用教材。本书以材料工程领域涉及的主要工程问题为核心,整合材料热工过程的共性基础理论及其工程应用,通过基本理论知识、研究方法、工程应用和热工设备等方面知识的有机结合,使热工过程基础理论及窑炉工程设备等内容相互穿插、融合,有机地成为一体,教学内容上体现其连贯性和完整性。通过学习,使读者系统地掌握气体流动、传热、燃料燃烧等材料工业热加工过程中共有的基础理论知识,并将相关原理应用于窑炉工程与设计,解释、分析连续式窑炉、间歇式窑炉和干燥炉等工程应用,掌握相应的分析计算能力及一定的工程技能,培养分析和解决材料及其工业热工过程中所涉及复杂工程问题的能力、动手实践能力,培养工程意识和创新精神,以适应材料学科发展的需要和创新型工程人才的培养要求。

　　本书是编者在郑州大学、河南工业大学相关课程多年来教学实践的基础上完成的。从"新工科"人才培养角度考虑,我们希望本教材能够将基础理论与实践应用以及学生能力培养方面紧密结合起来。由于高校专业课学时所限,如何将原有的热工基础、热工实验、窑炉设计等几门课程的内容有机整合起来至关重要。在"热工基础与窑炉工程"教学大纲中,提出了目标导向(包括明确要学习哪几部分热工基础内容)和问题导向(包括明确为了解决什么问题去学习基础内容、设计解决问题的思路),因此,我们将原"窑炉设计"选题作为贯穿整个教材的链条,所涉及的理论和计算方法分解到第二至五章中针对性讲解,对应问题以例题、思考题或者习题的形式在日常学习时解决,第六章综合应用前面几章的基础知识,争取使学生能做到学以致用、融会贯通。

　　本书主编为郑州大学马成良教授和李素平副教授、河南工业大学王改民教授。编写组成员还有郑州大学谭伟、高金星;河南工业大学刘世凯;河南建筑材料研究设计院边华英;机械工业第六设计研究院赵新力;河北北方窑业工程有限公司姚文博。马成良、王改民编写前言和绪论;马成良、李素平编写第二章;谭伟、王改民编写第三章;高金星、马成良编写第四章;高金星、刘世凯编写第五章;李素平、马成良、王改民、边华英、赵新力、姚文博编写第六章。

本书编写过程中参考了国内外的书籍、期刊和资料(主要参考文献列于书末),引用了其中的一些内容和实例,在此向所有作者和译者表达诚挚的谢意。

郑州大学出版社、郑州大学教务处、郑州大学材料科学与工程学院以及郑州大学高温功能材料研究所对本书的出版都给予了大力支持和帮助,特表示衷心感谢。

本书在编写过程中力求理论联系实际,结合实例说明基本原理和方法。但由于编者水平有限,书中可能仍有不妥之处,敬请读者批评指正。

编　者

2022 年 1 月 8 日于郑州大学

目 录

第一章

绪　论

通常所说的硅酸盐材料(陶瓷、耐火材料、玻璃、水泥、磨具等),是指以无机非金属材料为主要原料,用热处理的方法制成的、具有特殊性能的材料或制品。这些材料的一个共同特点是均需经过烧成或熔融,即经过热处理,使用窑炉热工设备。

"窑炉"通常称谓:窑炉(kiln)、窑口(kiln site)、窑器(kiln ware)、窑业(日本)、窑、炉等。无机材料行业称热工窑炉设备是工业的"心脏";通常认为,对无机材料制品而言,原料是基础,成形是条件,烧成是关键;窑炉烧成工艺制度、产品质量、窑炉运行能耗、烟气排放等,都与窑炉的热工性能紧密相关,高温窑炉尤其明显。

窑炉热工设备在无机材料工业中的作用,主要体现在:

1.在无机材料制造过程中,烧成非常关键。例如:刚玉砂轮需要中性或弱氧化气氛烧成,而碳化硅制品则需要强氧化气氛烧成。否则,碳化硅制品就会出现"黑心"现象。

2.窑炉所消耗的能量一般占全厂总能量消耗的50%。由于我国能源紧张和国家"碳达峰、碳中和"目标引领,窑炉的发展方向是高效节能和绿色化,比如余热的充分利用等。

3.窑炉的基建费用约占全厂总投资的45%~50%。在建窑过程中尽可能地节约投资、获得优良投入产出比的理想热工设备。

无机(非金属)材料工业热工过程及设备,是以最佳地满足和实现无机材料制品生产工艺要求为目的,主要研究热工设备内有关能量传递、燃料燃烧、气体流动和传热传质等过程,以及热工设备的结构、操作控制、工作原理和设计计算等内容。

各类热工窑炉设备具有很多共同特点,也有很多不同之处。其基本构造一般由窑(或炉)室、窑(或炉)体、窑(或炉)床、加热系统、通风(包括保护气体)排烟系统、冷却系统和热工过程调节控制系统等组成。

窑室是制品被加热的空间。窑体由组合窑室空间的窑墙和窑顶组成。窑床是从下面限定窑室的窑体的一部分,有活动和固定两种。加热系统是为窑炉提供热加工所需热量的一套装置,对燃料窑来讲,就是燃烧室或烧嘴系统;而对电炉来说,就是电阻、电感、微波元件或电弧系统。冷却系统是用于冷却期间从窑内排除热量的装置系统。热工过程调节控制系统是用于控制热工过程的窑炉构成的一部分。

通过学习本课程,要求能够掌握热工理论;弄懂热工过程原理;了解热工设备基本结构;熟悉热工设备操作要求;学会热工设备简单设计;掌握材料工业热工过程及设备的发展动态。

第一节 无机材料工业热工设备的发展历史及其分类

一、无机材料工业热工设备的发展历史

无机(非金属)材料工业是指用无机非金属原料经过粉碎加工、配料、成型、烧成或熔融等单一或组合工序而制成各种无机材料合成料或制品的工业。无机材料工业过程关键的工序离不开热工窑炉设备,其发展源远流长。我国窑炉发展大致可分为三个阶段:古代窑炉(1850年前)、近代窑炉(1850—1950年)、现代窑炉(1950年以后)。下面我们分别以陶瓷、磨具为例,说明典型无机材料工业热工窑炉设备的发展历程。

(一) 陶瓷

陶瓷(china)是我国悠久文化的象征,几千年来忠实地记载了我国陶瓷业的演变,也同时记载了陶瓷窑炉的变革。我国是发明瓷器最早的国家。从陶、原始瓷,到瓷的烧成,窑炉经过了从无窑到有窑,从简单到复杂,从低级到高级的发展历程。古老的陶瓷是无窑堆烧的,大约在500年前,发明了烧制陶器的穴窑,随后又发展成升焰式圆窑、方窑。

2500年前的战国时期,我国南方出现沿山坡建造的倾斜式龙窑。我国的祖先烧制成功了最原始的古瓷。在其狭长的窑道内装置生坯,沿窑长设若干窑门,烟囱设在山顶,山脚设燃烧室,起先烧柴后改烧煤,窑顶沿窑墙两侧设投柴口,从窑头到窑顶逐渐烧成制品。这种窑炉热能利用比较充分,窑顶处可预热生坯,尤其是压头转变的科学原理,龙窑能在全窑长方向维持窑压在零压附近。这是现代窑炉极不易做到的。

同一时期的北方,出现了半倒焰的馒头窑,比起升焰式的窑炉有一定进步。

600年前,南方出现了阶级窑,它是一种沿山坡建造的分间式窑炉。

我国古代窑炉是在手工作坊式的生产经济下出现的,发展到宋代时有五大名窑:官窑,北宋时在河南开封,南宋时在浙江临安(即杭州);越窑,浙江的余姚;定窑,南定在江西的景德镇,北定在河北的曲阳;汝窑,河南的临汝;钧窑,河南的禹县。形成了天青、钧红、青花、铜红釉、釉里红、霁红、豇豆红等代表性产品。

这些古老的窑炉是我国古代劳动人民聪明才智的结晶。随着工业技术的发展,陶瓷窑炉从以木柴为原料逐渐向烧煤、烧油、烧气过渡,逐渐改进发展成为现代倒焰窑和隧道窑。随着新技术新材料的开拓,陶瓷窑炉进一步发展,出现了新一代连续式窑炉,如辊道窑、推板窑、网布窑,步进窑等;新一代间歇式窑炉,如钟罩窑、梭式窑等相继出现,发展迅速,也带动了陶瓷学科的快速发展。

(二) 磨具

磨具是一种应用十分广泛的通用加工工具。人类早在远古时代就采用了石针和石

斧类原始磨具。从1760年到1891年,人类开始采用天然磨料(石英、石榴石等)进行各类磨具工业生产,1891年以后,随着人造磨料(碳化硅、刚玉、金刚石、立方氮化硼)的逐步研发成功,人类形成了以人造磨料为主的磨具工业生产,并发展成如今的现代磨具工业生产体系。磨具工业是一个近代形成和发展历史较短的行业。现今磨具产品已广泛应用于人类生产生活的各个领域。

磨具工业热工过程是热对磨具工件作用的过程。通过适当的热工过程,如高温加热,冷却处理或采用热辅助的化学反应过程(硬化、固化、硫化)等,使磨具坯体发生一系列物理化学变化,形成预期的组织结构,达到磨具所需求的强度、硬度及其他使用性能。

实施和完成磨具工业热工过程的设备称为磨具工业热工设备。热工过程是实现磨具工业生产工艺意图和决定产品质量的关键因素;热工设备是实现磨具工业生产的重要生产设备。

磨具工业热工设备的发展历史与磨具工业的发展史息息相关。磨具工业的发展是建立在化学、陶瓷、耐火材料、冶金、造纸及机械加工工业等相关工业发展的基础上的,同时,随着磨具工业的发展又极大地促进了材料加工、石油开采、矿勘及机械制造等工业的发展,加快了人类工业文明的进程。

磨具工业热工设备发展历史大体上可划分为四个阶段:

1760年以前为第一阶段。该阶段人类使用天然的磨料和原始磨具进行磨削方面的应用,没有形成磨具工业。人类制造了一些具有磨削功能的简易陶类或瓷类磨盘磨具,其热工设备使用的是古陶瓷窑炉,如中国龙窑、馒头窑、景德镇窑以及古希腊窑和卡塞尔窑等。

1760至1891年为第二阶段。该阶段人类开始采用天然磨料(石英、石榴石等)进行各类磨具的工业化生产。如:1870年法国出现用天然磨料制造砂纸的作坊;1825年印度出现虫胶结合剂磨具;1857年比利时采用天然橡胶结合剂做成砂轮;1877年美国用黏土结合剂制成天然磨料陶瓷砂轮;1880年美国用树脂作结合剂制成树脂磨具。该阶段热工设备使用的是室式硬化炉和采用古陶瓷烧成间歇式热工设备。

1891至1950年为第三阶段。随着人造磨料的逐步研发成功,人类形成了以人造磨料为主的磨具工业生产,采用的热工设备有室式硬化炉、砂带热风干燥炉及倒焰窑和隧道窑等。

1950年至今为第四阶段。随着能源工业、耐火材料工业、计算机和信息技术、烧成技术的进步,形成了以高性能热风树脂硬化炉(箱式和隧道式)、高性能砂带干燥线和砂带卷固化炉、高性能硫化炉、高性能超硬磨具烧结炉、高性能陶瓷磨具干燥窑(室式和隧道式)、现代陶瓷磨具烧成间歇窑(抽屉窑和钟罩窑)和现代隧道窑为代表的现代磨具工业热工设备。我国磨具工业热工设备主要是在该阶段发展起来的。

在陶瓷磨具热工设备方面,1958—1960年,燃煤气陶瓷磨具隧道窑在中国第一砂轮厂和第二砂轮厂投产,至二十世纪八十年代,国内建有大中小型隧道窑一百多条。二十世纪八十年代以前,我国的间歇窑以燃煤或燃气倒焰窑为主。二十世纪八十年代和九十年代,我国开始引进和自行设计制造新型现代间歇窑。例如上海某合资企业引进了美国的燃城市煤气隧道窑、抽屉窑及钟罩窑;第四砂轮厂和第一砂轮厂先后引进了美国的燃重油和燃发生炉煤气钟罩窑。九十年代中后期开始,我国在先进计算机控制窑炉方面与国际先进水平窑炉同步发展。如1994年,我国机械工业第六设计研究院为巢湖砂轮厂设计了一座计算机集散控制系统燃气抽屉窑;1998年,该院为白鸽集团设计了几座现场总线技术控制抽屉窑。

在树脂磨具热工设备方面,二十世纪八十年代以前,我国的间歇硬化炉以普通电热式和燃气箱式硬化炉为主;二十世纪八九十年代,我国开始引进和全面采用新型高性能现代自动控制电热和燃气箱式硬化炉和隧道式硬化炉。我国专业设备生产单位——郑州磨料磨具磨削研究所,为国内很多企业研发制造了新型高性能现代自动控制电热箱式硬化炉。

二十世纪八九十年代,我国已引进和自行设计建造了高性能砂带卷固化炉、高性能硫化炉、高性能超硬磨具烧结炉等,目前已在我国全面应用。

磨具工业热工设备的发展动态特点:最快最好地适应生产和社会快速发展的需要;随着社会的不断发展,自身技术条件也在不断地完善。

二、无机材料工业热工设备的分类

无机材料工业典型窑炉

无机材料工业热工窑炉设备种类繁多,从不同角度有不同分类名称。
按加热方式分:火焰窑、电热窑;
按生产的时间作业方式分:连续式窑、间歇式窑;
按产品分:陶瓷窑、玻璃窑、水泥窑等;
按燃料分:煤烧窑、气烧窑、油烧窑等;
按结构分:倒焰窑、隧道窑、梭式窑、辊道窑等。
具体以磨具工业热工设备为例进一步说明。按磨具的种类主要分为:陶瓷磨具工业热工设备、有机磨具(树脂磨具、橡胶磨具)工业热工设备、涂附磨具工业热工设备和超硬磨具工业热工设备。

根据用途主要分为干燥设备和烧成设备。陶瓷磨具干燥设备按生产的时间作业方式分为间歇生产式和连续生产式干燥炉。间歇式干燥炉主要有室式干燥炉、箱式干燥炉和多通道干燥炉;连续式干燥炉主要有台车式隧道干燥炉、带式干燥炉和辊道式干燥炉。间歇式烧成窑主要有抽屉窑、钟罩窑、升降式窑和传统的倒焰窑。连续式烧成窑主要有台车式隧道窑、辊底式辊道窑、推板式隧道窑、带式隧道窑和步进式隧道窑等。

有机磨具工业热工设备按用途主要分为:普通树脂磨具硬化炉、橡胶磨具硫化炉和超硬树脂磨具固化炉。

涂附磨具工业热工设备按用途主要分为:涂附磨具制造线干燥炉、涂附磨具砂带大卷固化炉。

超硬磨具工业热工设备,按外部形状分为井式炉、钟罩炉和管式炉等。

第二节 无机材料工业热工窑炉的发展动态

一、适应无机材料新产品新工艺发展的需要

无机材料工业热工设备的发展动态之一是不断研发高性能热工设备,适应无机材料新产品新工艺发展的需要。根据新产品和新工艺的要求,研制并提供满足这些要求的热工窑炉设备,也是未来热工设备发展中的经常性任务。例如,制造业、石油开采、矿勘、材料加工等领域的快速发展,促进了磨具工业新产品和新工艺的发展,对磨具工业热工设备也提出了更高的要求。特殊性能的超硬磨具制品要求具有特殊气氛的烧结设备;特、异、精、大规格树脂磨具要求温度均匀和控制精度高的硬化设备;高速磨床及特、异、精、大规格陶瓷磨具要求温度均匀、控制精度高且气氛适宜的高性能陶瓷磨具干燥和烧成设备,如:热等静压(hot isostatic pressing,HIP)设备、微波加热热工设备(用于干燥和烧成)、陶瓷磨具快速烧成窑炉等。

二、适应无机材料生产企业运营发展的需要

无机材料工业热工设备的发展动态之二是热工设备除具备生产和技术高性能外,在作业组织方式及与企业体系的连接上,要适应企业运营发展的需要。根据企业的运营情况,要不断发展与之相适应的窑型和炉型,以提高企业的综合竞争力。比如,随着磨具企业的发展,市场竞争对磨具产品的质量、品种及交货期等的要求愈来愈严,要求热工设备应具有高灵活性、生产的柔性及适应社会性。现代化的磨具企业,具有完善的生产和管理信息化系统,乃至计算机集成制造系统(computer integrated manufacturing system,CIMS),对磨具热工设备也要求具备相应的通信、联网和管理功能。如现场总线技术及计算机集散控制系统等智能化的磨具热工设备。

三、适应社会化的需要

无机材料工业热工设备的发展动态之三是热工设备要符合社会化的需要。随着我国现代化进程的加快以及国家整体技术水平和国民素质的日益提高,材料工业热工设备已经不仅仅是一个简单独立的热工设备,而是融入整个社会的一项工程。它必须符合国际标准、国际惯例及窑炉所在国家和地区的环境保护,劳动安全卫生,地区和城市规划,国家和地区产业政策及社会经济发展规划等方面的法律法规要求,满足企业员工及社会大众的社会要求。目前,我国已经实施了《中华人民共和国环境保护法》《中华人民共和国节约能源法》《中华人民共和国清洁生产促进法》和《中华人民共和国安全生产法》等。

目前,实现碳达峰、碳中和是我国向世界作出的庄严承诺,也是一场广泛而深刻的经济社会变革,绝不是轻轻松松就能实现的;实现碳达峰、碳中和目标为产业设定了清晰明确的方向和目标,即必须有效降低碳排放强度、减少化石能源使用、提高能源效率。材料工业热工设备需要更加节能环保、智能化,随着相关科学的发展,先进窑炉设计必将不断出现,从窑型到砌筑材料,从燃料到燃烧设备,从快烧、节能技术到操作控制完全自动化,将会有全方位的新概念,同时材料科学的发展也将呈现新的气象。

四、无机材料工业热工窑炉的发展趋势

伴随着无机材料工业热工窑炉设备发展过程,烧成周期从过去的几十小时到现在的几十分钟,甚至几分钟;低氮氧燃烧系统、冷却带设置退火烧嘴、余热高效利用等等烧成技术不断进步;材料工业热工设备的发展呈现出技术集成化、自动化、智能化、绿色环保、经济高效、灵活美观等方向,进一步实现热工设备的完美化理念。

现代窑炉通常具备了以下特征:

(1)使用更环保清洁的热能供给方式,如清洁燃料、电能等;

(2)明焰裸烧方式;

(3)快速烧成;

(4)窑体扁平化(内宽大,高度小);

(5)使用高速燃烧烧嘴、低氮氧燃烧系统、余热利用;

(6)窑体、窑车、窑具轻质化;

(7)模块装配式窑体结构;

(8)计算机控制。

以现代新型磨具工业热工设备为例,其发展趋势有以下特征:①具有与磨具热工工艺相适应的窑炉工艺系统设计,按工艺要求设计炉型、燃烧系统和其他功能系统,实现热工设备的优质、高效、低耗、经济节能。优质是指性能优良的热工设备和优质的产品质量。高效是指热工设备生产运行的效率高和窑炉的热效率高。低耗和经济节能是指单位产品能耗低,设备运行及维护消耗低,设备投资低。②窑体结构向轻质化、模数化、装配化或整体化方向发展。③能源技术现代化。除采用高速新型燃烧装置外,还采用脉冲燃烧和扩散燃烧等新技术,并能跟随能源结构的变化。采用洁净燃料和电、微波能源等将成为窑炉未来的必选。④控制智能化。广泛采用集散控制系统、模糊控制系统、自适应控制系统等,适应设备控制和企业信息化管理的需要。磨具工业热工设备控制技术的进展,对保障磨具产品的热工制度起着关键性的作用。近年来,由于加热器(电热元件、燃烧器等)、轻质窑体、节能技术、计算机技术等新技术的应用,热工设备控制技术取得了飞速的发展,控温精度可达到$(t\pm1)℃$,实现了热工设备的最优化控制(自适应控制、模糊控制、神经元网络控制)。⑤标准美观。设备的设计制造要体现工业美化的效果,从设备的外观和内在制作质量上,也可体现出企业的文化和企业形象。⑥热工设备所用附属设备要系统化和自动化,可实现进出窑、回车线全自动化。⑦突出灵活性。能适应不同的产品烧成,能满足不断变化的市场节奏所需。⑧具有低污染处理系统,环保效应好,实现

热工设备环保和生产的产品环保。

随着无机非金属新材料技术的日益发展,使用电能为主的高技术制备方法也成为发展热点,如:热压烧结、热等静压制备、微波烧结、放电等离子体烧结、自蔓延高温合成等。

(一)热压烧结

热压烧结(hot press sintering,HPS)是一种机械加压的烧结方法,此法是先把陶瓷粉末装在模腔内,在加压的同时将粉末加热到烧成温度,由于从外部施加压力而补充了驱动力,因此可在较短时间内达到致密化,并且获得具有细小均匀晶粒的显微结构。对于共价键难烧结的高温陶瓷材料(如 Si_3N_4、B_4C、SiC、TiB_2、ZrB_2),热压烧结是一种有效的致密化技术。应用热压烧结法可获得更好的材料力学性能;减少烧结时间或降低烧结温度;减少共价键陶瓷烧结助剂的用量,从而提高材料的高温力学性能。但是一般只能用于制备形式简单和比较扁平的制品,一次烧结的制品数量有限,成本较高。因此热压烧结常用于生产单个或多个形状简单的产品,如圆片状、柱状或者棱柱状的棒。典型应用:陶瓷刀头、强共价键陶瓷、晶须或纤维增强的复合陶瓷、透明陶瓷等的烧结。

(二)热等静压烧结

热等静压(hot isostatic pressing,HIP)是工程陶瓷快速致密化烧结最有效的一种方法,其基本原理是以高压气体作为压力介质作用于陶瓷材料(包封的粉末和素坯,或烧结体),使其在加热过程中经受各向均衡的压力,借助于高温和高压的共同作用达到材料致密化。优点:降低烧结温度、缩短烧结时间;提高陶瓷性能和可靠性;便于制造复杂形状产品。典型应用:氧化硅陶瓷、高强度陶瓷、陶瓷基复合材料、核废料处理用复合陶瓷包套、透明细晶陶瓷等制品的烧结。

(三)气压烧结

气压烧结(gas pressure sintering,GPS)是指陶瓷在高温烧结过程中,施加一定的气体压力,通常为 N_2,压力范围为 $1\sim10$ MPa,以便抑制陶瓷材料在高温下的分解和失重,从而提高烧结温度,进一步促进材料的致密化,获得高密度的陶瓷制品。气压烧结和热等静压烧结都是采用气体作为传递压力的方法,但是两者的压力大小和压力作用是不同的。HIP 烧结中气氛压力大($100\sim300$ MPa),主要作用是促进陶瓷完全致密化。而 GPS 烧结中,施加的气体压力小($1\sim10$ MPa),主要是抑制 Si_3N_4 或其他氮化物类高温材料的热分解。与热压工艺、热等静压工艺比较,气压烧结工艺最大的优势是可以以较低的成本制备性能较好、形状复杂的产品,并实现批量化生产。

(四)微波烧结

微波烧结(microwave sintering,MS)是利用微波与材料相互作用,导致介电损耗而使陶瓷表面和内部同时受热(即材料自身发热,也称体积性加热),因此与传统的外热源常规加热相比,微波加热具有快速、均匀、能效高、无热源污染等优点。传统加热和烧结是利用外热源,通过辐射、对流、传导对陶瓷样品进行由表面到内部的加热模式,速率慢、能效低,存在温度梯度和热应力。而微波烧结陶瓷的加热是微波电磁场与材料介质的相互作用,陶瓷材料表面和内部同时受热,温度梯度小,避免热应力和热冲击的出现。微波加热和烧结的优点:①升温速率快,可以实现陶瓷的快速烧结与晶粒变化;②整体均匀加热,内部温度场均匀,显著改善材料的显微结构;③微波加热不存在热惯性,烧结周期短;④利用微波对材料的选择性加热,可以对材料某些部位进行加热修复或缺陷愈合;⑤自身加热,不存在来自外热源的污染;⑥微波能向热能的转化效率可达80%~90%,高效节能。大量研究探索证明,许多结构陶瓷可以应用微波烧结,氧化物陶瓷、非氧化物陶瓷以及透明陶瓷用微波烧结,可以得到致密的性能优良的制品,且烧结时间短、烧结温度低。但是由于微波烧结陶瓷过程还有一些技术问题有待解决,因此,微波烧结工程陶瓷的产业化还有一段路要走。

(五)自蔓延致密化烧结

自蔓延高温合成(self-propagation high-temperature synthesis,SHS)制备材料的工艺,最先是1967年由苏联科学家A.G.Merzhanov等人提出,随后在各种粉体合成中广泛应用。经过国内外科研单位及人员半个世纪的研究,已取得很大进展,该技术可直接制备陶瓷、金属陶瓷、硬质合金和复合管等致密陶瓷,制品也开始工业化生产。SHS致密化技术是指SHS过程中产物处于炽热塑性状态下借助外部载荷,可以是静载或动载甚至爆炸冲击载荷来实现致密化,有时也借助于高压惰性气氛来促进致密化。这是因为通常自蔓延高温合成得到的产物为疏松状态,一般含有40%~50%的残余孔隙。该方法的特点:速度快,产量高,能充分利用资源;设备、工艺简单;产品纯度高;易于实现机械化和自动化;成本低,经济效益好;能够生成新产品。

(六)放电等离子烧结

放电等离子烧结(spark plasma sintering,SPS)又称等离子活化烧结(plasma activated sintering,PAS)。该技术是在模具或样品中直接施加大的脉冲电流,通过热效应或其他场效应实现材料烧结的一种全新的材料制备技术。在SPS烧结过程中,电极通入直流脉冲电流时瞬间产生的放电等离子体,使烧结体内部各个颗粒均匀地自身产生焦耳热并使颗粒表面活化。与SHS和MS类似,SPS是有效利用粉末内部的自身发热作用而进行烧结的。SPS烧结过程可以看作是颗粒放电、导电加热和加压综合作用的结果。除了加热和加压这两个促进因素外,在SPS技术中,颗粒间的有效放电可产生局部高温,可以使表面局部熔化、表面物质剥落;高温等离子的溅射和放电冲击清除了粉末颗粒表面杂质(如去除表面氧化物等)和吸附的气体。优点:加热均匀,升温速度快,烧结温度低,烧结时间短,生产效率高,产品组织细小均匀,能保持原材料的自然状态,可以得到高致密度的材料,可以烧结梯度材料以及复杂工件。与HPS和HIP相比,SPS装置操作简单,不需要专门的熟练技术。SPS可应用于结构陶瓷、功能陶瓷、纳米陶瓷、透明陶瓷、梯度功能材料等领域。

第二章 热能与燃烧

材料工业在烧成过程中需要消耗大量的热能。热能的来源主要有两种:一种来自燃料燃烧,由燃料的化学能转变为热能;另一种来自电能,由电能转变成热能。目前工业窑炉的热能来源大多为燃料燃烧,未来电能应用将呈现增加趋势。

为实现我国碳达峰、碳中和目标,必须有效降低碳排放强度、减少化石能源使用、提高能源效率。此举将倒逼钢铁、水泥、石化、有色等高碳排放行业改造装备、提升技术水平,推动电池、风电、光电、氢能、电网传输、智能电网、储能等能源技术的开发与应用,形成绿色经济增长新引擎,推动产业低碳化、绿色化发展。预计2030年后,随着大部分新建光伏发电、风电项目平均投资水平将低于新建煤发电厂,新能源成本基本低于化石能源。到2050年,世界能源消费结构中煤炭占4%、石油占14%、天然气占22%、新能源占60%,世界能源消费结构发生根本性变化,新能源将超过煤炭、石油、天然气,成为主体能源。因此,非化石燃料热源将越来越多地应用于高温工业。

近20年来,电能加热的新型烧结技术也迅猛发展。国内外学者研究开发了多种能够显著改善无机材料烧结状况的新工艺,例如自蔓延高温合成(self-propagation high-temperature synthesis, SHS)、微波烧结(microwave sintering, MS)、放电等离子烧结(spark plasma sintering, SPS)、闪烧(flash sintering, FS)、冷烧结(cold sintering, CS)以及振荡压力烧结(oscillatory pressure sintering, OPS)等。这些烧结新技术的产生为高性能无机材料的制备开辟了新方法,并且丰富了无机非金属材料的烧结理论。

材料生产过程中,热工设备消耗的热能所占比例是相当可观的,尤其是陶瓷、耐火材料等无机材料制品的烧成。同时,烧成过程控制的好坏直接影响到产品的质量、窑炉运行能耗、烟气排放。燃料是工业窑炉的主要热能来源,窑炉燃烧系统属于供热源头,因此,了解各类燃料的热工特性,熟悉燃料燃烧过程及燃烧设备特点,学会燃料燃烧计算的方法,以便合理地选用燃烧设备及组织燃烧过程,以达到高产、优质、低消耗的生产效果是非常重要的。

第一节 能源的种类和组成

一、能源的种类

工业窑炉使用的能源主要有电和燃料两大类。燃料按其状态分为固体燃料(solid fuel)、液体燃料(liquid fuel)和气体燃料(gaseous fuel);按制取方式则分为一次燃料和二次燃料,即天然燃料和人造燃料,见表2-1。

表2-1 常用燃料类别

类别	一次燃料(天然燃料)	二次燃料(人造燃料)
固体燃料	无烟煤、烟煤、褐煤、泥煤等	焦炭、木炭、煤粉、水煤浆等
液体燃料	原油	重油、重柴油、轻柴油、渣油、调混燃料油、奥里油等
气体燃料	天然气	发生炉煤气、高炉煤气、焦炉煤气、城市煤气、混合煤气、液化石油气等

(一)固体燃料

工业传统热工设备使用较多的固体燃料是烟煤和无烟煤。煤是古代植物死后埋于地下,在没有空气条件下经长期地质和化学变化而形成的一种天然矿物。根据埋藏时间(碳化程度)的长短可分为无烟煤、烟煤、褐煤、泥煤,见表2-1。

目前工业窑炉还采用一种新型燃料——水煤浆,它是由70%左右的煤、30%左右的水及少量化学添加剂制成,是一种浆体燃料,可以像油一样泵送、雾化、贮存和稳定燃烧,可代替煤炭,具有燃烧效率高、负荷调整便利、环境污染少、劳动条件好和节省煤等优点。

由于固体燃料能耗较高,环境污染严重,且不易操作控制,国家目前正在逐步禁止工业窑炉使用原煤为燃料。使用发生炉煤气或水煤浆是目前工业窑炉燃料发展的一个主要方向。

(二)液体燃料

液体燃料有石油及石油加工产品等。石油在常压下蒸馏可分别提炼出汽油、煤油、柴油等高质燃料,剩下的残渣就是直馏重油(常压渣油),将直馏重油减压蒸馏,其残渣为减压油渣。将直馏重油进行裂化,可得裂化煤气和裂化汽油等动力燃料,其残渣为裂化渣油。上述三种渣油统称为重油,又称燃料油。重油和重柴油在工业上使用较普遍。

目前工业窑炉普遍应用一种新型的液体燃料——奥里油,奥里油因产于委内瑞拉奥里诺科地带而得名,它是一种超重质原油(也称沥青)。奥里油是由70%的奥里诺科沥青、30%的淡水,再外加0.3%~0.5%的表面活性剂,经机械混合而形成的水包油乳化液,油滴被表面活性剂包围形成亲水薄膜。其特征是:重质原油被乳化剂包裹,水为连续相,油为分散相,从而使原来的油与油之间的摩擦转为水油之间的摩擦,黏度大大降低。奥里油与重油特性如表2-2所示,其中奥里油的实测值是由中国石油大学和中科院工程热物理所提供。

表2-2　奥里油和重油特性

项目	实测值	奥里油(委内瑞拉)		重油
		典型值	范围	
高位热值 $Q_{gr} \times 10^{-3}$/(kJ/kg)	30.13	29.90	29.00~31.00	42.10
低位热值 $Q_{net} \times 10^{-3}$/(kJ/kg)	27.87	27.60	27.00~29.00	40.10
颗粒直径/μm	8.58	10.00	8.00~15.00	
灰分 $w(A)$/%	0.22	0.20	0.12~0.20	0.10
含水量 $w(H_2O)$/%	28.6	29.3	27.0~30.0	0.2
密度(20 ℃) $\rho \times 10^{-3}$/(kg/m³)	1.009	1.010	0.990~1.020	0.995
凝点/℃	-1	3	2~4	
开口闪点/℃	172	120	120~125	

液体燃料热值大,烟气杂质含量少,易于机械化、自动化操作,可获得近似于气体燃料的燃烧火焰。但是受国家能源政策限制,工业炉燃油正在逐渐向燃气方向发展。

(三)气体燃料

气体燃料有天然气和人造煤气。天然气常从近油田的地层中逸出,是一种很好的燃料。人造煤气种类很多,见表2-1,各种煤气的组成及热值见表2-3。

表2-3　各种气体燃料的主要参数

煤气组成	干煤气体积分数 $\varphi(x)$/%							密度 ρ/(kg/m³)		低位热值 Q_{net}/(kJ/m³)
	$\varphi(CO_2+H_2O)$	$\varphi(O_2)$	$\varphi(C_mH_n)$	$\varphi(CO)$	$\varphi(H_2)$	$\varphi(CH_4)$	$\varphi(N_2)$	煤气	烟气	
发生炉煤气(烟煤)	3~7	0.1~0.3	0.2~0.4	25~30	11~15	1.5~3	47~54	1.1~1.13	1.3~1.35	5 020~6 280
发生炉煤气(无烟煤)	3~7	0.1~0.3	—	24~30	11~15	0.5~0.7	47~54	1.13~1.15	1.34~1.36	5 020~5 230
富氧发生炉煤气	6~20	0.1~0.2	0.2~0.8	27~40	20~40	2.5~5	10~45	—	—	6 280~7 540
水煤气	10~20	0.1~0.2	0.5~1	22~32	42~50	6~9	2~5	0.7~0.74	1.26~1.3	10 470~11 720

续表 2-3

煤气组成	干煤气体积分数 $\varphi(x)$/%							密度 ρ/(kg/m³)		低位热值 Q_{net}/(kJ/m³)
	$\varphi(CO_2+H_2O)$	$\varphi(O_2)$	$\varphi(C_mH_n)$	$\varphi(CO)$	$\varphi(H_2)$	$\varphi(CH_4)$	$\varphi(N_2)$	煤气	烟气	
半水煤气	5~7	0.1~0.2	—	35~40	47~52	0.3~0.6	2~6	0.7~0.71	1.28	8 370~9 210
焦炉煤气	2~5	0.3~1.1	1.0~3	4~25	50~60	18~30	2~13	0.45~0.55	1.21	14 650~18 840
天然气	0.1~6	0.1~0.4	0.5	0.1~4	0.1~2	98	1~5	0.7~0.8	1.24	33 490~37 680
高炉煤气	10~12	—	—	27~30	2.3~2.5	0.1~0.3	55~88	—	—	3 730~4 060
液化石油气								2~2.5		90 000~100 000

1.天然气

天然气的主要成分是 CH_4,其次是乙烷等饱和碳氢化合物。各种碳氢化合物在天然气中的体积分数为90%以上。因此,天然气的热值很大,是一种优质的气体燃料。我国四川的一些工业企业采用天然气为燃料。

2.焦炉煤气

焦炉煤气是焦炉炼焦时的副产品,属高热值煤气,可燃成分较多,易燃易爆,爆炸极限的下限是4.2%,上限是37.5%。我国上海、太原等地一些工业企业采用城市焦炉煤气为燃料。

3.发生炉煤气

发生炉煤气是将煤在煤气发生炉中转化生成的气体燃料,常用无烟煤制取发生炉冷煤气,煤气中不含焦油,采用一段式煤气发生炉,净化系统简单,煤气站投资较少。若采用烟煤制取发生炉冷煤气,因含焦油,宜采用两段式煤气发生炉,且采用较复杂的净化系统,投资较大。我国郑州、沈阳及安徽的一些工业企业采用发生炉煤气为燃料。

4.液化石油气

常温下对天然气或石油炼制过程中产生的石油气施加以压力,使其以液体状态存在时称为液化石油气。主要成分是丙烷(C_3H_8)、丙烯(C_3H_6)、丁烷(C_4H_{10})和丁烯(C_4H_8)等。液气共存压力为0.8~1.6 MPa,平均密度是2.12 kg/m³,蒸发潜热为418.7 kJ/kg,理论燃烧温度为2 100 ℃,着火爆炸极限:上限8%~12%,下限1.8%~2.4%。

随着工业窑炉固体燃料的逐步淘汰,我国大部分中小工业企业由于受自身条件所限,选择液化石油气作为燃料。

5.高炉煤气

高炉煤气是炼铁厂的高炉产生的煤气,主要成分是CO,发热量比较低,一般不适合于陶瓷工业高温窑炉,可用于其他工业的热工设备(如有机工业的硬化、橡胶工业的硫化等）。但因其产量大,常用于工业发电。

（四）电

在我国西南和西北地区,由于水电丰富,电价便宜,工业热工设备普遍采用电作为热能来源。工业炉若使用温度在 1 250 ℃ 以下时,可采用电热丝为电热元件;使用温度在 1 350 ℃ 以下时,可采用硅碳棒为电热元件;使用温度在 1 750 ℃ 以下时,可采用硅钼棒为电热元件;使用温度在 1 900 ℃ 以下时,可采用氧化锆或石墨为电热元件。我国陶瓷工业厂多采用硅钼棒作电热元件。

二、燃料的组成及其换算

燃料的组成表示方法随燃料种类不同而异,现分述如下。

（一）固体、液体燃料

固体和液体燃料是由有机化合物组成,为了表示方便,将各组成质量分数分别用碳 $w(C)$、氢 $w(H)$、氧 $w(O)$、氮 $w(N)$、硫 $w(S)$、灰分 $w(A)$ 和水分 $w(H_2O)$ 来表示,这种表示燃料组成的方法叫元素分析法。元素分析法具有简单明了、便于理论分析的特点,但其分析过程较复杂,工厂不常采用。工厂一般采用另外一种较为简便的方法——工业分析法,它是将固体和液体燃料的组成用固定碳 $w(C)$、挥发分 $w(V)$、灰分 $w(A)$ 和水分 $w(H_2O)$ 四种组成来表示。工业分析法的数据表示简单,便于测试,并且可根据工业分析数据了解燃料的某些使用特性。如根据挥发分可了解煤燃烧时火焰的长短;根据灰分的组成了解煤的结渣性等。

由于固体燃料在开采、运输和贮存过程中的条件不同,其组成往往有很大波动,特别是其中的水分和灰分含量,因此在表明煤的组成时要特别说明其基准。国家标准 GB/T 483—2007 规定了煤质分析数据的四个基准,它包括收到基（ar）、空气干燥基（ad）、干燥基（d）、干燥无灰基（daf）。

（1）收到基:是指工厂实际收到的煤,即实际使用的煤的组成。其组成表示为

$$w(C)_{ar}+w(H)_{ar}+w(O)_{ar}+w(N)_{ar}+w(S)_{ar}+w(A)_{ar}+w(H_2O)_{ar}=100\%$$

（2）空气干燥基:是指将煤样干燥后（风干）,与大气达到平衡状态时的组成。由于空气不可能是绝对干燥的,因此空气干燥基的煤也不是绝对干燥的,这个平衡水分是空气干燥基水分。一般由化验室测定（化验室将煤样在 20 ℃,相对湿度为 75% 的空气中连续干燥 1 h,质量变化不超过 0.1% 后进行分析测量）。其组成表示为

$$w(C)_{ad}+w(H)_{ad}+w(O)_{ad}+w(N)_{ad}+w(S)_{ad}+w(A)_{ad}+w(H_2O)_{ad}=100\%$$

（3）干燥基:是指绝对干燥的煤的组成。这种基准可以比较稳定地反映出成批煤的真实组成。其组成表示为

$$w(C)_d+w(H)_d+w(O)_d+w(N)_d+w(S)_d+w(A)_d=100\%$$

（4）干燥无灰基:是假想的无水无灰的煤的组成。它代表煤中的可燃成分,通常用它来表征煤质的优劣。一般同一矿区的煤,其干燥无灰基组成基本相同。其组成表示为

$$w(C)_{daf}+w(H)_{daf}+w(O)_{daf}+w(N)_{daf}+w(S)_{daf}=100\%$$

从以上分析可以看出,各基准之间成分区别在于水分和灰分,如:收到基与空气干燥基比较可以看出,煤中水分已被分成两部分,空气干燥状态下残留在煤中的水分称空气干燥基水分或内在水分 $w(H_2O)_{ar,inh}$,在空气干燥过程中逸出的水分称外在水分 $w(H_2O)_{ar,f}$,收到基水分为全水分,即内在水与外在水之和。两基准之间存在如下关系:

$$w(H_2O)_{ar}=w(H_2O)_{ar,f}+w(H_2O)_{ad}\times\frac{100-w(H_2O)_{ar,f}}{100} \qquad (2-1)$$

煤中的氢可看成两种存在形式:一种是与煤中氧结合成水的化合物,它不能参与燃烧反应;另一种是和碳、硫结合在一起的可燃氢,又叫净氢,它可以燃烧并放出大量的热量。

煤中的硫有三种形式:一种叫有机硫,与有机的碳氢化合物结合在一起;另一种叫硫化物中硫,主要存在于杂质 FeS_2 中;还有一种叫硫酸盐中硫,存在于各种硫酸盐。有机硫与硫化铁中硫均能燃烧生成 SO_2,故叫可燃硫。存在于硫酸盐中的硫除一小部分在高温下分解成 SO_3 外,其余都留在灰分中。工程计算中只计算可燃硫。煤中灰分是燃料中不能燃烧的矿物杂质,其主要成分为 SiO_2、Al_2O_3、Fe_2O_3、CaO 及 MgO,此外,还有少量的 K_2O、Na_2O 和 SO_3(以硫酸盐形式存在)。

煤矿提供的是干燥无灰基,实验室所给的是空气干燥基或干燥基,而实际使用时则为收到基。不同基准的组成可按表2-4换算系数进行换算。

表 2-4　燃料组成的换算系数

已知基	所要换算的基			
	收到基	空气干燥基	干燥基	干燥无灰基
收到基	1	$\dfrac{100-w(H_2O)_{ad}}{100-w(H_2O)_{ar}}$	$\dfrac{100}{100-w(H_2O)_{ar}}$	$\dfrac{100}{100-[w(A)_{ar}+w(H_2O)_{ar}]}$
空气干燥基	$\dfrac{100-w(H_2O)_{ar}}{100-w(H_2O)_{ad}}$	1	$\dfrac{100}{100-w(H_2O)_{ad}}$	$\dfrac{100}{100-[w(A)_{ad}+w(H_2O)_{ad}]}$
干燥基	$\dfrac{100-w(H_2O)_{ar}}{100}$	$\dfrac{100-w(H_2O)_{ad}}{100}$	1	$\dfrac{100}{100-w(A)_d}$
干燥无灰基	$\dfrac{100-[w(H_2O)_{ar}+w(A)_{ar}]}{100}$	$\dfrac{100-[w(H_2O)_{ad}+w(A)_{ad}]}{100}$	$\dfrac{100-w(A)_d}{100}$	1

注:适用于除水分以外的各种成分及高发热量的换算。

换算系数是由物料平衡关系计算得到的。例如收到基与空气干燥基之间的转换如下:

设已知 $w(C)_{ad}$、$w(H_2O)_{ad}$、$w(H_2O)_{ar}$,求 $w(C)_{ar}$。

计算基准:100 kg 收到基折合成空气干燥基时为 $[100-w(H_2O)_{ar,f}]$ kg,用物料平衡关系,收到基时碳含量=空气干燥基时含碳量

$$100w(C)_{ar}=[100-w(H_2O)_{ar,f}]w(C)_{ad}$$

由式(2-1)有

$$w(H_2O)_{ar,f} = 100\frac{w(H_2O)_{ar} - w(H_2O)_{ad}}{100 - w(H_2O)_{ad}}$$

代入上式得

$$w(C)_{ar} = w(C)_{ad}\frac{100 - w(H_2O)_{ar,f}}{100} = w(C)_{ad}\frac{100 - 100\times\dfrac{w(H_2O)_{ar} - w(H_2O)_{ad}}{100 - w(H_2O)_{ad}}}{100}$$

$$= w(C)_{ad}\frac{100 - w(H_2O)_{ar}}{100 - w(H_2O)_{ad}}$$

或

$$w(C)_{ad} = w(C)_{ar}\frac{100 - w(H_2O)_{ad}}{100 - w(H_2O)_{ar}}$$

【例2-1】已知煤的干燥无灰基组成为:

组成	$w(C)_{daf}$	$w(H)_{daf}$	$w(O)_{daf}$	$w(N)_{daf}$	$w(S)_{daf}$
质量分数/%	82.2	5.1	10.6	1.6	0.5

又知:收到基时水分组成 $w(H_2O)_{ar} = 3.0\%$,干燥基时灰分组成 $w(A)_d = 6.2\%$。求收到基的 $w(C)_{ar}$ 的质量分数。

【解】将三个基准转换成两个基准:

(1)先由 $w(C)_{daf}$ 换算成 $w(C)_d$:

$$w(C)_d = \frac{100 - w(A)_d}{100}w(C)_{daf} = \frac{100 - 6.2}{100}\times 82.2 = 77.1(\%)$$

(2)然后由 $w(C)_d$ 换算成 $w(C)_{ar}$:

$$w(C)_{ar} = \frac{100 - w(H_2O)_{ar}}{100}w(C)_d = \frac{100 - 3.0}{100}\times 77.1 = 74.8(\%)$$

(二)气体燃料

气体燃料主要指煤气,其组成可分别用各成分体积分数来表示:可燃成分 $\varphi(CO)$、$\varphi(H_2)$、$\varphi(CH_4)$、$\varphi(H_2S)$ 及烃类 $\varphi(C_mH_n)$;不可燃成分 $\varphi(CO_2)$、$\varphi(H_2O)$、$\varphi(SO_2)$、$\varphi(O_2)$ 及 $\varphi(N_2)$。

气体燃料的组成基准有两个:一个是湿基组成,下角标用"v"表示;另一个是干基组成,下角标用"d"表示,即

$$\varphi(CO)_v + \varphi(H_2)_v + \varphi(CH_4)_v + \varphi(C_mH_n)_v + \varphi(H_2S)_v + \varphi(CO_2)_v + \varphi(H_2O)_v +$$
$$\varphi(SO_2)_v + \varphi(N_2)_v + \varphi(O_2)_v = 100\%$$

$$\varphi(CO)_d + \varphi(H_2)_d + \varphi(CH_4)_d + \varphi(C_mH_n)_d + \varphi(H_2S)_d + \varphi(CO_2)_d +$$
$$\varphi(SO_2)_d + \varphi(N_2)_d + \varphi(O_2)_d = 100\%$$

两者之间的换算关系:

$$\varphi(x)_v = \varphi(x)_d \frac{100 - \varphi(H_2O)_v}{100} \qquad (2\text{-}2)$$

式中,$\varphi(H_2O)_v$——标准状态下湿气体燃料中水蒸气的体积分数,m^3/m^3(水蒸气/燃料)。

第二节 燃料的热工性质及选用原则

一、热值与标准燃料

单位质量(固体或液体燃料)或单位体积(气体燃料)的燃料完全燃烧,且燃烧产物冷却到燃烧前的温度时所放出的热量称为燃料的发热量或热值。常用的单位为 kJ/kg 或 kJ/m^3。

燃料的热值有高位热值(Q_{gr})和低位热值(Q_{net})之分。高位热值是指燃料完全燃烧且燃烧产物中的水蒸气全部冷凝为水时所放出的热量;而低位热值是指燃料完全燃烧后,其燃烧产物中的水蒸气仍为气态时所放出的热量。两者之间差别在于燃烧产物中水的汽化热。

(一)固体、液体燃料的高位热值和低位热值

1 kg 固体、液体燃料(收到基)所产生的水蒸气量为 $\left[\dfrac{w(H_2O)_{ar}}{100} + \dfrac{w(H)_{ar}}{100} \times \dfrac{18}{2} \right]$ kg,而 1 kg 水的汽化热为 2 500 kJ/kg,因此:

$$Q_{gr,ar} - Q_{net,ar} = 2\,500 \left[\frac{w(H_2O)_{ar}}{100} + \frac{w(H)_{ar}}{100} \times \frac{18}{2} \right] = 225w(H)_{ar} + 25w(H_2O)_{ar}$$

同理可以推出:

$$Q_{gr,ad} - Q_{net,ad} = 225w(H)_{ad} + 25w(H_2O)_{ad}$$
$$Q_{gr,d} - Q_{net,d} = 225w(H)_d$$
$$Q_{gr,daf} - Q_{net,daf} = 225w(H)_{daf}$$

关于煤的高低热值在不同基准之间的换算,高位热值可以直接利用表 2-4 中的换算系数进行换算;而低位热值可以先将其转换为高位热值,利用表 2-4 中的换算系数换算后,再转换为低位热值。实际转换时可将低位热值加上 25 倍的水分,利用表 2-4 中的换算系数换算,最后再减去换算后基准下的 25 倍的水分,即为转换后的低位热值。如:

$$Q_{net,ar} = \left[Q_{net,ad} + 25w(H_2O)_{ad} \right] \frac{100 - w(H_2O)_{ar}}{100 - w(H_2O)_{ad}} - 25w(H_2O)_{ar}$$

(二)气体燃料的高位热值和低位热值

标准状态下 1 m^3 干燃料燃烧后产生的水蒸气量为 $\dfrac{1}{100} [\varphi(H_2) + 2\varphi(CH_4) + \varphi(H_2S) +$

$\dfrac{n}{2}\varphi(C_mH_n)]\times\dfrac{18}{22.4}$，因此：

$$Q_{gr}-Q_{net}=2\,500\times\dfrac{1}{100}\big[\varphi(H_2)+2\varphi(CH_4)+\varphi(H_2S)+\dfrac{n}{2}\varphi(C_mH_n)\big]\times\dfrac{18}{22.4}$$

$$=20.1\big[\varphi(H_2)+2\varphi(CH_4)+\varphi(H_2S)+\dfrac{n}{2}\varphi(C_mH_n)\big]$$

（三）热值的测定和计算

燃料的热值可用专门的量热计进行测定，也可以根据燃料的组成进行计算，对于固体和液体燃料，利用收到基组成按式（2-3）进行计算：

$$Q_{net,ar}=339w(C)_{ar}+1\,030w(H)_{ar}-109[w(O)_{ar}-w(S)_{ar}]-25w(H_2O)_{ar} \quad (2-3)$$

对气体燃料可用式（2-4）进行计算：

$$Q_{net}=126\varphi(CO)+108\varphi(H_2)+358\varphi(CH_4)+590\varphi(C_2H_4)+637\varphi(C_2H_6)$$
$$+806\varphi(C_3H_6)+912\varphi(C_3H_8)+232\varphi(H_2S) \quad (2-4)$$

一般元素分析数据难于获得。也可根据煤的工业分析结果利用经验公式进行计算。

（1）无烟煤：当 $w(V)_{daf}\leqslant10\%$ 时，

$$Q_{net,ad}=K_0-360w(H_2O)_{ad}-385w(A)_{ad}-100w(V)_{ad} \quad (2-5)$$

式中，K_0——系数，可从表 2-5 中根据 $w(V)_{daf}$ 值查出 K_0。

表 2-5　K_0 与 $w(V')_{daf}$ 的关系

$w(V')_{daf}/\%$	$\leqslant3.0$	$>3.5\sim5.5$	$>5.5\sim8.0$	>8.0
K_0	34 300	34 800	35 200	35 600

表 2-5 中，$w(V')_{daf}=aw(V)_{daf}-bw(A)_d$，$a$ 值、b 值与煤的干燥基灰分有关，如表 2-6 所示。

表 2-6　a 值、b 值与煤的干燥基灰分的关系

$w(A)_d/\%$	$30\sim40$	$25\sim30$	$20\sim25$	$15\sim20$	$10\sim15$	$\leqslant15$
a	0.8	0.85	0.95	0.80	0.90	0.95
b	0.10	0.10	0.10	0	0	0

（2）烟煤：

$$Q_{net,ad}=100K_1-(K_1+25.12)[w(H_2O)_{ad}+w(A)_{ad}]-12.56w(V)_{ad} \quad (2-6)$$

式中，K_1——系数，随 $w(V)_{daf}$ 及焦渣特征而异，可从表 2-7 中查出，$w(V)_{daf}$ 可由 $w(V)_{ad}$ 换算而得：$w(V)_{daf}=w(V)_{ad}\times\dfrac{100}{100-[w(H_2O)_{ad}+w(A)_{ad}]}$。

表 2-7 K_1 与 $w(V)_{daf}$ 及焦渣特征的关系

焦渣特征	$w(V)_{daf}$									
	10~13.5	13.5~17	17~20	20~23	23~29	29~32	32~35	35~38	38~42	>42
1	352	337	335	329	320	320	306	306	306	304
2	352	350	343	339	329	327	325	320	316	312
3	354	354	350	345	339	335	331	329	327	320
4	354	356	352	348	343	339	335	333	331	325
5~6	354	356	356	352	350	345	341	339	335	333
7	354	356	356	356	354	352	348	345	343	339
8	354	356	356	358	356	354	350	348	345	343

固体和液体燃料热值常用氧弹量热计进行测量,测得的结果称为氧弹热值。由于燃烧产物中 SO_2 和 N_2 在富氧和高压下会生成 SO_3 和 NO_3 并溶于水而生成 H_2SO_4 和 HNO_3,且同时放出热量,故氧弹热值的数值将大于高位热值,二者之差即为燃烧产物中的 SO_3 和 N_2 生成硫酸与硝酸的热效应(生成硫酸的热效应为 9 414 kJ/kg,生成硝酸的热效应约为氧弹发热量的 0.15%)。气体燃料发热量可用气体量热计测量。

(四)标准燃料

不同种类的燃料热值有很大差距,即使是同一种燃料,其热值也会因水分和灰分不同而异。因此,为了评价各种燃料的发热能力,采用"标准燃料"的概念,以便和其他燃料进行比较,同时也为统计燃料消耗量提供了方便。

(1)标准煤是指收到基的低位热值为 29 270 kJ/kg(即 7 000 kcal/kg)的煤;

(2)标准油是指低位热值为 41 820 kJ/kg(即 10 000 kcal/kg)的油;

(3)标准气是指标准状态下低位热值为 41 820 kJ/m³(即 10 000 kcal/m³)的气体燃料。

二、其他热工性质

不仅要了解各种不同的燃料的热值,还必须了解其他热工特性。

(一)固体燃料

1.挥发分

在隔绝空气的条件下,将一定量的煤样在 900 ℃下加热 7 min 所得的气态物质(干燥基)称为煤的挥发物,所占煤的质量分数则称为挥发分。挥发物含量越高,燃烧火焰就越长,火焰温度较低,易点火。

不同种类煤的挥发分(干燥无灰基)见表 2-8。

表 2-8 不同种类煤的挥发分

煤种	褐煤	烟煤	无烟煤
$w(V)_{daf}/\%$	>37	10~46	<10

2.结渣性

灰分的组成影响煤粉的熔融性,如灰分中 SiO_2、Al_2O_3 含量多时,灰分软化温度高,煤不易结渣;如 FeO、Na_2O、K_2O 等含量多时,灰分软化温度降低,煤易结渣。烧成气氛对灰分的软化点也有影响,在还原气氛中,Fe_2O_3 被还原成 FeO,FeO 与 SiO_2 形成低熔点的硅酸盐灰分;在氧化气氛中,FeO 氧化成 Fe_2O_3 和 Fe_3O_4,它们与 SiO_2 形成高熔点的硅酸盐灰分。

（二）液体燃料

工业高温窑炉用的较多的是汽油和柴油,除了解其热值外,还需了解以下特点:

1.黏度

黏度对液体燃料的装卸、存贮、过滤、输送及雾化均有较大影响。燃料黏度常用恩氏黏度 $°E$ 或运动黏度 ν 表示,也有用动力黏度 η 表示的。

2.闪点、燃点、着火点

燃料油受热后,一部分碳氢化合物变为蒸气,这种蒸气与周围空气混合后接触到火焰能发生闪光现象,此时油的温度称为闪点;若油温继续升高,油的蒸发速度加快,火焰接近油表面时闪光后能持续燃烧(不少于 5 s),此时油温称为燃点;若再继续升高,油表面的蒸气即使无火焰接近也会自发燃烧起来,这时的油温称为着火点。

3.凝固点

当油类完全失去流动性时的最高温度叫凝固点,此时,若将盛放油类的器皿倾斜45°,则其在 1 min 内保持不动,温度低于凝固点时,燃油无法在管道中输送。生产上常根据它来选用贮运过程中的保温防凝措施。重油凝固点一般为 30~45 ℃,原油在 30 ℃ 以下。原油装卸温度一般比凝固点高 10 ℃ 左右。

4.密度

燃料油密度通常指常温（20 ℃）下单位体积的质量（kg/m^3）。密度随温度的变化可按下式进行计算:

$$\rho_t = \frac{\rho_{20}}{1+\beta(t-20)} \tag{2-7}$$

式中,β——体积膨胀系数,$℃^{-1}$,β 值可查表 2-9。

表 2-9 重油的体积膨胀系数 β 值与密度的关系

$\rho_{20}/(\times 10^3\ kg/m^3)$	β 值/（$℃^{-1}$）	$\rho_{20}/(\times 10^3\ kg/m^3)$	β 值/（$℃^{-1}$）
0.93~0.939 9	0.000 635	0.98~0.989 9	0.000 536
0.94~0.949 9	0.000 615	0.99~0.999 9	0.000 518

$\rho_{20}/(\times 10^3 \text{ kg/m}^3)$	β 值/($^\circ\text{C}^{-1}$)	$\rho_{20}/(\times 10^3 \text{ kg/m}^3)$	β 值/($^\circ\text{C}^{-1}$)
0.95~0.959 9	0.000 594	1.0~1.009 9	0.000 499
0.96~0.969 9	0.000 574	1.01~1.019 9	0.000 482
0.97~0.979 9	0.000 555	1.02~1.029 9	0.000 464

对液体燃料除了解以上几个特性外,还需了解比热容、热导率、含水量(<1%~2%)、灰分(<0.3%)等。

(三)气体燃料

1.煤气的分子质量和密度

分子质量可按下式计算:

$$m_g = 0.01 \sum \varphi_i m_{g,i} \tag{2-8}$$

式中, m_g——煤气的平均分子质量;

φ_i——各气体成分在煤气中体积分数;

$m_{g,i}$——各气体成分的分子质量。

煤气在标准状态下的密度(kg/m^3):

$$\rho_0 = \frac{m_g}{22.4} \tag{2-9}$$

煤气在 $t\ ^\circ\text{C}$、p Pa 时的密度(kg/m^3):

$$\rho_t = \frac{273(101\ 325 + p)}{(273 + t)\ 101\ 325}\rho_0 \tag{2-10}$$

烟气的密度可根据烟气组成,按上述同样方法进行计算。

2.煤气的平均比热容

煤气的平均比热容可按下式计算:

$$c = 0.01 \sum \varphi_i c_i \tag{2-11}$$

式中,c_i——各气体成分的平均比热容,分别见表 2-10 和表 2-11。

煤气中含氮量在 50% 左右,空气中的氮量约为 79%。燃烧后的烟气中氮含量很高,常伴有氮的氧化物(NO_x)存在,主要是 NO 与 NO_2,当有水汽存在时即形成酸雾,造成大气污染,必须引起足够的重视。

表 2-10　标准状态下各单纯气体成分及干空气的平均比热容　单位:$kJ/(m^3 \cdot K)$

温度/$^\circ\text{C}$	CO_2	N_2	O_2	H_2O	干空气	H_2	CO	H_2S	SO_2
0	1.593	1.293	1.305	1.494	1.295	1.277	1.302	1.264	1.733
100	1.713	1.296	1.317	1.506	1.300	1.290	1.304	1.541	1.813
200	1.796	1.300	1.338	1.522	1.308	1.298	1.311	1.574	1.888

续表 2-10

温度/℃	CO₂	N₂	O₂	H₂O	干空气	H₂	CO	H₂S	SO₂
300	1.871	1.306	1.357	1.542	1.318	1.302	1.319	1.608	1.959
400	1.938	1.317	1.378	1.565	1.329	1.304	1.331	1.645	2.018
500	1.997	1.329	1.398	1.858	1.343	1.306	1.344	1.683	2.073
600	2.049	1.341	1.417	1.613	1.357	1.311	1.361	1.721	2.114
700	2.097	1.354	1.432	1.641	1.371	1.315	1.373	1.759	2.152
800	2.140	1.367	1.450	1.668	1.335	1.319	1.390	1.796	2.186
900	2.179	1.380	1.465	1.696	1.398	1.323	1.403	1.830	2.215
1 000	2.214	1.392	1.478	1.722	1.410	1.327	1.415	1.863	2.240
1 100	2.245	1.404	1.490	1.750	1.422	1.336	1.428	1.892	2.261
1 200	2.275	1.415	1.501	1.777	1.433	1.344	1.440	1.922	2.278
1 300	2.301	1.426	1.511	1.803	1.444	1.352	1.449	1.947	
1 400	2.325	1.436	1.520	1.824	1.454	1.361	1.461	1.972	
1 500	2.345	1.446	1.529	1.853	1.463	1.369	1.465	1.997	
1 600	2.368	1.454	1.538	1.877	1.472	1.378	1.470		
1 700	2.387	1.458	1.546	1.900	1.480	1.386	1.478		
1 800	2.405	1.470	1.554	1.922	1.487	1.394	1.486		
1 900	2.422	1.478	1.562	1.943	1.495	1.398	1.495		
2 000	2.437	1.484	1.569	1.963	1.501	1.407	1.507		
2 100	2.451	1.491	1.575	1.983	1.508	1.145	1.511		
2 200	2.465	1.496	1.583	2.001	1.514	1.424	1.520		
2 300	2.478	1.502	1.589	2.019	1.520	1.432	1.524		
2 400	2.490	1.508	1.595	2.037	1.526	1.440	1.528		
2 500	2.501	1.513	1.602	2.053	1.531	1.449	1.537		

表 2-11 标准状态下烃类气体的平均比热容   单位:kJ/(m³·K)

温度/℃	CH₄	C₂H₂	C₂H₄	C₃H₆	C₄H₈	C₃H₈	C₄H₁₀	C₅H₁₂
0	1.566	1.871	1.716	2.178	3.069	3.831	4.207	5.212
100	1.658	2.047	2.106	2.504	3.533	4.595	4.752	5.924
200	1.767	2.185	2.328	2.797	3.410	4.743	5.233	6.631
300	1.892	2.290	2.529	3.077	4.400	5.162	5.715	7.293
400	2.022	2.370	2.721	3.337	4.798	5.564	6.196	7.929

续表 2-11

温度/℃	CH_4	C_2H_2	C_2H_4	C_3H_6	C_4H_8	C_3H_8	C_4H_{10}	C_5H_{12}
500	2.144	2.437	2.893	3.571	5.129	5.916	6.627	8.474
600	2.269	2.508	3.048	3.806	5.455	6.271	7.058	9.022
700	2.357	2.575	3.190	4.015	5.769	5.589	7.452	9.319
800	2.470	2.629	3.341	4.207	6.041	6.887	7.812	9.901
900	2.596	2.684	3.450	4.379	6.305	7.159	8.139	10.265
1 000	2.709	2.734	3.567	4.542	6.523	7.410	8.444	10.600

三、能源的选用原则

以上分别介绍了各种不同类型能源的性能及使用特点。如何正确地选择能源是窑炉工作者必须慎重再慎重的一个问题。企业中存在不少因燃料选择不当导致窑炉不能正常运行的现象。能源选择应遵循的主要原则有：①能源供应有保障；②利于用新型窑具；③具有较好的综合投入产出效能比；④符合国家环境保护政策；⑤便于实现机械化、自动化控制，以确保产品质量。

我国无机材料工业高温热工设备大部分使用气体和液体燃料，低温热工设备使用电能的较多。随着工业的不断发展和人们对环境保护意识的提高，清洁燃料（柴油、煤油、天然气、液化石油气、焦炉煤气、发生炉煤气等）正逐渐被广泛应用于无机材料工业，这也是工业窑炉发展的一个必然方向，尽管价格相对较高，但燃烧效率高，环境污染小，而且可提高产品质量和档次，综合效益也较好。

第三节　燃烧计算

一、燃烧计算的内容、目的与意义

窑炉内温度的高低与分布是影响工业产量和质量的主要因素，而温度又取决于燃料种类、燃烧方法、燃烧装置的形式及燃烧效率等。在陶瓷工业的生产中，由于窑内温度较高，要消耗大量的热能，在成本核算中燃料费用占有相当大的比例，故节约燃料也是降低成本的重要途径。为此，在窑炉设计中就应合理地选用燃料，进行燃料燃烧计算以确保生产工艺所需要的温度及其分布。并且在实际生产和热工操作中，还要考虑如何充分利用热能，尽量减少燃料的消耗量。这些问题都直接影响窑炉的热工性能。

燃烧计算的内容包括燃烧需要的空气量、燃烧产生烟气量、烟气组成和密度、燃烧温度,这些参数对窑炉操作和设计都是必要的。

在进行生产的窑炉中,为了正确地调节燃料与空气的配比,就必须知道燃料燃烧时所需要的空气量,以便合理和有效地控制燃烧过程。可通过测定烟气组成进行计算与分析以便及时地进行调节,以寻求适宜的燃烧条件。

在工业窑炉设计中设计空气管路与选用风机时,必须知道燃料燃烧时所需要的空气量,同时其也是计算烟气密度、比热容和黑度所必需的数据。燃料燃烧的主要目的是获得较高的温度,而量热计燃烧温度是计算燃烧温度的重要依据,同时也是选择燃料及其燃烧方法的重要参数。

总之,进行燃烧计算掌握有关参数变化的规律,目的是寻求每一具体窑炉条件下的最适宜的燃烧过程,从而提高工业窑炉的热工性能。

二、空气量、烟气量及烟气组成的计算

按燃料的元素分析数据进行燃烧计算的方法,叫分析计算法;按燃料种类及发热量进行燃烧计算的方法,叫近似计算法。前者计算精确,但过程复杂,窑炉设计时用得较多;后者计算误差较大,但过程简单,窑炉操作时用得较多,下面重点介绍分析计算法。在燃烧计算过程中由于气体体积是随温度而变化的,有关气体组成或气体量均指在标准状态下。

(一)分析计算法

1.空气量的计算

1)理论空气量(V_a^0)

理论空气量是指燃料完全燃烧所需的空气量。由于燃料组成表示方法不同,其计算方法也不尽相同。

(1)固体、液体燃料。根据燃料收到基组成中可燃成分燃烧的氧化反应式进行计算:

收到基中可燃成分有 C、H 和 S:

$$C+O_2 \rightarrow CO_2 \qquad\qquad 1\ kmol\ C\ 需\ 1\ kmol\ O_2$$

$$H+\frac{1}{4}O_2 \rightarrow \frac{1}{2}H_2O \qquad\qquad 1\ kmol\ H\ 需\ \frac{1}{4}\ kmol\ O_2$$

$$S+O_2 \rightarrow SO_2 \qquad\qquad 1\ kmol\ S\ 需\ 1\ kmol\ O_2$$

理论燃烧需氧量 $n_{O_2}^0$[kmol/100 kg(O_2/燃料)]:

$$n_{O_2}^0 = \frac{w(C)_{ar}}{12} + \frac{w(H)_{ar}}{4} + \frac{w(S)_{ar}}{32} - \frac{w(O)_{ar}}{32}$$

气体在标准状态(0 ℃,101 325 Pa)下,1 kmol 气体占 22.4 m³ 体积,故 1 kg 固体或液体燃料燃烧所需理论空气量 V_a^0:

$$V_a^0 = n_{O_2}^0 \times \frac{22.4}{100} \times \frac{100}{21} = \left[\frac{w(C)_{ar}}{12} + \frac{w(H)_{ar}}{4} + \frac{w(S)_{ar}}{32} - \frac{w(O)_{ar}}{32} \right] \times \frac{22.4}{100} \times \frac{100}{21}$$

$$= \left[\frac{w(\mathrm{C})_{\mathrm{ar}}}{12} + \frac{w(\mathrm{H})_{\mathrm{ar}}}{4} + \frac{w(\mathrm{S})_{\mathrm{ar}}}{32} - \frac{w(\mathrm{O})_{\mathrm{ar}}}{32} \right] \times \frac{22.4}{21} \qquad (2-12)$$

式中,　　　　　　　　　　V_{a}^{0}——标准状态下理论空气量,$\mathrm{m^3/kg}$(空气/燃料);

$w(\mathrm{C})_{\mathrm{ar}}$、$w(\mathrm{H})_{\mathrm{ar}}$、$w(\mathrm{S})_{\mathrm{ar}}$、$w(\mathrm{O})_{\mathrm{ar}}$——收到基燃料各组成的质量分数。

理论空气量代入烟气中的氮气量[$\mathrm{m^3/kg}$(氮气/燃料)]:

$$V_{\mathrm{N_2}}^{0} = V_{\mathrm{a}}^{0} \times 79\%$$

式(2-12)计算值应为干空气量,由于空气中水蒸气含量很低,一般小于0.01,计算中可忽略。

如要考虑空气中带入的水蒸气时:

$$[V_{\mathrm{a}}^{0}] = V_{\mathrm{a}}^{0} + V_{\mathrm{a}}^{0} \times \frac{29}{22.4} \times d \times \frac{22.4}{18} V_{\mathrm{a}}^{0}(1+1.61d) \qquad (2-13)$$

式中,d——空气的湿含量,$\mathrm{kg/kg}$(水蒸气/干空气)。

(2)气体燃料。标准状态下根据燃料湿基体积组成中可燃成分燃烧的氧化反应式进行计算:

$$\mathrm{CO} + \frac{1}{2}\mathrm{O_2} \rightarrow \mathrm{CO_2} \qquad\qquad 1\ \mathrm{m^3\ CO}\ 需\frac{1}{2}\ \mathrm{m^3\ O_2}$$

$$\mathrm{H_2} + \frac{1}{2}\mathrm{O_2} \rightarrow \mathrm{H_2O} \qquad\qquad 1\ \mathrm{m^3\ H_2}\ 需\frac{1}{2}\ \mathrm{m^3\ O_2}$$

$$\mathrm{CH_4} + 2\mathrm{O_2} \rightarrow \mathrm{CO_2} + 2\mathrm{H_2O} \qquad\qquad 1\ \mathrm{m^3\ CH_4}\ 需 2\ \mathrm{m^3\ O_2}$$

$$\mathrm{C}_m\mathrm{H}_n + \left(m+\frac{n}{4}\right)\mathrm{O_2} \rightarrow m\mathrm{CO_2} + \frac{n}{2}\mathrm{H_2O} \qquad 1\ \mathrm{m^3\ C}_m\mathrm{H}_n\ 需\left(m+\frac{n}{4}\right)\ \mathrm{m^3\ O_2}$$

$$\mathrm{H_2S} + \frac{3}{2}\mathrm{O_2} \rightarrow \mathrm{SO_2} + \mathrm{H_2O} \qquad\qquad 1\ \mathrm{m^3\ H_2S}\ 需\frac{3}{2}\ \mathrm{m^3\ O_2}$$

理论氧量为$V_{\mathrm{O_2}}^{0}$:

$$V_{\mathrm{O_2}}^{0} = \left[0.5\varphi(\mathrm{CO}) + 0.5\varphi(\mathrm{H_2}) + 2\varphi(\mathrm{CH_4}) + \left(m+\frac{n}{4}\right)\varphi(\mathrm{C}_m\mathrm{H}_n) + 1.5\varphi(\mathrm{H_2S}) - \varphi(\mathrm{O_2}) \right] \times \frac{1}{100}$$

$$(2-14)$$

式中,　　　　　　　　　　$V_{\mathrm{O_2}}^{0}$——理论氧量,$\mathrm{m^3/m^3}$($\mathrm{O_2}$/燃料);

$\varphi(\mathrm{CO})$、$\varphi(\mathrm{H_2})$、$\varphi(\mathrm{CH_4})$、$\varphi(\mathrm{C}_m\mathrm{H}_n)$、$\varphi(\mathrm{H_2S})$、$\varphi(\mathrm{O_2})$——燃料中各组成的体积分数。

理论空气量V_{a}^{0}[$\mathrm{m^3/m^3}$(空气/燃料)]:

$$V_{\mathrm{a}}^{0} = V_{\mathrm{O_2}}^{0} \times \frac{100}{21}$$

$$= \left[0.5\varphi(\mathrm{CO}) + 0.5\varphi(\mathrm{H_2}) + 2\varphi(\mathrm{CH_4}) + \left(m+\frac{n}{4}\right)\varphi(\mathrm{C}_m\mathrm{H}_n) + 1.5\varphi(\mathrm{H_2S}) - \varphi(\mathrm{O_2}) \right] \times \frac{1}{21}$$

$$= 0.023\ 8 \times \varphi(\mathrm{CO+H_2}) + 0.095\ 2\varphi(\mathrm{CH_4}) + 0.047\ 6\left(m+\frac{n}{4}\right)\varphi\mathrm{C}_m\mathrm{H}_n + 0.071\ 4\varphi(\mathrm{H_2S})$$

$$\quad - 0.047\ 6\varphi(\mathrm{O_2})$$

$$(2-15)$$

2)实际空气量(V_a)

实际燃烧时,根据制品的质量要求,有时需要氧化气氛烧成,供应的空气量要比理论值多;有时需还原气氛烧成,供应的空气量比理论值要少,这样就出现了理论空气量和实际空气量之分。如果把实际空气量与理论空气量的比值用 α 表示,即:

$$\alpha = V_a / V_a^0 \tag{2-16}$$

式中,α——空气过剩系数。

空气过剩系数的选择与燃料种类、燃烧方法、燃烧设备和燃烧气氛等因素有关。在保证产品质量的情况下,气体燃料易与空气混合,α 可取小一些,固体燃料不易与空气混合,α 可取大一些。氧化气氛时,$\alpha>1$;还原气氛时,$1>\alpha>0$;中性气氛时,$\alpha=1$。

人们在长期的实践中总结得到了一些经验数据如表 2-12(氧化气氛):

表 2-12 氧化气氛下不同燃料对应的空气过剩系数 α

气体燃料	$\alpha = 1.05 \sim 1.15$	煤粉燃料	$\alpha = 1.1 \sim 1.3$
液体燃料	$\alpha = 1.15 \sim 1.25$	块状固体燃料	$\alpha = 1.3 \sim 1.7$

2.烟气量及其组成的计算

烟气量及烟气量的组成与空气量有关,当 $\alpha=1$ 时的烟气量为理论烟气量,当 $\alpha \neq 1$ 时的烟气量为实际烟气量。

1)理论烟气量(V^0)及其组成

(1)固体、液体燃料。

基准:1 kg 固体或液体燃料。

标准状态下理论烟气量中含 CO_2、H_2O、SO_2 和 N_2 的体积[m^3/kg(烟气成分/燃料)]:

$$V_{CO_2}^0 = \frac{w(C)_{ar}}{12} \times \frac{22.4}{100}$$

$$V_{H_2O}^0 = \left[\frac{w(H)_{ar}}{2} + \frac{w(H_2O)_{ar}}{18}\right] \times \frac{22.4}{100}$$

$$V_{SO_2}^0 = \frac{w(S)_{ar}}{32} \times \frac{22.4}{100}$$

$$V_{N_2}^0 = \frac{w(N)_{ar}}{28} \times \frac{22.4}{100} + V_a^0 \times 79\%$$

$$V^0 = V_{CO_2}^0 + V_{H_2O}^0 + V_{SO_2}^0 + V_{N_2}^0$$

$$= \left[\frac{w(C)_{ar}}{12} + \frac{w(H)_{ar}}{2} + \frac{w(H_2O)_{ar}}{18} + \frac{w(S)_{ar}}{32} + \frac{w(N)_{ar}}{28}\right] \times \frac{22.4}{100} + V_a^0 \times 79\%$$

$$= 0.089w(C)_{ar} + 0.323w(H)_{ar} + 0.012\,4w(H_2O)_{ar} + 0.033w(S)_{ar} + 0.008w(N)_{ar}$$
$$- 0.026\,3w(O)_{ar} \tag{2-17}$$

各组成体积分数应将各组成量除以理论烟气总量：

如：
$$\varphi(CO_2) = \frac{V_{CO_2}^0}{V^0} \times 100\%$$

（2）气体燃料。

基准：1 m^3 标准状态气体燃料。

理论烟气量中含有 CO_2、H_2O、SO_2 和 N_2 四种成分[m^3/m^3（烟气成分/燃料）]。

$V_{CO_2}^0$ 来自气体燃料中 CO、CH_4、C_mH_n 的燃烧及气体本身原有的 CO_2：

$$V_{CO_2}^0 = [\varphi(CO_2) + \varphi(CO) + \varphi(CH_4) + m\varphi(C_mH_n)] \times \frac{1}{100}$$

$V_{H_2O}^0$ 来自气体燃料中 H_2、CH_4、C_mH_n、H_2S 中氢的氧化及气体原有的 H_2O：

$$V_{H_2O}^0 = [\varphi(H_2O) + \varphi(H_2) + 2\varphi(CH_4) + \frac{n}{2}\varphi(C_mH_n) + \varphi(H_2S)] \times \frac{1}{100}$$

$$V_{SO_2}^0 = \varphi(H_2S) \times \frac{1}{100}$$

$$V_{N_2}^0 = \varphi(N_2) \times \frac{1}{100} + V_a^0 \times 79\%$$

$$V^0 = V_{CO_2}^0 + V_{H_2O}^0 + V_{SO_2}^0 + V_{N_2}^0 = [\varphi(CO_2) + \varphi(CO) + \varphi(H_2) + \varphi(H_2O) + 3\varphi(CH_4) +$$
$$(m+\frac{n}{2})\varphi(C_mH_n) + 2\varphi(H_2S) + \varphi(N_2)] \times \frac{1}{100} + V_a^0 \times 79\% \qquad (2-18)$$

烟气中各组成体积分数计算方法同固体燃料。

2）实际烟气量（V）及烟气组成

（1）固体、液体燃料。

当 $\alpha > 1$ 时，标准状态下实际烟气量 V[m^3/kg（烟气/燃料）]：
$$V = V^0 + (\alpha - 1)V_a^0 \qquad (2-19)$$

烟气组成中含有 CO_2、H_2O、SO_2 的计算和理论烟气量计算相同，N_2 和 O_2 的计算如下：

$$V_{N_2} = \frac{w(N)_{ar}}{28} \times \frac{22.4}{100} + \alpha V_a^0 \times 79\%$$

$$V_{O_2} = (\alpha - 1)V_a^0 \times 21\% = (\alpha - 1)V_{O_2}^0$$

烟气中各组成体积分数的计算方法同前。

当 $\alpha < 1$ 时，实际烟气量 V[m^3/kg（烟气/燃料）]：
$$V = V^0 - (1-\alpha)V_a^0 \times 79\% \qquad (2-20)$$

下面推导式（2-20）。由于空气量供应不足，燃烧产物中有可能会有 CO、H_2 及 CH_4 等可燃气体，在一般工程计算中认为不完全燃烧产物中可燃成分只有 CO，这样简化了计算过程，误差又比较小，在工程计算中是允许的。

导致烟气中 CO 生成的不足氧量：

$$(1-\alpha)V_a^0 \times 21\%$$

因为 1 个氧分子可生成 2 个 CO 分子，故：

$$V_{CO} = 2(1-\alpha)V_a^0 \times 21\%$$

烟气量中含有 CO_2、H_2O、SO_2 和 N_2 的量[m^3/kg(烟气成分/燃料)]:

$$V_{CO_2} = \frac{w(C)_{ar}}{12} \times \frac{22.4}{100} - 2(1-\alpha)V_a^0 \times 21\%$$

$$V_{H_2O} = \left[\frac{w(H)_{ar}}{2} + \frac{w(H_2O)_{ar}}{18}\right] \times \frac{22.4}{100}$$

$$V_{SO_2} = \frac{w(S)_{ar}}{32} \times \frac{22.4}{100}$$

$$V_{N_2} = \frac{w(N)_{ar}}{28} \times \frac{22.4}{100} + \alpha V_a^0 \times 79\%$$

$$V = V_{CO} + V_{CO_2} + V_{H_2O} + V_{SO_2} + V_{N_2}$$

$$= \left[\frac{w(C)_{ar}}{12} + \frac{w(H)_{ar}}{2} + \frac{w(H_2O)_{ar}}{18} + \frac{w(S)_{ar}}{32} + \frac{w(N)_{ar}}{28}\right] \times \frac{22.4}{100} + \alpha V_a^0 \times 79\% \quad (2-21)$$

因为 $V^0 = \left[\frac{w(C)_{ar}}{12} + \frac{w(H)_{ar}}{2} + \frac{w(H_2O)_{ar}}{18} + \frac{w(S)_{ar}}{32} + \frac{w(N)_{ar}}{28}\right] \times \frac{22.4}{100} + V_a^0 \times 79\%$

上两式相减可得:

$$V = V^0 - (1-\alpha)V_a^0 \times 79\%$$

烟气组成体积分数的计算方法同前。

(2)气体燃料。

当 $\alpha > 1$ 时,实际烟气量 V[m^3/m^3(烟气/燃料)]:

$$V = V^0 + (\alpha-1)V_a^0$$

烟气中 CO_2、H_2O 和 SO_2 含量与理论烟气量中相同。N_2 和 O_2 的计算如下:

$$V_{N_2} = \varphi(N_2) \times \frac{1}{100} + \alpha V_a^0 \times 79\%$$

$$V_{O_2} = (\alpha-1)V_a^0 \times 21\%$$

当 $\alpha < 1$ 时,若煤气按比例燃烧,则:

$$V = (1-\alpha) + \alpha V^0 \quad (2-22)$$

式中,$(1-\alpha)$——未燃煤气量,m^3/m^3;

　　　αV^0——燃烧生成烟气量,m^3/m^3。

【例2-2】已知煤的收到基组成如下:

组成	$w(C)_{ar}$	$w(H)_{ar}$	$w(O)_{ar}$	$w(N)_{ar}$	$w(S)_{ar}$	$w(A)_{ar}$	$w(H_2O)_{ar}$
质量分数/%	69.54	4.18	11.29	9.02	0.5	2.27	3.2

当 $\alpha = 1.3$ 时,计算煤燃烧所需空气量、烟气量及烟气组成。

【解】基准:100 kg 煤

根据式(2-12)计算理论空气量:

$$V_a^0 = (\frac{69.54}{12} + \frac{4.18}{4} + \frac{0.5}{32} - \frac{11.29}{32}) \times \frac{22.4}{21} = 6.94 \ m^3/kg$$

当 $\alpha = 1.3$ 时,实际空气量:

$$V_a = \alpha V_a^0 = 1.3 \times 6.94 = 9.02 \ m^3/kg$$

烟气组成中各成分量可按式(2-17)计算,因还要计算烟气组成,故按下面计算较为方便:

$$V_{CO_2} = \frac{w(C)_{ar}}{12} \times \frac{22.4}{100} = \frac{69.54}{12} \times \frac{22.4}{100} = 1.30 \ m^3/kg$$

$$V_{H_2O} = [\frac{w(H)_{ar}}{2} + \frac{w(H_2O)_{ar}}{18}] \times \frac{22.4}{100} = (\frac{4.18}{2} + \frac{3.2}{18}) \times \frac{22.4}{100} = 0.51 \ m^3/kg$$

$$V_{SO_2} = \frac{w(S)_{ar}}{32} \times \frac{22.4}{100} = \frac{0.5}{32} \times \frac{22.4}{100} = 0.004 \ m^3/kg$$

$$V_{N_2} = \frac{w(N)_{ar}}{28} \times \frac{22.4}{100} + 0.79 \times 9.02 = 7.20 \ m^3/kg$$

$$V_{O_2} = 0.21 \times (\alpha - 1) V_a^0 = 0.21 \times (1.3 - 1) \times 6.94 = 0.44 \ m^3/kg$$

实际烟气量:

$$V = V_{CO_2} + V_{H_2O} + V_{SO_2} + V_{N_2} + V_{O_2} = 1.30 + 0.51 + 0.004 + 7.20 + 0.44 = 9.45 \ m^3/kg$$

烟气组成:
$$\varphi(CO_2) = \frac{V_{CO_2}}{V} = \frac{1.30}{9.45} \times 100\% = 13.76\%$$

$$\varphi(H_2O) = \frac{V_{H_2O}}{V} = \frac{0.51}{9.45} \times 100\% = 5.40\%$$

$$\varphi(SO_2) = \frac{V_{SO_2}}{V} = \frac{0.004}{9.45} \times 100\% = 0.04\%$$

$$\varphi(N_2) = \frac{V_{N_2}}{V} = \frac{7.20}{9.45} \times 100\% = 76.2\%$$

$$\varphi(O_2) = \frac{V_{O_2}}{V} = \frac{0.44}{9.45} \times 100\% = 4.66\%$$

【例2-3】已知煤的收到基组成如下:

组成	$w(C)_{ar}$	$w(H)_{ar}$	$w(O)_{ar}$	$w(N)_{ar}$	$w(S)_{ar}$	$w(A)_{ar}$	$w(H_2O)_{ar}$
质量分数/%	45	6	18	1.3	—	11.3	18.4

设燃烧时存在机械不完全燃烧现象,测得灰渣中含碳量为8%,要求还原焰烧成,干烟气分析中CO含量为3%。计算干烟气及湿烟气组成,燃烧所需空气量,燃烧生成湿烟气量。

【解】基准:100 kg煤

落入灰渣中 C 量:$11.3 \times \dfrac{8}{100-8} = 0.98$ kg

至烟气中 C 量:$45 - 0.98 = 44.02$ kg, $\dfrac{44.02}{12} = 3.67$ kmol

设有 x kmol C 生成 CO,则有 $(3.67-x)$ kmol C 生成 CO_2。生成烟气组成(kmol)为:

CO: $\qquad\qquad x$

CO_2: $\qquad\quad (3.67-x)$

H_2O: $\qquad\quad \dfrac{6}{2} + \dfrac{18.4}{18} = 4.02$

O_2: $\qquad\qquad$ —

N_2: $\qquad\quad \dfrac{1.3}{28} + \left[\dfrac{x}{2} + (3.67-x) + \dfrac{6}{2\times2} - \dfrac{18}{32} \right] \times \dfrac{79}{21} = 17.38 - 1.88x$

总干烟气量(kmol):$x + (3.67-x) + 17.38 - 1.88x = 21.05 - 1.88x$

干烟气中含 CO 为 3%,即:

$$\dfrac{x}{21.05 - 1.88x} = 0.03$$

$$x = 0.6$$

总干烟气量(kmol):$21.05 - 1.88x = 21.05 - 1.88 \times 0.6 = 19.92$

湿烟气总量(kmol):$19.92 + 4.02 = 23.94$

①烟气组成如下:

烟气成分	CO	CO_2	N_2	H_2O
烟气量/kmol	0.6	3.07	16.25	4.02
干烟气体积分数/%	3.0	15.4	81.6	—
湿烟气体积分数/%	2.5	12.8	67.9	16.8

②空气量:$\left[\dfrac{x}{2} + (3.67-x) + \dfrac{6}{2\times2} - \dfrac{18}{32} \right] \times \dfrac{100}{21} \times \dfrac{22.4}{100} = 4.59$ m^3/kg

③湿烟气量:$(0.6 + 3.07 + 16.25 + 4.02) \times \dfrac{22.4}{100} = 5.36$ m^3/kg

【例2-4】已知某发生炉煤气组成如下(干基):

组成	$\varphi(CO_2)$	$\varphi(CO)$	$\varphi(H_2)$	$\varphi(CH_4)$	$\varphi(C_2H_4)$	$\varphi(H_2S)$	$\varphi(N_2)$	$\varphi(O_2)$
体积分数/%	7.5	29.0	15.0	3.0	0.6	0.25	44.45	0.2

湿煤气含水量为 4.2%,当 $\alpha = 1.2$ 时,计算空气量和烟气量(m^3/m^3 煤气)。

【解】换算成湿煤气组成:

组成	$\varphi(CO_2)$	$\varphi(CO)$	$\varphi(H_2)$	$\varphi(CH_4)$	$\varphi(C_2H_4)$	$\varphi(H_2S)$	$\varphi(N_2)$	$\varphi(O_2)$	$\varphi(H_2O)$
体积分数/%	7.19	27.78	14.37	2.87	0.57	0.24	42.58	0.19	4.2

理论空气量V_a^0和实际空气量V_a：

按式(2-15)计算，

$$V_a^0 = (0.5 \times 27.78 + 0.5 \times 14.37 + 2 \times 2.87 + 3 \times 0.57 + 1.5 \times 0.24 - 0.19) \times \frac{1}{21} = 1.37 \ m^3/m^3$$

$$V_a = \alpha V_a^0 = 1.2 \times 1.37 = 1.644 \ m^3/m^3$$

理论烟气量V^0和实际烟气量V：

按式(2-18)计算，

$$V^0 = (7.19 + 27.28 + 14.37 + 4.2 + 3 \times 2.87 + 4 \times 0.57 + 2 \times 0.24 + 42.58) \times \frac{1}{100} + 1.37 \times 0.79$$

$$= 2.15 \ m^3/m^3$$

按式(2-19)计算，

$$V = V^0 + (\alpha - 1)V_a^0 = 2.15 + (1.2 - 1) \times 1.37 = 2.424 \ m^3/m^3$$

(二)近似计算法

当燃料化学组成无法知道时，可根据燃料种类和低位热值用经验公式进行近似计算，首先按表2-13所列经验公式计算理论空气量和理论烟气量，再结合热值和实际空气过剩系数求出实际空气量和烟气量。表2-13所列经验公式是人们通过大量实验整理出的，由于各人进行的实验和整理数据的方法不同，不同参考资料所列公式与系数略有出入。

表2-13　燃烧计算式(国家标准总局推荐)

燃料	$V_a^0/(m^3/kg$ 或 $m^3/m^3)$	$V^0/(m^3/kg$ 或 $m^3/m^3)$
煤	$0.241 \times \dfrac{Q_{net,ar}}{1\ 000} + 0.5$	$0.213 \times \dfrac{Q_{net,ar}}{1\ 000} + 1.65$
重油	$0.203 \times \dfrac{Q_{net,ar}}{1\ 000} + 2$	$0.265 \times \dfrac{Q_{net,ar}}{1\ 000}$
煤气 ($Q_{net,ar} < 12\ 560\ kJ/m^3$)	$0.209 \times \dfrac{Q_{net,ar}}{1\ 000}$	$0.173 \times \dfrac{Q_{net,ar}}{1\ 000} + 1$
煤气 ($Q_{net,ar} > 12\ 560\ kJ/m^3$)	$0.26 \times \dfrac{Q_{net,ar}}{1\ 000} - 0.25$	$0.272 \times \dfrac{Q_{net,ar}}{1\ 000} + 0.25$
天然气	$0.264 \times \dfrac{Q_{net,ar}}{1\ 000} + 0.02$	$0.264 \times \dfrac{Q_{net,ar}}{1\ 000} + 1.02$

(三)估算空气量和烟气量

若燃料的化学组成及热值都无法知道时，可根据燃料种类按表2-14经验数据粗略估算理论空气量和理论烟气量,根据空气过剩系数 α 计算实际空气量和实际烟气量。

表 2-14 不同燃料燃烧时 V_a^0 及 V^0

燃料种类	烟煤	重油	发生炉煤气	天然气
理论空气量 V_a^0	6~8 m³/kg	10~11 m³/kg	1.05~1.4 m³/m³	9~14 m³/m³
理论烟气量 V^0	6.5~8.5 m³/kg	10.5~12 m³/kg	1.9~2.2 m³/m³	10~14.5 m³/m³

(四)操作计算法

对于工作中的窑炉,空气量和烟气量可直接进行测量,但如果没有测定仪器时,可根据燃料及烟气组成算出空气量,亦可与实际测定数据进行校核。根据燃料及烟气组成还可计算空气过剩系数(α),了解燃料与空气的配合是否正常。同时还可测定窑炉内不同负压处的烟气组成来计算漏入的空气量。操作计算法用于传统的老式窑炉较合适。现代窑炉正向着控制智能化、燃烧技术现代化等方向发展,无论是气密性还是燃烧合理性都能达到最佳状态,因此操作计算法有关内容不再作详细介绍。

三、燃烧温度的计算

燃料燃烧时放出的热量,使燃烧产物的温度升高,其气态燃烧产物所达到的温度,称作燃料的燃烧温度。

在窑炉设计中往往要计算燃烧温度,以验证所选用的燃料能否保证产品烧成所需的温度。而对生产中的窑炉,则根据燃烧条件进行燃烧计算,以便在保证窑体寿命的前提下,调节和控制最适宜的燃烧温度,从而找出最佳的热工条件。

在实际条件下,燃烧温度与燃料种类、燃烧成分、燃烧条件和传热条件等各方面的因素有关,归纳起来,将决定于燃烧过程中热量收入和热量支出的平衡关系。从分析燃烧过程中的热量平衡可以找出估算燃烧温度的方法和提高燃烧温度的措施。

(一)热收入项和热支出项

基准:1 kg 或 1 m³ 标准状态燃料,℃。

1.热收入项
(1)燃料的化学热,即燃料发热量 Q_{net};
(2)燃料带入的物理热:$Q_f = c_f t_f$;
(3)空气带入的物理热:$Q_a = V_a c_a t_a$。

2.热支出项
(1)燃烧产物含有的物理热:$Q = V c t_p$;
(2)由燃烧产物传给周围物体的热量 Q_L;
(3)由于机械不完全燃烧造成的热损失 Q_{mL};
(4)由于化学不完全燃烧造成的热损失 Q_{ch};

（5）燃烧产物中部分 CO_2 和 H_2O 在高温下热分解反应吸热 Q_{di}；

（6）灰渣带走的物理热 $Q_{a,s}$。

根据热量平衡原理,当热量收入与支出相等时,燃烧产物达到一个相对稳定的燃烧温度。

（二）燃烧温度

为便于研究问题和分析问题,通常建立三种燃烧温度的概念,即实际燃烧温度、量热计式燃烧温度和理论燃烧温度。

1.实际燃烧温度（t_p）

根据上述列出热量收入与热量支出的平衡方程式：

$$Q_{net}+c_ft_f+V_ac_at_a=Vct_p+Q_L+Q_{mL}+Q_{ch}+Q_{di}+Q_{a,s}$$

$$t_p=\frac{Q_{net}+c_ft_f+V_ac_at_a-Q_{di}-(Q_L+Q_{mL}+Q_{ch}+Q_{a,s})}{cV} \tag{2-23}$$

上式中 t_p 是在实际条件下的燃烧温度,式中有几项是不易获得的,实际燃烧温度并不能直接从式（2-23）求出,但是较容易测定。影响实际燃烧温度的因素很多,而且随炉子的工艺过程、热工过程和炉子结构不同而变化。

2.理论燃烧温度（t_{th}）

若假设燃烧是在绝热系统中燃烧（$Q_L=0$）,并且完全燃烧（$Q_{mL}+Q_{ch}+Q_{a,s}=0$）,则式（2-23）的计算结果称为理论燃烧温度。

$$t_{th}=\frac{Q_{net}+c_ft_f+V_ac_at_a-Q_{di}}{cV} \tag{2-24}$$

3.量热计温度（t_m）

Q_{di} 的大小取决于高温下（>1 600 ℃）CO_2 和 H_2O 的分解程度,分解程度不仅取决于燃烧温度的高低,而且还与 CO_2 和 H_2O 的分压有关。若温度越高,分压越小,分解程度越大,燃烧温度降低得也越多。陶瓷工业高温窑炉最高适用温度在 1 300 ℃ 左右,分解反应很小,可忽略,即 $Q_{di}=0$,此时的温度称为量热计温度。

$$t_m=\frac{Q_{net}+c_ft_f+V_ac_at_a}{cV} \tag{2-25}$$

一般情况下,在工业高温窑炉中把理论燃烧温度近似地认为是量热计温度。即：

$$t_{th}=\frac{Q_{net}+c_ft_f+V_ac_at_a}{cV} \tag{2-26}$$

由于烟气的比热容随温度是变化的,式（2-26）中有两个未知数,很难计算理论燃烧温度。一般采用试算法对理论燃烧温度进行近似计算。将式（2-26）改写成：

$$Q_{net}+c_ft_f+V_ac_at_a=Vct_{th}$$

先假定一个理论燃烧温度 t_1,查出相应温度下的比热容 c_1,计算烟气的热量 $Q_1(Vc_1t_1)$,看是否与收入项 $Q(Q_{net}+c_ft_f+V_ac_at_a)$ 相等,如 $Q_1>Q$,则将理论燃烧温度再取小一些,直到两者相等（$Q_1=Q$）,此时的温度即为理论燃烧温度 t_{th}。

为了减少试算次数，可采用"内差法"。即设 t_1，查 c_1 计算 Q_1，若 $Q_1 > Q$，再设 t_2，查 c_2 计算 Q_2，一定使 $Q_2 < Q$，此时真实的 t_{th} 必定在 t_1 和 t_2 之间，用"内差法"求 t_{th} 值，即：

$$\frac{t_1 - t_{th}}{t_1 - t_2} = \frac{Q_1 - Q}{Q_1 - Q_2}$$

为了方便，常使 $(t_1 - t_2)$ 之值为 100。

也可用图解法求 t_{th} 值（参见图 2-1）。

已知 t_1 及 Q_1，可得 B 点；已知 t_2 及 Q_2，可得 A 点。连接 AB，由 Q 可找得 t_{th} 值。

常用气体燃料及不同燃料燃烧所生成的燃烧产物的平均比热容见表 2-15。

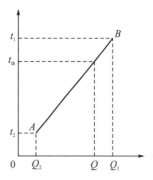

图 2-1　图解法求 t_{th} 值

表 2-15　常用气体燃料及不同燃烧产物标准状态下的平均比热容　单位：kJ/（m³·K）

温度/℃	天然气	发生炉煤气	焦炉煤气	燃烧产物			
				煤	重油	发生炉煤气	焦炉煤气
0	1.55	1.32	1.41	1.36	1.36	1.36	1.36
200	1.76	1.35	1.46	1.41	1.41	1.41	1.39
400	2.01	1.38	1.55	1.45	1.44	1.45	1.43
600	2.26	1.41	1.63	1.49	1.47	1.49	1.46
800	2.51	1.45	1.70	1.53	1.52	1.53	1.50
1 000	2.72	1.49	1.78	1.56	1.55	1.56	1.54
1 200	2.89	1.53	1.87	1.59	1.59	1.60	1.57
1 400	3.01	1.57	1.96	1.62	1.62	1.62	1.60
1 600	—	—	—	1.65	1.63	1.65	1.62
1 800	—	—	—	1.68	1.65	1.68	1.64
2 000	—	—	—	1.69	1.67	1.69	1.66
2 200	—	—	—	1.70	1.69	1.70	1.68
2 400	—	—	—	1.72	1.71	1.72	1.70

实际燃烧温度可在理论燃烧温度的基础上估算。这是因为按式（2-23）求 t_p 很难，但实际燃烧温度却很容易测定，人们在长期的实践中根据窑炉操作的实际情况总结出了 t_p 与 t_{th} 的比值，这一比值称为窑炉高温系数，用 η 表示。即：

$$\eta = t_p / t_{th}$$

$$t_p = \eta t_{th} \tag{2-27}$$

η值与很多因素有关,表2-16列出了陶瓷及陶瓷工业高温窑炉燃烧不同燃料时η的近似值。

表2-16　窑炉高温系数η值

窑炉类型	使用燃料	η值
玻璃池窑	气体或液体燃料	0.65~0.75(窑体未保温)
玻璃坩埚窑	电	0.60~0.70(窑体保温)
水泥回转窑 水泥立窑	煤粉、气体或液体燃料	0.70~0.75
	固体燃料	0.52~0.62
	气体燃料	0.67~0.73
陶瓷磨具隧道窑	气体或液体燃料	0.78~0.83
陶瓷磨具倒焰窑	固体燃料	0.66~0.70
	气体燃料	0.73~0.78

设计窑炉时,一般先计算理论燃烧温度t_{th},再根据不同窑炉结构及条件选择合适的高温系数η,求得实际燃烧温度。需要说明的是表2-16中所列η值是传统窑炉的有关数据,现代新型窑炉高温系数值普遍较高。

(三)提高实际燃烧温度的途径

根据实际燃烧温度计算公式(2-23)可以看出,影响燃烧温度的因素主要有以下几点:

(1)燃料的种类。随着所选用燃料热值的提高,实际燃烧温度将有所提高,但热值与实际温度之间并非呈直线关系。实践证明,仅从热值高低来选择燃料是不够的,还必须考虑到燃烧产物组成,特别是燃烧产物量的影响。如天然气热值虽高,但由于主要成分为甲烷,一个体积甲烷将产生三倍的燃烧产物,致使其燃烧温度不可能很高。所以,即使采用重油、天然气、液化石油气等高热值燃料,如不采取其他措施,也难以获得更高的温度。

(2)燃料或空气的预热。对燃料和空气进行预热,可以提高燃烧温度。固体燃料不易预热,液体燃料预热亦受黏度和安全等条件限制,所以,通常采用预热空气进行燃烧。

(3)空气过剩系数。当$\alpha<1$时空气不足,产生化学不完全燃烧,使实际燃烧温度降低;若$\alpha>1$或过大,生成的烟气量过多,也会使燃烧温度降低,因此,在生产质量体系条件下应尽可能使α值偏小。实验表明,α在等于1或略小于1时燃烧速度最快。

(4)窑体向外界散热损失。采用的窑体材料不但要保温性好,而且蓄热量也要少,以减少窑体向外界散失热量。比如现代窑炉多采用低蓄热窑车、轻型窑体以及新型窑具材料(如莫来石、硅线石类新型窑具和碳化硅类新型窑具等)。

【例2-5】例题2-4中设高温系数 $\eta = 0.80$，发生炉煤气温度 t_f 与空气温度 t_a 均为 20 ℃，则实际燃烧温度是多少？

【解】先计算理论燃烧温度：

$$t_{th} = \frac{Q_{net} + c_f t_f + V_a c_a t_a}{cV}$$

煤气低位热值按式(2-4)计算：

$$Q_{net} = 126\varphi(CO) + 108\varphi(H_2) + 358\varphi(CH_4) + 590\varphi(C_2H_4) + 232\varphi(H_2S)$$
$$= 126 \times 27.78 + 108 \times 14.37 + 358 \times 2.87 + 590 \times 0.57 + 232 \times 0.24$$
$$= 6\ 472\ kJ/m^3$$

分别查表2-10、2-15得0~20 ℃空气和煤气的平均比热容：

$$c_a = 1.295\ kJ/(m^3 \cdot K)，c_f = 1.32\ kJ/(m^3 \cdot K)$$

从例2-4中知：$V_a = 1.644\ m^3/m^3$，$V = 2.424\ m^3/m^3$

$$t_{th} = \frac{6\ 472 + 1.32 \times 20 + 1.644 \times 1.295 \times 20}{2.424c}$$

$$2.424 c t_{th} = 6\ 541$$

设 $t'_{th} = 1\ 700$ ℃，$c' = 1.67$，则：

$$2.424 \times 1.67 \times 1\ 700 = 6\ 882 > 6\ 541$$

设 $t''_{th} = 1\ 600$ ℃，$c'' = 1.65$，则：

$$2.424 \times 1.65 \times 1\ 600 = 6\ 399 < 6\ 541$$

$$\frac{1\ 700 - t_{th}}{1\ 700 - 1\ 600} = \frac{6\ 882 - 6\ 541}{6\ 882 - 6\ 399}$$

$$t_{th} = 1\ 629\ ℃$$

$$t_p = \eta t_{th} = 0.8 \times 1\ 629 = 1\ 303\ ℃$$

即实际燃烧温度为1 303 ℃。

(四) 空气预热温度的计算

若实际燃烧温度不能达到工艺要求时，需采用预热空气的办法来满足要求。

【例2-6】例2-5中若工艺上要求燃烧温度为1 400 ℃，则空气需预热至多少摄氏度才能达到要求？

【解】当 $t_p = 1\ 400$ ℃时，其他条件不变，则：

$$t_{th} = \frac{1\ 400}{0.8} = 1\ 750\ ℃$$

$$V c t_{th} = Q_{net} + c_f t_f + V_a c_a t_a$$

$$2.424 \times 1.67 \times 1\ 750 = 6\ 472 + 1.32 \times 20 + 1.644 c_a t_a$$

$$1.644 c_a t_a = 586$$

设 $t_a = 200$ ℃，$c_a = 1.308\ kJ/(m^3 \cdot K)$，则：

$$1.644 \times 1.308 \times 200 = 430 < 586$$

设 $t_a = 300$ ℃，$c_a = 1.318$ kJ/$(m^3 \cdot K)$，则：

$$1.644 \times 1.318 \times 300 = 650 > 586$$

$$\frac{300 - t_a}{300 - 200} = \frac{650 - 586}{650 - 430}$$

$$t_a = 271 \text{ ℃}$$

第四节　燃烧过程的基本理论

尽管燃料种类不同，但它们的燃烧均可归纳为两种基本成分的燃烧：一种是可燃气体的燃烧；另一种是固态碳的燃烧。例如：气体燃料的燃烧可看成可燃气体的燃烧。液体燃料受热后低温汽化成气态烃类，高温缺氧时有一部分烃类裂化成小分子烃类和固态碳粒，液体燃料的燃烧也可看作可燃气体和固态碳的燃烧。固体燃料受热时挥发分逸出，剩下的可燃物为固态碳，实质上，固体燃料的燃烧也可看作可燃气体和固态碳的燃烧。因此，研究燃料的燃烧机理可分别从研究两种基本燃料的燃烧着手。

燃烧有普通燃烧和爆炸性燃烧。前者是靠燃烧层的热气体传热传质传给邻近的冷气体，使其温度升高而燃烧，燃烧速度较慢，每秒几米，可看作是等压燃烧。后者是靠压力波将冷的可燃气体加热至着火温度以上而燃烧，燃烧速度很快，约为 1 000~4 000 m/s，通常在高温高压下进行。

燃料燃烧应具备两个基本条件：一个是燃料要与充分的空气混合；另一个是需达到着火温度以上。

一、着火温度

燃料燃烧时由缓慢的氧化反应转变成剧烈的氧化反应(即燃烧)的瞬间叫着火。转变的最低温度叫着火温度。

着火温度并不是一个固定值，它与燃料的性质有关，燃料受热速度加大或散热速度降低时，均能使着火温度降低，着火温度不仅与可燃气体混合物的组成及参数有关，还与散热条件有关。

表 2-17 列出了常压下某些气体和液体燃料在空气中的着火温度范围。

表 2-17　在常压下某些可燃气体或燃料在空气中的着火温度范围

种类	H_2	CO	CH_4	C_2H_6	C_2H_2	C_6H_6	石油	重油	无烟煤	烟煤
着火温度/℃	530~590	610~658	645~685	530~594	335~500	720~770	360~400	300~350	350~500	250~400

二、着火浓度范围

气体燃料与空气的比例,必须在一定的范围内,这一范围叫着火浓度范围,或叫着火浓度极限。混合气体中可燃气体的含量低于下限或高于上限都不能着火燃烧。工业上常用气体燃料着火浓度范围见表2-18。

表2-18 常用工业煤气在空气中的着火浓度范围

煤气种类	煤气-空气混合物中煤气含量/%	
	下限	上限
发生炉煤气	21	74
焦炉煤气	6	31
天然气	4	15

三、固态碳的燃烧

碳的燃烧是气固反应的物理化学过程,氧气扩散到碳表面与它作用,产生 CO 及 CO_2 气体,然后再从表面扩散出来。关于碳的燃烧反应机理的研究到目前为止还不十分成熟,不同学者有不同的认识,长久以来存在着三种见解:

(1)认为氧气扩散至碳表面先氧化生成 CO_2,CO_2 在扩散过程中与炽热的碳发生还原反应而生成 CO,其过程:

$$C+O_2 == CO_2 \qquad (一次反应) \qquad (1)$$
$$CO_2+2C == 2CO \qquad (二次反应) \qquad (2)$$

(2)认为氧气扩散至碳表面先氧化生成 CO,CO 在扩散过程中遇到氧气又生成 CO_2,其过程:

$$2C+O_2 == 2CO \qquad (一次反应) \qquad (3)$$
$$2CO+O_2 == 2CO_2 \qquad (二次反应) \qquad (4)$$

(3)认为氧气扩散至碳表面时,首先被吸附生成结构不确定的吸附络合物 C_xO_y,在温度升高时或在新的氧分子的冲击下,可分解放出 CO 和 CO_2,其过程:

$$xC+\frac{1}{2}yO_2 == C_xO_y \qquad (5)$$
$$C_xO_y+O_2 == mCO_2+nCO \qquad (6)$$

m 和 n 的值与温度有关。例如:根据实验研究,在 900~1 200 ℃时,生成 CO 与 CO_2 的比例是1:1,按反应(7)进行;在 1 450 ℃以上时按反应(8)进行,生成的 CO 与 CO_2 之比为2:1。

$$4C+3O_2 == 2CO_2+2CO \qquad (7)$$
$$3C+2O_2 == 2CO+CO_2 \qquad (8)$$

无论碳和氧气的反应是按哪一种过程进行,总的燃烧生成物是 CO_2 和 CO,高温时 CO 的含量高些,这对于我们是有实际意义的,我们不是研究碳的燃烧机理,而是找出燃烧时氧气消耗和燃烧产物生成的规律。

碳的燃烧是氧化反应过程和扩散过程的结合。因此碳的燃烧速度与化学反应速度及扩散速度均有关系。

碳粒在燃烧过程中,其周围有一层基本不动的气膜,该气膜主要是空气或 CO_2。燃烧过程的第一步是气流中的 O_2(或 CO_2)通过碳粒周围的气膜层,扩散到碳粒表面;第二步是 O_2(或 CO_2)与碳粒反应生成 CO_2 或 CO;第三步是生成的 CO_2 或 CO 通过气膜扩散到气流中去,因此,碳粒的燃烧速度决定于氧化反应速度和气体扩散速度。

实验证明:在 800 ℃ 以下,碳粒与氧作用,其反应速度甚慢,整个燃烧速度取决于化学反应速度,这一范围称为化学反应控制范围。升高温度就可提高反应速度。在 800 ℃ 以上,其化学反应很快,而扩散速度相对较慢,整个燃烧速度取决于扩散速度,这一范围称为扩散控制范围。提高气流速度,使碳粒周围的气膜变薄,可加快燃烧反应速度。

在化学反应控制范围内,燃烧速度与气流速度无关,但随温度升高而急剧上升;在扩散控制范围,燃烧速度随着气流速度上升而增加,而受温度影响很小。

四、可燃气体的燃烧

可燃气体的燃烧经过不少学者长期研究认为并不像简单的化学反应 $H_2+\frac{1}{2}O_2 \rightarrow H_2O$,$CO+\frac{1}{2}O_2 \rightarrow CO_2$ 等那样进行,而是属于链锁反应中的支链反应,链锁反应的进行必须有链锁刺激物(中间活性物或活化中心)的存在,如 H、O 和 OH。这类反应容易开始并能继续下去。支链反应中参加反应的一个活化中心可以产生两个或更多的活化中心,反应速度极快,以致可以导致爆炸。中间活化物质或活化中心是由于分子间的相互碰撞,气体分子在高温下的分解,或电火花的激发而产生。如:

$$H_2 \rightarrow 2H$$
$$O_2 \rightarrow 2O$$
$$H+O_2 \rightarrow OH+O$$
$$O+H_2 \rightarrow OH+H$$

(一)氢的燃烧反应机理

氢的燃烧是典型的链锁反应过程,也是人们研究比较成熟的支链反应。H 是链锁反应的活化中心,其反应如下:

总的反应是:$H+3H_2+O_2 \rightarrow 2H_2O+3H$

从上式反应可以看出,参与反应的一个活性氢原子经反应可产生三个活性氢原子,因此燃烧反应速度增加极快,整个燃烧反应中以 $H+O_2 \rightarrow OH+O$ 的反应最慢,它控制着整个链锁反应的总反应速度。

(二)一氧化碳的燃烧反应机理

一氧化碳的燃烧反应也具有像氢那样的支链特征,并且实践证明,CO 气体只有存在 H_2O 的情况下,才有可能开始快速的燃烧反应,H 是 CO 链锁反应的活化中心,其链锁反应过程如下:

$$H+O_2 \begin{cases} O+CO \rightarrow CO_2 \\ OH+CO \begin{cases} CO_2 \\ H \end{cases} \end{cases}$$

总反应是:$H+O_2+2CO \rightarrow 2CO_2+H$

实践证明:在 CO 的燃烧反应中,混合物加入适量的水汽对它的反应是很有利的。据有关资料介绍,CO 在燃烧过程中加入 7%~9% 的水汽最有利于其燃烧,含量过高,会使燃烧温度降低而减慢燃烧反应速度。

(三)气态烃类的燃烧反应机理

烃类的燃烧比较复杂,以甲烷为例说明其链锁反应过程如下:

$$CH_4+O \rightarrow CH_4O+O_2 \begin{cases} O \\ CH_4O_2 \end{cases} \begin{cases} H_2O \\ HCHO+O_2 \end{cases} HCOOH \begin{cases} H_2O \\ CO+O \rightarrow CO_2 \\ O \end{cases}$$

这里 O 是发生链锁反应的活化中心,所以,甲醛的存在,能产生氧原子,对烃类的燃烧是有利的。

碳氢化合物的燃烧属于退化支链反应,感应期比较长,比一般的支链反应速度慢一些。

可燃气体的燃烧都是按链锁反应进行的,当气体燃料与空气的混合物加热至着火温度后,要经过一定的感应期后才能迅速燃烧,在感应期内不断生成含有高能量的链锁刺激物(中间活性物),此时并不放出大量热量,以致不能使邻近的气体温度立即升高而燃烧,这种现象叫延迟着火现象。延迟着火时间与气体燃料的种类、温度及压力有关。温度越高,压强越大,延迟着火时间越短。

五、火焰传播速度

一般工业窑炉燃烧室点火之后,初始点火热源便可撤去,而连续进入燃烧室的新鲜燃料和空气仍能继续燃烧,这便是点火之后形成的燃烧焰面(或称火焰前沿)的传播结果。燃烧焰面处由于燃烧产生大量的热,以传导的方式传给临近一层气体,使其达到着火温度以上而燃烧,并形成新的燃烧焰面,这种燃烧焰面不断向未燃气体方向移动的现象叫火焰传播现象,传播速度称为火焰传播速度,用 v_f 表示,其方向与焰面垂直,故又称法向火焰传播。

火焰传播速度的大小是可以测量的。在一个水平管子中装入可燃混合物,管子一端为开口,另一端为闭口,在开口端用一个平面点火源进行点火,这时可以观察到,在靠近点火源处,可燃混合物先着火,形成一层正在燃烧的平面火焰,它以一定的速度向管子另一端移动,直到把可燃混合物燃尽。记下移动的距离和移动时间,便可求出 v_f 的大小。如图 2-2 所示。

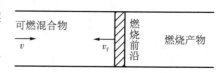

图 2-2　燃烧焰面传播示意图

不同气体燃烧火焰传播速度都可进行测量。图 2-3 是几种可燃气体与空气的混合物在直径为 25.4 mm 的管子中着火燃烧时,其含量与火焰传播速度的关系。从图中可以看出:

(1)H_2 的火焰传播速度远比 CH_4 大得多,主要是因为 H_2 的导温系数较大。

(2)气体混合物只有在一定浓度范围内火焰才能传播,随着可燃气体与空气混合物含量的不同,火焰传播速度也不同,在空气过剩系数 α 略小于 1 时,v_f 最大。

实际燃烧时,可燃混合物不像在实验室中那样是静止的,而是流动的,并且要求燃烧焰面应该是稳定不移动的,如图 2-4(a)所示,这一稳定状态是靠建立气流速度与火焰传播速度之间的平衡关系式实现的。设可燃混合物从烧嘴内流出的速度为 v(与 v_f 方向相反),燃烧焰面与烧嘴的相对位置有三种可能情况。

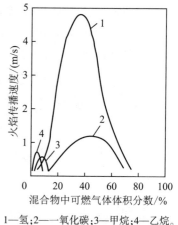

1—氢;2——氧化碳;3—甲烷;4—乙烷。

图 2-3　单一可燃气体与空气混合物的火焰传播速度

若 $|v| > |v_f|$,则燃烧焰面向右移动,如图 2-4(b)所示。如果 $|v| \gg |v_f|$ 时,火焰根部远离烧嘴,使气体混合物喷出后不能预热至着火温度以上而燃烧,易发生"脱火"现象,甚至有熄火的危险。

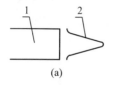
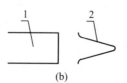
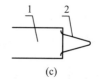

(a)　　　　　　　　(b)　　　　　　　　(c)

1—可燃混合物;2—燃烧焰面。

图 2-4　燃烧焰面示意图

若 $|v| < |v_f|$，则燃烧焰面向左移动，如图 2-4(c)所示。如果 $|v| \ll |v_f|$，火焰根部可能移至烧嘴中，易发生"回火"现象，甚至有爆炸的危险。这种情况更容易在无焰烧嘴中发生。

上述三种燃烧焰面是当可燃混合物为层流或静止情况下才能得到的，当可燃混合物为湍流流动时，燃烧焰面将是紊乱的。燃烧传播理论是非常复杂的一个过程，限于书本篇幅无法详细介绍，而只能根据这些理论说明火焰传播速度的原理和基本概念。

六、燃烧过程中氧化氮生成机理

工业高温窑炉烟气中含有的氧化氮（NO_x）对人体、动物和植物都有极大的危害，是造成大气污染的主要有害气体之一。

烟气中 NO_x 是在燃料燃烧过程中生成的，其中氮来源于空气和燃料，氧来源于空气。NO_x 包括 N_2O、NO、NO_2、N_2O_3、NO_3、N_2O_4 和 N_2O_5 等各种氮的氧化物，其中以 NO 和 NO_2 为主要成分。

关于 NO_x 的生成机理有许多人在进行研究。公认的较为充分的是泽尔道维奇（Zeldovich）等人的生成理论。该理论认为，在 $O_2—N_2—NO$ 系统中存在着下列反应：

$$N_2+O_2 \Longleftrightarrow 2NO-Q$$

它的机理是设想存在着下列平衡关系：

$$2N_2+O_2 \Longleftrightarrow 2NO+2N$$

$$N+O_2 \Longleftrightarrow NO+O$$

上述反应，基本上服从阿累尼乌斯定律。NO 的生成速度：

$$\frac{d\rho(NO)}{d\tau} = \frac{5 \times 10^{11}}{\sqrt{\rho(O_2)}} \exp\left(-\frac{86\,000}{RT}\right)\left[\rho(O_2) \cdot \rho(N_2)\frac{64}{3}\exp\left(\frac{43\,000}{RT}\right)-\rho(NO)^2\right]$$

式中，$d\rho(NO)$——NO 的瞬时浓度，kg/m^3；

$\rho(O_2)$——O_2 的质量浓度；

$\rho(N_2)$——N_2 的质量浓度；

$\rho(NO)$——NO 的质量浓度。

由上式可看出，NO 的生成速度与燃烧过程中的最高温度（T）以及氧、氮的浓度有关，而与燃料的其他性质无关。

当燃烧过程中有水蒸气时，燃烧产物中有 OH 存在，此时 NO 也可按下式生成：

$$N+OH \Longleftrightarrow H+NO$$

实验表明，NO 的生成是在靠近最高温度区的燃烧产物中进行的。因 O、N 和 H 等原子极为活泼，在最高温度区虽然存在的时间很短，但对 NO 的生成起着很大作用。所以在控制燃料燃烧时，在保证产品气氛的情况下应尽可能使空气过剩系数偏小，以减少燃烧产物中过剩 N 的浓度。燃烧产物在高温区停留的时间越长，烟气中 NO 的浓度也将越大。相反，增大气流速度可使 NO 的浓度降低。

各种氮氧化物在高温下的热稳定性是不同的，当温度高于 1 370 K 时，NO 是最稳定的。所以，研究高温下的燃烧过程时，常认为仅生成 NO。

实际上在火焰中也有少量的 NO_2 生成，NO_2 主要是 NO 氧化生成的，其反应机理主要按下列反应式进行：

$$NO+O_2 \Longleftrightarrow NO_2+O$$
$$HOO+NO \Longleftrightarrow NO_2+OH$$

综上所述，NO_x 的生成主要与火焰中的最高温度、氧和氮的浓度以及气体在高温下停留的时间等因素有关。在实际工作中，可采用降低火焰最高温度区的温度，减少过剩空气，采用高速烧嘴等方面的措施，以减少 NO_x 对大气的污染。

第五节　气体燃料的燃烧

一、气体燃料的燃烧方法及燃烧过程

工业高温窑炉使用的气体燃料主要是煤气，煤气的燃烧过程基本上可归纳为三个阶段：煤气与空气的混合阶段；将混合物加热到着火温度阶段；煤气与充分的空气混合进行燃烧阶段。其中后两个阶段是比较快的，唯有煤气、空气混合过程是一种物理扩散过程，需要一定时间，因此，它是决定燃烧速度的主要因素。混合速度和混合完全程度，对燃烧完全程度起着决定性作用。

我们常说的火焰是指燃烧着的燃料与空气的混合气流。火焰的情况与燃烧方法和燃烧条件有很大的关系。

根据煤气和空气的混合情况不同，燃烧方法可分为三大类：长焰燃烧（扩散式燃烧）、短焰燃烧和无焰燃烧。

（一）长焰燃烧

长焰燃烧是指煤气在烧嘴内完全不和空气混合，喷出后靠扩散作用边混合边燃烧的燃烧方法。它的主要特点是燃烧速度受到空气和煤气混合速度的限制，火焰较长。因为其中燃烧的原理属于扩散燃烧，它主要决定于与扩散有关的物理因素。

在长焰燃烧方法中，煤气中的部分碳氢化合物不能立即与空气混合燃烧，在高温下易受热裂化而析出微小的碳粒，这种碳粒能辐射出可见光波，呈现出明亮的火焰，因此长焰燃烧亦称有焰燃烧。此时，燃烧产物与周围物体之间所进行的热交换属于火焰辐射，它比单纯的气体辐射具有更高的辐射力。

当煤气和空气分别以层流流动进入燃烧室时，将得到层流的扩散火焰（图2-5）。在层流中，混合是以分子扩散的形式进行的。在射流的界面上，空气分子向煤气射流扩散，煤气分子向空气扩散，在某一面上，煤气与空气混合物的浓度达到化学当量比（$\alpha=1$）时，点火后在该面上便形成燃烧焰面。在燃烧焰面上的 α 正好等于 1。假如在 $\alpha<1$ 的区域内首先着火燃烧，剩下的未燃煤气将继续向空气扩散，与在焰外的空气混合而燃烧，使燃烧焰面向 $\alpha=1$ 的表面移动。假如在 $\alpha>1$ 的区域内先着火燃烧，多余的 O_2 将向煤气扩散,与焰内的煤气混合而燃烧,使燃烧焰面向 $\alpha=1$ 的表面移动。因此在燃烧焰面上,$\alpha=1$,此处燃烧产物的浓度最大,燃烧产物同时向两个相反方向扩散,浓度逐渐降低。因此,层流扩散火焰可分为四个区域:冷核心(纯煤气,$\alpha=0$),煤气和燃烧产物区($\alpha<1$),空气和燃烧产物区($\alpha>1$)和纯空气区($\alpha=\infty$)。

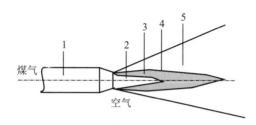

1—单管喷嘴;2—火焰冷核心($\alpha=0$);3—煤气和燃烧产物区($\alpha<1$);4—燃烧焰面($\alpha=1$);
5—空气和燃烧产物混合外区($\alpha>1$)。

图2-5 层流扩散火焰

长焰燃烧的主要特点有:

(1)火焰比较长,燃烧速度较慢,它的燃烧速度主要决定于空气、煤气的混合速度。因此,长焰燃烧强化燃烧过程的主要手段是改善空气、煤气的混合条件。

(2)烧嘴的结构对空气、煤气的混合速度起着决定性的作用。因此,当其他条件一定时,通过改变烧嘴的结构可得到不同燃烧速度和火焰长度,但要求空气过剩系数较大($\alpha=1.2\sim1.6$),否则易出现不完全燃烧现象。

(3)空气、煤气预热温度不受着火条件的限制,可预热到较高温度,有利于余热回收利用。

(4)火焰稳定性好,不会回火。

(二)短焰烧燃

短焰烧燃是指煤气与部分空气(一次空气,$\alpha<1$)在烧嘴内预先混合,喷出后燃烧并进一步与二次空气混合燃烧的燃烧方法。如图2-6,火焰由内焰与外焰两个锥体组成。在可燃混合物 $\alpha<1$ 处形成一个内锥,同时还产生一个外锥。在内锥燃烧焰面上未燃烧的燃料,靠射流从周围吸入空气(二次空气)并与之混合,继续燃烧,至外锥才达到完全燃烧。

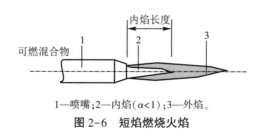

1—喷嘴;2—内焰($\alpha<1$);3—外焰。

图2-6 短焰燃烧火焰

内焰的长度随气流喷出速度的增加而增大,同时,还随一次空气量的减少而加长,当一次空气量为零时内焰消失(与外焰重合),此时即为长焰燃烧。随着一次空气量的增加内焰变短,当一次空气量为煤气燃烧所需的理论空气量时,即为无焰燃烧。短焰燃烧与长焰燃烧相比具有燃烧速度较快,火焰较短,燃烧温度较高和燃烧较易完全等特点,但稳定性较差。

(三)无焰燃烧

无焰燃烧是指煤气和空气在进烧嘴前或在烧嘴内完全混合($\alpha \geq 1$),在烧嘴内或喷出后立即燃烧的燃烧方法,几乎无火焰。在火焰中无内锥,只有一个锥形燃烧焰面,在燃烧焰面上大部分煤气被烧掉,剩余的小部分煤气在燃烧焰面后继续燃烧。由于燃烧能迅速完成,火焰短而透明,无明显轮廓,因此这种燃烧方法叫无焰燃烧。无焰燃烧的主要特点:空气过剩系数小($\alpha = 1.05$ 左右),燃烧温度高,不完全燃烧热损失极小,但燃烧不稳定性增强。

近年来,随着高速烧嘴的出现,煤气与空气不仅在无焰烧嘴内混合,而且可在烧嘴内燃烧,这对于控制喷出气流的速度和温度可以不受限制。在燃烧过程中,一般要根据工艺要求来控制火焰的长度、性质及刚度。

火焰的性质是指火焰的气氛,有氧化焰、还原焰、中性焰之分。氧化焰是指燃烧产物中含一定量氧而无 CO 或只有极微量的 CO 存在时的火焰,此时气体具有氧化能力。当陶瓷原料中钛含量高而铁含量低时,宜在氧化焰中烧成,使钛处于高价而呈白色。还原焰的燃烧产物中含一定量的 CO,此时气体具有还原能力。通常燃烧气体中 CO 含量低于2%时称弱还原气氛,CO 含量在 3%~5%时称强还原气氛。当原料中铁含量高而钛含量低时,宜在还原气氛中烧成,使铁处于低价而呈淡蓝色。中性焰指燃烧气体中既无氧也无 CO 存在时的火焰,实际上很难达到,一般只能做到接近于中性焰。

陶瓷工业烧成过程中对气氛也有不同的要求。碳化硅工业烧成过程中在碳化硅分解形成 SiO_2 薄膜的温度阶段,易在强氧化焰中进行保温,以防止出现"黑心"现象,燃烧气体中 O_2 含量在 6%~10%;刚玉工业在达到烧成温度后的保温过程中,需要窑内由弱氧化焰逐渐转变为中性焰或还原焰,以防止棕刚玉工业色泽变浅,白刚玉工业出现铁斑等,燃烧气体中 O_2 含量在 2%~4%。

火焰的刚度是指火焰的刚直情况,它与喷出气流的速度有关。流速大,则刚度好。当流速小时,由于过剩几何压头的作用,热气体产生向上的分速度,而使气流不易按原定方向前进,称刚度弱。

二、气体燃料的燃烧设备

气体燃料的燃烧设备简称煤气烧嘴。根据使用的燃烧方法不同,采用的燃烧设备也不同。常用的煤气烧嘴分为长焰烧嘴、短焰烧嘴和无焰烧嘴三种类型。

(一)长焰烧嘴

煤气与空气在烧嘴内不混合,喷出后与空气依靠分子的扩散作用边混合边燃烧,故又叫扩散式烧嘴。主要类型有单管式和双管式两种,分别见图2-7和2-8。

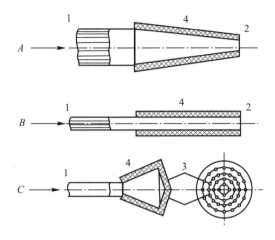

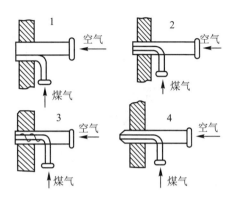

1—煤气入口;2—烧嘴喷出口;3—稳流网;4—隔热层。

图2-7　单管式煤气烧嘴

图2-8　双管式煤气烧嘴

1.单管式煤气烧嘴

只有煤气经烧嘴喷入窑内,再逐渐与空气混合燃烧,其结构极为简单。煤气可以以分散小流股形式从烧嘴喷出,这样比较容易与空气混合,有利于提高燃烧速度和燃烧完全程度。单管式煤气烧嘴常用于水泥回转窑中,工业窑炉用得不多。

2.双管式煤气烧嘴

煤气与空气分别从各自的管道中喷出。由于结构不同,混合情况亦有差别。

结构1:煤气与空气在管内分别平行喷入燃烧室或窑内。由于煤气重度略低于空气,故煤气管常设置在空气管的下方,以利于混合。

结构2:煤气管套在空气管内,喷出混合情况较结构1好些。

结构3:空气管道内设有漩流器,使空气形成漩流,可加速混合过程。

结构4:煤气流与空气流以一定交角相遇,也可加速混合过程。

长焰烧嘴常用于要求火焰长,温度分布均匀的窑炉,如水泥回转窑或传统的倒焰窑中。

(二)短焰烧嘴

煤气与部分空气(一次空气)在烧嘴内预先混合后从烧嘴喷出,燃烧产生的火焰较短,故称短焰烧嘴。

高温窑炉中常用的短焰烧嘴为低压涡流式烧嘴(DW-1型),结构见图2-9。这种烧嘴适用的煤气范围较广,可用以烧净发生炉煤气、混合煤气、焦炉煤气、冷煤气,亦可以在煤气和空气同时预热的情况下使用。煤气压力较低(400~800 Pa),当烧天然气时,应将天然气先减压,并在煤气喷口前加一涡流片以改进天然气与空气混合情况。

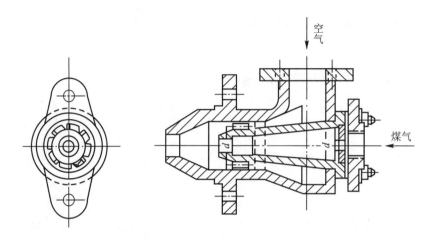

图 2-9　低压涡流式(DW-1 型)短焰烧嘴图

(三) 无焰烧嘴

常用的无焰烧嘴为喷射式无焰烧嘴,利用煤气喷射时所形成的抽力吸入空气。当吸入的空气为冷空气时,叫冷风吸入式烧嘴,由于不需要空气管道,故又叫单管喷射式烧嘴;当吸入的为热空气时,则叫热风吸入式烧嘴,因有热空气管道,故又叫双管喷射式烧嘴。冷风吸入式烧嘴的结构示意图见图 2-10。煤气从喷嘴处以高速喷出,吸入冷空气,两者在混合管内混合,混合管出口端成扩散形,使一部分速度头转变为静压头。燃烧通道系作为一种稳焰结构,使形成稳定的高温着火区,保证无焰燃烧。燃烧通道中的缩口是为了控制混合气体的喷出速度大于火焰传播速度,以防止发生回火现象。

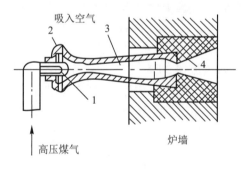

1—煤气喷嘴;2—空气吸入口;3—混合管;4—燃烧通道。

图 2-10　冷风吸入式无焰烧嘴结构示意图

无焰烧嘴的特点:

(1)煤气、空气预先充分混合,空气过剩系数可较小($\alpha = 1.05$),不完全燃烧热损失极小。

(2)燃烧迅速,有较高的燃烧强度,所需燃烧空间小。

(3)煤气、空气不宜预热至 400 ℃以上,以免发生爆炸等危险。

（四）高速烧嘴

高温烧嘴属无焰烧嘴,煤气与空气在烧嘴内进行完全燃烧,再与二次空气掺和以调节燃烧产物的温度,然后经烧嘴以高速喷出。喷出速度一般在 80～200 m/s,最高可达300 m/s。

工业窑炉常用的国内外高速烧嘴有以下几种:

1.美国 Bickley 公司 ISO-JET 调温高速烧嘴

美国 Bickley 公司于 1962 年首先在陶瓷窑炉上使用调温高速烧嘴,现已有 20 种以上 ISO-JET 调温高速烧嘴,包括:烧不同气体或液体燃料的;用于连续窑或间歇窑的;使用预热空气产生极高温度的;烧还原气氛的;具有特别宽高温范围的;等等。该类烧嘴的特点:

（1）燃料在空气系数略大于 1 的条件下进行燃烧,以保证有高的燃烧效益。

（2）燃料在燃烧室内进行完全燃烧,火焰通常不露出燃烧室。

（3）喷出气流的温度调节是在燃烧反应完成后,加入调温空气,与燃烧产物进行完全的混合来实现的,一般可降至 180 ℃。调温最低的可降至 60 ℃（这仅在加热初期,要求每小时升温几度时才采用）。

（4）焰气喷出速度可达 150 m/s,甚至更高。

（5）燃料、助燃空气、调温空气可以单独调节,以保证能满足任何实际加热过程的要求。

图 2-11 为典型的 ISO-JET 烧嘴示意图。ISO-JET 烧嘴是一种能够精确控制其燃烧状态的燃烧装置,它可使窑内产生强烈的、稳定的、可控制的气流循环,使窑内气氛与温度非常均匀（$t\pm5$ ℃）。

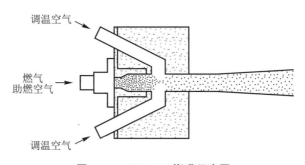

图 2-11　ISO-JET 烧嘴示意图

由于调温高速烧嘴的出现,宽度在 6 m 以上的梭式窑与宽断面隧道窑的建造已是可实现的,它降低了设备投资,降低了燃耗,同时减少了日常运转与维修的费用。

2.美国 North American 公司高速烧嘴

用于宽断面隧道窑和梭式窑的美国 North American 公司产的 Tempest 燃气高速烧嘴属于图 2-12。该类型烧嘴有 8 种型号,额定功率从 22 kW 至 683 kW,适用于高热值燃气,在更换部件后,也可用于低热值煤气。最高空气压力为 8.63 kPa,要求燃气压力为空气压力的 65%,可以使用 320 ℃ 的预热空气助燃。稳定燃烧的范围:功率为 22 kW 的小烧嘴,空气过剩系数可达 3.0;功率为 37 kW 的烧嘴,空气过剩系数可达 10.0;能力更大的烧嘴,空气过剩系数可达 20.0。

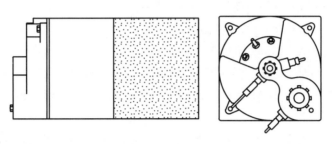

图 2-12　美国 North American 公司产的 Tempest 燃气高速烧嘴外形图

该调温高速烧嘴的助燃空气和调温空气由一根管子从烧嘴的周边引入与由烧嘴中心引入的煤气进行三级混合:内混、喷嘴混合、喷嘴外混合。每个烧嘴前都设有简易的孔板流量计和测压器,便于操作,每个烧嘴都配备紫外线火焰监测器、高压电点火装置和煤气烧嘴安全控制器。

3.北京工业大学预混型高速烧嘴

北京工业大学在 1994 年即着手开发研制高速烧嘴,1998 年开始用于陶瓷窑炉上。近年,又开发了新一代预混型高速烧嘴,其结构如图 2-13 所示。它保持了预混型燃烧装置的主要优点,而在不会回火和使用预热至 600 ℃ 的助燃空气两个方面实现了新的突破。这种烧嘴可使用各种煤气,包括净化不良的发生炉煤气和高炉煤气。主要技术性能指标如下:

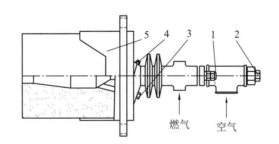

图 2-13　北京工业大学预混型高速烧嘴结构示意图

(1)燃烧完全,燃烧热效率可达 93% 以上,空气过剩系数为 1.05 时,烟气中 V_{CO}<0.05%。

(2)燃烧稳定,烧嘴前煤气、空气压力在 50～10 kPa 以上,空气过剩系数在 0.6～1.8 之间都能稳定燃烧,在生产使用中不会发生回火现象。

(3)烧嘴通过渐缩的小喷口高速喷出透明的燃烧产物(由于燃烧反应完全,火焰辐射能力很小)。烧嘴前煤气、空气压力为 3.5 kPa 时,喷速可达 100 m/s,在窑内造成强烈的循环气流,保证坯体均匀、快速加热。

(4)可使用 600 ℃助燃空气,以降低燃耗,减少污染。

(5)低污染,烟气中 $V_{NO_x}<100\times10^{-6}$(室温空气助燃时,空气过剩系数在 1.05)。

(6)点火简便安全。点火前燃烧室为负压,点火小火焰可自行吸入燃烧室内点火,也可直接用火花塞放电点火。

(7)燃烧室空间热强度高达 116×10^{6} W/m^3,燃烧室容积小,散热小,便于安装。

(8)同一烧嘴可烧不同的燃气,从热值很低的高炉煤气直至热值很高的液化石油气,而且可在操作中换烧。

(9)利用引射原理,可以使用低压或高压燃气(10~30 Pa)。

(10)备有合理的紫外线火焰监测器接头,可保持监测器洁净,无须冷风吹扫。

为提高隧道窑等连续窑炉预热带温度和气氛的均匀性,实现快速、均匀加热和用于间歇窑的快速烧成,北京工业大学还开发了不会回火的发生炉煤气特殊设计的烧嘴。如图 2-14 所示,它的技术性能指标与前者基本相同,烧嘴喷出高速气流温度的调节范围是调温高速烧嘴的一个重要技术性能指标,它最低可达 40 ℃,最高可达理论燃烧温度的 90%。在低温供热时,该烧嘴燃烧完全程度、燃烧与供热量的稳定性也是很好的。额定功率从 5 kW 开始,直至 500 kW,并可按用户需要的功率制造。

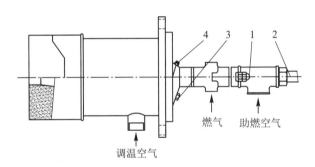

1—燃气-空气比值给定器;2—紫外线火焰监视器;3—点火孔、观火孔;4—电点火器。

图 2-14　使用预热空气、不会回火的预混型调温高速烧嘴结构示意图

(五)低 NO$_x$ 烧嘴

低氧化氮烧嘴是为适应环境保护的需要而发展起来的一种新型煤气烧嘴。烟气中的 NO$_x$ 主要是 NO 和 NO$_2$。

NO 对人体和动物体中的血色素的亲和力比 CO 大 1 000 倍。人和动物吸入 NO 会引起血液严重缺氧,损害中枢神经系统,引起麻痹症状。

NO$_2$ 对人体有强烈的刺激作用,当其浓度为 1 mg/m^3 时,连续吸入 4 小时,肺细胞组织将发生变化;浓度达 100 mg/m^3 时,1 分钟内人的呼吸开始异常;浓度达 200~300 mg/m^3 时,人在半小时至 1 小时内就会死亡。人对 NO$_2$ 的嗅觉范围是 0.18~0.72 mg/m^3,大气中

NO_2 的最高允许浓度为 0.15 mg/m^3。

大气中的碳氢化合物与 NO_x 在阳光的照射下,由于紫外线的触媒作用,生成具有强烈刺激性和腐蚀性的光化学烟雾,其内包含有乙醛、臭氧和一些毒性有机物。这些物质刺激人的眼睛和呼吸道,严重者会引起视力减退、全身麻痹、动脉硬化等症状,并能使农作物枯萎、金属构件腐蚀。

世界上工业发达的国家,如美国、日本和英国,在上世纪 50 年代和 60 年代都曾发生过由 NO_x 引起的严重大气污染事件。1954 年震惊世界的美国洛杉矶光化学烟雾事件就是其中一例。

进入大气的 NO_x 大部分是在燃料的燃烧过程中形成的,减少 NO_x 污染的主要措施有:

(1)烟气中 NO 的生成量随火焰温度的升高而增加,所以为了减少 NO 的污染,应尽可能地降低火焰温度。

(2)烟气中 NO_x 的生成量随空气系数的增大而增加,所以,在保证烧成制度的情况下应尽可能使空气系数偏小。

(3)氮的氧化反应是可逆的过程,高温气体缓慢冷却时,NO_x 会重新分解为氮和氧;快速冷速时,NO_x 的含量维持不变。因此,在高温区内的气体应缓慢冷却。

(4)在燃烧系统内进行烟气循环,使部分烟气与新生成的燃烧产物混合,降低火焰温度及氧气的浓度,减少 NO_x 的生成量。

目前使用的低 NO_x 烧嘴有分段燃烧式低 NO_x 烧嘴、烟气再循环式低 NO_x 烧嘴、SNT 型烧嘴和 SRG 型烧嘴。图 2-15 是烟气再循环式低 NO_x 烧嘴的示意图,它是利用空气从环型喷嘴喷出时的喷射作用,使一部分烟气回流到煤气喷嘴附近,与空气、煤气掺混在一起,防止生成局部高温,降低氧气的浓度。据介绍,当烟气循环量达 20% 左右时,NO_x 的浓度在 80×10^{-6} 以下。

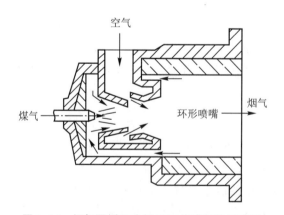

图 2-15　烟气再循环式低 NO_x 烧嘴结构示意图

第六节　液体燃料的燃烧

液体燃料热值较高,在燃烧过程中易于控制,是工业窑炉常用的燃料。液体燃料应用较多的有重油、轻柴油等。以下以重油为例说明液体燃料的燃烧过程及燃烧设备。

一、重油的燃烧方法与燃烧过程

重油由于黏度较大,与空气不易混合,所以必须找出一个合理的燃烧方法以提高其燃烧速度。重油常用的燃烧方法有两种:雾化燃烧和气化燃烧。工业窑炉主要应用雾化燃烧法。

雾化燃烧首先是把重油雾化成为细小颗粒,然后使油颗粒与氧接触,在高温下开始蒸发、热解裂化和着火燃烧。重油的雾化燃烧过程可概括为四个阶段:雾化→蒸发(成气)→混合(与空气)→着火燃烧。后两个阶段与气体燃料的燃烧过程基本相似,前两个阶段为重油雾化燃烧所特有的,尤其是雾化阶段,是整个燃烧过程的关键。雾化燃烧过程是一个复杂的物理化学过程。实际上,重油在炉内的燃烧是以油雾炬的形式燃烧,因此,各个油粒在同一时间并不经受同一阶段。油雾炬的燃烧过程如图 2-16 所示。重油由油喷口喷出后,首先开始雾化过程,这一过程是在比较短的距离内就结束了的,此后油的颗粒不再因雾化作用而变小。雾化以后,油粒首先被加热,然后蒸发。伴随着蒸发,有些油颗粒和部分油蒸气就开始热解和裂化。当空气流股和油股相接触时,就开始了混合过程。但是两个流股的混合是逐渐进行的,流股的边缘处先进行混合,流股中心处则要经过一段较长距离,空气才能与油雾混合。当某处空气和油雾中的气体混合达到一定比

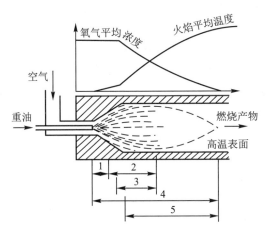

1—雾化;2—蒸发;3—热解裂化;4—混合;5—着火形成火焰。

图 2-16　油雾燃烧示意图

例,并且温度达到着火温度时,开始着火。由于混合过程是边混合边燃烧,所以,形成了有一定长度的火焰。沿火焰长度,平均温度是逐渐升高的,而氧气的平均浓度是逐渐降低的。由此可以看出,燃烧过程各个阶段之间是相互联系、相互制约的。在火焰中,各个阶段之间并不存在明显的界限。

二、重油的雾化

重油通过喷嘴破碎为细小颗粒的过程称为重油的雾化。只有雾化得细,油颗粒的单位表面积才足够大,蒸发才能加快。同时,还必须使蒸发的气态产物与空气迅速混合,才能保证迅速燃烧。所以,控制重油的燃烧速度主要是通过控制重油雾化和混合过程来实现。对重油雾化的基本要求是喷得细而均匀。要达到这个要求,就需要研究雾化的机理。

雾化就是使油流股变细,和一般物质的细碎过程一样。各种物质都有一保持其表面状态不被破坏的内力,只有当施加的外力超过此内力时,才能破坏其表面状态,物质才被细碎。保持油流股表面状态的内力是油的黏度和表面张力。在外力大于内力时,油流股被分散。当剩余的外力仍大于分散后油流股的内力时,油流股被继续变细成雾,直至外力等于内力,达到相对平衡时,油流股才不再变细,形成大量具有一定直径的雾滴。油流股内力是进行雾化的唯一依据,施加外力是进行雾化的必要条件。

三、雾化方式

(一)介质雾化法

介质雾化法是利用以一定角度高速喷出的雾化介质使油流股分散成细雾,当摩擦力或冲力大于油的表面张力时油流先分散成夹有空气泡的细流,继而破裂成细带或细线,后者又在油本身的表面张力作用下形成雾滴。雾化剂常用的有压缩空气或过热蒸气。根据雾化剂压力不同可分为三种:高压雾化,雾化介质的压力为101.33~709.28 kPa,用压缩空气或过热蒸气作为雾化介质;中压雾化,雾化介质的压力为10.13~101.33 kPa,用压缩空气或蒸气作为雾化介质;低压雾化,雾化介质的压力为2.03~12.16 kPa,用鼓风机鼓入的空气作为雾化介质。

(二)机械雾化法

机械雾化法是将重油加以高压(一般为1.01~3.04 MPa),并以较大的速度以旋转运动的方式喷入相对静止的空气中,依靠本身的油压使油得到雾化,又叫油压式(或机械式)雾化。机械雾化的效果与油压、油黏度、油喷出速度、喷嘴结构等因素有关。其雾化的油滴较粗,喷出的火焰较瘦长,刚性较好,喷油量大,设备简单紧凑,动力消耗低,在可调范围内调节方便,主要用于水泥回转窑。

(三)乳化油燃烧

将燃烧油中掺水并混合均匀后的液体称为乳化油,它有两相,以液珠形式为主的那个相叫分散相或内相;另一相叫连续相或外相。二相体积比影响乳化油的类型,一般有三种类型,油包水型、水包油型、多重型。目前所用乳化油主要是油包水型。

采取乳化技术取得的主要效果有:

(1)节油,掺水率达到 13%~15% 时,节油率达 8.5%~10%;

(2)火焰变短发亮,刚性增强,火焰温度稍有增高;

(3)基本消除了化学不完全燃烧,煤气内只有微量 CO,烟囱冒黑烟现象也大为减轻;

(4)烟气内 H_2O 含量增加,加强辐射传热量;

(5)乳化油燃烧可降低烟气中 NO_x 排放 30%~50%。

超声波乳化器是利用发射超声波达到乳化,设备简单,经济可靠,是目前最常用的乳化技术。

四、燃油烧嘴

燃油烧嘴是使重油雾化进一步着火燃烧的工具,也是形成具有一定形状、长度、方向的火焰工具。

与雾化方式相对应,目前有几大类机械雾化烧嘴和介质雾化烧嘴(低压雾化烧嘴、中压雾化烧嘴和高压雾化烧嘴)。下面重点介绍美国 Bickley 公司 ISO-JET 燃油调温高速烧嘴的结构特征。

图 2-17 是我国引进美国 Bickley 公司燃重油的调温高速烧嘴中较成功的一种。烧嘴的供油是利用类似于柴油机供油的 ANOTA 柱塞泵,使燃油产生不同频率的周期性脉冲,脉冲频率按供油量不同在 300~3 000 Hz 波动;油泵具有 2、3、4、6、8 等不同缸数,在使用中依据供油量的要求,每一油嘴选用不同数目的缸数,可精确地控制燃油量和产生合适的雾化压力。

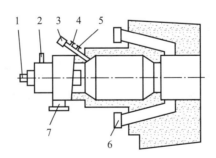

1—重油管;2—雾化风管;3—紫外线火焰监测器;4—点火空气;5—液化石油气;6—调温风管;7—助燃风管。

图 2-17　美国 Bickley 公司燃重油高速调温烧嘴示意图

喷油嘴采用结构简单的中压外混式,油从油嘴末端 6 个小孔以一定角度喷出。预热的雾化风通过油嘴外壳和内油管之间形成的风道,与内油管末端外侧的旋流导片汇合,进行雾化。风温和油温控制在 100~120 ℃ 之间,雾化压力保持在 69~71 kW 之间,不随油量变化而改变。此外,烧嘴的油喷嘴还与压缩空气管相接,压缩空气用于清扫油嘴内剩油。

助燃空气沿切线方向送入烧嘴外壳的风套中,从风套内侧的 4 个小方孔以一定的角度喷出,且旋转向前并逐渐与油雾混合,并带动油雾进一步旋转,进入燃烧室。

烧嘴设有液化石油气/空气预混型小烧嘴与高压电点火火花塞。其空气引自调温风管,点火空气压力为 1.5 kW,通过小喷射器吸入点火液化石油气(液化气的压力控制在 1.5~4.5 kPa 之间),通过调节螺丝来调节其混合比至合适后,流经点火的火花塞便可点燃,形成稳定的、有足够长度的火焰喷入燃烧室内,点燃油雾。通常在点火小烧嘴点燃 20 min 后便可关闭液化石油气,重油即可自行稳定燃烧。

烧嘴还装有紫外线火焰监视器,如火焰熄灭,将自动报警并切断燃油的供应。为保护火焰监视器,点火烧嘴的空气不可关闭。

该烧嘴的燃烧室具有收缩形的焰气喷出口,调温空气由上、下两个风管送到燃烧室的喷出口前与燃烧产物混合,经剧烈的混合后由喷出口高速喷出。调温空气的量由一个蝶阀控制,根据不同的要求进行调节。

第七节　固体燃料的燃烧

一、固体燃料的燃烧过程

煤的燃烧可分为准备、燃烧和燃尽三个阶段。

(一)准备阶段

准备阶段包括煤的干燥、预热、挥发分逸出和焦炭的形成。新加的煤层受下面煤层的加热,当温度达到 100 ℃ 以上时,水分迅速汽化,直至完全烘干。随着煤的温度继续上升,挥发分开始逸出,最终形成焦炭。此阶段煤层处于加热过程,一般希望此阶段越短越好。影响吸热过程的因素除煤的性质和水分含量外,还有燃烧室的温度及燃烧室结构。

(二)燃烧阶段

燃烧阶段包括挥发分的燃烧和固定碳的燃烧。挥发分中含有可燃成分,焦炭容易点火,通常把挥发分着火燃烧的温度粗略地看作煤的着火温度。挥发分越多,着火温度越低;反之,挥发分含量越少,则着火温度越高。

固定碳是煤中的主要可燃成分,是煤燃烧放出热量的主要来源,占总热能的 60% 以上。由于碳的燃烧是属于多相燃烧反应,所需时间较长,完全燃烧程度比挥发分差,因此,保证固定碳的燃烧是组织燃烧过程的关键。

(三)燃尽阶段(灰渣形成阶段)

焦炭即将燃尽时,燃料中的灰分所形成的灰渣包围在其外表面,使空气很难与碳粒接触再继续燃烧,从而使燃烧速度下降,此阶段放热量很小,所需空气量也很少,但仍需保持较高温度,并给予一定时间,尽量使灰渣中的可燃成分燃烧。同时,在操作上配以拨火技术,使灰渣中的可燃物质燃尽。

无机材料工业高温窑炉所用固体燃料的燃烧方法主要有层状燃烧和粉煤喷流燃烧。所谓层状燃烧是将块煤铺放在炉条上成一定厚度的煤层进行燃烧;而粉煤喷流燃烧则是先把原煤经过破碎、烘干和粉磨,制成一定的煤粉之后,随空气喷到燃烧室或窑内进行悬浮燃烧。此外近些年来还试验了一种沸腾燃烧设备,燃烧方法不同,燃烧过程也各有特点。

由于直接燃煤能耗较高,而且严重污染环境,国家政策要求逐步淘汰煤烧窑炉。所以,本节重点介绍煤各阶段燃烧过程的特点,对燃烧设备只作一般性介绍。

二、层燃燃烧室

层燃燃烧室(人工操作)中,煤主要是在炉条上进行燃烧的,而可燃气体和一小部分细屑燃料则在燃烧室空间中做悬浮燃烧。层燃燃烧间隔加煤,在两次加煤中间要进行拨火和除渣两项操作。所谓拨火就是拨动炉条上的燃料层,防止因煤结块而形成"风眼",使通风均匀流畅,同时,还可震落包在炭粒外面的夹层,促使燃料燃烧迅速而完全。如果加煤、拨火和清灰三项操作是人工操作的,称人工操作燃烧室;如果只有一项或两项采用机械化操作的称为半机械化操作燃烧室;如全部采用机械化操作,则称为机械化燃烧室。下面主要以人工操作燃烧室为例介绍其燃烧过程的特点和层燃燃烧室结构。

(一)层燃燃烧过程的特点

煤在层状燃烧室的燃烧过程依次为:新加入的燃料受热蒸发水分、逸出挥发分、焦炭燃烧、形成灰渣。因此,燃烧室自上而下可分为预热干燥带、燃烧带(氧化、还原带)及灰渣带。沿层状燃烧室高度,各带分布及气体成分的变化如图2-18。当一次空气通过灰渣带时,炉条及灰渣被冷却,空气被预热而温度升高。空气再继续上升与灼热焦炭接触,进行燃烧反应,生成 CO_2、CO,并放出大量热量。随着气体的不断上升,氧气含量不断减少,CO_2 含量不断增多,到达一定高度后氧气含量接近于零,而 CO_2 含量达到最大值。这一区域主要进行氧化反应,所以又叫氧化层。此阶段的温度也达到最高。

当煤层厚度大于氧化层厚度时,气流中的 CO_2 与碳接触被还原成 CO,该区称为还原带。此带 CO_2 含量减少,CO 含量增加,气体温度降低。热气体继续上升,把新加入的煤干燥、干馏,并把燃料中逸出的水蒸气和挥发分带入空间,此带称为干燥预热带。在燃烧室或炉膛空间再送入部分空气(二次空气),使煤中逸出的挥发分及气流中的 CO 进一步燃烧,根据送入二次空气量还可调节气氛的强弱。

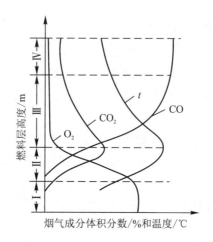

Ⅰ—灰渣带；Ⅱ—氧化带；Ⅲ—还原带；Ⅳ—干燥预热带。

图 2-18　煤的层状燃烧过程

从以上讨论可以看出,改变燃料层厚度可以改变燃烧产物的成分。在煤烧传统倒焰窑的操作中,为了满足窑内制品在各个焙烧阶段对气氛的不同要求,必须相应改变燃料层的厚度。要求氧化气氛时,煤层应薄些;要求还原气氛时,煤层则厚些。

燃料层越厚,从燃料层逸出的可燃气体越多,这些可燃气体虽然可以在炉膛或窑室内继续燃烧,由于混合条件等的限制,总是难以完全燃烧,从这一点考虑,完全燃烧燃烧室的煤层应薄一些,但也不宜太薄。煤层过薄,容易引起煤层通风不均匀,甚至出现"风眼",空气未参加燃烧便穿过"风眼"进入炉膛或窑室空间;同时,煤层过薄时,因为蓄热量小,不易保持燃料层内的高温,所以也不利于着火和燃烧。实际操作的燃料层厚度都大于氧化层的厚度。在完全燃烧的燃烧室中,燃用烟煤时,煤层厚度控制在 100~200 mm,烧无烟煤时则在 60~150 mm。

要想改变燃烧室的燃煤量,必须采用调节通风量,即控制燃烧速度的方法来实现,而通过改变煤层厚度来改变燃煤量则效果不明显。

从上述层燃燃烧室内煤的燃烧过程可知,一次空气主要是供给焦炭燃烧的需要,二次空气则是供给挥发物、CO 以及部分被气流扬起的细小煤粒等燃烧的需要。显然,煤层越厚需要的二次空气量也越大。一般二次空气量为全部空气用量的 10%~15%,而在半煤气燃烧空气则可达 30%~60%。

为了保证完全燃烧,人工操作燃烧室,通常采用较大的空气过剩系数,一般 $\alpha = 1.3$~1.7。

(二)层燃燃烧室结构

常用的人工操作燃烧室有两种,图 2-19 所示是人工操作水平炉栅燃烧室,燃料由人工间歇地从加煤口投入,燃烧所需的空气大部分自下而上穿过炉栅的通风孔隙进入燃料层(一次空气);二次空气从炉膛供入,炽热的烟气通过挡火墙上方的喷火口进入窑内加热物料,燃尽的灰渣则经过炉栅的通风孔隙落入灰坑,并从灰门清除。由于从燃料层中逸出的挥发分中可燃气体及被气流扬起的细小煤粒还将在炉膛空间燃烧,故炉膛的尺寸大小应保证这些可燃物质有充分的空间和时间进行燃烧和燃尽。

图 2-20 所示是人工操作阶梯式炉栅燃烧室。它是由阶梯炉条和水平炉条组成。阶梯炉条由上向下倾斜,排成阶梯状,相邻两块有 30~40 mm 的叠盖,防止漏煤。阶梯炉条有一定倾斜度是为了使燃料不断地下滑,在下滑过程中,燃料中的水分蒸发,燃料有较充分的燃烧时间。此倾斜角度对于燃烧室的操作特性有较大的影响,如果倾斜角度等于燃料堆积的自然休止角(35°~45°),那么燃料层的厚度沿整个炉篦长度上是一样的。当炉条的倾斜角小于燃料的自然休止角时,越靠近炉条下部的燃料层就越薄,经炉条下部进入大量空气,使燃料充分燃烧。由于在燃烧室内实现了一次完全燃烧,因此燃烧室内的温度高,燃烧室与窑内的温差大,窑内不易得到稳定和均匀的温度。水平炉栅燃烧室构造简单,可以逐条摇动清灰,操作灵活,但煤层不稳定,通风不易均匀,燃烧不稳定,温度波动大,漏煤较严重,机械不完全燃烧热损失大。阶梯炉栅燃烧室燃烧稳定,温度波动较小,劳动强度相对较低,不易漏煤,也可烧细碎的粉煤。

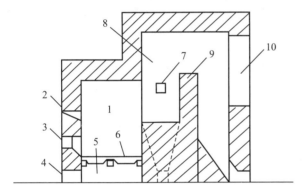

1—炉膛;2—看火孔;3—加煤口;4—清灰门;5—灰坑;6—炉栅;
7—冷风门;8—混合室;9—挡火墙;10—喷火口。

图 2-19 人工操作水平炉栅燃烧室

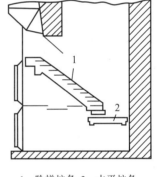

1—阶梯炉条;2—水平炉条。

图 2-20 阶梯式炉栅燃烧室

综上所述,人工操作燃烧室的燃烧特点是:着火条件好,对燃料的适应性强,设备简单,金属耗量小;但带动温度大,燃料机械不完全燃烧及化学不完全燃烧热损失较大,燃烧不稳定,炉温波动大,且对环境污染较大。目前国内正逐步被淘汰,正逐步向煤气或燃油方面转换。

思考题和习题

◆ 思考题

1.固体燃料的组成为何要用四种基准表示? 它们各适用于哪些场合?

2.有人认为燃料发热量越高,其理论与实际燃烧温度也越高。分析该说法是否正确,并说明原因。

3.试提出工业窑炉中强化燃烧过程的主要途径。

4.使用高压介质雾化油烧嘴时,对雾化剂有何要求?说明原因。

◆ 习题

1.已知煤的组成(%)为:

组成	$w(C)_{daf}$	$w(H)_{daf}$	$w(O)_{daf}$	$w(N)_{daf}$	$w(S)_{daf}$	$w(A)_d$	$w(H_2O)_{ar}$
质量分数/%	80.67	4.85	13.10	0.80	0.58	10.92	3.2

将其换算成收到基组成。

2.标准状态下发生炉煤气的干基组成为:

组成	$\varphi(CO_2)$	$\varphi(CO)$	$\varphi(H_2)$	$\varphi(O_2)$	$\varphi(CH_4)$	$\varphi(H_2S)$	$\varphi(N_2)$
质量分数/%	5.5	28.0	13.4	0.4	0.5	0.2	52.0

水分含量为$\varphi(H_2O)=3.13\%$,试计算该煤气的低位热值。

3.已知发生炉煤气的干成分为:

组成	$\varphi(CO_2)$	$\varphi(CO)$	$\varphi(H_2)$	$\varphi(O_2)$	$\varphi(CH_4)$	$\varphi(C_2H_4)$	$\varphi(N_2)$
体积分数/%	7.71	29.8	15.4	0.21	3.08	0.62	43.18

煤气的温度为23 ℃,空气预热温度为300 ℃,煤气预热到200 ℃,空气过剩系数$\alpha=1.2$。问:发生炉煤气的发热量、空气需要量、燃烧产物量、燃烧产物组成和理论燃烧温度各是多少?

4.某地产无烟煤,其空气干燥基组成为$w(H_2O)_{ad}=2.0\%$,$w(A)_{ad}=39.2\%$,$w(V)_{ad}=5.59\%$。计算该无烟煤空气干燥基低位热值。

5.已知重油组成(%)为:

组成	$w(C)$	$w(H)$	$w(O)$	$w(N)$	$w(S)$	$w(H_2O)$	$w(A)$
质量分数/%	87.0	11.5	0.1	0.8	0.5	0.07	0.03

设某窑炉在燃烧时空气过剩系数$\alpha=1.2$,用油量为200 kg/h,计算:

(1)每小时实际空气用量(m³/h);

(2)每小时实际湿烟气生成量(m³/h);

(3)干烟气及湿烟气组成百分率。

6.某窑炉使用发生炉煤气为燃料,其组成(%)为:

组成	$\varphi(CO_2)$	$\varphi(CO)$	$\varphi(H_2)$	$\varphi(CH_4)$	$\varphi(C_2H_4)$	$\varphi(O_2)$	$\varphi(N_2)$	$\varphi(H_2S)$	$\varphi(H_2O)$
体积分数/%	5.6	25.9	12.7	2.5	0.4	0.2	46.9	1.4	4.4

燃烧时 $\alpha = 1.1$,计算:

(1)燃烧所需实际空气量[m^3/m^3(空气/煤气)];

(2)实际生成湿烟气量[m^3/m^3(空气/煤气)];

(3)干烟气及湿烟气组成百分率。

7.上题中,若高温系数 $\eta = 85\%$,空气、煤气均为 20 ℃,计算实际燃烧温度。空气预热至 1 000 ℃时,此时实际燃烧温度较不预热时提高了多少?

气体力学

气体力学是从宏观角度研究气体平衡及其流动规律的一门科学。无机非金属材料工业窑炉绝大部分是以燃料燃烧提供热能，产生的高温气态燃烧产物（载热体）放出热量用以熔融、煅烧物料或加热制品，经余热的回收利用后，最终经排烟系统排入大气。窑炉气体有许多种，而主要的是烟气和空气。为此，气体的输送、气体在窑炉空间的运动、废气的排出等对窑炉操作都很重要。本章研究的中心问题是气体流动。

气体流动的状态、流速和方向直接影响着窑内热交换过程；空气与燃料的混合影响着燃料的燃烧过程；气流的分布影响到窑温与窑压；而气体的压强和流动阻力则与排烟系统的设计密切相关。因此，工业窑炉中气体流动与窑炉的操作、热工性能以及设计是密切相连的，了解与掌握热工设备中气体流动的特点，对于解决窑炉设计与操作控制过程中存在的问题具有重要的意义。

气体在窑炉流动过程中常伴有燃料燃烧、传热以及某些化学反应，它们对气体的流动有一定的影响。高温窑炉中的气体一般温度较高，在某些情况下温度和密度有很大的变化。但也有这样的情况：化学变化不十分激烈，温度、压强和密度的变化都不太大。在这样的情况下，流体力学的若干基本定律经过某些变换，在一定程度上可以应用于窑炉系统，这就给窑炉气体力学的研究提供了方便。因此，学习本章之前，读者应具备一定的流体力学知识。本章对流体力学的有关内容只作简单介绍，重点在于讨论窑炉中气体的流动规律，并将从工程实际出发，重点介绍窑炉气体力学的理论及应用，强调工程性和实用性。

第一节　气体力学基础

气体力学是流体力学的一个分支，流体力学按照研究的流体介质可以分为水力学和气体力学两大类。由于研究的对象不同，研究的方法和范围也有所不同。水力学主要研究液体的平衡、运动和液体与固体相互作用的规律；气体力学主要研究气体的平衡、运动和气体与固体相互作用的规律。

气体是一种流体，虽然与液体一样具有连续性、易流动性和黏性，但与液体相比还具有如下特殊的性能：(1)气体的体积随着压力变化有很大的变化。液体的体积受压力变化的影响很小，因此，液体可被看作不可压缩性流体。(2)气体的体积受温度的影响很大,随着温度的增高气体密度会减小,因此,在压力不变的条件下气体体积会增大。液体的体积受温度的影响很小。(3)由于分子间的引力很小,气体在容器中不会像液体那样形成自由表面,而是会充满容器的空间。(4)气体的黏度随温度的升高而增大。在一般情况下,这与液体的黏度随温度升高而减小的规律正好相反。由此可见,由于气体的特性所致,它的运动学和动力学规律与液体相比,具有一定的特殊性。

气体和液体一样,都具有流动性,它们同属于流体。流体力学基本定律在气体力学研究中仍然适用。但它们之间也存在一定差别,各自具有本身的特性,只有了解了气体的特性,才能把流体力学的知识准确地应用于窑炉系统的气体力学研究中。

一、气体的物理属性

(一)流体的流动性

从力学观点来看,流体与固体的区别主要在于受剪应力后的表现有很大的差异。固体受剪应力后与受张应力或压应力有类似的表现,即在弹性极限范围内,产生弹性变形,当应力超过弹性极限时就会产生永久畸变(或称为塑性变形),应力再大时则被破坏。流体受剪应力后,即使剪应力很小,也会不断变形并流动,也就是说流体只能承受压应力,不能承受拉力和剪切力,否则就会变形流动,即流体具有流动性。

(二)流体的连续性

流体由大量的不断做无规则运动的分子组成,各个分子之间以及分子内部的原子之间均保留着一定的空隙,所以说流体内部是不连续而且存在空隙的。若从单个分子运动出发来研究整个流体的平衡及运动规律很困难,因此,欧拉在1753年提出了以连续介质的概念为基础的研究方法。在流体力学中不研究个别分子的运动,只研究由大量分子组成的分子集团。假设整个流体由无数个分子集团组成,每个分子集团称为"质点",质点的大小与容器或管路相比是微不足道的。这样可以设想在流体的内部各个质点相互紧挨着,它们之间没有任何空隙而成为连续体。用这种处理方法就可以不研究分子间的相互作用以及复杂的分子运动,主要研究流体的宏观运动规律,也就是说把流体看作由大量的连续质点所组成的连续介质。那么表征流体特性的各物理量的变化,在时间与空间上是连续变化的。也就是说,这些物理量是空间坐标与时间的单值连续函数。因此,可以利用以连续函数为基础的高等数学来解决流体力学的问题。但是,并不是在任何情况下都可以把流体视为连续介质,如果所研究问题的特征尺度接近或小于分子的自由程,连续介质的概念将不再适用。如在高空飞行的火箭导弹,由于空气稀薄,分子的间距很大,可以与物体的特征尺度相比拟,虽然能找到可获得稳定平均值的分子团,但显然这个分子团是不能当作质点的。

(三)流体的密度

密度的定义:单位体积的流体具有的质量称为流体的密度。

其表达式是

$$\rho = \frac{m}{V} \tag{3-1}$$

式中，ρ——流体的密度，kg/m^3；

     m——流体的质量，kg；

     V——流体的体积，m^3。

流体的密度通常由实验测得，常用流体的密度值可由表3-1中查得。

表3-1　几种常见流体的密度值

流体名称	密度/(kg/m³)	测试条件	流体名称	密度/(kg/m³)	测试条件
纯水	1 000	4 ℃	空气	1.293	标准状态
海水	1 020	15 ℃	燃烧产物	1.30~1.34	标准状态
汞	13 600	15 ℃	CH_4	0.716	标准状态
汽油	680~790	15 ℃	SO_2	2.858	标准状态
重油	900~950	15 ℃	H_2S	1.521	标准状态
O_2	1.429	标准状态	CO_2	1.963	标准状态
H_2	0.090	标准状态	H_2O	0.804	标准状态
CO	1.250	标准状态	N_2	1.250	标准状态

（四）气体的压缩性与膨胀性

气体和液体不同，具有显著的压缩性和膨胀性。液体几乎不具有压缩性，且受热时体积膨胀很小，在重力作用下当容器体积大于液体自身体积时，液体不能充满容器而会形成一自由液面。

与液体相比，气体具有压缩性。在受热时体积膨胀较大，且能够充满容器而没有自由表面。因此，压强和温度的改变对气体密度影响很大。窑炉中气体的特点是当压强不过高、温度不过低（即常压、常温或高温）时，压强、温度和气体密度三者关系服从理想气体状态方程：

$$pV = mRT \tag{3-2a}$$

或
$$p = \rho RT \tag{3-2b}$$

式中，p——气体的绝对压强，N/m^2 或 Pa；

     V——气体的体积，m^3；

     m——气体的质量，kg；

     T——气体的热力学温度，K；

     ρ——气体的密度，kg/m^3；

     R——气体的常数，$R = 8\,314.3/M$，$J/(kg \cdot K)$，式中 $8\,314.3\ J/(kmol \cdot K)$ 是理想气体的通用常数，M 是每千摩尔气体的质量（$kg/kmol$），数值上等于气体的分子质量。

1.压缩性

当温度一定时,气体体积随压强的增加而缩小的性质,称为气体的压缩性。此情况下,气体的压强与体积的关系:

$$pV = C \tag{3-3a}$$

或

$$\frac{p}{\rho} = C \tag{3-3b}$$

式中 C 是常数。上式表明,在等温情况下,压强与体积成反比,与密度成正比。亦即压强增加时,体积缩小,密度增加。由此看出:气体具有压缩性。但当压强和温度变化都很小时,气体密度变化也很小,可近似地把气体密度看作是一个常数。密度一定的气体是不可压缩的。或者说忽略压缩性和膨胀性的气体称为不可压缩气体。

2.膨胀性

当气体压强不变时,气体的体积随温度的升高而增加的性质,称为膨胀性。此情况下,气体的温度与体积的关系:

$$\frac{V}{T} = C \tag{3-4a}$$

或

$$\rho T = C \tag{3-4b}$$

上式表明,在等压情况下,温度与体积成正比,与密度成反比。亦即温度升高时,体积增加,密度减小。由此看出:气体具有膨胀性。

气体的膨胀性和压缩性比液体大得多,气体属于可压缩流体。但窑炉系统是处于微正压或微负压状态操作控制的,窑内空气和烟气的压强近似等于外界大气压,且其流速较小,压强在流动过程中的变化不超过 0.5%。虽然整个系统的温度变化较大,但若分段进行处理,使每段的温度变化不太大,以致气体密度变化不超过 20% 时,也可把气体视为不可压缩气体,密度为常数,在工程计算中这样处理可使问题的讨论大为简化,所得结论也可符合工程要求。当气体的流速在 10 m/s 以上或压强和温度变化较大时,如高压气体处于射流流动等,就必须按可压缩气体来处理,这样讨论问题较为复杂。

若令 p_0、T_0、V_0、ρ_0、v_0 分别代表标准状态下气体的压强、温度、体积、密度和平均流速,则在压强 p 和温度 T 时,气体的体积 V、密度 ρ 及平均流速 v:

$$V = V_0 \frac{p_0}{p} \frac{T}{T_0} \tag{3-5}$$

$$\rho = \rho_0 \frac{p}{p_0} \frac{T_0}{T} \tag{3-6}$$

$$v = v_0 \frac{p_0}{p} \frac{T}{T_0} \tag{3-7}$$

对窑炉系统中的低压空气和烟气,可令 $p=p_0$,此时:

$$V = V_0 \frac{T}{T_0} \tag{3-8}$$

$$\rho = \rho_0 \frac{T_0}{T} \tag{3-9}$$

$$v = v_0 \frac{T}{T_0} \qquad (3-10)$$

（五）流体的黏性

在没讲什么是黏性之前先看下面图 3-1 的实验事实：在一个平行平板之间充满某种流体，固定下板，上板在一定力的作用下匀速运动，速度为 v，可以看到板间的流体也处于运动状态，而且从上到下，流体流速大小不同。

这个实验说明两个问题：一个是流体与板间存在一个切向作用力，称为滑动摩擦力；另一个是流体层之间也存在一种作用力，称为内摩擦力。内摩擦力的作用是反抗相对运动，这种内摩擦力反抗相对运动的性质叫作流体的黏性。

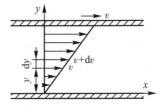

图 3-1　黏性的作用

产生内摩擦的因素有两个，一个是分子间的引力，另一个是分子间无规则运动产生的滑动摩擦力。对气体而言，分子间距较大，分子间引力较弱，并且不随温度发生明显变化，但分子间无规则运动而产生的滑动摩擦力却随温度的升高有明显增加。对液体则正好相反，分子间距较小，分子间引力较大，并且随温度的升高有明显的减小，而分子间无规则运动所产生的滑动摩擦力随温度变化却很小。所以，当温度升高时，液体黏性减弱，气体黏性增强。反映黏性大小的特性用黏度来衡量。

气体黏性可由牛顿内摩擦定律表示：

$$\tau = \eta \frac{\mathrm{d}v}{\mathrm{d}y} \qquad (3-11)$$

式中，　τ——剪应力，N/m^2；

　　$\dfrac{\mathrm{d}v}{\mathrm{d}y}$——速度梯度，$s^{-1}$；

　　η——动力黏度，$(N \cdot s)/m^2$。

1.黏度

在气体的流动过程中，气体的黏性起着非常重要的作用，黏度是衡量气体黏性大小的物理量。

动力黏度 η 反映黏性的动力学特性，其单位为 $Pa \cdot s$。动力黏度的物理意义是：当速度梯度为 1 时，气体单位面积上的内摩擦力的大小就是 η 的数值。η 越大表明流体的黏性越大，内摩擦作用越强，对流体的影响越大。

气体的动力黏度 η 与它的密度 ρ 的比值称为运动黏度，用 ν 来表示：

$$\nu = \frac{\eta}{\rho} \qquad (3-12)$$

运动黏度的单位是 m^2/s。另一种常用的液体黏度表示方法为恩氏黏度，用符号 $°E$ 表示。所谓恩氏黏度是指 200 mL 的液体从恩氏黏度计中流出所需的时间 t_1 与 200 mL 20 ℃时的蒸馏水从该恩氏黏度计流出时间 t_2（约 50 s）之比，即：

$$°E = \frac{t_1}{t_2} \qquad (3-13)$$

恩氏黏度与运动黏度的换算关系如下：

$$\nu = 0.073\ 1°E - \frac{0.063\ 1}{°E} \tag{3-14}$$

式中，ν 的单位是 cm^2/s。气体黏度与温度的关系可由式(3-15)表示：

$$\eta_t = \eta_0 \left(\frac{273 + C}{T + C}\right)\left(\frac{T}{273}\right)^{\frac{2}{3}} \tag{3-15}$$

式中，η_t、η_0——温度分别为 $t\ ℃$ 和 $0\ ℃$ 时气体的黏度，$Pa\cdot s$；

　　　　C——与气体性质有关的常数。

某些气体的 η_0 与 C 值列于表3-2。

表3-2　某些气体的 η_0 与 C 值

气体种类	$\eta_0/(Pa\cdot s)$	C
空气(0~300 ℃)	1.72×10^{-6}	122
烟气	1.51×10^{-6}	173
发生炉煤气	1.48×10^{-6}	150

2.黏性流体与理想流体

实际流体都具有黏性，可称为黏性流体，其运动规律复杂。为研究方便，有必要引入理想流体概念，即假设流体不存在黏性，如此较易获得理论结论。然后考虑黏性，通过理论与试验途径，进行修正，再得到实际流体的规律。

3.牛顿流体与非牛顿流体

对于大多数液体与气体，当温度一定时，黏度为常数，其内摩擦力与速度梯度成直线关系，即完全服从牛顿内摩擦定律，称为牛顿流体。另一类流体，如聚合物溶液、悬浮溶液等，其内摩擦力与速度梯度成非直线关系，不遵守牛顿内摩擦定律，称为非牛顿流体。

（六）热气体运动的特点——受空气浮力的作用

浮力对液体在空气中流动的影响常常忽略不计，但浮力对热烟气的流动却起着显著的作用，不可忽视。

如图3-2，在大气中有两个流体柱，一个是水柱，另一个是热烟气柱，已知空气密度 $\rho_a = 1.2\ kg/m^3$，烟气密度 $\rho_g = 0.6\ kg/m^3$，水的密度 $\rho_w = 1\ 000\ kg/m^3$，两流体柱受到的浮力 F 均为：

$$F = V\rho_a g = 10\times1\times1.2\times9.8 = 117.6\ N$$

水柱受到的重力：

$$m_1 g = 10\times1\times1\ 000\times9.8 = 98\ 000\ N$$

烟气柱受到的重力：

$$m_2 g = 10\times1\times0.6\times9.8 = 58.8\ N$$

由以上计算可知：水柱所受的重力远大于其所受的浮力，

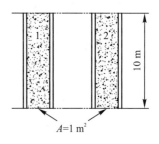

1—水柱；2—烟气柱。

图3-2　浮力的作用

浮力的影响常常可以忽略,认为水柱只受重力作用,这就是为什么水总是由高处向低处流动的原因。而烟气柱所受的浮力是其所受的重力的 2 倍。所以,热烟气在没有外界机械能加入的情况下,会自行向上流动,并且在对热烟气进行讨论时不能忽略重力的作用。

二、气体静力学基础

(一) 静压强

处于相对静止状态下的气体,由于本身的重力或其他外力的作用,在气体内部及气体与容器壁面之间存在着垂直于接触面的作用力,这种作用力称为气体的静压力,用 P 表示,单位为 N。

气体的静压强是指单位面积上所受到的气体静压力,即:

$$p = \frac{P}{A} \tag{3-16}$$

式中,P——垂直作用于流体截面积 A 上的压力,N;

A——作用面的面积,m^2;

p——气体的静压强,简称压强,N/m^2 或 Pa。

气体的静压强还具有能量的含义。把静压强的单位 N/m^2 改写成 $N \cdot m/m^3$,表示单位体积流体的能量,说明流体膨胀可以对外界做功的本领,因此流体的静压强也称为静压能。

在国际单位制(SI)中,压强的单位是 Pa 或 N/m^2。工程上有时还用其他单位,如 atm(标准大气压)、mH_2O(米水柱)、mmHg(毫米汞柱)、bar(巴)等。它们之间的换算关系为:

$$1 \text{ atm} = 101\ 325 \text{ Pa} = 10.332 \text{ mH}_2\text{O} = 760 \text{ mmHg} = 1.013\ 3 \text{ bar}$$

按基准点不同,流体的压强有两种表示方法:一种是以绝对真空为起点计算的压强,称为绝对压强,用 p 表示;另一种是以周围环境大气压强为起点计算的压强,称为相对压强,用 p_s 表示。

用各种测压仪表测得的气体压强都是相对压强,因此也可称相对压强为表压强。令 p_a 表示环境大气压强,则被测气体的绝对压强与相对压强的关系为:$p_s = p - p_a$。

当 $p_s > 0$ 时,相对压强为正值,称正压,表示被测气体的压强大于环境大气压强;

当 $p_s = 0$ 时,相对压强为零,称零压,表示被测气体的压强等于环境大气压强;

当 $p_s < 0$ 时,相对压强为负值,称负压,表示被测气体的压强小于环境大气压强,此时气体的相对压强的大小也常用真空度(负压的绝对值)表示。

(二) 静力学基本方程式

对重力场作用下的静止流体,将欧拉平衡微分方程式在密度不变的情况下进行积分求解,可得到静力学基本方程式

$$p + \rho g z = 常数 \tag{3-17}$$

对处于静止状态流体内的 1、2 点,可列出静力学基本方程式

$$p_1 + \rho g z_1 = p_2 + \rho g z_2 \tag{3-18}$$

式中，p_1、p_2——分别为 1、2 两点流体的压强，Pa；

z_1、z_2——分别为 1、2 两点距基准面的距离，m；

ρ——流体密度，kg/m^3；

g——重力加速度，$g = 9.81$ m/s^2。

为应用方便，式（3-18）也可写成

$$p_1 = p_2 + \rho g(z_2 - z_1) = p_2 - \rho g H \tag{3-19}$$

式中，H——1、2 两点间的垂直距离，m。

流体静力学基本方程式的意义：当流体内任一点 z_1 上的压强 p_1 有任何大小改变时，流体内部其他各点 z_2 上的压强也有同样的改变；若 $z_1 = z_2$，则有 $p_1 = p_2$。因此得出结论：在静止的同一种连续流体内，处于同一水平面上的各点压强都相等。

在静止流体中，压强相等的各点所组成的面称为等压面。等压面是求解静止流体中不同位置之间压强关系时经常用到的概念，使用此概念的条件必须是连通的同种流体。

液体与气体的分界面，即液体的自由液面就是等压面，其上各点的压强等于在分界面上各点气体的压强。互不相混的两种液体的分界面也是等压面。仅受重力作用下的静止液体，水平面就是等压面。气体的密度除随温度变化外还随压强发生变化，因此会随它在容器内的位置高低而变化，但这种变化一般可以忽略，所以说式（3-18）也适用于气体。但应用时要注意，上述结论只适用于同一种并且是相互连通的流体，而且只受重力的作用。

【例 3-1】如图 3-3 所示的窑炉，内部充满热烟气，温度为 1 000 ℃，烟气在标准状态的密度 $\rho_{g,0}$ 为 1.30 kg/m^3，窑外空气温度 20 ℃，空气标准状态的密度 $\rho_{a,0}$ 为 1.293 kg/m^3，窑底内外压强相等，均为 101 325 Pa。距离窑底上方 0.7 m 处窑内、外气体的压强各是多少？其相对压强多大？

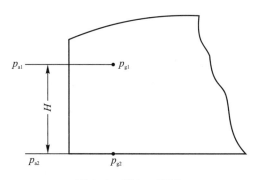

图 3-3　例 3-1 附图

【解】首先根据公式 $\rho_t / \rho_0 = T_0 / T$，求出烟气、空气分别在 1 000 ℃、20 ℃时的密度。

$\rho_a = 1.293 \times 273/293 = 1.20$ kg/m^3；

$\rho_g = 1.30 \times 273/(273 + 1000) = 0.28$ kg/m^3

其次,根据基本方程式求出气体压强:

$$p_{a1} = p_{a2} - \rho_a gH = 101\ 325 - 1.20 \times 9.81 \times 0.7 = 101\ 317\ Pa$$

$$p_{g1} = p_{g2} - \rho_g gH = 101\ 325 - 0.28 \times 9.81 \times 0.7 = 101\ 323\ Pa$$

最后,距窑底 0.7 m 处的相对压强 $p_{g1} - p_{a1} = 101\ 323 - 101\ 317 = 6\ Pa$。

三、气体动力学基础

(一)基本概念

1.稳定流动和不稳定流动

气体在管道内或窑炉系统中流动时,如果任一截面上的质点运动参数(流速、压强等)均不随时间而改变,这种流动称为稳定流动;如果质点运动参数都随时间的推移而改变,这种流动称为不稳定流动。

实际流动很难有完全的稳定流动。但是在工程实践中,一般都按稳定流动来考虑。一方面是为了便于研究和简化问题;另一方面,工程中的设计和运行工况通常都是以稳定流动为基础的。例如,启动泵(风机)或调节阀门时,在短时间内,管道中流体的流速、压强等随时间迅速发生变化,是不稳定流动。但是泵(风机)启动后或阀门调节后的长时间内,流体的运动参数是不随时间而变化的,属于稳定流动过程。这样,在整个过程中,显然稳定流动是主要的。

2.流量与流速

(1)流量:单位时间内流过管道任一截面的流体数量称为流量。常用的流量表示方法有两种:体积流量和质量流量。

体积流量:单位时间内流过管道任一截面的流体体积,用 q_V 表示,单位是 m^3/s 或 m^3/h。

质量流量:单位时间内流过管道任一截面的流体质量,用 q_m 表示,单位是 kg/s 或 kg/h。质量流量与体积流量的关系为:

$$q_m = \rho q_V \tag{3-20}$$

不可压缩流体,如液体和低压气体流动,由于密度变化不大,常用体积流量表示,而可压缩流体的流动常用质量流量来表示。

(2)流速:单位时间内流体在流动方向上流过的距离称为流速,单位是 m/s。

实际上流体在管道任一截面沿径向各点上的速度都不同,管道中心处速度最大,越靠近管壁处流速越小,管壁处流速为零。工程中,为了计算方便,常采用断面平均流速表示,简称平均流速,单位是 m/s。

平均流速:单位面积上的体积流量,常用 v 表示,单位是 m/s。

$$v = \frac{q_V}{A} \tag{3-21}$$

管道中以圆形截面居多,若以 d 表示管道内径,则平均流速为:

$$v = \frac{q_V}{\frac{\pi}{4}d^2} = \frac{4q_V}{\pi d^2} \tag{3-22}$$

或
$$d = \sqrt{\frac{4q_V}{\pi v}} \qquad (3-23)$$

式(3-23)是确定输送流体的管道直径的最基本公式。

3.流体的流动状态——层流与湍流

雷诺试验:1876—1883年,英国物理学家奥斯本·雷诺经过多次试验发现,在不同的条件下,流体流动有不同的运动状态——层流与湍流。

所谓层流,就是流体都在一个方向流动,层次分明,互不干扰,流体在垂直于流动方向上的速度为零,其质点运动轨迹为一束平行线,见图3-4(a)。所谓湍流,就是气体紊乱的流动,故又称为紊流,流体各质点极端紊乱地向各个方向做曲线运动,而且彼此交错,它虽有一个主流方向,但在其他各个方向,流体也是无规则运动,见图3-4(c)。从层流到湍流中间经过过渡流,又称临界状态,见图3-4(b)。

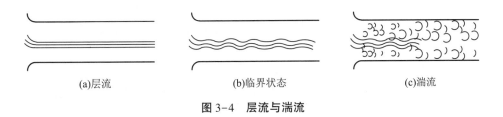

| (a)层流 | (b)临界状态 | (c)湍流 |

图3-4　层流与湍流

气体在窑炉中流动时一般都控制在湍流状态,这样可使燃料与空气混合均匀,加快燃烧速度;也可以使窑内冷热气体混合均匀,减少气体分层,缩小窑内温差;还可提高烟气与制品之间的对流传热量。另外,隧道窑中设置种种气幕,其主要作用之一就是人为地造成湍流,以减少窑内的温差。

如图3-5所示,在圆形管道内,气体层流时的速度分布为抛物线状[图3-5(a)],管道中心速度最大,管壁处速度为零,平均流速v为管道中心线处最大流速的一半:
$$v = 0.5v_{\max} \qquad (3-24)$$

湍流时,速度分布为一顶端稍宽的曲线[图3-5(b)],湍流程度越高,曲线顶端越平坦,其平均流速约为管道中心线处最大流速的4/5:
$$v = 0.8v_{\max} \qquad (3-25)$$

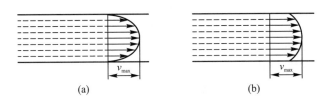

(a)　　　　　　　　　　(b)

图3-5　圆形管道内速度分布情况

由于流动着的气流与管壁之间的摩擦作用,致使在湍流时,靠近管壁处也有一个层流薄层。在这个层流层与湍流层之间有一个过渡层,层流层与过渡层之和称为湍流边界层。有时为了简化,可把过渡层略去,这样,层流层的厚度就是湍流边界层的厚度。见图3-6。层流底层的厚度会随着雷诺数的增大而减薄。

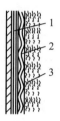

1—层流底层;2—过渡层;3—湍流层。

图3-6　气体与管壁接触处的流动情况

气体的流态和许多因素有关。雷诺根据实验,认为气体的流态主要受气体流速、管道直径、气体黏度和密度等因素的影响。例如,气体流速越大,在运动中质点越易紊乱,越易造成湍流。此外,通道直径越大,流体黏度越小,越易形成湍流。把这些主要的影响因素合并成一个无量量纲(又称无因次的数群),这个数群称为雷诺数,用 Re 表示。

$$Re = \frac{dv\rho}{\eta} \tag{3-26}$$

式中, d——管道直径或当量直径,m;

v——气体平均流速,m/s;

ρ——气体密度,kg/m^3;

η——气体黏度,(N·s)/m^2。

通过大量试验,雷诺建议下临界点的雷诺数约为2 300,一般情况下这个数值较难达到,仅为2 000左右。所以把下临界值 Re 取为2 000,即 Re 在2 000以下,圆管内一定是层流。雷诺提供的上临界值为12 000。在工程上,上临界点是没有实用意义的,我们是以 $Re = 2\ 000$ 作为管道内层流与湍流的判据。

式(3-26)中 d 是圆形管道的直径,如在非圆形管道中流动时要用当量直径 d_e 来代替,当量直径等于通道截面积与浸润周边长度比值的4倍:

$$d_e = \frac{4A}{S} \tag{3-27}$$

式中, d_e——当量直径,m;

A——气体通道截面积,m^2;

S——气体通道的浸润周边长度,m。

例如:气体流过断面边长分别为 a 和 b 的矩形[图3-7(a)],则:

$$d_e = \frac{4ab}{2(a+b)} = \frac{2ab}{a+b}$$

如果气体流过断面内外直径分别为 D 及 d 的环形管道[图3-7(b)],则:

$$d_e = \frac{4(\frac{\pi}{4})(D^2 - d^2)}{\pi(D + d)} = D - d$$

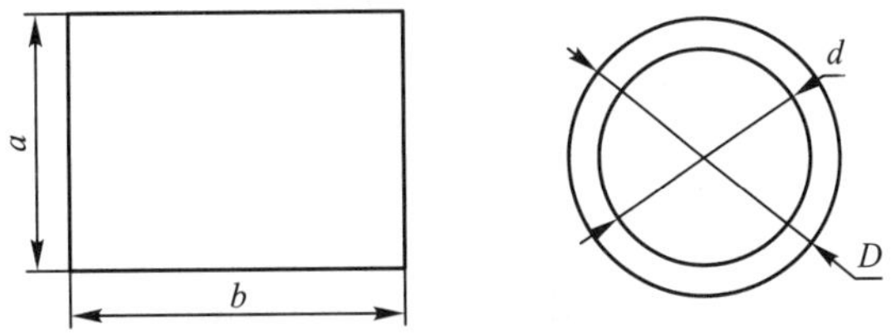

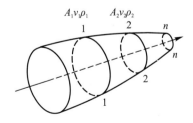

(a)矩形　　　　　　　(b)环形

图 3-7　几种管道尺寸

(二) 气体流动的三大方程

气体流动时应遵循的规律与自然界其他运动现象一样。通常运用物理学中的质量守恒原理、能量守恒原理和动量守恒原理来分析气体的流动。此分析方法只对所考察的对象进行宏观衡算,不涉及复杂的数学问题,也无须了解过程的实际机理,便可简便而迅速地得到有关参数的变化规律,所得结果可满足解决工程问题的需要。

我们可以根据质量守恒导出气体流动的连续性方程式;根据能量守恒导出气体流动的能量方程式,即伯努利方程式;根据动量守恒导出气体流动的动量方程式。以上三个方程称为流体流动的三大方程。

1.稳定态管流连续性方程

流体连续性方程式的概念:当流体在一密闭通路做稳定流动并与外界不发生质量交换时,单位时间内流过通道任一截面的质量流量都相等。如图 3-8 所示,设有某气体在管道里流动,通常在通路的任一截面上各点的运动参数各不相同,各参数需用平均值。此时流体的连续性方程式可表示为:

$$q_{m1} = q_{m2} = \cdots = q_{mn} = \text{const} \tag{3-28}$$

或

$$A_1 v_1 \rho_1 = A_2 v_2 \rho_2 = \cdots = A_n v_n \rho_n = \text{const} \tag{3-29}$$

式中,q_{m1}、q_{m2}、q_{mn}——通过截面 1-1、2-2、n-n 的质量流量,kg/s;

A_1、A_2、A_n——为管道 1-1、2-2、n-n 处的截面积,m^2;

ρ_1、ρ_2、ρ_n——通过截面 1-1、2-2、n-n 处的流体平均密度,kg/m^3;

v_1、v_2、v_n——通过截面 1-1、2-2、n-n 上的平均流速,m/s。

图 3-8　推导稳定态管流连续性方程示意图

高温窑炉中的气体,可近似认为是处于常压,对于气体温度变化不大的某一区域而言,可以认为其密度为常数,上式可简写为:

$$A_1v_1 = A_2v_2 = \cdots = A_nv_n = \text{const}$$

由于窑炉砌体上有不严密处以及安设门孔,因此在应用连续方程式时应考虑到由外面吸入空气或炉内溢出气体。假设在 1—1 与 2—2 截面间有小孔时,则有下式成立:

$$A_1v_1\rho_1 = A_2v_2\rho_2 \pm \rho_m\Delta V_{1-2} = \text{const} \tag{3-30}$$

式中,ΔV_{1-2}——截面 1—1 与 2—2 之间溢出或吸入之气体量,m^3/s;

ρ_m——截面 1—1 与 2—2 之间溢出或吸入之气体平均密度,kg/m^3。

2.稳定态管流的能量方程——伯努利方程式

能量转换与守恒定律是自然界的一条普适定律。它指出:自然界中的一切物质都具有能量,能量有各种不同的形式,它可以从一个物体或系统传递到另外的物体和系统,能够从一种形式转换成另一种形式。在能量的传递和转换过程中,能量的"量"既不能创生也不能消灭,其总量保持不变。将这一定律应用到涉及热现象的能量转换过程中,即是热力学第一定律,它可以表述:热可以转变为功,功也可以转变成热;一定量的热消失时,必然伴随产生相应量的功;消耗一定的功时,必然出现与之对应量的热。换句话说:热能可以转变为机械能,机械能可以转变为热能,在它们的传递和转换过程中,总量保持不变。

从热力学的角度来讲,流动着的气体具有机械能和内能。系统内单位质量气体的能量包括位能(gz),动能($v^2/2$),内能(u)和压力能(p/ρ)。根据能量守恒原理,在稳定态时,单位时间传入系统的热量应等于系统内气体能量的增量与系统对外做的功之和。

其数学表达式为:$\Delta E = Q - W$,表示过程中体系所吸收的热 Q 和对外所做的功 W 之差,等于该体系在过程前后的能量变化 ΔE。

如气体在平均温度下做等温运动,与外界无热量交换(绝热过程),也不对外做功,则 $\Delta E = 0$,即能量守恒。而对于密度为常数的不可压缩的气体,状态不变,体系的内能也无变化,所以,能量守恒只需要考虑机械能的守恒。

流动流体本身所具有的机械能分为三种:静压能、动能和位能。在气体力学中通常用单位体积的气体所具有的能量来表示,分别是静压头、动压头和几何压头。

(1)静压头(静压能)。单位体积的流体在压强 p 作用下具有的压力能,称为静压头或静压能。其单位为 N/m^2 或 Pa。

(2)动压头(动能)。单位体积的流体具有的动能称为动压头。质量为 m 的流体,体积为 V,密度为 ρ,流速为 v,它具有的动能为 $\frac{1}{2}mv^2 = \frac{1}{2}\rho Vv^2$。以 $1\ m^3$ 流体为基准,则其动压头为 $\frac{1}{2}\rho v^2$,单位为 N/m^2 或 Pa。

(3)几何压头(位能)。单位体积的流体具有的势能称为几何压头,它是由于流体对于某一基准面所处的相对位置高低而具有的位能。设质量为 m 的流体,其体积为 V,密度为 ρ,其距离某一基准面的高度为 z,则流体具有的位能为 $mgz = \rho Vgz$。对于 $1\ m^3$ 流体,

其几何压头为 ρgz，其单位为 N/m^2 或 Pa。

1）理想流体的伯努利方程

如图 3-9 所示，理想流体在管道中做稳定流动，从截面 A_1 流向截面 A_2，取进、出口截面 A_1、A_2 以及管壁面作为系统边界，两截面到基准面间的距离分别为 H_1、H_2，此二断面及管内壁面构成控制体系统。若流动过程中无外界能量输入，也不对外做功，则其总机械能应保持不变，即流入截面 A_1 的静压能、动能及位能之和与流出截面 A_2 的静压能、动能及位能之和相等。

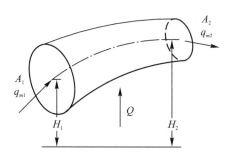

图 3-9　推导稳定管流能量方程示意图

$$p_1 + \frac{1}{2}\rho v_1^2 + \rho g H_1 = p_2 + \frac{1}{2}\rho v_2^2 + \rho g H_2 \quad (N/m^2 \text{ 或 } Pa) \qquad (3\text{-}31)$$

式(3-31)被称为伯努利方程式。瑞士物理学家丹尼尔·伯努利在 1726 年首先提出："在水流或气流里，如果速度小，压强就大；如果速度大，压强就小。"我们称之为"伯努利原理"，它是能量守恒定律在运动流体中的表现。

理想流体的伯努利方程说明不可压缩的理想流体在流动过程中，在管道的任一截面上流体的静压能、动能及位能之和是不变的，但三者之间可以相互转化。

2）实际流体的伯努利方程

实际流体由于具有黏性，在流动时就会产生摩擦阻力，又由于在管路上一些局部装置会引起流动的干扰、突然变化而产生附加阻力，这两种阻力都是在流动过程中产生的，称之为流动阻力。流体流动时必然要消耗一部分机械能来克服这些阻力，在流体力学中称为能量损失，用 h_L 表示。因此，实际流体的伯努利方程为

$$p_1 + \frac{1}{2}\rho v_1^2 + \rho g H_1 = p_2 + \frac{1}{2}\rho v_2^2 + \rho g H_2 + h_L \quad (N/m^2 \text{ 或 } Pa) \qquad (3\text{-}32)$$

式中：h_L——单位体积流体在流动过程中的能量损失，称为压头损失，单位 N/m^2 或 Pa。

对于静止流体，其流速为零，伯努利方程变为：$p_1 + \rho g H_1 = p_2 + \rho g H_2$。该式是流体静力学基本方程，也就是说流体静力学方程是伯努利方程的一个特例。

3）应用伯努利方程时应注意的问题

（1）截面的选取。一定要沿着流体的流动方向确定上、下游截面。所选的两个截面必须是缓变流断面，且与流动方向相垂直，在两个截面之间的流体必须是连续的而且充满整个空间。

（2）水平基准面的选取。水平基准面是作为计算位能时的参考面,而且伯努利方程中主要是计算位能差,涉及的是 $\Delta H = H_1 - H_2$,所以水平基准面可以任意选取,计算出的 Δz 都是一样的。习惯上总是取两个截面中较低的截面为基准面,以使其 $H = 0$,可以使计算简化。

（3）单位的选取。伯努利方程中各物理量应采用同一单位制中的单位,两种单位制不能同时并用。两个截面上的压强除了要求单位一致外,还要求表示方法要一致。也就是说,伯努利方程中的静压能一项要么都用绝对压强,要么都用相对压强,等号两侧一定要一致,计算结果才是一样的。

（4）伯努利方程是由不可压缩流体条件下导出的,但对工程上所遇到的大多数气体,当压强和温度变化不大时也近似适用。

3.稳定态管流动量方程式

如图 3-10 所示的稳定态管流,以入口断面 A_1、出口断面 A_2 及管壁内表面为控制面,作用在此控制系统的外力之和为 $\sum F$,根据牛顿第二定律,作用于控制体在某方向上的合外力等于在这个方向上系统动量的增量。其数学表达式为:

$$\sum F = q_V(\rho v_2 - \rho v_1) = q_m(v_2 - v_1) \tag{3-33}$$

式中, q_m——管内气体的质量流量,kg/s;

v_1、v_2——管道入口截面及出口截面上气体的平均流速,m/s;

q_V——通过控制体的体积流量,m³/s。

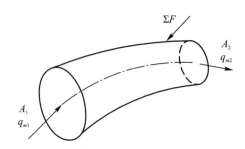

图 3-10 推导稳定态管流动量方程示意图

式(3-33)称为稳定态管流动量方程。若合外力 $\sum F_x = 0$,则:

$$q_m v_1 = q_m v_2 \tag{3-34}$$

式(3-34)说明作用于系统的合外力为零时,系统的动量是守恒的,故上式称为动量守恒原理。

能量方程虽与动量方程具有共同的特点:使用时可以不考虑控制体界区中进行的过程,只根据控制体界面上的参数进行流动计算,但当流体密度变化($\rho_1 \neq \rho_2$)时,由能量方程不能决定体系进出口的压力差($p_2 - p_1$)(因能量方程适用于密度 ρ 为常数的不可压缩气体),只能计算压力能的差 $(\frac{p_2}{\rho_2} - \frac{p_1}{\rho_1})$。所以在并联管排气体动力平衡计算中,不能适用能量方程而只能应用动量方程,它可以直接计算出压力差,这在管簇气体动力计算中是很方便的。由于在推导动量定理时未作更多的限制,因而窑炉内气体动量发生变化的规律能够用式(3-33)或式(3-34)加以描述。动量方程是喷射器和喷射式煤气燃烧器烧嘴计算的理论基础。

四、窑炉系统热气体运动的特点

上面我们对气体力学的三大方程已作了简要介绍,并指出气体的连续性方程、动量方程的表达式能够应用于窑炉系统内的气体流动。那么前面所介绍的能量方程能否应用于窑炉内气体的流动呢,主要看气体在窑炉内流动时是否满足能量方程式使用时应具备的条件。对于连续生产的高温窑炉,任何部位的气体流动参数都可看成是不随时间而改变的,是处于稳定流动状态。前文已指出,窑内高温气体密度是随压强和温度的变化而改变的,但窑炉内气体温度是逐渐变化的,若将整个窑炉系统划分为若干区段,每一区段内气体温度变化不大,可认为气体密度是不随温度而变化的。另外,窑体是不严密的,窑墙上常留一些看火孔,有气体的逸出或吸入现象。例如,窑内有热气体溢出时,称窑内处于正压,即窑内气体的绝对压强大于窑外同一水平面上的大气压强($p>p_a$);窑内如果是负压,外界空气会被吸入窑内,此处窑内气体的绝对压强小于同一水平面上的大气压强($p<p_a$);有时窑炉内的某一部位也需要维持零压,如倒焰窑通常使窑底维持零压。正常操作的窑炉无论是正压或负压,都希望是微正压或微负压状态,压强变化范围只相差20~200 Pa,这样微小的压强变化不会引起气体体积的显著改变,因而窑炉内压强变化时对气体密度的影响也可以忽略不计。由此可见,流体力学的能量方程可以用于描述窑炉系统内的气体流动。

但是,高温窑炉内热气体的运动也具有它的特殊性,其中最重要的一个特点是在没有外界机械能加入的情况下,热气体靠净浮力的作用自行向上流动。例如,在隧道窑预热带上下温差较大,主要原因之一是热气体在净浮力作用下由下向上流动造成的。对于液体,当管道两端都是大气压时,若没有外界对液体做功(如用泵),液体总是由高处向低处流动。因此,流体力学的能量方程用于描述炉内气体流动时外界空气对炉内热气体流动的影响应予以考虑。

窑炉系统内气体的特点是压强变化不大,但温度变化较大,气体的密度变化也较大,但若采用分段处理的方法,使每段气体的温度变化不太大,并将该段气体平均温度下的密度近似视为常数,认为气体在平均温度下做等温流动,即把窑炉内热气体视为不可压缩流体,则仍可用伯努利方程解决其流动现象。由于窑炉内热气体具有上述特殊性,而这种特殊性又是与外界空气相联系的,为了使能量方程能够更清楚地反映外界空气对炉内热气体的浮力作用,需要推导出适用于窑炉系统的能量方程,即二气体的伯努利方程。

五、窑炉系统热气体运动的能量方程——二气体的伯努利方程

(一)二气体伯努利方程式推导

如图 3-11 所示,设热气体在导管内(如在窑炉内或烟囱内)某一区段自截面 1-1 稳定流至截面 2-2,平均密度为 ρ,外界空气认为是静止的,空气平均密度为 ρ_a;p_1、p_2 分别为导管内截面 1-1、2-2 处的绝对压强;p_{a1}、p_{a2} 分别为导管外截面 1-1、2-2 处的绝对压强;v_1、v_2 分别为截面 1-1、2-2 上的平均流速;H_1、H_2 分别为截面 1-1、2-2 至基准面的高度。

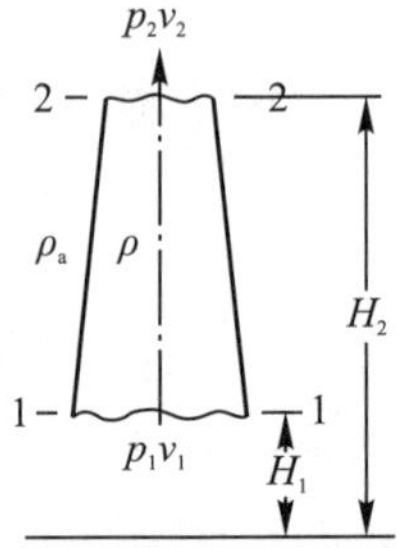

对导管内热气体可列出截面 1-1、2-2 的伯努利方程:

$$H_1 \rho g + p_1 + \frac{1}{2} v_1^2 \rho = H_2 \rho g + p_2 + \frac{1}{2} v_2^2 \rho \qquad (3-35)$$

图 3-11 窑炉系统能量方程的推导示意图

实际上窑炉内气体的流动是在有传热情况下进行的,并不是绝热可逆过程,所以伯努利方程式仅是近似表达式,近似的程度取决于传热情况及可逆程度。

气体做等温流动时沿途有阻力而造成能量损失,此项损失用 h_L 表示,于是伯努利方程可写为:

$$H_1 \rho g + p_1 + \frac{1}{2} v_1^2 \rho = H_2 \rho g + p_2 + \frac{1}{2} v_2^2 \rho + h_L \qquad (3-35a)$$

窑炉系统是和大气连通的,炉内的热气体受到大气浮力的影响。对窑炉外的空气相应两个截面写出静力学方程:

$$H_1 \rho_a g + p_{a1} = H_2 \rho_a g + p_{a2} \qquad (3-35b)$$

式中,p_a——当地大气压强,N/m^2;

ρ_a——空气的密度,kg/m^3。

式(3-35a)和式(3-35b)相减得:

$$H_1 (\rho - \rho_a) g + (p_1 - p_{a1}) + \frac{v_1^2}{2} \rho = H_2 (\rho - \rho_a) g + (p_2 - p_{a2}) + \frac{v_2^2}{2} \rho + h_L \qquad (3-36a)$$

由于炉内热气体密度小于炉外空气密度,常将 $(\rho-\rho_a)$ 改为 $(\rho_a-\rho)$ 而添加一负号于 H_1 和 H_2 之前,即:

$$- H_1 (\rho_a - \rho) g + (p_1 - p_{a1}) + \frac{v_1^2}{2} \rho = - H_2 (\rho_a - \rho) g + (p_2 - p_{a2}) + \frac{v_2^2}{2} \rho + h_L$$

$$(3-36b)$$

式中,H_1 和 H_2 是当基准面取在系统(两截面)之下方时,截面 1-1 和 2-2 分别到基准面之间的垂直距离。流体力学中已明确指出:当基准面取在两截面之下方时,H_1 和 H_2 为正值;反之为负值。现若将式(3-36b)中的基准面取在系统的上方,那么式中的 $-H_1$ 和 $-H_2$ 将分别改为 H_1 和 H_2,式子可改写为:

$$H_1 (\rho_a - \rho) g + (p_1 - p_{a1}) + \frac{v_1^2}{2} \rho = H_2 (\rho_a - \rho) g + (p_2 - p_{a2}) + \frac{v_2^2}{2} \rho + h_L \qquad (3-37a)$$

若两截面相距很近时,有时可认为 $p_{a1}=p_{a2}=p_a$,则:

$$H_1(\rho_a-\rho)g+(p_1-p_a)+\frac{v_1^2}{2}\rho=H_2(\rho_a-\rho)g+(p_2-p_a)+\frac{v_2^2}{2}\rho+h_L$$

$$(3\text{-}37b)$$

式(3-36)和式(3-37)均称为二气体伯努利方程式。在应用时应注意参考基准面的选取。应用式(3-36)时基准面应取在气体截面的下方,而用式(3-37)时应将基准面取在气体截面的上方。二者均可表明二流体几何压头的特性:上部截面的几何压头小于下部截面的几何压头,而静压头则相反。这一点与单一气体及液体是不同的。二气体的伯努利方程式表达了窑炉内热气体流动的规律,其特点是考虑了外界空气对炉内热气体产生浮力的影响。由于外界气体对炉内热气体产生的净浮力是向上的,因而对气体进行计算时习惯把基准面取在系统之上方,从基准面向下量取的高度取正值,即用式(3-37)进行计算。

(二)二气体伯努利方程式各压头的物理意义

式(3-36)或式(3-37)所表达的能量方程式,各项皆表示单位体积热气体和外界空气相比多具有的能量,即表达的均是相对能量差,有可能为正,也有可能为负,单位 Pa 或 N/m^2。各项物理意义:

$H(\rho_a-\rho)g$ 称为几何压头,它表示单位体积热气体在受到重力与浮力之和时的位能,用 h_g 表示。

$p-p_a$ 称为静压头,表示窑内气体的表压强,用 h_s 表示。它可用液柱压强计测出。如图 3-12 所示,液柱压强计一端与大气相通,另一端与炉内相通,并与气流流动方向垂直,液柱压强计测出之数值即表示静压头的大小。若 $p-p_a>0$ 时,称炉内为正压,此时有热气体从窑体不严密处逸出;若 $p-p_a=0$ 时,称炉内为零压,此时炉内没有气体溢出或外界气体流入;若 $p-p_a<0$ 时,称炉内为负压,此时外界气体从窑体不严密处有流入。

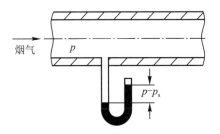

图 3-12　静压头测量示意图

$\frac{v^2}{2}\rho$ 称为动压头,表示单位体积热气体流动时具有的动能,用 h_k 表示。它与气体在截面的平均流速有关,可以使用毕托管测出截面的流速后通过计算得出。

h_L 称为压头损失,表示单位体积气体由截面 1-1 流至截面 2-2 时损失的总能量大小。它将气体中的部分能量转变为热能,所以也称能量损失。

(三)压头损失的计算及对窑炉操作的影响

1.压头损失的计算

压头损失包括摩擦阻力损失 h_f 和局部阻力损失 h_1。气体由截面1-1流至截面2-2时的总阻力损失为两者之和,即 $h_L = h_f + h_1$。

摩擦阻力损失是流体流经一定管径的直管时,由于流体的内摩擦而产生的阻力,又称为沿程阻力损失,以 h_f 表示。

摩擦阻力损失由下式计算:

$$h_f = \lambda \frac{L}{d_e} \frac{v^2}{2} \rho \qquad (3-38)$$

式中,L——管道的长度或称气体流过的距离,m;

λ——摩擦阻力系数,可用下式计算。

$$\lambda = \frac{b}{Re^n} \qquad (3-39)$$

式中,Re——雷诺数;

b、n——与流态及管壁相对粗糙度有关的系数。层流时 $b=1$,$n=64$;湍流时,b 和 n 的值可参阅表3-3。窑炉系统的气体流动通常是湍流,对砖或混凝土等材料筑成的烟道,λ 可近似取0.05。

局部阻力损失是当气体管道发生局部变形,如扩张、收缩、拐弯、阀门以及管道截面的突然扩大或缩小等局部部位所引起的阻力,又称形体阻力,以 h_1 表示。

局部阻力损失计算式:

$$h_1 = \xi \frac{v^2}{2} \rho \qquad (3-40)$$

式中,ξ——局部阻力系数,高温窑炉系统的各种局部阻力系数见附录一。

还有一种阻力就是料垛的阻力,与摩擦阻力和局部阻力相比是极小的,一般取0.98 Pa/m 窑长。

表3-3 b 与 n 值

管道类型	b	n
砖砌管道	0.175	0.12
光滑金属管道	0.320	0.25
粗糙金属管道	0.129	0.12

一般,局部阻力损失远大于摩擦阻力损失。所以要想减少压头损失必须从减小局部阻力着手。减少局部阻力的途径可归纳为五个字,即:圆(进口和转弯要圆滑)、平(管道要平,起伏坎坷要少)、直(管道要直,转弯要少)、缓(截面改变、速度改变、转弯等都要缓慢)、少(涡流要少)。这些都是从改进气体外部的边界和改善边壁对气流的影响出发的。

【例3-2】如图3-13所示为一陶瓷工厂隧道窑排烟系统,已知:

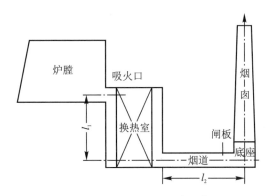

图3-13　加热炉排烟系统示意图

(1)排烟系统各部位尺寸:长度$l_1 = 3$ m,$l_2 = 10$ m;吸火口截面积$A_1 = 0.3$ m²;烟道截面积$A_2 = 0.6$ m²(宽0.75 m,高0.8 m);烟囱底座截面积$A_3 = 1.5$ m²。

(2)闸板开度:50%。

(3)换热室的局部阻力与摩擦阻力:共计30 Pa。

(4)温度(表3-4):

表3-4　不同部位温度　　　　　　　　　　　　　　　　　单位:℃

进吸火口烟气	换热室内烟气(平均)	烟道内烟气(平均)	烟囱底部烟气	外界空气
1 350	850	400	350	20

(5)烟气标准状态下密度(表3-5):

表3-5　不同部位烟气标准状态下的密度　　　　　　　　　单位:kg/m³

吸火口到换热室	烟道内	烟囱内
1.34	1.33	1.32

(6)烟气标准状态下体积流量q_V与流速v(表3-6):

表3-6　不同部位烟气标准状态下体积流量与流速

| 部位 | 烟气流量q_V/
(m³/s) | 计入漏气量后的烟气流量 | | A/m^2 | 烟气流速v_0/
(m/s) |
		漏气率/% (占烟气的)	q'_V/ (m³/s)		
吸火口	0.6	0	0.6	0.3	2

续表 3-6

| 部位 | 烟气流量 $q_V/$ (m^3/s) | 计入漏气量后的烟气流量 | | A/m^2 | 烟气流速 $v_0/$ (m/s) |
		漏气率/% (占烟气的)	$q'_V/$ (m^3/s)		
烟道内	0.6	15	0.69	0.6	1.15
闸板处	0.6	20	0.72	0.3	2.4
烟囱底	0.6	25	0.75	1.5	0.5

注:烟囱本身不考虑漏气。

(7)零压面位置:在吸火口平面。

试计算该排烟系统烟气从炉膛流到烟囱底部的总阻力 $\sum h$。

【解】(1)进吸火口突然收缩:

查附录一,$\xi=0.5$

$$h_1 = 0.5 \times \frac{2^2}{2} \times 1.34 \times \frac{1\,350+273}{273} = 7.966\ Pa$$

(2)换热室阻力:

换热室几何压头 $h'_2 = 3 \times 9.81 \times (1.293 \times \frac{273}{20+273} - 1.34 \times \frac{273}{850+273}) = 25.869\ Pa$

$h_2 =$ 几何压头+局部阻力+摩擦阻力$=25.869+30=55.869\ Pa$

(3)烟道内摩擦阻力:

砖烟道取摩擦阻力系数 $\lambda=0.05$

$$d_e = \frac{4 \times 0.6}{2 \times (0.75+0.8)} = 0.774\ m$$

$$h_3 = 0.05 \times \frac{10}{0.774} \times \frac{1.15^2}{2} \times 1.33 \times \frac{400+273}{273} = 1.4\ Pa$$

(4)经过闸板:

查附录一,矩形闸板开度50%时,$\xi=4$

$$h_4 = 4 \times \frac{2.4^2}{2} \times 1.33 \times \frac{400+273}{273} = 37.77\ Pa$$

(5)进烟囱90°急转扩大:

截面变化的90°转弯,$\frac{A_0}{A} = \frac{0.6}{1.5} = 0.4, \xi=1.0$

$$h_5 = 1 \times \frac{1.15^2}{2} \times 1.32 \times \frac{350+273}{273} = 2\ Pa$$

(6)总阻力 $\sum h$:

考虑余量25%

$$\sum h = (h_1+h_2+h_3+h_4+h_5) \times 1.25 = 105 \times 1.25 = 131.25\ Pa$$

2.压头损失对窑炉操作的影响

压头损失固然是能量损失,但也可以利用它在工程上作为一种调节手段为生产服务。如隧道窑、倒焰窑的操作调节,常用阻力损失大小达到热工制度的要求。高温窑炉系统内压头损失的计算或测定不仅为确定送风、排气设备所必须,同时也为确定合理的窑炉结构、热工制度以及检查窑炉工作情况(如压力分布等)所必须。近年来,节约动能已成为窑炉节能工作的一个重要方面,在进行动能分析过程中压头损失的计算是主要内容。

一般来说压头损失对窑炉操作是不利的,它是靠消耗静压能来克服的。例如在窑炉操作中,为使窑内热气体溢出或由窑外冷空气的吸入减少到最小,一般应使全窑的压力制度保持在微正压或微负压状态。若料垛阻力过大,沿气流运动方向上的截面压差将相应加大,尤其是当隧道窑中烧成带正压过大时,热气体将从窑下坑道溢出,这会使窑车过热而损坏,造成轨道弯曲、窑车无法正常运行甚至停窑等事故。如果窑内阻力损失过大时,烟囱就要建得足够高以提高抽力,大大增加了基建费用。如用排烟机排烟,也因阻力损失过大需选用大功率风机,增加了电能的消耗。

一般希望整个窑炉系统的阻力损失越小越好。阻力损失与气体流速的平方成正比,如流速减小,阻力损失将显著减小,所以,减小气体流速是减小阻力损失的主要方法。但是,气流速度不能任意减小,同样的气体流量,若流速过低,截面相应加大,这样会浪费材料。同时,由于气体流速过低,降低了炉内热气体与制品间的对流换热量,因而,在工程上要求气体在管路中流动时,其流速应有一个适宜的范围。如对于连续送风的空气管道(低压),在总管中气流速度为 10~15 m/s,在支管中为 8~12 m/s;对于用压缩机输送的空气管道,总管中气流速度为 15~20 m/s,支管为 8~12 m/s;对自然通风管道,气流速度为 3~7 m/s。在确定气体流速时主要考虑两个因素,一方面应考虑沿气流流动方向上阻力损失不能过大,另一方面也应考虑到窑内热量传递的快慢。当然,最好的办法是两者都能兼顾。

在窑炉操作上,有时也可以利用阻力损失的规律来控制炉内热气体的流动方向和热气体的流量,以达到控制炉内温度的目的。例如,在一般的倒焰窑中,水平截面上常有温差出现,造成温差的原因主要是由于吸火孔、烟道结构的分布所引起的。吸火孔分布在整个窑底上,而烟道仅设置在局部位置上,而且主烟道一般由单端排烟,这样就形成靠近烟道处及在烟道长度方向上近烟囱的一端温度较高,而离主烟道较远处及在烟道的封闭端的温度较低。这如同分支并联管路一样,靠近烟道和靠近烟囱一端的阻力较小,因而流过的热烟气量较多,温度较其他部位高。为克服水平截面的温差,在烟道设计上一般使窑底吸火孔的阻力显著大于支烟道和主烟道的气流阻力,即相对地增大支烟道和主烟道的截面,使气体的流动主要受分布在窑底上的吸火孔所控制,用以削弱因距烟囱远近的不同而带来的影响。同时,吸火孔还要按照窑内不同的部位合理进行分布,其基本原则是:易散热或需热量多的部位吸火孔多留一些或留大一点,其他部位吸火孔分布相对砌得稀一些、小一些。吸火孔也如同管路系统中的分支并联管路,当量直径大或吸火孔个数多,阻力小,流过的热烟气量就多,其他部位相对地流过的热烟气量较少。这样,利用窑底吸火孔的合理分布以达到均衡窑内水平温差的目的。

（四）各压头之间的相互转换

为书写和分析方便，可将二气体的伯努利方程简写为：

$$h_{g1} + h_{s1} + h_{k1} = h_{g2} + h_{s2} + h_{k2} + h_L \qquad (3-41)$$

能量不仅守恒，还可以相互转换。因此，各压头间的转变规律如图 3-14 所示。h_g 与 h_s，h_s 与 h_k，h_g 与 h_k 之间都是可逆转变，只有通过 h_k 才会引起 h_L。

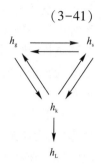

图 3-14　压头转变示意图

为简单明了起见，有时可用压头转变图来表示系统内的压头转变情况。

下面举实例说明。

1. $h_s \rightarrow h_g$

如图 3-15，热气体在垂直管内向下流动（例如蓄热室内烟气流动）。设管径不变，$v_1 = v_2$，$h_{k1} = h_{k2}$。取 1-1 截面为基准面。列 1-1 与 2-2 截面间的伯努利方程式：

$$h_{s1} = h_{s2} + h_{g2} + h_L$$

或

$$h_{s1} - h_{s2} = h_{g2} + h_L$$

表明，h_g 是由 h_s 转变而来。还可看出，热气体向下流动时，h_g 同 h_L 一样，也是一种"阻力"。上式中虽未出现 $h_k \rightarrow h_L$，实际上，压头损失是经过了 $h_s \rightarrow h_k \rightarrow h_L$ 的过程。

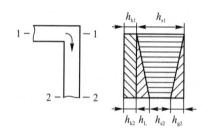

图 3-15　热气体垂直向下流动时的压头转变情况

2. $h_g \rightarrow h_s \rightarrow h_k \rightarrow h_L$

如图 3-16，热气体在收缩形垂直管（如烟囱）内向上流动。取 2-2 截面为基准面，假设 1-1 截面处的 $h_{s1} = 0$。列 1-1 与 2-2 截面间的伯努利方程式：

$$h_{g1} + h_{k1} = h_{s2} + h_{k2} + h_L$$

或

$$h_{g1} = h_{s2} + (h_{k2} - h_{k1}) + h_L$$

表明，h_{g1} 补偿了动压头的增量（$h_{k2} - h_{k1}$）和压头损失 h_L（$h_g \rightarrow h_s \rightarrow h_k \rightarrow h_L$ 的过程）。部分 h_{g1} 还在向上流动过程中逐步转变成了静压头 h_s。

如果设 2-2 截面处的 $h_{s2} = 0$（如同烟囱出口处的压强等于大气压），则 1-1 截面处的 h_{s1} 将为负值（相当于图 3-16 中的虚线部分），即处于负压状态，这就是烟囱底部产生负压的原因。

系统内压头转变情况的分析是能量守恒原理的具体应用。在工业窑炉的设计、检测和操作中都要用到压头转变规律。

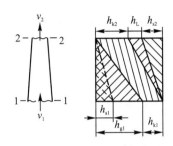

图 3-16　烟囱内烟气流动时的压头转变情况

【例 3-3】如图 3-17(a)所示的倒焰窑,高 3.2 m,窑内烟气温度为 1 200 ℃,烟气标态密度 $\rho_{g,0}=1.30$ kg/m^3,外界空气温度为 20 ℃,空气标态密度 $\rho_{a,0}=1.293$ kg/m^3,当窑底平面的静压头分别为 0 Pa、–17 Pa、–30 Pa 时,不计烟气流动阻力损失,求在三种情况下,窑顶以下空间静压头、几何压头分布情况。

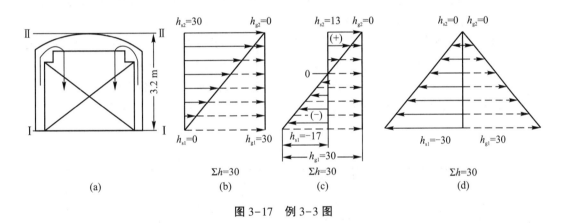

图 3-17　例 3-3 图

【解】首先选择截面,所选截面应当是包含已知条件最多,并且包含所求未知数的截面。本题选窑底 Ⅰ-Ⅰ 和窑顶 Ⅱ-Ⅱ 两个截面;

选取基准面:基准面选在窑顶 Ⅱ-Ⅱ 截面上;

列伯努利方程式:在列方程式时,压头损失一项列在气体流动方向下游的一边:

$$h_{s2}+h_{g2}+h_{k2}=h_{s1}+h_{g1}+h_{k1}+h_L$$

由于基准面取在 Ⅱ-Ⅱ 截面上,则:$h_{g2}=0$;

由于窑炉空间气体流速不大,通过两截面流速变化很小,可以认为:$h_{k1}=h_{k2}$;

按题意不计压头损失,　$h_L=0$;

则　　　　　　　　　　　$h_{s2}=h_{s1}+h_{g1}$

代入具体公式进行计算:$h_{g1}=Hg(\rho_a-\rho)$

因为　　　　　　$\rho_{a,t}=\rho_{a,0}\dfrac{T_0}{T}=1.293\times\dfrac{273}{293}=1.20$ kg/m^3

$$\rho_{g,t} = \rho_{g,0} \frac{T_0}{T} = 1.3 \times \frac{273}{1473} = 0.24 \text{ kg/m}^3$$

所以 $\qquad h_{g1} = 3.2 \times 9.81 \times (1.20 - 0.24) = 30 \text{ Pa}$

当 $h_{s1} = 0$ Pa 时，$h_{s2} = h_{g1} = 30$ Pa；

当 $h_{s1} = -17$ Pa 时，$h_{s2} = -17 + 30 = 13$ Pa；

当 $h_{s1} = -30$ Pa 时，$h_{s2} = -30 + 30 = 0$ Pa。

在第一种情况下，窑炉空间内的静压头、几何压头分布如图 3-17(b)，其能量总和：$\sum h = h_s + h_g = 30$ Pa。

在第二种情况下，窑炉空间内的静压头、几何压头分布如图 3-17(c)，其能量总和：$\sum h = h_s + h_g = 13$ Pa。

在第三种情况下，窑炉空间内的静压头、几何压头分布如图 3-17(d)，其能量总和：$\sum h = h_s + h_g = 0$。

讨论：

(1) 沿高度静压头、几何压头相互转变，但在每一种情况下各截面的能量总和不变。

(2) 当窑底为零压时，全窑为正压，而且距窑底愈高，正压愈大；当窑炉空间某处为零压时，上部为正压，下部为负压，当窑炉顶部为零压时，全窑为负压。

【例 3-4】热气体沿竖直管道流动，如图 3-18(a)，其密度 $\rho_g = 0.75$ kg/m³，外界空气密度 $\rho_a = 1.2$ kg/m³，I—I 截面动压头为 12 Pa，II—II 截面动压头为 30 Pa，沿程压头损失为 15 Pa，测得 I—I 面相对静压头为 200 Pa，求气体由上而下运动和气体由下而上运动时 II—II 面的静压头。绘出两种情况下的压头转变图，并说明能量转变关系。

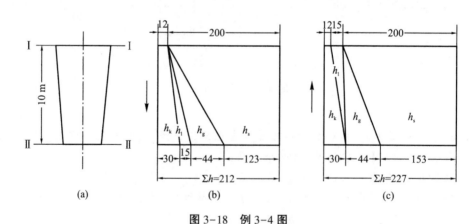

图 3-18　例 3-4 图

【解】气体由上向下流动：

$$h_{s1} + h_{g1} + h_{k1} = h_{s2} + h_{g2} + h_{k2} + h_{L(1-2)}$$

选 I—I 为基准面，$h_{g1} = 0$

则 $\qquad h_{s1} - h_{s2} = h_{g2} + (h_{k2} - h_{k1}) + h_{L(1-2)}$

$\qquad 200 - h_{s2} = 10 \times 9.8(1.2 - 0.75) + (30 - 12) + 15$

$$200-h_{s2}=44+18+15$$
$$h_{s2}=123\ \text{Pa}$$

其能量转换关系为 $h_s \rightarrow h_k \rightarrow h_{L(1-2)}$，并示意于图3-18(b)。
$$\searrow h_g$$

气体由下向上流动：
$$h_{s2}+h_{g2}+h_{k2}=h_{s1}+h_{g1}+h_{k1}+h_{L(2-1)}$$

选 I - I 为基准面，$h_{g1}=0$

则
$$h_{s2}+h_{g2}+h_{k2}=h_{s1}+h_{k1}+h_{L(2-1)}$$
$$h_{s1}-h_{s2}=h_{g2}+(h_{k2}-h_{k1})-h_{L(2-1)}$$
$$200-h_{s2}=44+18-15$$
$$h_{s2}=153\ \text{Pa}$$

其能量转换关系为 $h_k \rightarrow h_{L(2-1)}$，并示意于图3-18(c)。
$$\searrow h_g \rightarrow h_s$$

第二节　伯努利方程在窑炉系统中的应用

前面我们介绍了适合于窑炉内热气体运动的能量方程——二气体的伯努利方程，以及气体流动时阻力损失的计算方法。本节我们简要说明它们如何正确应用于窑炉系统之中。窑炉系统气体一般处于微正压或微负压状态，总是有一部分气体从窑体不严密处流出或流入，因气体在这样的流动过程中密度变化不大，所以，这种流动可近似认为是不可压缩气体的流动，因而流出或流入的气体量可用二气体的伯努利方程式来计算。另外，窑炉系统中有时会碰到气体在垂直通道中流动，自通道壁吸热而被加热，或把热量传给通道壁而被冷却，此时，可以用分散垂直气流法则说明如何使气流在通道内均匀分布。

一、气体从窑炉内的流出和吸入

当窑炉系统的两侧存在压差时，气体就会通过小孔或炉门从压强高的一侧流向压强低的一侧，窑炉系统内为正压时会有气体流出，窑炉系统内为负压时外界冷空气会被吸入。下面分别介绍气体从小孔、炉门流出和吸入的规律。

(一)气体通过小孔的流出和吸入

当气体由一较大的空间突然经过小孔向外流出时，气体的静压头转变为动压头，其压强降低，速度增加，在流出气体的惯性作用下，气流发生收缩，如图3-19，在2-2截面处形成一个最小截面 A_2，这种现象称为缩流。气流最小截面 A_2 与小孔截面 A 的比值称为缩流系数，用 ε 表示。

$$\varepsilon=\frac{A_2}{A} \tag{3-42}$$

图 3-19 中, 1-1 截面取在窑内, 2-2 截面取在气流最小截面处, 它们的物理参数分别为 v_1、p_1、ρ_1 和 v_2、p_2、ρ_2。由于气体通过小孔时的压差很小, 可以认为 $\rho_1 = \rho_2$, 此时两个截面间的伯努利方程式:

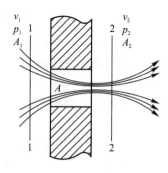

图 3-19　气流通过小孔流出

$$h_{g1} + h_{s1} + h_{k1} = h_{g2} + h_{s2} + h_{k2} + h_{L(1-2)}$$

因 $H_1 = H_2$, $\rho_1 = \rho_2$, 所以 $h_{g1} = h_{g2}$。因 $A_1 \gg A_2$, $v_1 \ll v_2$, 所以 h_{k1} 可以近似认为等于零。又因 $p_2 = p_a$, 所以 $h_{s2} = 0$。这样热气体伯努利方程式可简化为

$$h_{s1} = h_{k2} + h_{L(1-2)}$$

即

$$p_1 - p_a = \frac{v_2^2}{2}\rho + \xi \frac{v_2^2}{2}\rho;$$

$$v_2 = \frac{1}{\sqrt{1+\xi}}\sqrt{\frac{2(p_1 - p_a)}{\rho}}$$

令 $\varphi = \dfrac{1}{\sqrt{1+\xi}}$, 上式可写为

$$v_2 = \varphi\sqrt{\frac{2(p_1 - p_a)}{\rho}}$$

式中, ξ——局部阻力系数;

φ——速度系数, 与气体流出时的阻力有关。

通过小孔 A 截面流出的气体体积流量 q_V:

$$q_V = A_2 v_2 = A_2\varphi\sqrt{\frac{2(p_1 - p_a)}{\rho}} = \varepsilon A\varphi\sqrt{\frac{2(p_1 - p_a)}{\rho}} = \mu A\sqrt{\frac{2(p_1 - p_a)}{\rho}} \quad (3-43)$$

式中, q_V——体积流量, m^3/s;

μ——流量系数, $\mu = \varepsilon\varphi$。

缩流系数 ε、速度系数 φ 和流量系数 μ 之值均由实验确定, 可从表 3-4 查得。表中的所谓薄壁和厚壁是按气流最小截面的位置来区分的, 凡气流最小截面在孔口外的壁称为薄壁, 在孔口内的壁称为厚壁。构成厚壁的条件:

$$\delta \geqslant 3.5 d_e \quad (3-44)$$

式中, δ——壁的厚度, m;

d_e——孔口的当量直径, m。

同理可证, 通过小孔 A 截面吸入的气体体积流量:

$$q_V = \mu A\sqrt{\frac{2(p_a - p_1)}{\rho_a}} \quad (3-45)$$

式中, ρ_a——外界空气的密度, kg/m^3。

表 3-4　气体通过孔嘴时的系数

孔嘴类型	示意图		ε	φ	μ
薄壁孔口 （圆形或正方形）			0.64	0.97	0.62
厚壁孔口 （圆形或正方形）			1	0.82	0.82
棱角圆柱形外管嘴			0.82	1	0.82
圆角圆柱形外管嘴			1	0.9	0.9
棱角圆柱形内管嘴			1	0.71	0.71
流线圆柱形管嘴			1	0.97	0.97
圆锥形收缩管嘴		$\alpha=13°$	0.98	0.96	0.945
		$\alpha=30°$	0.92	0.975	0.896
		$\alpha=45°$	0.87	0.98	0.85
		$\alpha=90°$	—	—	0.75
圆锥形扩散管嘴		$\alpha=8°$	1	0.98	0.98
		$\alpha=45°$	1	0.55	0.55
		$\alpha=90°$	1	0.58	0.58

（二）气体通过炉门的流出和吸入

气体通过炉门流出和吸入量的计算原理与孔口相似，但孔口的直径较小，在计算时认为沿小孔高度上气体的静压头不变，而炉门有一定的高度，在计算时要考虑沿炉门高度上静压头的变化对气体流出和吸入量的影响。

无论是哪种形状的炉门，单位时间内通过微元面积 dA 的流量，可用气体通过小孔的流量公式来计算：

$$dq_V = \mu_x dA \sqrt{\frac{2(p_x - p_a)}{\rho}} \tag{3-46}$$

设矩形炉门宽度为 b，高度为 h，在距窑底（假定此处为零压）x 处取一微小单元带，高度为 dx，如图 3-20，此微小单元带的面积 dA 为：

$$dA = bdx$$

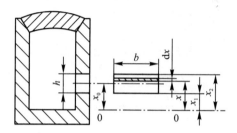

图 3-20　炉门逸气计算

由于窑底处（$x=0$）为零压，所以窑底与 x 之间的热气体伯努利方程可简化：

$$xg(\rho_a - \rho) = p_x - p_a$$

$$q_V = \mu_x bdx \sqrt{\frac{2xg(\rho_a - \rho)}{\rho}} = \mu_x b \sqrt{\frac{2g(\rho_a - \rho)}{\rho}} \cdot x^{\frac{1}{2}}dx$$

对于整个炉门的气体逸出量用积分求得：

$$q_V = \int_{x_1}^{x_2} \mu_x b \sqrt{\frac{2g(\rho_a - \rho)}{\rho}} \cdot x^{\frac{1}{2}}dx$$

因为对于炉门每一微小单元带来说，其阻力系数都是不相同的，所以不同炉门高度上的流量系数 μ_x 也不相同，为了简化计算，将上式中的流量系数可近似看作常数，认为是整个炉门上的平均流量系数 μ。积分后得矩形炉门气体体积流出量的计算式：

$$q_V = \frac{2}{3}\mu b \sqrt{\frac{2g(\rho_a - \rho)}{\rho}}(x_2^{\frac{3}{2}} - x_1^{\frac{3}{2}}) \tag{3-47}$$

式中，　μ——炉门流量系数，其值由实验确定，可取 0.52~0.62；

b——炉门的宽度，m；

x_1、x_2——炉门下缘和上缘至零压面的距离，m。

式（3-47）中的 $(x_2^{\frac{3}{2}} - x_1^{\frac{3}{2}})$ 用牛顿二项式展开后得：

$$x_2^{\frac{3}{2}} - x_1^{\frac{3}{2}} = \frac{3}{2}h\sqrt{x_0}[1 - \frac{1}{96}(\frac{h}{x_0})^2 - \cdots] \approx \frac{3}{2}h\sqrt{x_0}$$

将其代入式（3-47）后得炉门气体体积流出量的近似计算公式：

$$q_V = \mu A \sqrt{\frac{2gh_0(\rho_a - \rho)}{\rho}} \qquad (3-48)$$

式中，A——炉门截面积，m^2；

　　　h_0——炉门中心线至零压面的距离，m。

式(3-47)和(3-48)的误差不超过 6.1%，随着 h_0 值的增大其误差相应减小。当 $h_0 = h/2$ 时(即炉门的下缘处为零压)，其相对误差为 6.1%；当 $h_0 = h$ 时，其相对误差为 1.1%。

同理可得出通过炉门吸入的气体体积流量公式为：

$$q_V = \frac{2}{3}\mu b \sqrt{\frac{2g(\rho_a - \rho)}{\rho_a}}(x_2^{\frac{3}{2}} - x_1^{\frac{3}{2}}) \qquad (3-49)$$

【例 3-5】有一宽度 $b = 0.4$ m，高 $h = 0.6$ m 的矩形炉门，窑内烟气温度 $t_g = 1\,600$ ℃，密度 $\rho_{g,0} = 1.315$ kg/m^3，外界空气温度 $t_a = 20$ ℃，密度 $\rho_{a,0} = 1.293$ kg/m^3，零压面在炉门下缘以下，距炉门中心 0.70 m，流量系数取 0.6。求炉门开启时的气体溢出量。

【解】根据公式 $\rho_t/\rho_0 = T_0/T$，求出烟气、空气分别在 1 600 ℃、20 ℃ 时的密度

$$\rho_{a,t} = \rho_{a,0}\frac{T_0}{T_a} = 1.293 \times \frac{273}{273 + 20} = 1.205 \text{ kg/m}^3$$

$$\rho_{g,t} = \rho_{g,0}\frac{T_0}{T} = 1.315 \times \frac{273}{273 + 1\,600} = 0.192 \text{ kg/m}^3$$

$$x_1 = h_0 - \frac{h}{2} = 0.70 - \frac{0.6}{2} = 0.4 \text{ m}$$

$$x_2 = h_0 + \frac{h}{2} = 0.70 + \frac{0.6}{2} = 1 \text{ m}$$

用式(3-47)计算时：

$$q_V = \frac{2}{3} \times 0.6 \times 0.4 \times \sqrt{\frac{2 \times 9.81 \times (1.205 - 0.192)}{0.192}} \times (1^{\frac{3}{2}} - 0.4^{\frac{3}{2}}) = 1.22 \text{ m}^3/\text{s}$$

用式(3-48)计算时：

$$q_V = 0.6 \times 0.4 \times 0.6 \times \sqrt{\frac{2 \times 9.81 \times 0.70 \times (1.205 - 0.192)}{0.192}} = 1.32 \text{ m}^3/\text{s}$$

上述计算说明，当 h_0 较大时，式(3-47)与式(3-48)之间的误差是很小的，计算结果很接近。

二、分散垂直气流

分散垂直气流是指当一股气流在垂直通道中被分割成多股平行小气流时的流动。气流垂直流动的方向对窑炉内水平方向温度分布有很大的影响。如气体在倒焰窑料垛间的流动，总是使热气体自上而下流动，冷气体自下而上流动，只有这样才能使窑内气体在水平方向上的温度分布均匀。下面用二气体伯努利方程式来说明原因。

假定气体在垂直通道中自上而下流动，如图 3-21 所示，至Ⅰ-Ⅰ截面后分成 a 和 b

两股气流,流至 II - II 截面后又汇合成一股气流。

设 a、b 为等截面通道,为保证气体温度在 a、b 通道内同一水平面上温度分布均匀,通道要具备什么条件呢?

当气体由上向下流动时,分别写出 a、b 通道在 I - I 和 II - II 截面间的二气体伯努利方程式。对于 a 通道:

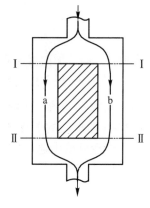

$$h_{g1,a}+h_{s1,a}+h_{k1,a}=h_{g2,a}+h_{s2,a}+h_{k2,a}+h_{L,a}$$

取 I - I 截面为基准面,$h_{g1,a}=0$。因 a 为等截面通道,所以 $v_{1,a}=v_{2,a}$,$h_{k1,a}=h_{k2,a}$,上式简化为

$$h_{s1,a}-h_{s2,a}=h_{g2,a}+h_{L,a}$$

同样,对于 b 通道,二气体伯努利方程的简化式为

$$h_{s1,b}-h_{s2,b}=h_{g2,b}+h_{L,b}$$

当气流在垂直通道内由下向上流动时,a、b 通道内二气体伯努利方程的简化式为

图 3-21　分散垂直气流

$$h_{s1,a}-h_{s2,a}=h_{g2,a}-h_{L,a}$$
$$h_{s1,b}-h_{s2,b}=h_{g2,b}-h_{L,b}$$

显然,要使温度在 a、b 通道内均匀分布,必须使 a、b 通道两端的静压差相等,即

$$h_{s1,a}-h_{s2,a}=h_{s1,b}-h_{s2,b}$$

这样,在 a、b 通道内温度均匀分布的条件:

(1)当气体自上而下流动时:

$$h_{g2,a}+h_{L,a}=h_{g2,b}+h_{L,b}$$

(2)当气体自下而上流动时:

$$h_{g2,a}-h_{L,a}=h_{g2,b}-h_{L,b}$$

以上二式说明,要保证 a、b 两通道同一水平高度温度分布均匀的条件:两通道内的几何压头和阻力损失之和相等。

当 $h_g \ll h_L$ 时,几何压头 h_g 对于气流温度分布的影响可以忽略不计时,温度在 a、b 通道内的分布将与气流方向无关,主要决定于通道内的阻力损失,其在 a、b 通道内的分布将按 $h_{L,a}$ 与 $h_{L,b}$ 的情况进行分配。当 $h_{L,a}=h_{L,b}$ 时,温度在 a、b 通道内就能均匀分布。

当 $h_L \ll h_g$ 时,即阻力损失 h_L 对于气流温度分布的影响可以忽略不计时,温度在 a、b 通道内分布将取决于几何压头的作用。若 a、b 通道高度相等,两通道内的几何压头相等与否就决定于通道内的气体密度。

若热气体自下而上流过 a、b 通道,热气体被吸热而逐渐冷却,如果由于某种原因使得 $t_a < t_b$ 时,$\rho_a > \rho_b$,$h_{g2,a} < h_{g2,b}$,热气体自下而上流动时其几何压头为推动力,因而 a 通道内的流量 $q_{V,a}$ 减少,b 通道内的流量 $q_{V,b}$ 增加,$q_{V,a}$ 的减少使 t_a 更低于 t_b,$h_{g2,a}$ 更小于 $h_{g2,b}$,随着时间的推移,使得 $t_a \ll t_b$,即温差越来越大。

若热气体自上而下流过 a、b 通道,情况将会完全不同,当 $t_a < t_b$ 时,$\rho_a > \rho_b$,$h_{g2,a} < h_{g2,b}$。热气体自上而下流动时其几何压头为阻力,因而 a 通道内的总阻力减小,$q_{V,a}$ 增大,$q_{V,b}$ 减小。$q_{V,a}$ 的增大会使 t_a 升高,随着时间的推移,直至 $t_a = t_b$,$\rho_a = \rho_b$,$h_{g2,a} = h_{g2,b}$,即温度逐渐趋于均匀。

综上所述,在分散垂直通道内,热气体应当自上而下流动才能使气流温度分布均匀;同样,冷气体应当自下而上流动才能使气流温度分布均匀。这就是分散垂直气流法则。从分析过程可知,此法则主要应用于几何压头起主要作用的通道内,如果通道内的阻力很大,此法则就不适用。在工业窑炉内,气体在倒焰和蓄热室内的流动都遵循分散垂直气流法则,但在立窑、煤气发生炉和沸腾炉内,因阻力超过几何压头很多,此法则就不适用了。

三、气体射流

射流是指流体由管嘴喷射到较大的空间并带动了周围同类介质流动的区域,又称为流股。如果介质为气体,则称为气体射流。气体在管内流动时,与管壁面相接触,要受到固体壁面的影响,而气体射流,脱离了管口,不受管壁的影响和限制,它与周围气体接触和混合。因此射流和管流不同,有着不同的流动规律。

射流有层流和湍流两种流动状态。当管嘴直径较小,喷出气体量也较小时,在管嘴出口处形成层流射流;当管嘴直径较大,喷出气流速度较大时,在管嘴出口处形成湍流射流。工业窑炉中遇到的大多是湍流射流。

射流内气体质点的流动规律与射流喷入的空间大小有关。当气体喷射到充满静止介质的无限空间中去时,射流已不受固体壁面的限制,这种射流叫自由射流;当气体喷射到有限空间时,射流要受到空间的部分限制,这种射流叫受限射流。工业窑炉中大多是受限射流。自由射流是受限射流以及其他特殊射流研究的基础。

(一) 自由射流的特点

气体从管嘴喷射到自由空间后形成的自由射流大多属湍流射流,在射流内气体质点有规则地脉动。气体由管嘴流出后平行向前流动,由于湍流质点的脉动扩散和分子的黏性扩散作用,使得流出的气体质点和周围静止的气体质点间发生碰撞,进行动量交换,把自己的一部分动量传递给相邻的气体,带动周围介质向前流动。这样,被带动的介质在流动过程中逐渐向中心扩散,射流断面逐渐扩大,被引射的气体量逐渐增多。所以,自由射流的实质是喷出介质与周围静止介质进行动量和质量的交换过程,即喷出介质与周围介质的混合过程。

这种动量交换过程可近似看成非弹性体的自由碰撞,即静止气体质点被运动的气体质点碰撞后,随即获得了动量而开始运动。虽然碰撞造成了动能损失,但喷射介质与被引射的介质二者的动量之和基本不变。由于动量不变,沿射流进程的压力也不变。这是自由射流的主要特点。因为静止气体质点被碰撞后参加到射流中来,射流的边界就是以受到碰撞即将开始运动的质点所形成的界面。因此沿流动方向射流的截面逐渐扩大,流量将逐渐增加,速度将逐渐衰减。

(二) 受限射流的特点

火焰炉内气体流动可以看成是射流在四周为炉墙所包围的限制空间内的流动,这种射流叫作受限射流。如果这个限制空间较大,即射流喷口截面比限制空间的截面小得多,壁面对射流实际上起不了限制作用,则可看成自由射流;如果喷口截面积很大,限制空间截面相对较小,则喷出气流将很快充满限制空间,这时就变成了管道内的气体流动。我们所要讨论的受限射流是介于自由射流与管道内气流之间的气体流动,它既受到壁面的限制作用,但又不能将截面空间充满。

1.受限射流的基本特征

在限制空间内的射流运动可以分为两个主流区域(图3-22),即射流本身的区域Ⅰ和射流周围的循环Ⅱ(回流区),此外,在限制空间的死角处还有因空间局部变形而引起的局部循环区Ⅲ(旋涡区)。

限制射流是以平行于气流喷出方向(x方向)的射流分速度 $v_x = 0$ 为射流与回流区的分界面的。从喷出口流出射流截面沿 x 方向上逐渐扩大,但没有自由

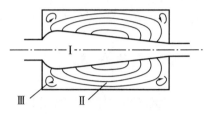

图3-22　受限射流示意图

射流那样显著。后来由于流量减小使截面不再扩大,因此一直到流出这个空间,都不与壁面接触。在射流从喷出口流出不远的一段内,射流由回流区带入气体,流量增大,使周边速度降低,速度沿 x 方向趋于不均匀化。后来,由于从周围带入的气体受到限制,特别是在射流的后半段,射流还要向回流区分出一部分气体,射流本身的流量反而减少,故速度分布趋于均匀化。这时速度分布与自由射流不同。射流与壁面之间的回流区的大小和转动速度,主要取决于射流和壁面间的距离以及射流的流速。

2.受限空间内的气体循环

在工业窑炉内,气体的循环能使工业坯体迅速而均匀地得到热量,加强窑内气体循环,有利于窑内的传热。影响气体循环的主要因素有以下几个方面:

(1)限制空间的大小。主要是射流出口截面与有限空间截面之比。如果比值较大,则炉壁失去了限制的作用,相当于自由射流,没有沿程压力差,不会产生回流。反之,如果比值很小,则循环路程上阻力很大,大大阻碍了循环气流的形成,甚至变成了管内气体流动,没有气体循环气流。所以,只有当比值适当时,才能造成最大的循环气流。这一比值要根据实际生产情况来确定。

(2)射流喷出口与气流出口的相对位置。当射流喷出口与气流出口位于同一侧时,射流在开始时按惯性流动,射流撞击壁面后失去其惯性,反向朝出口流去(图3-23),由于循环气流部分的流向与射流主体方向是一致的,气体循环得到了加强。这种循环气流有利于高低温气体的相互混合,从而使温度分布均匀。

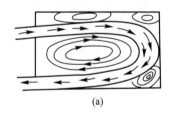

(a)

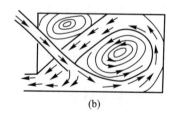

(b)

图3-23　同侧排气的受限射流流动情况

当喷出口位置与气流出口位置不在同一侧时(图3-24),循环气流发生在直流的两

边,由于阻力较大,循环较弱,回流区也较小。

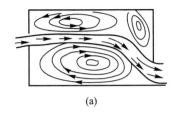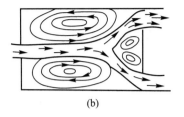

(a)   (b)

图 3-24 异侧排气的受限射流流动情况

气流出口的位置及布置往往是很重要的,只要其布置恰当,尺寸合适,气流就可以被引导到所需之处。如在倒焰窑、隧道窑内,往往设计很多小孔,使气流的排出孔均匀地分布在窑底或窑墙上,这样能使气流在窑内均匀分布,有利于对窑内坯体的加热。

有多个射流喷出口的空间,为了加剧气流循环,可以把射流喷出口布置成相反并互相错开,图 3-25 可以当作平面图,也可以当作立面图。当作立面图时,必须使坯体不妨碍气流的循环。在坯体柱之间留设一定的气流通道,尤其是梭式窑。

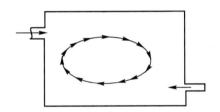

图 3-25 喷出口互相错开以后产生的气体循环

(3)射流的喷出压强和射流与壁面交角的影响。射流喷出后的压力能转化为动能,动能越大,可以带动回流区的气体越多,引起气流循环越强烈。射流与壁面交角越大,射流与壁面碰撞后易较早脱离壁面而改变方向,形成倒流,使回流区位置向前移动,回流区也逐渐缩小。

影响气流循环的因素还有很多,如窑墙和窑顶的位置,窑内制品的排列情况等对气体循环都有影响。

以上我们主要介绍了自由射流和受限射流的基本概念、流动特点及影响因素,关于其他射流及有关射流参数的变化规律可参阅有关热工资料,在此不再叙述。

第三节 烟囱和喷射器

要使窑炉维持正常操作,一方面要提供足够的燃料和供燃料完全燃烧所必需的空气;另一方面,还应及时将燃烧产物排出窑外。引导窑内气体运动常用的设备有烟囱、喷射器及风机等,本节仅介绍烟囱和喷射器的工作原理及有关计算。

一、烟囱

(一)烟囱的工作原理

对于自然通风的窑炉,烟囱的作用是引导窑内气体运动并将废气排出,其工作原理与虹吸作用类似。如图3-26(a)所示,将一段充满液体的塑料软管的一段浸于液体中,然后将软管中的液体倒出,管中会形成负压,外界大气压将容器中的液体压入管中,源源不断地从管中排出,充满水的虹吸管之所以能引液自流,是因为水借重力流出时会在上部造成负压,从而将水从管进口吸进管内。窑炉排烟系统相当于一个倒置的虹吸管,烟囱中的热气体的重力小于空气的浮力,热气体有自然上升的趋势,于是烟囱中的热气体自下而上流动自顶部排出,并在烟囱底部形成负压,从而使窑炉内的热烟气源源不断地流入烟囱底部,因此烟囱也能像虹吸管那样将烟气不断排出,如图3-25(b)所示。

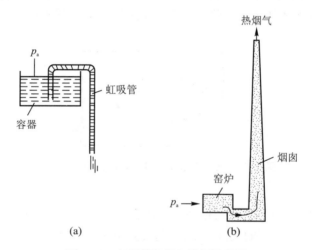

图3-26 虹吸管与烟囱排烟原理图

下面以玻璃池窑排烟系统为例,进一步讨论烟囱的工作原理,如图3-27所示。设玻璃液面为Ⅰ-Ⅰ截面,烟囱底部为Ⅱ-Ⅱ截面,烟囱顶部为Ⅲ-Ⅲ截面。从Ⅰ-Ⅰ截面到Ⅱ-Ⅱ截面的热烟气平均密度为ρ,从Ⅱ-Ⅱ截面到Ⅲ-Ⅲ截面的热烟气平均密度为ρ_m,外界大气密度为ρ_a。列出窑内玻璃液面Ⅰ-Ⅰ截面和烟囱底部Ⅱ-Ⅱ截面的二气体伯努利方程:

$$\Delta p_1 + 0 + \frac{v_1^2}{2}\rho = \Delta p_2 + H_1 g(\rho_a - \rho) + \frac{v_2^2}{2}\rho + h_L \qquad ①$$

式中, ρ——二截面之间热烟气平均密度,kg/m³;

h_L——从Ⅰ-Ⅰ截面到Ⅱ-Ⅱ截面之间所有的摩擦阻力和局部阻力之和,Pa。

窑内玻璃液面上方火焰空间的压强近似为大气压强,因此$\Delta p_1 = 0$,则

$$-\Delta p_2 = H_1 g(\rho_a - \rho) + \frac{v_2^2 - v_1^2}{2}\rho + h_L = \sum h \qquad ②$$

式中，$\sum h$——单位体积烟气在窑炉系统中的总阻力(总能量损失)，包括摩擦阻力、局部阻力、几何压头及热气体动压头增量。也等于烟囱底部需提供的负压绝对值。

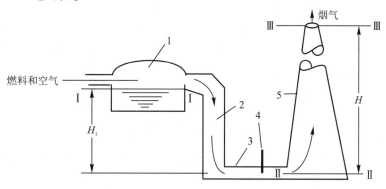

1—窑;2—热交换器;3—烟道;4—闸板;5—烟囱。

图3-27 窑炉排烟系统示意图

烟囱底部Ⅱ-Ⅱ截面和顶部Ⅲ-Ⅲ截面的二气体伯努利方程式为

$$\Delta p_2 + H(\rho_a - \rho_m)g + \frac{v_2^2}{2}\rho_m = \Delta p_3 + 0 + \frac{v_3^2}{2}\rho_m + h_f \qquad ③$$

式中，ρ_m——烟囱中热烟气的平均密度，kg/m^3；

h_f——烟囱内的摩擦阻力，Pa。热气体在烟囱中流动时的阻力主要考虑摩擦阻力。

$$h_f = \lambda \frac{H}{d_m} \frac{v_m^2}{2}\rho_m \qquad (3-50)$$

式中，v_m——烟囱内烟气的平均流速，m/s；

d_m——烟囱的平均内径，$d_m = \dfrac{d_B + d_T}{2}$，$d_T$为烟囱的出口直径，$d_B$为底部直径。

λ——烟囱的摩擦阻力系数，砖烟囱和混凝土烟囱，取$\lambda = 0.05$；钢板烟囱$\lambda = 0.02$；

式③移项并注意$\Delta p_3 = 0$，则

$$-\Delta p_2 = H(\rho_a - \rho_m)g - \frac{v_3^2 - v_2^2}{2}\rho_m - h_f \qquad (3-51a)$$

式(3-51a)表明烟囱底部负压是由烟囱的几何压头形成的。假设图3-26所示的排烟系统中的闸板关闭，烟囱内烟气处于静止状态，则式(3-51a)可写为

$$-\Delta p_2 = H(\rho_a - \rho_m)g \qquad (3-51b)$$

式(3-51b)说明，烟囱底部对烟囱出口来说所具有的几何压头，使烟囱底部的静压为负值，如果把闸板打开，则窑内烟气便会被吸到烟囱底部，经烟囱排入大气之中。烟囱底部负压的绝对值称为烟囱的抽力，抽力越大，表示烟囱的排烟能力越强。式(3-51b)这个负压表示了烟囱的最大抽力(也可称为烟囱的理论抽力)，当然，实际上几何压头并非全部转变成有用的抽力，其中一部分用在克服烟气在烟囱中流动的摩擦阻力和满足烟囱中

气体动压头的增量,不过,式(3-51a)右端的第一项几何压头比第二项动压头的增量和第三项摩擦阻力大得多。

式(3-51b)表明,烟囱底部抽力的大小,主要取决于烟囱的高度、烟气的平均温度和周围空气的温度。烟囱愈高,抽力就愈大;而在烟囱高度一定时,烟囱烟气温度提高或环境温度下降,抽力也就愈大。这就是间歇窑点火初期,烟囱抽力不如旺火时大的原因。如果窑炉系统漏风,废气量增大,废气温度下降,烟囱抽力便随之下降。除此之外,季节、昼夜、空气湿度以及海拔高度等在一定程度上都影响到烟囱的抽力。

将式②代入式(3-51a)有:

$$H(\rho_a - \rho_m)g = \sum h + \frac{v_3^2 - v_2^2}{2}\rho_m + h_f \tag{3-52}$$

上式说明烟囱中热烟气的几何压头是推动力,它用于克服气体在窑炉系统中的总阻力($\sum h$)以及烟气在烟囱中的摩擦阻力与动压头增量。

(二)烟囱的热工计算

烟囱的热工计算主要是烟囱直径和高度的计算。

1.顶部内径的计算

烟囱的顶部内径 d_T 可根据烟气排出量 q_V 和排烟速度 v_T 计算:

$$d_T = \sqrt{\frac{4q_V}{\pi v_T}} \tag{3-53}$$

式中,q_V——标准状态下烟气排出量,m^3/s。

自然通风时,标准状态下烟囱出口流速 $v_T = 2.0 \sim 4.0$ m/s,机械排烟时 $v_T = 8 \sim 15$ m/s。排烟速度 v_T 过大时易增加烟气流动过程中的阻力损失,烟气有可能不能顺利排出;v_T 太小时,容易产生倒风现象。

2.底部内径的计算

砖烟囱和混凝土烟囱通常是锥体形,其斜率为 1% ~ 2%,故底部内径为:

$$d_B = d_T + 2(0.01 \sim 0.02)H' \tag{3-54}$$

式中,H'——烟囱的估算高度,m。

一般底部直径也可取顶部直径的 1.3 ~ 1.5 倍。金属烟囱底部直径和出口直径一样,小型的烟囱通常用钢板卷焊成等直径的圆筒形,也有用砖砌成方形的。

3.烟囱高度计算

窑炉系统的总阻力($\sum h$)给出后,烟囱的高度可由式(3-52)求出:

$$H = \frac{\sum h + \frac{v_3^2 - v_2^2}{2}\rho_m}{g(\rho_a - \rho_m) - \lambda \frac{1}{d_m} \cdot \frac{v_m^2}{2}\rho_m} \tag{3-55}$$

在确定烟囱高度时应考虑到留有余量,一般需加大 20% ~ 30%,作为储备能力。

因烟囱本身的摩擦阻力及动压头增量比窑炉系统的总阻力小得多,故烟囱高度也可用近似式计算:

$$H' = K \frac{\sum h}{g(\rho_a - \rho_B)} \tag{3-56}$$

式中，K——储备系数，$K = 1.2 \sim 1.3$；

ρ_B——按底部温度计算的烟气密度。

在进行烟囱高度计算时，为求出烟气密度必须知道烟囱内的平均温度 t_m，烟囱底部温度是已知的，烟囱顶部温度则必须按烟囱高度及每米温度降度(表3-5)求出，为此，必须事先估计烟囱的高度 H' 才能计算烟气平均温度。计算的烟囱高度 H 与估算高度 H' 的相对误差应小于 5%。砖烟囱高度不超过 80 m。

表3-5 烟囱每米高度上的烟气温降值

烟囱类别		不同烟囱底部温度下烟囱每米上的温降值/(℃/m)			
		300~400 ℃	400~500 ℃	500~600 ℃	600~800 ℃
砖烟囱及混凝土烟囱		1.5~2.5	2.5~3.5	3.5~4.5	4.5~6.5
钢板烟囱	带耐火衬砖	2~3	3~4	4~5	5~7
	不带耐火衬砖	4~6	6~8	8~10	10~14

因大气压强 p_a 与海拔高度有关，所以在其他条件相同时，烟囱的抽力随海拔高度而下降。同样条件下的烟囱在沿海地区能正常工作，但在高原地区往往不能正常工作的原因也在于此。

在确定烟囱尺寸时还需要重点考虑以下几点：

(1)几个窑合用一座烟囱时，各烟道应当并联，以防相互干扰，保证各窑的独立作业性；烟囱抽力应按几个窑中阻力最大者进行计算；计算烟囱内径、烟囱内摩擦阻力损失和动压头增量时用的烟气量，则应取几座窑的总烟气量。

(2)燃料消耗量有变化的窑，应按最大燃耗时产生的烟气量进行计算。如间歇式窑炉。

(3)为保证在任何季节都有足够的抽力，计算时应该用夏季最高温度时的空气密度。

(4)如地处高原或山区，应考虑当地气压的影响。

【例3-6】已知某窑炉排烟系统阻力损失为 160 Pa，烟气标态流量为 3.25 m^3/s，烟囱底部烟气温度为 300 ℃，空气温度为 20 ℃，烟气标态密度 $\rho = 1.3$ kg/m^3，试计算砖砌烟囱的直径和高度。

【解】(1)烟囱直径的计算

选择烟气出口处的标态流速：$v_T = 2.5$ m/s，则烟囱出口直径为

$$d_T = \sqrt{\frac{4q_V}{\pi v}} = \sqrt{\frac{4 \times 3.25}{3.14 \times 2.5}} = 1.3 \text{ m}$$

设烟囱底部内径 d_B 为顶部直径的 1.5 倍，则

$$d_B = 1.5 d_T = 1.5 \times 1.3 = 2.0 \text{ m}$$

烟囱的平均直径:

$$d_m = \frac{d_T + d_B}{2} = \frac{1.3 + 2.0}{2} = 1.65 \text{ m}$$

烟气的底部标态流速:

$$v_B = \frac{4q_V}{\pi d_B^2} = \frac{4 \times 3.25}{3.14 \times 2^2} = 1.0 \text{ m/s}$$

烟气的平均标态流速:

$$v_m = \frac{4q_V}{\pi d_m^2} = \frac{4 \times 3.25}{3.14 \times 1.65^2} = 1.5 \text{ m/s}$$

(2)烟囱高度的计算

求出烟气的平均温度及平均温度下的密度。假定烟囱高度 $H' = 40$ m,底部温度为 300 ℃,对于砖砌烟囱,查表 3-5 得每米温降值为 1.5 ℃,则烟囱出口温度为:

$$t_T = 300 - 40 \times 1.5 = 240 \text{ ℃}$$

烟囱内烟气平均温度:

$$t_m = \frac{1}{2}(300 + 240) = 270 \text{ ℃}$$

烟气平均温度下的密度:

$$\rho_m = 1.3 \times \frac{273}{270 + 273} = 0.65 \text{ kg/m}^3$$

烟囱出口烟气的实际流速:

$$v'_T = v_T \frac{273 + t_T}{273} = 2.5 \times \frac{273 + 240}{273} = 4.7 \text{ m/s}$$

烟囱底部烟气的实际流速:

$$v'_B = v_B \frac{273 + t_B}{273} = 1.0 \times \frac{273 + 300}{273} = 2.1 \text{ m/s}$$

烟囱内烟气的实际平均流速:

$$v'_m = v_m \frac{273 + t_m}{273} = 1.5 \times \frac{273 + 270}{273} = 3.0 \text{ m/s}$$

取烟囱中烟气的摩擦阻力系数 $\lambda = 0.05$,由

$$H = \frac{\sum h + \frac{v'^2_T - v'^2_B}{2}\rho_m}{g(\rho_a - \rho_m) - \lambda \frac{1}{d_m}\frac{v'^2_m}{2}\rho_m} = \frac{160 + \frac{4.7^2 - 2.1^2}{2} \times 0.65}{9.81 \times (1.20 - 0.65) - 0.05 \times \frac{1}{1.65} \times \frac{3.0^2}{2} \times 0.65}$$

$$= 31.2 \text{ m}$$

取烟囱的安全系数 $k = 1.3$,则烟囱的实际高度:$H = 31.2 \times 1.3 = 40.6$ m

相对误差:

$$\left|\frac{H - H'}{H'}\right| \times 100\% = \left|\frac{40.6 - 40}{40}\right| \times 100\% = 1.5\%$$

误差小于5%,说明计算结果可用。

二、喷射器

(一)喷射器的分类和构造

喷射器是利用从喷嘴喷出的高速流体吸引并带动另外一种流体流动的装置。在喷射器中高速流体(称喷射流体或喷射剂)将能量传递给静止或低速流体(称被喷射流体),使其能量提高,以达到输送或混合流体的目的。在各种工业窑炉中,喷射器被广泛应用于煤气燃烧器、输送高温气体以及排烟等方面。常用的喷射剂有空气、煤气和水蒸气等。

排烟喷射器一般用于排烟机不能输送的高温气体、腐蚀性气体或摩擦易发生爆炸的气体,当工厂内有剩余的高压气源时,也可选用喷射器作为排烟装置。在隧道窑上除用喷射器来排烟外,还可用它来抽引冷却带内的热空气(300 ℃以上),作为一次助燃空气用。

喷射器按其结构分为带扩张管的喷射器和不带扩张管的喷射器。带扩张管的喷射器有四个基本组成部分:喷嘴、吸气管、混合管(亦称喉部)和扩张管,如图3-28所示。

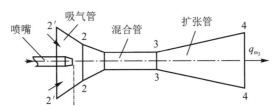

图3-28　带扩张管的喷射器结构示意图

喷嘴的作用是将喷射气体的压力能转变成动能。吸气管是被喷射气体的入口处,其作用是减少被喷射气体进入时的阻力。一般将其做成锥型收缩管。混合管是喷射器的主要部分,其作用是使喷射剂与被喷射气体之速度趋于均匀,因而使动量降低,在混合管两端产生压强差,以提高喷射效率。混合管有圆柱形、收缩形或二者结合的形式。实验证明,把混合管做成收缩形有利于管内速度场的均匀分布,但不利于浓度场和温度场的均匀分布;而圆柱形混合管,则能使速度场、浓度场和温度场都达到一定程度的均匀分布。扩张管的作用是增加喷射器出口与吸气管之间的压强差,便于吸入被喷射气体,提高喷射效率。

喷射器按喷射剂的压强大小分为低压、中压和高压三种。高、中压喷射器的计算要考虑气体的可压缩性,而低压喷射器则不必考虑,因此高、中压与低压喷射器的计算是有区别的。

喷射器按被喷射气体的吸入速度不同分为常压吸气式和负压吸气式。如果喷射器的吸气管较大,吸入的气体在吸入管内的流速很小,几乎可忽略不计,这种喷射器叫常压吸气喷射器。常压吸气喷射器由于吸气管比较大,不会破坏喷射气体的自由射流结构,因此可以按自由射流的运动规律进行计算,在吸气管内视为等压流动。如果喷射器的吸气管比较小,这时被吸入的气体在吸气管内的流速较大,气流在吸气管内发生扰动,空气的流速不能忽略,这种喷射器叫负压吸气喷射器。设计这种喷射器时要求吸气管的形状合理,否则将增加吸入气体的阻力,降低喷射效率。低压喷射器一般为常压吸气式的,高、中压喷射器一般为负压吸气式的。

(二)喷射器的工作原理

图 3-29 为常压吸气喷射器工作原理图。图中的 q_{m1}、v_1、ρ_1、p_1 分别为喷射剂的质量流量(kg/s)、速度(m/s)、密度(kg/m³)、压强(Pa);q_{m2}、v_2、ρ_2、p_2 分别为被喷射气体的质量流量、速度、密度、压强;q_{m3}、v_3、ρ_3、p_3 分别为混合气体的质量流量、速度、密度、压强。当质量流量为 q_{m1} 的喷射剂从喷嘴喷出进入吸气管时,压强由 p_1 降至 p'_2,速度为 v_1,流动的喷射剂将动能赋予静止的被喷射气体,使其速度增加,而喷射剂的速度减小。由于喷射剂在吸气管内的流动属于自由射流,故可以认为在吸气管内的静压不变,等于大气压,即 $p'_2=p_2=p_a$。喷射剂与被喷射气体刚进入混合管时,其速度很不均匀,在流动过程中才逐渐趋于均匀,混合管的末端混合气体的平均速度为 v_3,静压由 p_2 升高至 p_3。在扩张管内,混合气体的速度由 v_3 降至 v_4,静压由 p_3 升至 p_4。

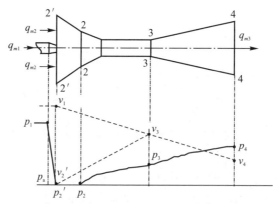

图 3-29　常压吸气喷射器的工作原理

负压吸气喷射器的工作原理如图 3-30 所示。在这种喷射器内,被喷射气体从吸入口进入吸气管时的速度 v'_2 较大,在吸气管内产生阻力损失,使得 $p_2<p_a$,因而吸气管内的静压小于大气压,为负压作业,故称为负压吸气喷射器。由于喷射剂与被喷射气体的速度相差较小,减少了气流的碰撞损失,有利于提高喷射器的喷射效率。

(三)喷射器的参数方程

喷射器各参数之间的关系可由稳定态流动时混合管的动量方程、吸气管段和扩张管段的伯努利方程及连续性方程推得。

设喷射剂的质量流量、流速、密度及喷射管的出口截面积分别为 q_{m1}(kg/s)、v_1(m/s)、ρ_1(kg/m³)和 A_1(m²),被吸入气体的相应参数为 q_{m2}、v_2、ρ_2 和 A_2,流出混合管的混合气体的相应参数为 q_{m3}、v_3、ρ_3 和 A_3。

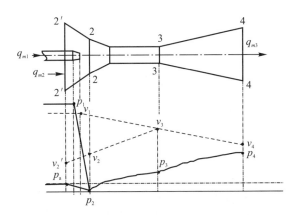

图 3-30 负压吸气喷射器的工作原理

对图 3-29 中的 2-2 和 3-3 截面及混合管内壁所构成的控制体列出动量方程:

$$A_3(p_2 - p_3 - h_{2-3}) = q_{m3}v_3 - (q_{m1}v_1 + q_{m2}v_2) \qquad ①$$

$$h_{2-3} = \xi_2 \frac{v_3^2}{2} \rho_3 \qquad ②$$

气体在混合管中的阻力损失,包括局部阻力和摩擦阻力。ξ_2 是阻力系数,由实验给出。

由式①得

$$p_3 - p_2 = \frac{(q_{m1}v_1 + q_{m2}v_2) - q_{m3}v_3}{A_3} - \xi_2 \frac{v_3^2}{2}\rho_3 \qquad ③$$

吸气管 $2' - 2'$ 和 2-2 截面的伯努利方程:

$$p'_2 + \frac{(v'_2)^2}{2}\rho_2 = p_2 + \frac{v_2^2}{2}\rho_2 + \xi_1 \frac{v_2^2}{2}\rho_2 \qquad ④$$

或

$$p_2 = p'_2 + \frac{(v'_2)^2}{2}\rho_2 - (1+\xi_1)\frac{v_2^2}{2}\rho_2 \qquad ⑤$$

式中,ξ_1——气体在吸气管中的阻力系数。

扩张管 3-3 和 4-4 截面的伯努利方程:

$$p_3 + \frac{v_3^2}{2}\rho_3 = p_4 + \frac{v_4^2}{2}\rho_4 + \xi_3 \frac{v_3^2}{2}\rho_3 \qquad ⑥$$

$$p_3 = p_4 + \frac{v_4^2}{2}\rho_4 - (1-\xi_3)\frac{v_3^2}{2}\rho_3 \qquad ⑦$$

将式⑤和⑦及 $\dfrac{q_{m3}v_3}{A_3} = v_3^2\rho_3$ 代入式③,并移项得

$$\left(p_4 + \frac{v_4^2}{2}\rho_4\right) - \left(p'_2 + \frac{v'^2_2}{2}\rho_2\right) = \frac{q_{m1}v_1 + q_{m2}v_2}{A_3} - (1+\xi_1)\frac{v_2^2}{2}\rho_2 - (1+\xi_2+\xi_3)\frac{v_3^2}{2}\rho_3 \qquad ⑧$$

令 $\Delta p = \left(p_4 + \dfrac{v_4^2}{2}\rho_4\right) - \left(p'_2 + \dfrac{v'^2_2}{2}\rho_2\right)$,表示喷射器进、出口截面的全压差。

由连续性方程：

$$q_{m3} = q_{m1} + q_{m2} = q_{m1}\left(1 + \frac{q_{m2}}{q_{m1}}\right) \tag{⑨}$$

$$\rho_3 = \frac{q_{m3}}{\dfrac{q_{m1}}{\rho_1} + \dfrac{q_{m2}}{\rho_2}} = \frac{\rho_1\left(1 + \dfrac{q_{m2}}{q_{m1}}\right)}{1 + \dfrac{q_{m2}}{q_{m1}}\dfrac{\rho_1}{\rho_2}} \tag{⑩}$$

$$\frac{v_2^2}{2}\rho_2 = \frac{v_2^2\rho_2}{v_1^2\rho_1}\frac{v_1^2}{2}\rho_1 = \left(\frac{A_1}{A_3}\right)^2\left(\frac{A_3}{A_2}\right)^2\left(\frac{q_{m2}}{q_{m1}}\right)^2\frac{\rho_1}{\rho_2}\frac{v_1^2}{2}\rho_1 \tag{⑪}$$

$$\frac{v_3^2}{2}\rho_3 = \frac{v_3^2\rho_3}{v_1^2\rho_1}\frac{v_1^2}{2}\rho_1 = \left(\frac{A_1}{A_3}\right)^2\left(1 + \frac{q_{m2}}{q_{m1}}\right)\left(1 + \frac{q_{m2}}{q_{m1}}\frac{\rho_1}{\rho_2}\right)\frac{v_1^2}{2}\rho_1 \tag{⑫}$$

$$\frac{q_{m1}v_1 + q_{m2}v_2}{A_3} = \frac{q_{m1}v_1\left(1 + \dfrac{q_{m2}v_2}{q_{m1}v_1}\right)}{A_3} = 2\frac{A_1}{A_3}\frac{v_1^2}{2}\rho_1\left[1 + \left(\frac{q_{m2}}{q_{m1}}\right)^2\frac{A_1}{A_2}\frac{\rho_1}{\rho_2}\right]$$

$$= \left[2\frac{A_1}{A_3} + \left(\frac{A_1}{A_3}\right)^2\left(\frac{A_3}{A_2}\right)\left(\frac{q_{m2}}{q_{m1}}\right)^2\frac{\rho_1}{\rho_2}\right]\frac{v_1^2}{2}\rho_1 \tag{⑬}$$

将式⑪~⑬代入式⑧得

$$\Delta p = \left\{2\frac{A_1}{A_3} + \left[2 - (1 + \xi_1)\frac{A_3}{A_2}\right]\left(\frac{A_1}{A_3}\right)^2\frac{A_3}{A_2}\frac{\rho_1}{\rho_2}\left(\frac{q_{m2}}{q_{m1}}\right)^2 - \right.$$

$$\left. (1 + \xi_2 + \xi_3)\left(\frac{A_1}{A_3}\right)^2\left(1 + \frac{q_{m2}}{q_{m1}}\right)\left(1 + \frac{q_{m2}}{q_{m1}}\frac{\rho_1}{\rho_2}\right)\right\}\frac{v_1^2}{2}\rho_1 \tag{3-57}$$

式(3-57)称为喷射器的参数方程。由式(3-57)可知,当喷射剂及被抽吸气体的参数给定时,喷射器的全压与其各部分的面积比有关;喷射器尺寸及气体密度给定时,全压与质量流量比 q_{m1}/q_{m2} 有关。

（四）喷射器的效率分析及合理尺寸的确定

喷射器的效率是指单位时间内被抽吸气体所获得的有效能与喷射介质的动能之比,即

$$\eta = \frac{\Delta p q_{V2}}{\dfrac{v_1^2}{2}\rho_1 q_{V1}} = \frac{\Delta p}{\dfrac{v_1^2}{2}\rho_1}\frac{q_{m2}}{q_{m1}}\frac{\rho_1}{\rho_2} \tag{3-58}$$

式中, q_{V1}, q_{V2}——喷射介质及被抽吸气体的体积流量, $\mathrm{m^3/s}$。

将式(3-57)代入上式:

$$\eta = 2\frac{A_1}{A_3}\frac{q_{m2}}{q_{m1}}\frac{\rho_1}{\rho_2} + \left[2\frac{A_3}{A_2} - (1 + \xi_1)\left(\frac{A_3}{A_2}\right)^2\right]\left(\frac{A_1}{A_3}\right)^2\left(\frac{q_{m3}}{q_{m1}}\right)^3\left(\frac{\rho_1}{\rho_2}\right)^2 - \right.$$

$$(1 + \xi_2 + \xi_3)\left(\frac{A_1}{A_2}\right)^2\left(1 + \frac{q_{m2}}{q_{m1}}\frac{\rho_1}{\rho_2}\right)\frac{q_{m2}}{q_{m1}}\frac{\rho_1}{\rho_2}\left(1 + \frac{q_{m2}}{q_{m1}}\right) \tag{3-59}$$

使喷射器的效率和全压获得最大值的参数比,称为最佳参数比,用下标"opt"表示。

令
$$\frac{\partial \eta}{\partial (\frac{A_1}{A_3})} = 0 \ , \ \frac{\partial \eta}{\partial (\frac{A_3}{A_2})} = 0 \ , \ \frac{\partial \eta}{\partial (\frac{q_{m2}}{q_{m1}})} = 0$$

可得
$$(\frac{A_3}{A_2})_{opt} = \frac{1}{1 + \xi_1} \tag{3-60}$$

$$(\frac{A_1}{A_3})_{opt} = \frac{1 + \xi_1}{(1 + \xi_2 + \xi_3)(1 + \frac{q_{m2}}{q_{m1}})(1 + \frac{q_{m2}}{q_{m1}}\frac{\rho_1}{\rho_2})(1 + \xi_1) - (\frac{q_{m2}}{q_{m1}})^2\frac{\rho_1}{\rho_2}} \tag{3-61}$$

$$(\frac{q_{m2}}{q_{m1}})_{opt} = \sqrt{\frac{(1 + \xi_1)(1 + \xi_2 + \xi_3)}{[(1 + \xi_1)(1 + \xi_2 + \xi_3) - 1]\frac{\rho_1}{\rho_2}}} = \frac{1}{\sqrt{[1 - \frac{1}{(1 + \xi_1)(1 + \xi_2 + \xi_3)}]\frac{\rho_1}{\rho_2}}}$$
$$\tag{3-62}$$

将式(3-60)~(3-62)代入式(3-57)和(3-59)可得最大全压差 Δp_{max} 及最高效率 η_{max}:

$$\Delta p_{max} = (\frac{A_1}{A_3})_{opt}\frac{v_1^2}{2}\rho_1 \tag{3-63}$$

$$\eta_{max} = (\frac{A_1}{A_3})_{opt}(\frac{q_{m2}}{q_{m1}})_{opt}\frac{\rho_1}{\rho_2} \tag{3-64}$$

喷射器的基本尺寸 A_2 和 A_3 可按式(3-60)和(3-61)计算,其他各部分尺寸多依据实验确定,但各种实验与研究结果常有出入,下述推荐的尺寸可供参考(图3-31)。

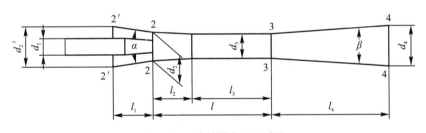

图3-31　喷射器主要尺寸图

(1)喷射介质出口面积 A_1。可按气体流出的公式算出,对低压气体:

$$A_1 = \frac{q_{m1}}{\mu\sqrt{2(p_1 - p_2)\rho_1}} \approx \frac{q_{m1}}{\mu\sqrt{2\Delta p_1 \rho_1}} \tag{3-65}$$

式中,Δp_1——喷射剂的表压,Pa;

μ——流量系数,当喷口呈 $30°\sim45°$ 收缩锥度时,可取 $\mu = 0.95 \sim 0.84$。

(2)吸入管尺寸 A_2。可按式(3-60)计算,即 $A_2 = (1 + \xi_1)A_3$。

为减少能量损失,吸入管应做成逐渐收缩的喇叭形,收缩角 $\alpha = 25°$ 左右。喇叭入口末端与混合管直筒部前缘的距离(l_2)波动范围较大,一般取 $l_2 = (0.3 \sim 2.0)d_3$。这一距离应考虑使被抽吸气体流过时的压头损失最小。吸入管的阻力系数 ξ_1 的值依吸入口形状不同变化范围较大,在最佳尺寸附近进行喷射器计算时,可取 $\xi_1 = 0.15 \sim 0.25$。

(3)混合管。混合管的作用是使喷射介质 q_{m1} 与被抽吸气体 q_{m2} 相互混合并使截面上速度分布均匀化,从而在混合管两端产生压差(负压)。混合管的关键尺寸是 A_3,可按式(3-61)计算,其内径:

$$d_3 = \sqrt{\frac{4A_3}{\pi}} \tag{3-66}$$

为了使速度分布均匀,混合管应具有足够的长度。一般混合管的长度为 $l_2 + l_3 \geqslant 5d_3$。混合管的阻力系数 ξ_2 可用下式计算:

$$\xi_2 = \lambda \frac{l_2 + l_3}{d_3} \geqslant 5\lambda \tag{3-67}$$

式中,λ——混合管中的摩擦阻力系数。

在 $Re = 10^5 \sim 10^8$ 的范围,λ 取 $0.006 \sim 0.02$,代入上式有

$$\xi_2 \geqslant 0.03 \sim 0.1$$

(4)扩张管。扩张角一般取 $\beta = 6° \sim 8°$,角度再大时,将使气体脱离管壁而造成较大的压头损失。通常取 $\dfrac{d_4}{d_3} = 1.5 \sim 2$,扩张管的长度 $l_4 = \dfrac{d_4 - d_3}{2\mathrm{tg}\dfrac{\beta}{2}} = (7 \sim 10)d_3$。

在上述条件下,扩张管的阻力系数 $\xi_3 = 0.10 \sim 0.15$,通常取 $\xi_2 + \xi_3 = 0.2 \sim 0.3$。

【例 3-7】某陶瓷工业窑炉采用喷射器排烟,烟气最大流量 $q_{m2} = 3.3$ kg/s,温度 $t_2 = 490$ ℃,密度 $\rho_2 = 0.465$ kg/m³。喷射剂采用 21 ℃ 的冷空气,密度 $\rho_1 = 1.2$ kg/m³。$\xi_1 = 0.13$,$\xi_2 + \xi_3 = 0.25$。窑炉系统的总阻力 $\sum h = 96.8$ Pa,试计算喷射器的主要尺寸。

【解】由式(3-62):

$$\left(\frac{q_{m2}}{q_{m1}}\right)_{\mathrm{opt}} = \frac{1}{\sqrt{\left[1 - \dfrac{1}{(1+0.13)(1+0.25)}\right] \times \dfrac{1.2}{0.465}}} = 1.152$$

$$q_{m1} = \frac{q_{m2}}{1.152} = \frac{3.3}{1.152} = 2.865 \text{ kg/s}$$

将 $\left(\dfrac{q_{m2}}{q_{m1}}\right)_{\mathrm{opt}}$ 值代入式(3-61):

$$\left(\frac{A_1}{A_3}\right)_{\mathrm{opt}} = \frac{1 + 0.13}{(1+0.25)(1+1.152)\left(1 + 1.152 \times \dfrac{1.2}{0.465}\right)(1+0.13) - (1.152)^2 \times \dfrac{1.2}{0.465}}$$

$$= 0.130\ 6$$

令 $\Delta p_{\max} = \sum h = 96.8$ Pa,由式(3-63):

$$\Delta p_{\max} = \sum h = \left(\frac{A_1}{A_3}\right)_{\mathrm{opt}} \frac{v_1^2}{2}\rho_1 = \left(\frac{A_1}{A_3}\right)_{\mathrm{opt}} \frac{q_{m1}^2}{2\rho_1 A_1^2}$$

由此可得

$$A_1 = m_1 \sqrt{\frac{(A_1/A_3)_{\text{opt}}}{2\rho_1 \sum h}} = 2.865 \times \sqrt{\frac{0.130\ 6}{2 \times 1.2 \times 96.8}} = 0.067\ 9\ \text{m}^2$$

喷射管内径：

$$d_1 = \sqrt{\frac{4A_1}{\pi}} = \sqrt{\frac{4 \times 0.067\ 9}{3.141\ 6}} = 0.294\ \text{m}$$

设喷射管的壁厚 $\delta = 3.2$ mm，喷射管外径：

$$d'_1 = d_1 + 2\delta = 294 + 2 \times 3.2 = 300.4\ \text{mm} = 0.300\ 4\ \text{m}$$

由 $\left(\dfrac{A_1}{A_3}\right)_{\text{opt}} = 0.130\ 6$ 可得

$$A_3 = \frac{A_1}{0.130\ 6} = \frac{0.067\ 9}{0.130\ 6} = 0.519\ 9\ \text{m}^2$$

混合管内径：

$$d_3 = \sqrt{\frac{4A_3}{\pi}} = \sqrt{\frac{4 \times 0.519\ 9}{3.141\ 6}} \approx 0.813\ 6\ \text{m}$$

由式(3-73)得

$$A_2 = (1 + \xi_1)A_3 = 1.13 \times 0.519\ 9 = 0.587\ 5\ \text{m}^2$$

吸气管末端截面积：

$$A'_2 = A_2 + \frac{\pi}{4}d'^2_1 = 0.587\ 5 + \frac{\pi}{4} \times (0.300\ 4)^2 = 0.658\ 4\ \text{m}^2$$

吸气管末端内径：

$$d_2 = \sqrt{\frac{4A_2}{\pi}} = \sqrt{\frac{4 \times 0.587\ 5}{3.141\ 6}} = 0.864\ 9\ \text{m}$$

令吸气管的始端内径：

$$d'_2 = 2d_3 = 2 \times 0.813\ 6 = 1.663\ \text{m}$$

喷射器的其余尺寸：

$$d_4 = 2d_3 = 1.663\ \text{m}$$
$$l_1 = 2d_3 = 1.663\ \text{m}$$
$$l_2 = 2d_3 = 1.663\ \text{m}$$
$$l_3 = 3d_3 = 3 \times 0.813\ 6 = 2.495\ \text{m}$$
$$l_4 = (7 \sim 10)d_3 \approx 6\ \text{m}$$

喷射器的效率：

$$\eta_{\text{max}} = \left(\frac{A_1}{A_3}\right)_{\text{opt}} \left(\frac{q_{m2}}{q_{m1}}\right)_{\text{opt}} \frac{\rho_1}{\rho_2} = 0.130\ 6 \times 1.152 \times \frac{1.2}{0.465} = 38.83\%$$

取喷射管的流量系数 $\mu = 0.90$，由式(3-65)可求出喷射介质所需的表压强：

$$\Delta p_1 = \frac{q^2_{m1}}{2\mu^2\rho_1 A^2_1} = \frac{2.865^2}{2 \times (0.9)^2 \times 1.2 \times 0.067\ 9^2} = 916\ \text{Pa}$$

喷射介质的出口速度：

$$v_1 = \frac{q_{m1}}{A_1\rho_1} = \frac{2.865}{0.067\ 9 \times 1.2} = 35.2\ \text{m/s}$$

思考题和习题

◆ 思考题

1.窑炉系统内"窑压"大小与哪些因素有关？在生产实际中是如何调节窑压的？窑压的大小对生产过程有什么影响？

2.什么是分散垂直气流法则？此法则的适用条件是什么？

3.烟囱的"抽力"与哪些因素有关？若烟气的温度相同，同一座烟囱什么季节抽力最大？若烟气与环境气温都不变，烟囱的抽力是晴天大还是雨天大？为什么？

◆ 习题

1.有一截面逐渐收缩的水平管道(图3-32)，已知气体密度$\rho = 1.2\ \text{kg/m}^3$，在$A_1$处的表压是294 Pa，在$A_2$处的表压是98 Pa，两截面积之比$A_1/A_2 = 2$，$A_1 = 0.1\ \text{m}^2$，求气体通过管道的体积流量(忽略阻力损失)。

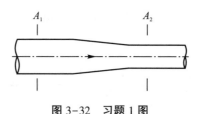

图3-32 习题1图

2.烟囱高20 m，烟气的平均温度为600 ℃，标准状况下烟气的密度$\rho_{g,0} = 1.3\ \text{kg/m}^3$，外界空气温度是20 ℃，标态下空气的密度$\rho_{a,0} = 1.293\ \text{kg/m}^3$，假定烟囱底部和顶部的烟气流速相等，烟囱内的阻力损失不计，若烟囱口为"0"压，问烟囱底部的静压头是多少？

3.如图3-33所示，窑顶距窑底的高度是1.2 m，窑内气体温度$t = 1\ 200\ ℃$，标准状态下烟气密度$\rho_{g,0} = 1.3\ \text{kg/m}^3$；外界空气温度$t_a = 20\ ℃$，标准状态下空气密度$\rho_{a,0} = 1.293\ \text{kg/m}^3$。若窑底的压强与外界大气压相等，窑顶的静压头是多少？当窑底的静压头为何值时，窑顶的静压头才等于零？(忽略阻力)

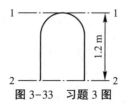

图3-33 习题3图

4.如图 3-34 所示,热空气在垂直等直径的管道中流动,管内平均温度为 546 ℃,管外空气温度为 0 ℃,试求:

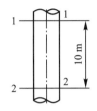

图 3-34　习题 4 图

(1)热空气自上而下流动时在截面 2-2 处的静压,并绘出 1-1 与 2-2 截面间的压头转变图。已知 1-1 与 2-2 截面间的摩擦阻力为 4 Pa,截面 1-1 处的静压为 -40 Pa。

(2)热空气由下而上流动时在截面 1-1 处的静压,并绘出 1-1 与 2-2 截面间的压头转变图。已知 2-2 与 1-1 截面间的摩擦阻力为 2 Pa,截面 2-2 处的静压为 -100 Pa。

5.玻璃池窑内玻璃液面至窑顶的空间高度为 2.5 m,如图 3-35 所示,窑内烟气平均温度为 1 500 ℃,烟气在标准状态下的密度为 $\rho_0 = 1.32$ kg/m³,窑外空气温度为 30 ℃。窑顶内 A 点为测压点。

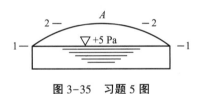

图 3-35　习题 5 图

(1)若要保持液面处的表压强为 5 Pa,窑顶 A 点的表压强是多大?

(2)若测知窑顶 A 点的表压强为 20 Pa,液面处表压强是多大? 若为负压,零压面在液面上方何处?

6.某砖砌烟囱高 35 m,烟囱底部直径与上口直径之比为 1.25 倍。烟囱出口处温度为 200 ℃,标准状态下烟气密度为 1.32 kg/m³,外界空气温度为 20 ℃,烟囱的排烟量标准状态下为 9 m³/s。试求该烟囱底部造成的负压。

7.已知某烟囱高 35 m,烟囱上口直径 1 m,标准状态下烟气的密度 1.3 kg/m³,上口的流速为 2 m/s,烟囱下口直径为上口直径的 2 倍,烟囱内烟气平均温度为 273 ℃,烟气在烟囱内流动时摩擦阻力系统为 0.05,烟囱外界空气温度为 20 ℃,标准状态下密度为 1.293 kg/m³,求烟囱底部的负压。

8.某窑炉标准状态下的烟气量为 8 000 m³/h,烟气密度为 1.34 kg/m³,烟囱底部的烟气温度为 400 ℃,窑炉系统总阻力为 180 Pa,夏季空气最高温度 38 ℃,计算烟囱的直径和高度。

9.某窑炉标准状态下经烟囱排出的最大烟气量为 15 000 m³/h,烟气标准密度为

1.3 kg/m³,烟囱底部温度为400 ℃,该地区 7 月份地面平均温度为 27 ℃,平均气压为 1 atm,烟囱底部负压根据计算为 130 Pa,计算烟囱高度与直径。

10.如图 3-36 所示,此烟道系统的烟气密度 $\rho = 0.25$ kg/m³,车间空气密度 $\rho_a = 1.25$ kg/m³,炉尾 1-1 和烟囱底 2-2 两截面高度 $H = 5$ m,测得截面 1-1 处表压为-50 Pa,截面 2-2 处表压为-150 Pa, $v_1 = 6$ m/s, $v_2 = 10$ m/s。求烟气由截面 1-1 流至截面 2-2 的阻力损失。

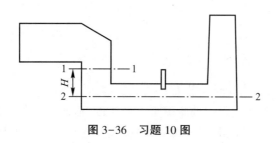

图 3-36 习题 10 图

第四章

传热学

传热学是研究热量传递过程规律的一门科学。凡是有温度差的地方就有热量自发地由高温物体传给低温物体,这种靠温度差推动的能量传递过程称为热传递。在自然界和生产过程中,温度差是处处存在的,因此,传热是自然界和生产领域中非常普遍的现象。

在工业的生产过程中存在着众多传热现象,如烟气和窑内坯体之间的传热,废气对换热器壁之间的传热,通过窑墙和窑顶向外散热等。对窑炉工作者来说,熟悉窑内传热过程和传热的基本原理,强化有益传热,削弱有害传热,提高窑炉的热效率,是研究传热原理的最终目的。

传热现象主要有三种形式:导热、对流和辐射。导热是指物体各部分无相对位移或不同物体直接接触时依靠物质分子、原子的扩散以及自由电子的扩散等所引起的能量转移,其特点是物体各部分之间不发生宏观的相对位移。

对流传热是依靠流体的运动,把热量由一处传递到另一处的能量传递,其特点是流体各部分之间发生宏观的相对位移。必须指出,在对流传热的同时流体各部分之间还存在着导热。如流体流过壁面时与壁面之间的热量传递是对流和导热两种方式联合作用的结果,称之为"对流传热"或"对流换热"。实际上不存在单纯的对流现象,我们讨论对流传热规律,而不讨论单纯的对流传热。

辐射传热是依靠物体表面对外发射可见和不可见的射线(电磁波或者光子等)来传递能量的现象。它不像导热和对流传热那样必须依靠冷热物体的直接接触来传递热量,而是在空气中甚至在真空中也能传播,它与 X 射线、紫外线和无线电波等的本质是相同的,区别在于波长和发射源不同而已。辐射传热不仅要产生能量的转移,而且伴随着能量形式之间的转化,即从热能转化为辐射能或者相反地从辐射能转化成热能。

不同的传热方式有不同的传热规律,因此,分别研究每一种规律是非常必要的。在实际工作中很少有某一种形式的传热单独存在,而大多数是多种传热方式同时并存。比如在冬季,热由室内通过墙壁向室外传递,整个过程分为三个阶段:首先热由室内空气以对流换热和物体间的辐射换热传给墙内表面;再由墙内表面以固体导热传递到墙外表面;最后由墙外表面以空气对流换热和物体间的辐射换热把热量传给室外环境。由此可知,实际的传热过程是三种基本传热方式共同作用的结果。

必须指出,在某些情况下,传热过程往往伴随着由于物质浓度差引起的质量传递过程,即传质过程。例如,在干燥室中,坯体内水分的蒸发过程,既有传热又有传质。传质原理与传热原理基本相同,但也有不同之处,本书重点介绍传热原理。

第一节　导热

一、导热的基本概念及定律

导热是温度不同的物体各部分或温度不同的两物体之间直接接触而发生的热能传递现象。导热与物体内的温度场密切相关,所以首先必须建立与温度分布有关的几个重要概念。

(一)温度场

某时刻物体内部所有各点温度的分布情况,称为温度场。温度场内各点温度有可能各不相同,某一给定点的温度也可能随时间而发生变化。因此,温度场是空间和时间的函数,即:

$$t = f(x, y, z, \tau) \tag{4-1}$$

式中,　　t ——温度,℃或 K;

　　x, y, z ——空间坐标;

　　　τ ——时间,h。

当 $\frac{\partial t}{\partial \tau} \neq 0$ 时的温度场称为不稳定温度场。如间歇窑炉壁内各点温度随着时间而改变,就属于不稳定温度场。若 $\frac{\partial t}{\partial \tau} > 0$,炉壁处于被加热状态;若 $\frac{\partial t}{\partial \tau} < 0$,炉壁处于被冷却状态。

当 $\frac{\partial t}{\partial \tau} = 0$ 时的温度场称为稳定温度场,它的数学表达式:

$$t = f(x, y, z) \tag{4-2}$$

如隧道窑的窑墙壁内各点温度基本不随时间而变化,温度分布可视为稳定温度场。温度场可以是三维、二维或一维,一维稳定温度场具有最简单的形式,即:

$$t = f(x) ; \frac{\partial t}{\partial y} = \frac{\partial t}{\partial z} = 0 \tag{4-3}$$

(二)等温面与等温线

同一时刻,温度场中所有温度相同的点连接所构成的面叫作等温面。设有一平面与各等温面相交,则在这个平面上得到一组相应的等温线,物体的温度场也可用等温线表示,如图 4-1 所示。

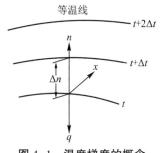

图 4-1　温度梯度的概念

（三）温度梯度

热量传递只发生在不同的等温面之间。沿等温线的方向移动,不能观察到温度的变化,只有穿过等温线的方向,才能观察到温度的变化(如图 4-1 中的 x 方向)。显然在单位长度上最显著的温度变化是沿等温线的法线方向(如图 4-1 中的 n 方向)。温差 Δt 与沿法线方向两等温线之间的距离 Δn 的比值的极限,叫作温度梯度,即:

$$\lim\left(\frac{\Delta t}{\Delta n}\right)_{\Delta n \to 0} = \frac{\partial t}{\partial n} \tag{4-4}$$

温度梯度是沿等温线法线方向的矢量,单位是℃/m,它的正方向朝着温度升高的方向。

（四）热流密度和传热量

传热量的多少常用热流密度或传热量来表示。单位时间内通过单位面积的传热量称为热流密度,用"q"来表示,单位为 W/m^2,它是一个矢量,其正方向恰与温度梯度方向相反。单位时间内,通过总传热面积 A 传递的热量,称为热流量,用符号"ϕ"表示,单位是 W,显然:

$$\boldsymbol{\phi} = \boldsymbol{q}A \tag{4-5}$$

（五）傅里叶定律

傅里叶在实验研究导热过程的基础上提出:单位时间内通过单位面积的传热量与温度梯度成正比。在一维温度场中,则有:

$$\boldsymbol{q} = -\lambda\frac{\partial t}{\partial x} \tag{4-6a}$$

或

$$\boldsymbol{\phi} = -\lambda\frac{\partial t}{\partial x}A \tag{4-6b}$$

式中,$\dfrac{\partial t}{\partial x}$ ——在 x 方向上的温度梯度,℃/m;

　　λ ——比例系数,称为热导率(导热系数),W/(m·K);

　　A ——垂直于热量传递方向的传热面积,m^2。

式(4-6)为导热基本定律,也称为傅里叶定律。式中的负号表示热流密度与温度梯度方向相反。

热导率是物理参数,它表明物体的导热能力,随物体种类和温度不同而异。热导率表示物体每单位长度温度降低 1 ℃时,单位面积所通过的热量。同时,热导率还与物体所受压力、温度等因素有关。

二、热导率

工程计算中采用的热导率一般是由实验测定的。不同物质的热导率相差很大。一般来说金属的热导率较大,非金属材料和液体次之,气体的热导率最小。

(一)气体的热导率

气体的热导率在 0.006~0.6 W/(m·K)之间。气体的导热一般是气体分子运动和相互碰撞而传递能量的过程,所以,随着温度的升高,其热导率增加。混合气体的热导率不遵循加和法则,要用实验来测定。

(二)液体的热导率

液体的热导率一般在 0.07~0.7 W/(m·K)之间。对于大部分液体,随温度升高其热导率下降,只有甘油和水例外,它们的热导率随温度的升高而增大。

(三)固体的热导率

各种金属的热导率在 2.2~420 W/(m·K)之间。金属导热与导电机理一致,其热导率与导电率成正比,故以纯金属热导率最高,金属中如混有微量杂质,则热导率大为减小。建筑材料的热导率一般在 0.16~2.2 W/(m·K)之间。湿材料的热导率比水或干材料的热导率高得多,如干燥砖的热导率为 0.33 W/(m·K),水的热导率为 0.55 W/(m·K),而潮湿砖的热导率却为 0.99 W/(m·K)。

热导率最小的是保温材料,一般低于 0.22 W/(m·K)。隔热材料具有多孔结构,热导率随气孔率的增加而迅速下降。

耐火材料的热导率波动幅度很大,一般在 1.1~16 W/(m·K)之间。绝大多数耐火材料的热导率随温度的升高而增大,但是只有镁砖和镁铬砖例外。通过实验证实:晶体的热导率随温度的升高而降低,无定形态物质的热导率则随温度的升高而增大。所以,结晶成分对热导率有很大影响。因为镁砖和镁铬砖主要成分是由结晶材料组成的,所以显示出与一般耐火材料不同的特征。

常用的耐火材料、隔热材料和建筑材料的热导率参见附录三、四、五。大多数材料的热导率与温度呈直线关系,即:

$$\lambda_t = \lambda_0 \pm bt$$

或
$$\lambda_t = \lambda_0(1 \pm \beta t) \tag{4-7}$$

式中,λ_t——t ℃时材料的热导率,W/(m·K);

λ_0——0 ℃时材料的热导率,W/(m·K);

b,β——温度系数。

式(4-7)中的温度应取物体两极端温度的算术平均值。

$$\lambda_m = \lambda_0 \pm b\frac{t_1 + t_2}{2} \tag{4-8a}$$

或
$$\lambda_m = \lambda_0(1 \pm \beta\frac{t_1 + t_2}{2}) \tag{4-8b}$$

这种方法只用于稳定导热问题的求解。

三、导热微分方程

傅里叶定律确定了热流量和温度梯度之间的关系,但是要确定热流量的大小,还应进一步知道任何瞬间物体内的温度场,即求出 $t=f(x,y,z,\tau)$ 的函数关系。像其他许多物理学问题一样,导热理论首先要建立起描述物体温度分布的微分方程,即导热微分方程。

假定所研究的物体是各向同性的连续介质,热导率为 λ,密度 ρ 和比热容 c 已知,并假定物体内具有内热流密度 q_v,从进行导热过程的物体中取出一个微元体 $dV=dxdydz$,其三个边分别平行于 x 轴、y 轴和 z 轴,如图 4-2 所示。根据能量守恒定律,对微元体进行热平衡分析,在 $d\tau$ 时间内导入和导出微元体的净热量,加上内热源的发热量,应等于微元体内能的增加量,即:

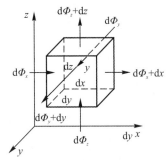

图 4-2　微元体的导热分析

$[$导入与导出微元体净热量$]+[$微元体内热源发热量$]=[$微元体内能的增加量$]$

$$\phi_a + \phi_b = \phi_c \tag{4-9}$$

导入与导出微元体的净热量 ϕ_a 可以由 x、y 和 z 三个方向导入与导出微元体的净热量相加得到。在 $d\tau$ 时间内,沿 x 轴方向,经 x 表面导入的热量:

$$d\phi_x = q_x dydzd\tau$$

经 $x+dx$ 表面导出的热量:

$$d\phi_{x+dx} = q_{x+dx} dydzd\tau$$

而

$$q_{x+dx} = q_x + \frac{\partial q_x}{\partial x}dx$$

于是,在 $d\tau$ 时间内,沿 x 轴方向,导入与导出微元体的净热量:

$$d\phi_x - d\phi_{x+dx} = -\frac{\partial q_x}{\partial x}dxdydzd\tau$$

同时,在此时间内,沿 y 轴方向和 z 轴方向导入与导出微元体的净热量分别为

$$d\phi_y - d\phi_{y+dy} = -\frac{\partial q_y}{\partial y}dxdydzd\tau$$

$$d\phi_z - d\phi_{z+dz} = -\frac{\partial q_z}{\partial z}dxdydzd\tau$$

将 x、y 和 z 三个方向导入和导出微元体的净热量相加得到:

$$\phi_a = -\left(\frac{\partial q_x}{\partial x} + \frac{\partial q_y}{\partial y} + \frac{\partial q_z}{\partial z}\right)\mathrm{d}x\mathrm{d}y\mathrm{d}z\mathrm{d}\tau \qquad ①$$

根据傅里叶定律,由式(4-6a)得到:

$$q_x = -\lambda\frac{\partial t}{\partial x}, \; q_y = -\lambda\frac{\partial t}{\partial y}, \; q_z = -\lambda\frac{\partial t}{\partial z}$$

代入式①得到:

$$\phi_a = \left[\frac{\partial}{\partial x}\left(\lambda\frac{\partial t}{\partial x}\right) + \frac{\partial}{\partial y}\left(\lambda\frac{\partial t}{\partial y}\right) + \frac{\partial}{\partial z}\left(\lambda\frac{\partial t}{\partial z}\right)\right]\mathrm{d}x\mathrm{d}y\mathrm{d}z\mathrm{d}\tau \qquad ②$$

在 $\mathrm{d}\tau$ 时间内微元体中内热源的发热量:

$$\phi_b = q_V\mathrm{d}x\mathrm{d}y\mathrm{d}z\mathrm{d}\tau \qquad ③$$

在 $\mathrm{d}\tau$ 时间内微元体内能的增量:

$$\phi_c = c\rho\frac{\partial t}{\partial\tau}\mathrm{d}x\mathrm{d}y\mathrm{d}z\mathrm{d}\tau \qquad ④$$

对于固体和不可压缩的流体,质量定压热容 c_p 等于比定容热容 c_V,即 $c_p \approx c_V \approx c$。将式②~④代入式(4-9),消去 $\mathrm{d}x\mathrm{d}y\mathrm{d}z\mathrm{d}\tau$,得到:

$$c\rho\frac{\partial t}{\partial\tau} = \frac{\partial}{\partial x}\left(\lambda\frac{\partial t}{\partial x}\right) + \frac{\partial}{\partial y}\left(\lambda\frac{\partial t}{\partial y}\right) + \frac{\partial}{\partial z}\left(\lambda\frac{\partial t}{\partial z}\right) + q_V \qquad (4-10)$$

当物性参数 λ、ρ 和 c 均为常数时,式(4-10)可以简化为:

$$\frac{\partial t}{\partial\tau} = \frac{\lambda}{\rho c}\left(\frac{\partial^2 t}{\partial x^2} + \frac{\partial^2 t}{\partial y^2} + \frac{\partial^2 t}{\partial z^2}\right) + \frac{q_V}{\rho c}$$

或写成:

$$\frac{\partial t}{\partial\tau} = a\nabla^2 t + \frac{q_V}{\rho c} \qquad (4-11a)$$

当无内热源时,上式变为:

$$\frac{\partial t}{\partial\tau} = a\nabla^2 t \qquad (4-11b)$$

式中,$\nabla^2 t$ ——温度 t 的拉普拉斯运算符;

a ——导温系数,其值为 $a = \dfrac{\lambda}{\rho c}$,单位为 $\mathrm{m^2/s}$。

上式称为导热微分方程式,实际上是导热过程的能量方程。它借助能量守恒定律和傅里叶定律把物体中各点的温度联系起来,表示了物体温度随时间和空间的变化关系。

若温度场为稳定态,式(4-11a)可简化为:

$$\nabla^2 t + \frac{q_V}{\lambda} = 0 \qquad (4-12)$$

若温度场为稳定态,无内热源($q_V = 0$)时,可简化为:

$$\nabla^2 t = \frac{\partial^2 t}{\partial x^2} + \frac{\partial^2 t}{\partial y^2} + \frac{\partial^2 t}{\partial z^2} = 0 \qquad (4-13)$$

若为一维稳定态无内热源时,可简化为:

$$\frac{\mathrm{d}^2 t}{\mathrm{d} x^2} = 0 \tag{4-14}$$

通过坐标转换,可以将式(4-11a)转换到圆柱坐标系或球坐标系。在圆柱坐标系中,由于 $x = r\cos\theta, y = r\sin\theta, z = z$(图 4-3),所以式(4-11a)可转换成:

$$\frac{\partial t}{\partial \tau} = a\left(\frac{\partial^2 t}{\partial r^2} + \frac{1}{r}\frac{\partial t}{\partial r} + \frac{1}{r^2}\frac{\partial^2 t}{\partial \theta^2} + \frac{\partial^2 t}{\partial z^2}\right) + \frac{q_V}{\rho c} \tag{4-15}$$

在球坐标系中,由于 $x = r\sin\theta\cos\varphi, y = r\sin\theta\sin\varphi, z = r\cos\theta$(图 4-4),所以式(4-11a)可转换并整理成如下形式:

$$\frac{\partial t}{\partial \tau} = a\left[\frac{1}{r^2}\frac{\partial}{\partial r}\left(r^2\frac{\partial t}{\partial r}\right) + \frac{1}{r^2\sin\theta}\frac{\partial}{\partial \theta}\left(\sin\theta\frac{\partial t}{\partial \theta}\right) + \frac{1}{r^2\sin^2\theta}\frac{\partial^2 t}{\partial \varphi^2}\right] + \frac{q_V}{\rho c} \tag{4-16}$$

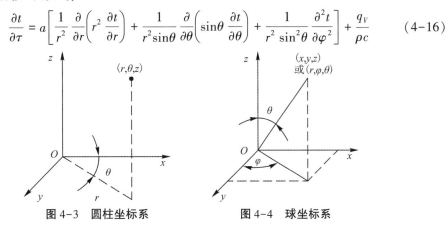

图 4-3　圆柱坐标系　　　　图 4-4　球坐标系

四、无内热源的稳定态导热

在连续生产的热工设备中,炉壁内部的导热均可看成是与时间无关的稳定温度场内的导热,求解这类导热问题,实质上就是求解式(4-13)。对式(4-13)按不同的边界条件进行积分,可求出物体内部的温度分布。

(一)平壁的导热

1.单层平壁的导热

设有一厚度为 δ 的单层平壁,如图 4-5 所示,无内热源,材料的热导率 λ 为常数,两个表面分别维持均匀稳定的温度 t_1 和 $t_2(t_1 > t_2)$。若壁的高度与宽度远大于其厚度,则称为无限大平壁,这时,可以认为沿高度与宽度两个方向温度变化很小,而只沿厚度方向发生变化,即一维稳定态导热。一般若高度和宽度是厚度 10 倍以上时,可近似地作为一维导热问题处理。

根据上述问题,应该对式(4-14)进行求解,即:

$$\frac{\mathrm{d}^2 t}{\mathrm{d} x^2} = 0$$

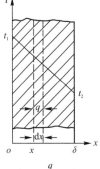

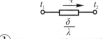

① 图 4-5　单层平壁中的稳定导热

对式①积分,得:

$$\frac{\mathrm{d}t}{\mathrm{d}x} = C_1 \qquad\qquad\qquad ②$$

对式②通过直接积分求解,其解为

$$t = C_1 x + C_2 \qquad\qquad\qquad ③$$

积分常数 C_1 和 C_2 可以根据边界条件求得,边界条件:

$$\left.\begin{array}{l} x = 0 \text{ 时},t = t_1 \\ x = \delta \text{ 时},t = t_2 \end{array}\right\} \qquad\qquad ④$$

式④代入式③中得

$$t_1 = C_2$$

$$t_2 = C_1\delta + C_2 = C_1\delta + t_1 \qquad\qquad ⑤$$

$$C_1 = \frac{t_2 - t_1}{\delta} \qquad\qquad\qquad ⑥$$

将积分常数代入式③,得出平壁内的温度分布方程:

$$t = \frac{t_2 - t_1}{\delta}x + t_1 \qquad\qquad (4-17)$$

上式为直线方程,表明平壁内的温度分布图像是一根直线。

根据式②可知:

$$\frac{\mathrm{d}t}{\mathrm{d}x} = C_1 = \frac{t_2 - t_1}{\delta} \qquad\qquad ⑦$$

根据傅里叶定律的表达式:

$$q = -\lambda\frac{\mathrm{d}t}{\mathrm{d}x} = \lambda\frac{t_2 - t_1}{\delta} = \frac{\lambda}{\delta}\Delta t \qquad\qquad (4-18)$$

或

$$\phi = qA = \frac{\lambda A}{\delta}\Delta t = \frac{\Delta t}{\delta/(\lambda A)} \qquad\qquad (4-19)$$

式(4-18)和式(4-19)与电学中直流电路的欧姆定律相似。热流量 ϕ 或热流密度 q 对应于电流 I;温度差 Δt 对应于电位差 ΔU;δ/λ 对应于电路中的电阻 R,它表示导热过程中热流密度沿途所遇到的阻力,称为热阻,$\delta/(\lambda A)$ 则表示单位面积上的热阻,用符号 R_t 表示单位面积上的热阻,其单位为 $(\mathrm{m}^2 \cdot \mathrm{K})/\mathrm{W}$。将式(4-18)改写成热流密度与温度差及热阻之间的一般关系式:

$$q = \Delta t/R_t$$

图 4-5 所示是单层平壁导热过程的模拟电路图。

应当指出,为了说明求解导热问题的一般方法,采用如上所述的直接积分法求解微分方程式。事实上,对于一维稳定导热问题,因热流密度 q 是常数,可由傅里叶定律分离变量并按相应的边界条件积分而求得。

以下讨论当热导率 λ 不能当作常数处理的单层平壁导热问题。在平壁两表面之间的温度差很大时,就需要考虑热导率随温度而变化的影响。

应用傅里叶定律:

$$q = - \lambda \frac{\mathrm{d}t}{\mathrm{d}x} \qquad \text{⑧}$$

改写之:

$$\frac{\mathrm{d}t}{\mathrm{d}x} = - \frac{q}{\lambda} = - \frac{q}{\lambda_0(1 + \beta t)} \qquad \text{⑨}$$

分离变量:

$$- \frac{q}{\lambda_0}\mathrm{d}x = (1 + \beta t)\mathrm{d}t$$

积分:

$$- \frac{q}{\lambda_0}x = t + \frac{\beta}{2}t^2 + C_3 \qquad \text{⑩}$$

根据边界条件(在 $x=0$ 处, $t=t_1$),求得积分常数 C_3,代入式⑩中,最后得

$$r^2 + \frac{2}{\beta}t + \frac{2}{\beta}\left[\frac{qx}{\lambda_0} - \left(t_1 + \frac{\beta}{2}t_1^2\right)\right] = 0 \qquad \text{⑪}$$

求解 t,得

$$t = \pm \sqrt{\left(\frac{1}{\beta} + t_1\right)^2 - \frac{2qx}{\lambda_0\beta}} - \frac{1}{\beta} \qquad (4-20)$$

上式中,当 $\beta>0$,取正号;当 $\beta<0$,取负号;当 $\beta=0$,则用式(4-17)。

为了求 q,可将另一组边界条件($x=\delta$; $t=t_2$)代入式⑩,得

$$- \frac{q}{\lambda_0}\delta = t_2 + \frac{\beta}{2}t_2^2 - \left(t_1 + \frac{\beta}{2}t_1^2\right) \qquad \text{⑫}$$

上式可整理成:

$$q = \frac{\lambda_0}{\delta}\left[(t_1 - t_2) + \frac{\beta}{2}(t_1^2 - t_2^2)\right] = \frac{\lambda_0\left(1 + \beta\frac{t_1 + t_2}{2}\right)}{\delta}(t_1 - t_2) = \frac{\lambda_m}{\delta}\Delta t \qquad (4-21)$$

式中,λ_m 是在平均温度下的平均热导率,它是常数。这就证明了当 $\lambda=\lambda_0(1+\beta t)$ 时,在实际计算中取两壁面平均温度下的平均热导率当作常数处理是正确的,即式(4-7)是正确的。

式(4-20)是壁内温度分布曲线方程,这根曲线略有弯曲,如图 4-6 所示。如果 β 是正值,则在高温区内材料的热导率比低温区的大,换言之,温度梯度在高温区内应该比低温区小,因此,曲线是向上凸的。反之,如果 β 是负值(如镁砖),则温度分布曲线向下凹。

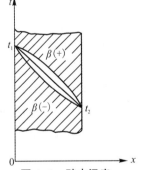

图 4-6 壁内温度
分布曲线

【例 4-1】设某窑炉的耐火砖厚 0.5 m,内壁面温度为 1 000 ℃,外壁面温度为 0 ℃,耐火砖的热导率 $\lambda = 1.16 \times (1 + 0.001t)$ W/(m·K)。试求通过炉壁的热流密度 q,并求出壁内温度的分布。

【解】先计算炉壁的平均温度:

$$t_{\mathrm{m}} = \frac{t_1 + t_2}{2} = \frac{1\,000 + 0}{2} = 500\ ℃$$

根据平均温度 t_{m} 算出热导率的平均值：

$$\lambda_{\mathrm{m}} = 1.16 \times (1 + 0.001 t_m) = 1.16 \times (1 + 0.001 \times 500) = 1.74\ \mathrm{W/(m \cdot K)}$$

将所求得的 λ_{m} 值代入式(4-21)，得

$$q = \frac{\lambda_{\mathrm{m}}}{\delta} \Delta t = \frac{1.74}{0.5} \times 1\,000 = 3\,480\ \mathrm{W/m^2}$$

按式(4-21)计算，得同样的结果。

壁内温度的实际分布可按式(4-20)来计算。计算列于表4-1和图4-7内。为了便于相互比较，同时还给出了按式(4-17)计算所得的结果。

表4-1 壁内温度分布

x/m	0	0.1	0.2	0.3	0.4	0.5	备注
t/℃	1 000	845	675	480	265	0	按式(4-20)计算,图4-7曲线1
t/℃	1 000	800	600	400	200	0	按式(4-17)计算,图4-7曲线2

图4-7分别表示出了热导率为变数和常数时壁内温度分布的差异。

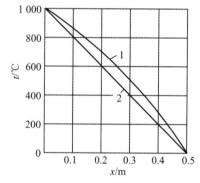

图4-7 例4-1附图

2.多层平壁的导热

在窑炉计算中，常常遇到多层平壁，即由几层不同材料组成的平壁，叫多层壁或复合壁。例如陶瓷窑炉通过窑墙向外散热，首先热量通过内层耐火材料，再通过中间保温材料，最后通过最外侧红砖传给车间冷空气，这是一个典型的多层平壁的导热现象。

图4-8表示由三层不同材料组成的无限大平壁，各层厚度分别为 δ_1、δ_2 和 δ_3，热导率分别为 λ_1、λ_2 和 λ_3。已知多层平壁的两侧表面分别维持均匀稳定的温度 t_1 和 t_4，若层和层之间接触很好，不考虑附加热阻，那么在接触分界面上并不引起温度降落，两界面温度分别用 t_2 和 t_3 表示，在稳定态情况下，通过各层的热流密度是相等的，因此有下式成立：

$$q = \frac{t_1 - t_2}{\delta_1/\lambda_1} = \frac{t_2 - t_3}{\delta_2/\lambda_2} = \frac{t_3 - t_4}{\delta_3/\lambda_3} \tag{4-22}$$

根据和比定律得

$$q = \frac{t_1 - t_4}{\frac{\delta_1}{\lambda_1} + \frac{\delta_2}{\lambda_2} + \frac{\delta_3}{\lambda_3}} = \frac{t_1 - t_4}{\sum\limits_{i=1}^{3} \frac{\delta_i}{\lambda_i}} \qquad (4-23)$$

式中 $\sum\limits_{i=1}^{3} \frac{\delta_i}{\lambda_i}$ 是三层平壁的导热阻力之和。上式与串联电路的情形相类似,其模拟电路如图4-8。对于 n 层平壁的导热,可以直接导出:

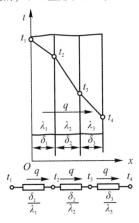

图4-8 多层平壁的导热

$$q = \frac{t_1 - t_{n+1}}{\sum\limits_{i=1}^{n} \frac{\delta_i}{\lambda_i}} = \frac{\Delta t}{R_t} \qquad (4-24)$$

因为在每一层中温度分布分别都是直线规律,所以在整个平壁中,温度分布将是一折线,层与层之间接触的温度,可以通过式(4-24)求得。对于 n 层多层平壁,第 i 层与 $i+1$ 层之间接触面的温度:

$$t_{i+1} = t_1 - q\left(\frac{\delta_1}{\lambda_1} + \frac{\delta_2}{\lambda_2} + \cdots + \frac{\delta_i}{\lambda_i}\right) \qquad (4-25)$$

必须指出,在运用式(4-24)时必须预先求出交界面温度 t_2、t_3、$\cdots$、t_n 才能计算出各层材料的平均热导率 λ_1、λ_2、$\cdots$、λ_n,从而计算热流密度。一般用试算法,即先假定界面温度,如果每层材料热导率为常数,则计算过程大为简单,但这样计算误差较大,因热导率随温度是变化的,并不是常数。

【例4-2】某隧道窑烧成带的砌筑材料如下:

砌筑材料	热导率/[W/(m·K)]	砌筑厚度/mm
硅砖(内层)	1.80	460
轻质砖1($\rho = 1.3$ kg/m³)	0.79	230
轻质砖2($\rho = 0.8$ kg/m³)	0.47	460
黏土砖(外层)	0.81	113

窑墙内表面温度 $t_1 = 1\,400\ \text{℃}$，外表面温度 $t_5 = 80\ \text{℃}$，求通过该窑墙的热流密度 q 及各层温度分布。

【解】根据式(4-24)：

$$q = \frac{t_1 - t_5}{\dfrac{\delta_1}{\lambda_1} + \dfrac{\delta_2}{\lambda_2} + \dfrac{\delta_3}{\lambda_3} + \dfrac{\delta_4}{\lambda_4}} = \frac{1\,400 - 80}{\dfrac{0.46}{1.8} + \dfrac{0.23}{0.79} + \dfrac{0.46}{0.47} + \dfrac{0.113}{0.81}} = 790\ \text{W/m}^2$$

根据式(4-25)求界面温度：

$$t_2 = t_1 - q\frac{\delta_1}{\lambda_1} = 1\,400 - 790 \times \frac{0.46}{1.8} = 1195\ \text{℃}$$

$$t_3 = t_1 - q\left(\frac{\delta_1}{\lambda_1} + \frac{\delta_2}{\lambda_2}\right) = 1\,400 - 790 \times \left(\frac{0.46}{1.8} + \frac{0.23}{0.79}\right) = 966\ \text{℃}$$

$$t_4 = t_1 - q\left(\frac{\delta_1}{\lambda_1} + \frac{\delta_2}{\lambda_2} + \frac{\delta_3}{\lambda_3}\right) = 1\,400 - 790 \times \left(\frac{0.46}{1.8} + \frac{0.23}{0.79} + \frac{0.113}{0.81}\right) = 191\ \text{℃}$$

在例4-2中给出了各温度下的平均热导率 λ，但在一般情况下不知道界面温度，平均热导率不易给出，此时采用试算法，见例4-3。

【例4-3】有一窑墙用黏土砖和红砖两种材料砌成，厚度均为 230 mm，窑墙内表面温度为 1 300 ℃，外表面温度为 150 ℃。试求每平方米窑墙的热损失。已知黏土砖的热导率为 $\lambda_1 = 0.835 + 0.000\,58t\ \text{W/(m·K)}$，红砖的热导率为 $\lambda_2 = 0.467 + 0.000\,51t\ \text{W/(m·K)}$，红砖的最高使用温度为 800 ℃，那么红砖能否正常使用？

【解】假设交界面处温度为 700 ℃：

$$\lambda_1 = 0.835 + 0.000\,58 \times \frac{1\,300 + 700}{2} = 1.415\ \text{W/(m·K)}$$

$$\lambda_2 = 0.467 + 0.000\,51 \times \frac{700 + 150}{2} = 0.684\ \text{W/(m·K)}$$

用式(4-24)计算热流密度：

$$q = \frac{1\,300 - 150}{\dfrac{0.23}{1.415} + \dfrac{0.23}{0.684}} = 2\,306\ \text{W/m}^2$$

由于交界面处温度是假设的，不一定正确，必须校验：

由

$$t_1 - t_2 = q\frac{\delta_1}{\lambda_1}$$

得

$$t_2 = t_1 - q\frac{\delta_1}{\lambda_1} = 1\,300 - 2\,306 \times \frac{0.23}{1.415} = 925\ \text{℃}$$

求出的温度与假设的温度相差很大，重新假设交界面温度为 925 ℃，则

$$\lambda_1 = 0.835 + 0.000\,58 \times \frac{1\,300 + 925}{2} = 1.48\ \text{W/(m·K)}$$

$$\lambda_2 = 0.467 + 0.000\,51 \times \frac{925 + 150}{2} = 0.741\ \text{W/(m·K)}$$

$$q = \frac{1\ 300 - 150}{\frac{0.23}{1.48} + \frac{0.23}{0.741}} = 2\ 468\ \text{W/m}^2$$

再校验交界面温度：

$$t_2 = 1\ 300 - 2\ 468 \times \frac{0.23}{1.48} = 916\ ℃$$

相对误差：

$$\left|\frac{925-916}{916}\right| \times 100\% = 0.98\% < 5\%$$

　　求出的温度与假定温度基本相符,表示第二次计算是正确的。由此可得:通过此窑墙的热流量为 2 468 W/m²;界面温度为 925 ℃。红砖在此条件下不能正常使用。

　　3.复合平壁的导热

　　前面所讨论的多层平壁,每一层都是由同种材料构成,但在工程上也会遇到高度和宽度方向上是由几种不同材料砌成的复合平壁(图4-9)。由于不同材料的热阻不同,热流密度的分布不均匀,经过热阻较小的部分传递的热流量要多于热阻较大的部分。如果各种材料的热导率相差不大,可近似认为热流密度沿垂直壁面的方向平行地通过壁内,此复合壁导热应用电路模拟,仍按式(4-24)进行计算,并按照串联、并联电路的计算方法,可得总热阻 $\sum R_t$ 和总传热量 ϕ。

$$q = \frac{\Delta t}{\sum R_t} \tag{4-26}$$

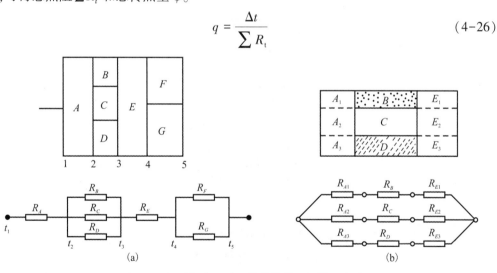

图 4-9　通过复合平壁一维的热传导及模拟电路

图 4-9(a)中总热阻 $\sum R_t$ 计算如下:

$$\sum R_t = R_A + \frac{1}{\frac{1}{R_B} + \frac{1}{R_C} + \frac{1}{R_D}} + R_E + \frac{1}{\frac{1}{R_F} + \frac{1}{R_G}}$$

图 4-9(b)总热阻 $\sum R_t$ 计算如下:

$$\sum R_t = \cfrac{1}{\cfrac{1}{R_{A1} + R_B + R_{E1}} + \cfrac{1}{R_{A2} + R_C + R_{E2}} + \cfrac{1}{R_{A3} + R_D + R_{E3}}}$$

对于其他各种不同组合情况的复合平壁的导热,原则上可以参考上述示例进行计算。

如果复合平壁的各种材料的热导率相差较大时,将产生明显的二维传热,按上述方法计算结果需要加以修正,修正系数见表4-2。

表4-2　修正系数

λ_2/λ_1	0.09~0.19	0.2~0.39	0.4~0.69	0.7~0.99
修正系数	0.86	0.93	0.96	0.98

(二)圆筒壁的导热

1.单层圆筒壁的导热

在实际工作中经常会遇到通过圆筒壁的导热问题,如窑顶为拱顶时窑顶的散热,金属辐射或热交换器的圆筒壁,各种管道等。单层圆筒壁如图4-10。内半径为r_1,外半径为r_2,内外表面温度分别为t_1和t_2,且$t_1>t_2$,热导率为λ。如果圆筒壁的长度L很长,沿长度方向的导热可忽略不计,温度仅沿半径方向发生变化。

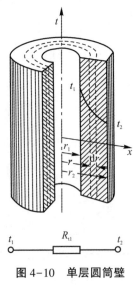

图4-10　单层圆筒壁

对于圆筒壁,它的导热面积随半径的增大而加大,但通过整个圆筒壁的热流量 ϕ 不变,而热流密度 q 将随半径的增加而减小,这是圆筒壁导热的特点。因此,不能按平壁导热的计算方法来求圆筒壁的导热问题,一般要求出热流量 ϕ。

根据圆柱坐标系方程式(4-15),当温度仅按r而变化时,可简化为

$$\frac{d^2t}{dr^2} + \frac{1}{r}\frac{dt}{dr} = 0$$

或

$$\frac{d}{dr}\left(r\frac{dt}{dr}\right) = 0$$

列出边界条件：

$$当\ r = r_1\ 时, t = t_1 \atop 当\ r = r_2\ 时, t = t_2 \Bigg\}$$

求解此微分方程，并由边界条件确定积分常数，可得圆筒壁内温度分布方程：

$$t = t_1 - \frac{t_1 - t_2}{\ln \dfrac{r_2}{r_1}} \ln \frac{r}{r_1} = t_1 - \frac{t_1 - t_2}{\ln \dfrac{d_2}{d_1}} \ln \frac{d}{d_1} \qquad (4-27)$$

从上式可看出，圆筒壁内温度分布是按对数曲线变化的。为了求热流量 ϕ，仍应用傅里叶定律，因为：

$$\frac{\mathrm{d}t}{\mathrm{d}r} = - \frac{t_1 - t_2}{\ln \dfrac{r_2}{r_1}} \frac{1}{r}$$

代入傅里叶定律表达式(4-6)，则得传热公式：

$$\phi = - \lambda F \frac{\mathrm{d}t}{\mathrm{d}r} = - 2\lambda \pi r L \left(- \frac{t_1 - t_2}{\ln \dfrac{r_2}{r_1}} \frac{1}{r} \right) = \frac{2\pi \lambda L}{\ln \dfrac{r_2}{r_1}} (t_1 - t_2) = \frac{t_1 - t_2}{\dfrac{1}{2\pi \lambda L} \ln \dfrac{d_2}{d_1}} \qquad (4-28)$$

式中分母部分 $\dfrac{1}{2\pi \lambda L} \ln \dfrac{d_2}{d_1}$ 是单层圆筒壁的热阻。

当 $r_2/r_1 \leqslant 2$ 时，可近似地把圆筒壁当作平壁来处理，厚度 $\delta = r_2 - r_1$，导热面积则按平壁半径 $r_m = (r_1 + r_2)/2$ 求出。一般窑顶就可近似地按平壁公式计算，其误差不超过4%，这在工程计算中是允许的。

对于一维导热，式(4-28)也可按傅里叶定律的数学表达式分离变量积分而求得。

2．多层圆筒壁的导热

多层圆筒壁的导热计算方法可按多层平壁的计算方法来处理。对于不同材料构成的多层圆筒壁，其热流量也可按总温差和总热阻来计算。以三层圆筒壁为例，已知各层相应的半径分别为 r_1、r_2、r_3 和 r_4，各层的热导率为 λ_1、λ_2 和 λ_3。圆筒壁内外表面温度分别为 t_1 和 t_4，且 $t_1 > t_4$，在稳定态情况下通过单位长度圆筒壁的热流量 ϕ 是相同的，仿照式(4-28)可写出三层圆筒壁的导热计算式：

$$\phi = \frac{t_1 - t_4}{\dfrac{1}{2\pi \lambda_1 L} \ln \dfrac{d_2}{d_1} + \dfrac{1}{2\pi \lambda_2 L} \ln \dfrac{d_3}{d_2} + \dfrac{1}{2\pi \lambda_3 L} \ln \dfrac{d_4}{d_3}}$$

同理，对于 n 层圆筒壁：

$$\phi = \frac{(t_1 - t_{n+1}) \times 2\pi L}{\sum\limits_{i=1}^{n} \dfrac{1}{\lambda_i} \ln \dfrac{r_{i+1}}{r_i}} \qquad (4-29a)$$

如果相邻两层的直径之比 $d_{i+1}/d_i \leqslant 2$ 时，仍可按简化公式计算：

$$\phi = \frac{t_1 - t_{n+1}}{\sum_{i=1}^{n} \frac{\delta_i}{\pi d_{m,i} \lambda_i L}} \qquad (4\text{-}29\text{b})$$

利用上式计算多层圆筒壁的导热量非常复杂,可按下式简易计算:

$$\phi = \frac{\pi l(t_1 - t_{n+1})}{\frac{(d_2 - d_1)}{(d_2 + d_1)}\frac{\varphi_1}{\lambda_1} + \frac{(d_3 - d_2)}{(d_3 + d_2)}\frac{\varphi_2}{\lambda_2} + \cdots\cdots + \frac{(d_{n+1} - d_n)}{(d_{n+1} + d_n)}\frac{\varphi_n}{\lambda_n}} \qquad (4\text{-}30)$$

式中,φ——弯曲修正系数,其值取决于内外直径之比$\left(\dfrac{d_{n+1}}{d_n}\right)$,可由表4-2查得。

表4-2 变曲修正系数值

$\frac{d_{n+1}}{d_n}$	修正系数	$\frac{d_{n+1}}{d_n}$	修正系数	$\frac{d_{n+1}}{d_n}$	修正系数	$\frac{d_{n+1}}{d_n}$	修正系数
1.0	1.000	1.5	1.014	2.0	1.040	3.0	1.099
1.1	1.001	1.6	1.018	2.2	1.050	3.5	0.129
1.2	1.0025	1.7	1.024	2.4	1.061	4.0	1.152
1.3	1.005	1.8	1.030	2.6	1.074	5.0	1.208
1.4	1.009	1.9	1.035	2.8	1.087	6.0	1.255

【例4-4】蒸气管内径和外径分别为160 mm和170 mm,管外裹着两层隔热材料,如图4-11所示。第一层隔热材料的厚度$\delta_2 = 30$ mm,第二层隔热材料的厚度$\delta_3 = 50$ mm,管壁及两层隔热材料的热导率分别为$\lambda_1 = 58$ W/(m·K),$\lambda_2 = 0.17$ W/(m·K),$\lambda_3 = 0.09$ W/(m·K)。蒸气管内表面温度$t_1 = 300$ ℃,外表面温度$t_4 = 50$ ℃。求通过每米长度蒸气管的热损失和各层之间的温度。

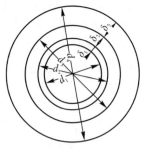

图4-11 例4-4附图

【解】
$$r_1 = \frac{d_1}{2} = \frac{0.16}{2} = 0.08 \text{ m}$$

$$r_2 = \frac{d_2}{2} = \frac{0.17}{2} = 0.085 \text{ m}$$

$$r_3 = r_2 + \delta_2 = 0.085 + 0.03 = 0.115 \text{ m}$$

$$r_4 = r_3 + \delta_3 = 0.115 + 0.05 = 0.165 \text{ m}$$

各层热阻：

$$R_1 = \frac{1}{2\pi\lambda_1}\ln\frac{r_2}{r_1} = \frac{1}{2\pi\times 58}\ln\frac{0.085}{0.08} \approx 0$$

$$R_2 = \frac{1}{2\pi\lambda_2}\ln\frac{r_3}{r_2} = \frac{1}{2\pi\times 0.17}\ln\frac{0.115}{0.085} = 0.28\ (\mathrm{m\cdot K})/\mathrm{W}$$

$$R_3 = \frac{1}{2\pi\lambda_3}\ln\frac{r_4}{r_3} = \frac{1}{2\pi\times 0.09}\ln\frac{0.165}{0.115} = 0.64\ (\mathrm{m\cdot K})/\mathrm{W}$$

所以得出

$$q_L = \frac{t_1 - t_4}{R_1 + R_2 + R_3} = \frac{300 - 50}{0 + 0.28 + 0.64} = 272\ \mathrm{W/m}$$

层间温度：

$$t_2 = t_1 - q_L\cdot R_1 = 300 - 272\times 0 = 300\ ℃$$

$$t_3 = t_1 - q_L\cdot(R_1 + R_2) = 300 - 272\times(0 + 0.28) = 224\ ℃$$

用简化法计算：

由于各层 $\dfrac{d_{i+1}}{d_i} < 2$，故可按简化法计算。

各层厚度：$\delta_1 = 5\ \mathrm{mm}$，$\delta_2 = 30\ \mathrm{mm}$，$\delta_3 = 50\ \mathrm{mm}$；

直径：$d_1 = 160\ \mathrm{mm}$，$d_2 = 170\ \mathrm{mm}$，$d_3 = 230\ \mathrm{mm}$，$d_4 = 330\ \mathrm{mm}$；

$$d_{m_1} = \frac{160 + 170}{2} = 165\ \mathrm{mm}, \quad d_{m_2} = \frac{170 + 230}{2} = 200\ \mathrm{mm}, \quad d_{m_3} = \frac{230 + 330}{2} = 280\ \mathrm{mm};$$

根据公式(4-29b)可得

$$q_L = \frac{t_1 - t_4}{\dfrac{\delta_1}{\pi d_{m_1}\lambda_1} + \dfrac{\delta_2}{\pi d_{m_2}\lambda_2} + \dfrac{\delta_3}{\pi d_{m_3}\lambda_3}} = \frac{300-50}{\dfrac{0.005}{\pi\times 0.165\times 58} + \dfrac{0.03}{\pi\times 0.2\times 0.17} + \dfrac{0.05}{\pi\times 0.28\times 0.09}}$$

$$= 275\ \mathrm{W/m}$$

相对误差：$\dfrac{275 - 272}{272}\times 100\% = 1.10\% < 4\%$。

(三)形状不规则物体的导热

在生产实践中常常遇到许多形状不规则物体的导热。下面只介绍几种常见形状不规则物体导热量的计算方法。

对某些几何形状接近于平壁、圆筒壁等的物体，则可按下式计算：

$$\phi = \frac{\lambda}{\delta}A_x(t_1 - t_2) \tag{4-31}$$

式中，　λ ——物体的热导率，$\mathrm{W/(m\cdot K)}$；

　　　　δ ——壁厚，m；

　t_1、t_2 ——物体两壁面的平均温度，$℃$；

　　A_x ——该物体的核算面积，取决于物体的形状。

一般按下列规定计算 A_x：

（1）对两侧面积不等的平壁或 $A_2/A_1 \leqslant 2$ 的圆筒壁：

$$A_x = \frac{A_1 + A_2}{2} \qquad (4-32)$$

式中，A_1——该物体内侧表面积，m^2；

　　A_2——该物体外侧表面积，m^2。

（2）对接近于圆筒壁的物体（例如方形管道的保温层）：

$$A_x = \frac{A_2 - A_1}{\ln\dfrac{A_2}{A_1}} \qquad (4-33)$$

（3）对长、宽、高三个方向上尺寸相差不大的中空物体：

$$A_x = \sqrt{A_1 A_2} \qquad (4-34)$$

（4）表面温度不均匀时平均温度的计算：

在实际工作中经常遇到表面温度不均匀物体导热量的计算，这时就必须先计算整个表面的平均温度 t_m，然后，再按前述公式进行计算。平均温度的求法如下：

$$t_m = \frac{t_1 A_1 + t_2 A_2 + t_3 A_3 + \cdots\cdots t_n A_n}{A_1 + A_2 + A_3 + \cdots\cdots A_n} \qquad (4-35)$$

式中，A_1、A_2、A_3、$\cdots\cdots$、A_n——把该表面划分成若干个小块面积（把每小块面积中的温度视作是均匀的）；

　　t_1、t_2、t_3、$\cdots\cdots$、t_n——分别为这些小块面积的温度。

（四）接触热阻

前面讨论的导热是假定层与层之间界面接触良好，分界面上没有温度降落，这是一种理想情况。实际上，当导热在两个直接接触的固体之间进行时，由于固体表面不是理想平整的，所以两个固体直接接触的界面容易出现点接触，或者只是部分的，而不是完全的平整的面接触，如图4-12，这就给导热过程带来额外的热阻，这种热阻称为接触热阻，特别是当界面上那些互不接触的界面空隙中充满热导率远小于固体的介质时，接触热阻的影响更为突出。在接触界面上出现温差（$t_{2A} - t_{2B}$），这是存在接触热阻的表现。接触热阻用 R_c 表示，单位是（$\mathrm{m}^2 \cdot \mathrm{K}$）/W。按照热阻的定义，$R_c$ 可以表示为：

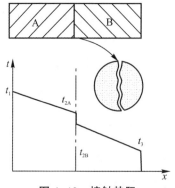

图4-12　接触热阻

$$R_c = \frac{t_{2A} - t_{2B}}{\phi} = \frac{\Delta t_c}{\phi} \qquad (4-36)$$

式中，Δt_c 是界面上的温差，ϕ 是热流量，它等于热流密度 q 与界面表面积 A 的乘积。

影响接触热阻的主要因素有以下几点：

（1）接触表面的粗糙程度。接触表面粗糙度越大，两结合面上的接触热阻就越大。

（2）结合面上的挤压压力。对于一定粗糙度的表面，增加接触面上的挤压压力，可使弹塑性材料表面的点接触变形，接触面积增大，接触热阻减小。

（3）接触材料的硬度。在同样的挤压压力下，两结合面的接触热阻又因材料的硬度不同而不同，如一个硬的表面与一个软的表面相接触时，接触热阻比两个硬的表面接触时要小。

（4）接触空隙中介质的性质。由于固体间接触面上的导热，除了通过接触点或部分接触面传导之外，还有通过接触面间空隙中介质的导热。例如，在接触面上涂一层很薄的名为热姆的油，用以填充空隙，代替空隙中的气体，有可能减小接触热阻约 75%。

以上是结合实验研究对接触热阻所作的定性分析。由于接触热阻的情况复杂，所以至今还未能从理论上阐明它的规律，也未得出完全可靠的计算公式。

五、具有内热源的稳定态导热

具有内热源的稳定态导热有平壁的导热、圆筒壁的导热及球壁的导热等。由于计算过程比较烦琐，并且在工业生产过程中应用很少，下面只对单层平壁的导热作简单介绍。

设一具有均匀内热源 q_V、厚度为 δ 的无限大平壁，其热导率为 λ，且不随温度变化，平壁两表面分别维持均匀一定的温度 t_1 和 $t_2(t_1>t_2)$，如图 4-13。

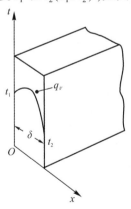

图 4-13　具有内热源单层平壁的稳定导热

根据以上情况，导热微分方程式（4-12）可简化为

$$\frac{\mathrm{d}^2 t}{\mathrm{d}x^2} + \frac{q_V}{\lambda} = 0 \qquad ①$$

对上式积分两次得

$$t = \frac{q_V}{\lambda} \frac{x^2}{2} + C_1 x + C_2 \qquad \text{②}$$

积分常数 C_1 和 C_2 可根据边界条件确定：

$$\left. \begin{array}{l} \text{当 } x = 0 \text{ 时}, t = t_1 \\ \text{当 } x = \delta \text{ 时}, t = t_2 \end{array} \right\} \qquad \text{③}$$

将③代入②式得

$$\left. \begin{array}{l} C_2 = t_1 \\ C_1 = \dfrac{q_V \delta}{2\lambda} + \dfrac{t_2 - t_1}{\delta} \end{array} \right\} \qquad \text{④}$$

将积分常数代入式②得出平壁内温度分布方程式：

$$t = \frac{q_V}{2\lambda}(\delta x - x^2) + \frac{t_2 - t_1}{\delta}x + t_1 \qquad (4\text{-}37)$$

当 $q_V = 0$ 时，式(4-37)与式(4-17)完全相同。为了求平壁内最高温度的位置，可对式(4-37)求导，并令导数为零，得

$$x = \frac{\delta}{2} + \frac{t_2 - t_1}{\delta} \frac{\lambda}{q_V} \qquad (4\text{-}38)$$

将式(4-38)代入式(4-37)可求得壁内的最高温度。

【例4-5】有一用混凝土浇筑的墙厚 1 m，墙的两壁保持温度为 20 ℃，混凝土凝结硬化释放出的水化热为 95 W/m³，混凝土的热导率 $\lambda = 1.3$ W/(m·K)。试求混凝土墙内的最高温度。

【解】(1)因为两壁温度相等 $t_1 = t_2 = t_w$，根据式(4-37)：

$$t = \frac{q_V}{2\lambda}(\delta x - x^2) + t_w = \frac{95}{2 \times 1.3}(1 \times x - x^2) + 20 = 36.54 \times (x - x^2) + 20 \qquad \text{①}$$

(2)为了求最高温度，首先得求最高温度在墙内的位置，为此，先对式①求导数，并使之等于零：

$$\frac{dt}{dx} = 36.54 \times (1 - 2x) = 0 \qquad \text{②}$$

$$x = 0.5 \text{ m}$$

即最高温度在墙的中间部位 0.5 m 处。亦可将 t_1 和 t_2 值代入式(4-38)求解，结果一样。

(3)将 $x = 0.5$ m 代入式①得 t_{max}：

$$t_{max} = 36.54 \times (0.5 - 0.5^2) + 20 = 29.14 \text{ ℃}$$

六、不稳定导热

前面讨论的导热问题是稳定态导热，而在工程实践中经常会遇到不稳定导热现象，如间歇窑窑墙内的导热，窑内坯体在加热和冷却过程中内部的导热等都属于不稳定导热现象。不稳定导热物体内的温度场随时间而变化，因此不稳定导热问题比稳定导热问题复杂得多。

现以平壁为例来说明不稳定导热的特点。如图 4-14 所示，初始温度为 t_0，令左侧表面温度突然升高到 t_1 并保持不变，而右侧仍与温度为 t_0 的空气相接触。在这种情况下，物体的温度场要经历以下的温度变化过程：首先，物体紧挨高温表面部分的温度很快上升，其余部分仍保持原来的温度 t_0，如图中曲线 HBD 所示。随着时间的推移，温度变化波及的范围不断扩大，以至于在一定时间后，右侧表面的温度也逐渐升高，图中 HCD、HF 示意性地表示了这种变化过程，最终达到稳定状态，如曲线 HG 所示（热导率为常数时此曲线为直线）。

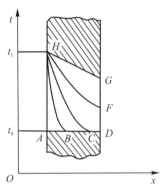

图 4-14 不稳定导热过程的温度分布

由此可见，不稳定导热和稳定导热的不同之处在于：①物体内各点的温度随时间而变，物体的温度变化明显地分为部分物体不参与变化和整个物体参与变化两个阶段。在前一个阶段，物体内的温度分布受初始温度的影响很大，在后一个阶段，物体内的温度分布不再受初始温度的影响，而只受控于不稳定导热的规律，物体内的温度变化具有一定的规律性。后一阶段的温度变化规律是不稳定导热讨论的主要内容。②在不稳定导热热量传递的路径中，每一个与热流密度方向垂直的截面上热流量是不等的，这是由于各处本身积蓄（或放出）热量。

对于不稳定导热过程主要解决以下问题：①物体的某一部分从初始温度上升或下降到某一确定温度所需要的时间，或经某一时间后物体各部分的温度是否上升或下降到某一定值。②物体在不稳定导热过程中的温度分布，为求材料中的热应力提供必要的资料。③某一时刻物体表面的热流量或从某一时刻起经一定时间后表面传递的总热量。要解决以上问题，必须首先求出物体在不稳定导热过程中的温度场。而前面讲过的傅里叶定律仅仅揭示了连续温度场内任一处的热流密度与温度梯度的关系，并未揭示物体内的温度分布与空间坐标和时间的关系。因此，对于一维稳定态导热问题可直接利用傅里叶定律积分求解，获得一维温度分布和导热热流量。但对于多维稳定态导热和一维及多维不稳定导热问题都不能直接利用傅里叶定律积分求解，必须在获得温度场的数学表达式后，才能由傅里叶定律算出空间各点的瞬时热流量。

不稳定导热主要解决的问题是确定不稳定导热物体内的温度场和物体传递的热量随时间的变化规律，为了解决以上问题，可以通过对固体导热微分方程(4-12)来求取，解法有分析求解法、数值解法、电热模拟法等，本节不再介绍，有关内容可参阅相关热工资料。

第二节 对流换热

一、对流换热的基本概念

对流换热是指流体和固体壁面直接接触时彼此之间的换热过程。对流换热既包括流体位移所产生的对流作用,同时也包括流体与壁面间的导热作用。因此,对流换热是导热和对流综合作用的结果。

(一)对流换热过程的特点

对流换热现象在工程上十分常见。例如,窑内烟气把热量依靠对流换热传给窑内制品;窑墙外表面依靠对流换热将热量传给车间内的空气等。与固体中的导热相同,流体中的导热也是由温度梯度和热导率决定的,而对流时热量转移,则是依靠流体产生的位移,这就使得对流换热现象极为复杂。显然,一切支配流体导热和对流换热作用的因素,诸如流动起因、流动状态、流体的种类和物性、壁面几何参数等都会影响对流换热量。

(二)影响对流换热的因素

1.流体流动的起因

根据流体运动发生的原因来分,流体的运动分为两种:一种是自然对流,即由于流体各部分温度不同所引起的密度差异所产生的流动;另一种是受迫运动,即受外力影响,例如受风力、风机、水泵的作用所发生的流体运动。自然对流的发生及其强度完全取决于过程的受热情况、流体的种类、温差以及换热空间的大小和位置。受迫运动的情况取决于流体的种类和物性、流体的温度、流动速度以及流道形状和大小。一般情况下,流体发生受迫对流时,也会发生自然对流。不过,当受迫流动的流速很大时,自然对流的影响相对较弱,往往可忽略不计。

2.流体的流动状态

流体的流动分层流和湍流两种状态。层流时流体流动速度较小,流体各部分均沿流道壁面做平行运动,互不干扰;湍流时流体各部分的运动呈不规则的混乱状态,并有漩涡产生。流体做层流或湍流运动与雷诺数 Re 的大小有关。

在层流状态下,沿壁面法线方向的热量转移主要依靠导热,其数值大小取决于流体的热导率;在湍流状态下,依靠导热转移热量的方式,只存在于层流边界层中(图4-15),而湍流核心中的热量转移则依靠流体各部分的剧烈位移。由于层流边界层的热阻远大于湍流核心的热阻,前者在对流换热过程中起决定性作用,所以对流换热的强度主要取决于层流边界层的导热。要提高对流换热,可以在某种程度上,用提高流体流速的方法来实现,但如果流速太大,流动过程中的能量损失也较大。流体在做湍流流动时,对流传递作用比层流时要强,所以一般窑炉内气体的流动都属于湍流状态。

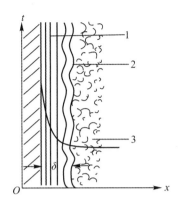

1—层流底层;2—过渡层;3—湍流层。

图 4-15　流体受热时,其边界层内温度变化的特性

3.流体的物理性质

由于各种流体的物性不同,所进行的对流换热过程也不同,影响过程的流体物性参数有:热导率 λ、比定压热容 c_p、密度 ρ、动力黏度 η 等。热导率大,流体内和流体与壁面之间的导热热阻小,换热较强。比定压热容和密度大的物体,单位体积能携带更多的热量,从而使对流作用传递的热量提高。对于每一种流体,当状态确定后,这些参数的数值随流体温度改变而按一定的函数关系变化,其中某些参数还和流体的压力有关。在进行对流换热计算时,由于流场内温度各不相同,物性各异,通常选择某特征温度以确定物性参数,把物性当作常量来处理,这一温度称为定性温度。

4.换热表面的形状和位置

壁面的几何形状和位置对对流换热过程影响很大,同时粗糙度以及相对于流体流动方向的位置等因素对换热过程也都有影响,这是因为换热表面的特征不同导致流体的运动和换热条件不同所致。在分析计算时,一般可以采用对对流换热有决定影响的特征尺寸作为依据,这个尺寸称为定型尺寸。

总之,流体和固体表面之间的换热过程是极其复杂的,影响因素很多,以上只分析了主要因素。

二、对流换热的基本定律——牛顿冷却定律

牛顿 1701 年在分析研究的基础上提出:对流换热的热流密度与流体和固体壁面之间的温差成正比,即:

$$q = h(t_w - t_f) \tag{4-39}$$

式中,　　q ——对流换热热流密度,W/m^2;

t_w,t_f ——分别为壁面和流体的温度,℃;

h ——表面传热系数(或称对流传热系数),$W/(m^2 \cdot K)$。

表面传热系数 h 表示单位面积上当流体和固体壁面之间为单位温差时,单位时间内传递的热量。表面传热系数的大小反映了对流换热的强弱。

从以上分析可知,影响对流传热的因素有很多,但上式看起来却十分简单,实际上牛

顿冷却定律并没有做实质上的简化,只是把很多影响因素都归纳到表面传热系数 h 中了,因此,对流换热过程的分析计算以表面传热系数的分析计算为主。表面传热系数是众多因素的函数,即:

$$h = f(\lambda, c_p, \rho, \eta, v, t_w, t_f, l, \varphi \cdots\cdots) \tag{4-40}$$

式中,l ——定型尺寸,单位为 m;

　　φ ——几何形状因素。

研究对流换热的主要目的之一是寻求不同条件下式(4-40)的具体函数式。

三、边界层概述

对流换热的理论分析和实验观察说明,对流换热热阻的大小主要决定于靠近壁面处流体的状况,这里流体速度和温度变化最显著(图4-15),它们的状况直接支配着以对流和导热作用进行的热量传递过程,这个区域叫边界层。边界层分速度边界层和热边界层(又称流动边界层和温度边界层)。普朗特提出的速度边界层理论成功地解决了黏滞性流体的某些流动问题,在对流换热问题中,类似地引入热边界层的概念也可以解决某些对流换热问题。下面以流体流过平壁为例来说明速度边界层和热边界层的形成、发展及其特征。

(一)速度边界层

当具有黏性且能润湿壁面的流体流过壁面时,在壁面上产生摩擦力,阻止流体的流动,使靠近壁面的流体速度降低,而直接贴附于壁面的流体实际上将停滞不动。如果用仪器测出壁面法线(y 方向)不同距离各点 x 方向的速度 v_x,将得到如图4-16所示的速度分布曲线,它表明从 $y=0$ 处 $v_x=0$ 开始,v_x 随着 y 方向离壁距离的增加而迅速增大,经过厚 δ 的薄层,v_x 接近达到主流速度 v_∞,我们把 $y=\delta$ 的薄层称为流动边界层或速度边界层,δ 称为边界层厚度,这个边界层厚度理应是壁面到速度达到主流速度点之间的距离,但这个点的位置难于确定,所以把接近达到主流速度($0.99v_\infty$)处离壁的垂直距离定义为边界层厚度,记为 δ。离固体壁面前端越远,流动边界层 δ 越厚,但其厚度远小于流过的距离 x,即 $\delta/x \ll 1$。

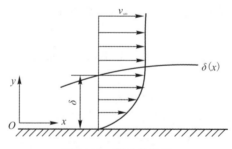

图4-16　流动边界层

根据牛顿黏性定律,黏性力 τ 与垂直于运动方向的速度变化率成正比,即

$$\tau = \eta \frac{\partial v}{\partial y} \tag{4-41}$$

式中,η 称为流体的动力黏度,单位是 Pa·s。在流动边界层内因速度梯度大,即使对于黏度很低的流体,也存在着较大的黏性力,所以边界层内的黏性不容忽视。边界层以外的区域称为主流区,其速度梯度几乎为零,所以在主流区流体的黏性不起作用。

流体纵掠平壁时,流动边界层逐渐形成和发展的过程如图 4-17 所示。在壁面前缘,边界层厚度 $\delta=0$。随着 x 的增加,由于壁面黏性力的影响逐渐向流体内部传递,边界层逐渐加厚,但在某一距离 x_c 以前,边界层内的流体呈层流状态,各层互不干扰,一直保持层流的性质,称此层为层流边界层。随着边界层厚度的增加,边界层内的流动变得不稳定起来,自距离前缘 x_c 处起,流动朝着湍流过渡,最终过渡到旺盛湍流。此时流体质点在沿 x 方向流动的前提下,又附加着紊乱的不规则的垂直于 x 方向的脉动,故称为湍流边界层。在湍流边界层内,紧贴壁面的极薄层内,黏性力仍占主导地位,致使层内流动状态仍维持层流,称此为层流底层,其厚度为 δ_c。

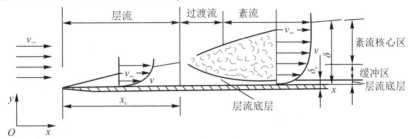

图 4-17 掠过平壁时流动边界层的形成和发展

(二) 热边界层

如前所述,由于速度在壁面法线方向上的变化出现了流动时速度边界层,同时,当流体与壁面之间有温差时,由于温度在壁面法线方向上的变化,出现了热边界层或称温度边界层,如果用仪器测量壁面法向上的温度场,可得如图 4-18 所示的温度分布。从图中可知,在紧贴壁面的这一层流体中,流体的温度由 $y=0$ 处的壁面温度 t_w 变化到主流温度 t_f,我们把温度剧烈变化的这一薄层称为热边界层或温度边界层。一般将流体过余温度 $(t-t_w)$ 等于主流过余温度 (t_f-t_w) 的 99% 处的 y 作为热边界层的厚度,用 δ_t 表示。这样,以热边界层外缘为界将流体分为两部分:沿 y 方向有温度变化的热边界层和温度几乎不变的等温流动区。

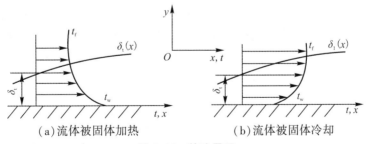

(a)流体被固体加热   (b)流体被固体冷却

图 4-18 热边界层

流体纵掠平壁时热边界层的形成和发展与流动边界层相似。首先,在层流边界层中,流体在 y 轴方向上的分速度小到可以忽略,所以沿 y 轴方向的热量传递主要依靠导热。对一般流体而言,dt/dy 比较大,也就是说,在层流对流换热中,主要热阻来自热边界层。但这是对流条件下的导热,邻层流体间有相对滑动,且各层的滑动速度也不一样,所以层流边界层中的温度分布不是直线形的。其次,在湍流边界层中,层流底层在 y 方向上的热量传递也靠导热方式。由于层流底层的厚度极薄,其温度分布近似为一直线。在边界层湍流核心区,沿 y 方向的热量传递主要依靠流体微团的脉动引起的混合作用。因此,对于热导率不大的流体(液态金属除外),湍流核心区的温度变化比较平缓。湍流边界层的主要热阻在层流底层。

必须指出,热边界层厚度 δ_t 和流动边界层厚度 δ 不能混淆。δ_t 是由流体中垂直于壁面方向上的温度分布确定的,而 δ 是由流体中垂直于壁面方向上的速度分布决定的。当壁面温度 t_w 等于流体温度 t_f 时,流体沿壁面流动只存在流动边界层,而不存在热边界层。热边界层的厚度 δ_t 与流动边界层的厚度 δ 既有区别,又有联系。流动边界层的厚度 δ 反映流体分子动量扩散的程度,与运动黏度 ν 有关;而热边界层厚度 δ_t 反映流体分子热量扩散的程度,与导温系数 a 有关。所以 δ_t/δ 应该与 a/ν 有关,用无量纲物性特征数 Pr 表示,称 Pr 为普朗特数,即:

$$Pr = \frac{\nu}{a} \tag{4-42}$$

Pr 等于 1 的流体,其流动边界层的厚度与热边界层厚度大体相等;Pr 大于 1,则前者较后者厚;Pr 小于 1,则后者厚于前者。

由于对流换热的主要热阻集中在层流热边界层中,因而可以根据层流边界的厚度来判断表面传热系数 h_x 的变化趋势。以图 4-17 中的流体纵掠平板换热为例,热边界层沿流动方向逐渐增厚,表面传热系数一定是逐渐减小。因此板前端的换热要比后端来得强烈,或者说短板的换热性能要优于长板。在工业应用中就可以将一块长板切成若干段,使段与段之间有一定的距离,用以强化对流换热。由此可见,根据热边界层厚度判断表面传热系数 h_x 的变化是很有用的,在以后的分析中,还要多次应用这一概念。

四、对流换热微分方程组

对流换热不仅取决于热现象,而且也取决于流体动力学现象,这两方面的总和就不能只用一个微分方程式,而是用一组微分方程式去描述。对流换热微分方程组包括以下四个微分方程:描写流体运动现象的连续性微分方程(质量守恒微分方程)和运动微分方程(纳维叶-司托克斯微分方程);描写流体在边界上换热过程的边界换热微分方程和换热过程的流体导热微分方程(傅里叶-基尔霍夫导热微分方程)。前两个微分方程在第三章有详细推导,下面只对后两个微分方程式进行推导。

(一)边界换热微分方程

如前所述,在流体与固体壁面进行热交换时,由于黏性力的作用,紧靠管壁处的流体是静止的,无滑动流动,速度为零。因此,通过流体的层流边界层时,紧靠壁面处的热量传递只靠导热。根据导热傅里叶定律,对微元面积 dA 的傅里叶公式为

$$d\phi = -\lambda \left(\frac{\partial t}{\partial n}\right)_{n=0} dA \tag{①}$$

式中,λ 为流体的热导率;n 为壁面法线方向;$(\partial t/\partial n)_{n=0}$ 表示壁面上流体的温度梯度,参见图(4-18)。另外,根据牛顿冷却定律可以写出微元面积 dA 上换热微分形式为

$$d\phi = h(t_f - t_w)dA = h\Delta t dA \qquad ②$$

式中,h 为表面传热系数。显然式①和②右边应相等,得到局部表面传热系数:

$$h = -\frac{\lambda}{\Delta t}\left(\frac{\partial t}{\partial n}\right)_{n=0} \qquad (4-43)$$

上式描写了流体与壁面在边界上换热时表面传热系数与流体温度场的关系,故称为对流换热过程微分方程,又称边界换热微分方程。要确定 h,必须知道边界层内的温度梯度,即必须知道流体内部的温度分布。上节中导出的导热微分方程是描写固体内部的温度分布方程,在此,必须建立流体导热微分方程。

(二)流体导热微分方程(傅里叶-基尔霍夫导热微分方程)

根据上节导出的适用于固体的导热微分方程式(4-11b):

$$\frac{\partial t}{\partial \tau} = a\boldsymbol{\nabla}^2 t \qquad ①$$

式中,a 是流体的导温系数。流体内部的微元六面体与固体中的不同,在 $d\tau$ 时间内由于流体流动,流体的各个质点沿三个轴向分别移动了 dx,dy,dz,如图4-19。因此,微元体内温度的全变量是两种现象的结果,一方面随时间发生变化;另一方面由于微元体的位移,从一点转移到另一点发生的变化。根据全微分的概念得

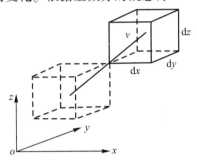

图 4-19　流体导热微分方程式的推导

$$dt = \frac{\partial t}{\partial \tau}d\tau + \frac{\partial t}{\partial x}dx + \frac{\partial t}{\partial y}dy + \frac{\partial t}{\partial z}dz \qquad ②$$

或

$$\frac{dt}{d\tau} = \frac{\partial t}{\partial \tau} + \frac{\partial t dx}{\partial x d\tau} + \frac{\partial t dy}{\partial y d\tau} + \frac{\partial t dz}{\partial z d\tau} \qquad ③$$

式中,$\dfrac{dx}{d\tau}$、$\dfrac{dy}{d\tau}$ 和 $\dfrac{dz}{d\tau}$ 分别为微元体在 x、y 和 z 轴上的分速度,因此:

$$\frac{dt}{d\tau} = \frac{\partial t}{\partial \tau} + v_x\frac{\partial t}{\partial x} + v_y\frac{\partial t}{\partial y} + v_z\frac{\partial t}{\partial z} \qquad ④$$

显然,在固体中由于微元体不能位移,即各方向分速度为零,式④可简化成 $\dfrac{dt}{d\tau} = \dfrac{\partial t}{\partial \tau}$。

而在流体内部,各方向存在分速度,不能简化,从而得到适用于流体的导热方程:

$$\frac{\partial t}{\partial \tau} + v_x \frac{\partial t}{\partial x} + v_y \frac{\partial t}{\partial y} + v_z \frac{\partial t}{\partial z} = a\boldsymbol{\nabla}^2 t \qquad\qquad ⑤$$

或
$$\frac{\mathrm{D}t}{\mathrm{d}\tau} = a\boldsymbol{\nabla}^2 t \qquad\qquad (4\text{-}44)$$

式中，$\frac{\mathrm{D}t}{\mathrm{d}\tau} = \frac{\partial t}{\partial \tau} + v_x \frac{\partial t}{\partial x} + v_y \frac{\partial t}{\partial y} + v_z \frac{\partial t}{\partial z}$ 为 t 对 τ 的随体导数，它表示微元体温度的全变量是两个方面的结果：一方面是固定点随时间发生的变化；另一方面是由于质点的位移，从一点转移到另一点发生的变化。式④中右端第 1 项为局部导数，后 3 项为对流导数，v_x、v_y、v_z 为流体在 x、y 和 z 方向的速度分量。

称式(4-44)为傅里叶-基尔霍夫导热微分方程。对比式(4-11b)可知，适用于固体的傅里叶导热微分方程，是傅里叶-基尔霍夫导热微分方程的一个特例。

(三)单值性条件

根据对流换热过程的普遍规律推导出来的对流换热微分方程组，适用于无数种彼此具有不同特点的放热过程，这个方程组有无穷多个解。为了要从无穷多个解中把所要研究的某一具体的对流换热过程的解区分出来，就必须规定一些说明过程特点的条件，这些条件称为单值性条件，也称定解条件，是对所研究的对流换热问题的所有具体特征的描述。它可以用数字、函数关系或微分方程的形式来表示。单值性条件包括下列各项：

(1)几何条件——说明对流换热表面的几何形状、尺寸，壁面与流体之间的相对位置，壁面的粗糙度等。

(2)物理条件——说明流体的物理性质，例如给出热物性参数(λ、ρ、a、c_p、η 等)的数值及其变化规律等。此外，物体有无内热源以及内热源的分布规律等也属于物理条件的范畴。

(3)边界条件——说明流体在边界上过程进行的特点，如进口处流体的温度 t_f、速度 v、管道壁面温度 t_w 等。

(4)时间条件——说明对流换热过程进行的时间上的特点，例如是稳定态或是非稳定态。对于非稳定态的对流换热过程，还应该给出初始条件，即过程开始时刻的速度场与温度场。

上述对流换热微分方程组和单值性条件构成了对一个具体对流换热过程的完整的数学描述。但是，由于这些微分方程的复杂性，使方程组的分析求解非常困难。直到 1904 年，德国科学家普朗特(L. Prandtl)在对黏性流体的流动进行大量实验观察的基础上提出了著名的边界层概念，使微分方程组得以简化，使其分析求解成为可能。所以，单值性条件是求解对流换热过程微分方程特解的先决条件。但这一类对流换热问题要通过纯数学方法求解是非常复杂的，不在本课程学习范围之内。在此仅根据相似理论，把微分方程组通过相似转换，得到相应的相似准数，建立准则方程，以达到解决对流换热问题的目的。

五、对流换热过程的相似

(一)热相似准确的导出

相似的概念首先出现在几何中。在几何学里，凡对应角相等、对应边成比例的图形都称为相似形。几何学中建立起来的相似概念,可以推广到任何一种物理现象。例如,可以推广到两种流体运动之间的相似(运动相似)。当流体在管内流动时,同一截面上不同半径处的速度是不同的。在每一种具体的条件下,截面上的速度分布都有各自的特点。如果有两个流体分别在两个几何相似的管内流动,在截面上所有对应点上流速的方向相同,大小成一定比例,那么这两个管内流动的速度分布就称为是相似。

由于物理现象较几何现象复杂得多,当然相似条件也就不会像几何相似那么简单。因此,首先要知道所研究的现象之间的相似条件,然后才能运用相似概念。

物理现象之间的相似条件:

(1)相似的物理现象必须是同类现象,这些现象不仅要性质相同,而且能用同样形式和同样内容的数学方程式来描述。

(2)物理现象相似的必要条件是几何相似,这就是说,只有在几何形状相似的体系中才会有相似现象。

(3)描述现象性质的一切物理量均相似,这意味着每个同名物理量在相对应的地点和相对应的时刻必须互成比例。

综上所述,如果两个现象是同类现象,而且描写两个现象的一切物理量在各对应点和对应瞬间成比例,则这两个现象相似。比如,两个对流换热体系的流道是几何相似,而且对应点的相同物理量成比例,则此两对流换热体系称为对流换热相似体系。

设有两个对流换热相似体系,对于第一个体系,可以得到:

$$\frac{\partial t'}{\partial \tau'} + v'_x \frac{\partial t'}{\partial x'} + v'_y \frac{\partial t'}{\partial y'} + v'_z \frac{\partial t'}{\partial z'} = a'(\frac{\partial^2 t'}{\partial x'^2} + \frac{\partial^2 t'}{\partial y'^2} + \frac{\partial^2 t'}{\partial z'^2}) \qquad ①$$

和
$$h'\Delta t' = -\lambda' \frac{\partial t'}{\partial n'} \qquad ②$$

同理,对于第二个体系有:

$$\frac{\partial t''}{\partial \tau''} + v''_x \frac{\partial t''}{\partial x''} + v''_y \frac{\partial t''}{\partial y''} + v''_z \frac{\partial t''}{\partial z''} = a''(\frac{\partial^2 t''}{\partial x''^2} + \frac{\partial^2 t''}{\partial y''^2} + \frac{\partial^2 t''}{\partial z''^2}) \qquad ③$$

和
$$h''\Delta t'' = -\lambda'' \frac{\partial t''}{\partial n''} \qquad ④$$

如果这两个系统彼此相似,一切物理量必须对应成比例,即:

$$\frac{x''}{x'} = \frac{y''}{y'} = \frac{z''}{z'} = C_l \ , \ \frac{\tau''}{\tau'} = C_\tau \ , \ \frac{t''}{t'} = C_t$$

$$\frac{v''_x}{v'_x} = \frac{v''_y}{v'_y} = \frac{v''_z}{v'_z} = C_v \ , \ \frac{a''}{a'} = C_a \ , \ \frac{\lambda''}{\lambda'} = C_\lambda \ , \ \frac{h''}{h'} = C_h \qquad ⑤$$

用第一个体系的各种变量代替第二个体系的相应变量,则:

$$\frac{C_t}{C_\tau} \frac{\partial t'}{\partial \tau'} + \frac{C_v C_t}{C_l}(v'_x \frac{\partial t'}{\partial x'} + v'_y \frac{\partial t'}{\partial y'} + v'_z \frac{\partial t'}{\partial z'}) = \frac{C_a C_t}{C_l^2} a'(\frac{\partial^2 t'}{\partial x'^2} + \frac{\partial^2 t'}{\partial y'^2} + \frac{\partial^2 t'}{\partial z'^2}) \qquad ⑥$$

和
$$C_h C_t h\Delta t' = -\frac{C_\lambda C_t}{C_l} \lambda' \frac{\partial t'}{\partial y'} \qquad ⑦$$

现在,两组方程都用第一个体系的变数表示,很明显,要使这两个方程组统一,只有

在满足下列条件下才能成立,即:

$$\frac{C_t}{C_\tau} = \frac{C_a C_t}{C_l^2}, \quad \frac{C_v C_t}{C_l} = \frac{C_a C_t}{C_l^2}, \quad C_h C_t = \frac{C_\lambda C_t}{C_l} \qquad \text{⑧}$$

把式⑤中各相似倍数分别代入式⑧中,再按两个体系来分离变数,可求得热相似准数:

$$\frac{a_1 \tau_1}{l_1^2} = \frac{a_2 \tau_2}{l_2^2} \quad \text{或} \quad \frac{a\tau}{l^2} = Fo \text{ (傅里叶数)} \qquad (4-45)$$

$$\frac{v_1 l_1}{a_1} = \frac{v_2 l_2}{a_2} \quad \text{或} \quad \frac{vl}{a} = Pe \text{ (佩克莱数)} \qquad (4-46)$$

$$\frac{h_1 l_1}{\lambda_1} = \frac{h_2 l_2}{\lambda_2} \quad \text{或} \quad \frac{hl}{\lambda} = Nu \text{ (努塞特数)} \qquad (4-47)$$

根据相似理论,两个或两个以上的体系在彼此热相似的情况下,对于任何相对应的各点,相似准数的数值均应相等。

各种相似准数都是由表示现象性质的若干量组成的量纲一数群。量纲一是相似准数的主要属性,可用来检验相似准数组成的正确与否。

(二) 相似准确的物理意义

1.Nu (努塞特数)

相似准数的物理意义应从推导过程进行分析。努塞特数来自边界换热微分方程式,它表明流体的边界换热情况,即在流体的边界层中温度场与换热热流量的相互关系。Nu 越大,则表明对流换热过程越强烈。努塞特数包括表面传热系数 h,因此在研究对流换热过程中,对如何求表面传热系数,Nu 是个重要的参数。

2.Fo (傅里叶数)

傅里叶数表明传热现象的不稳定程度,所以在稳定的导热过程中 Fo 为一常数。

3.Pr (普朗特数)

佩克莱数可分成两个准数的乘积,即:

$$Pe = \frac{lv}{a} = \frac{lv}{\nu} \cdot \frac{\nu}{a} = RePr$$

$$Pr = \frac{Pe}{Re} = \frac{\nu}{a} \qquad (4-48)$$

Pr 称为普朗特数,它表明流体动量传递能力和热量传递能力的相对大小。它仅包括了流体的物性参数,表示流体的物理性质对对流换热的影响。对于原子数相同的气体来说,Pr 是一个常数,它的值很少受温度和压力的影响。单原子气体 $Pr=0.67$,双原子气体 $Pr=0.72$,三原子气体 $Pr=0.8$,四原子气体 $Pr=1$。

在研究对流换热时,除应用上述热相似准数外,还需要有流体动力相似准数,如反映流体惯性力与黏性力相对关系的雷诺数 Re:

$$Re = \frac{lv\rho}{\eta} \qquad (4-49)$$

反映重力与惯性力相对关系的弗劳德数 Fr:

$$Fr = \frac{gl}{v^2} \tag{4-50}$$

反映由于流体各部分温度不同而引起的浮力与黏性力相对关系的格拉晓夫数 Gr：

$$Gr = \frac{\beta g \Delta t l^3}{v^2} \tag{4-51}$$

式中，β——流体的体积膨胀系数，$\beta = \dfrac{1}{273 + t}$，$K^{-1}$；

$\quad\ \nu$——流体的运动黏度，m^2/s。

（三）定性温度和定性尺寸

1.定性温度

上述各种相似准数中均包含有流体的物性参数，这些物性参数受温度的影响有很大的变化，必须选定一个有代表性的温度作为依据，这个温度称为定性温度。因为边界层对对流换热过程起着非常重要的作用，所以一般选择边界层温度为定性温度（即流体和壁面温度的算术平均值，$t_b = \dfrac{t_f + t_w}{2}$）。实验结果表明，热流密度方向对表面传热系数是有影响的，为了考虑这种因素的影响，一般采用以流体平均温度作为定性温度，再乘以一个由实验确定的修正系数 $\left(\dfrac{Pr_f}{Pr_w}\right)^{0.25}$。

今后讨论具体的对流换热过程时，常常遇到采用不同定性温度的准数方程，必须特别注意，为了不致混淆，常在准数的右下角，标上角码，如 Re_f、Re_w 和 Re_b，分别表示以流体温度、壁面温度和边界层温度作为定性温度的 Re。

2.定性尺寸

相似准数中包含有长度尺寸，如 $Re = \dfrac{lv\rho}{\eta}$ 和 $Nu = \dfrac{hl}{\lambda}$ 中的 l 为定性尺寸。一般对于圆管，定性尺寸均采用直径；非圆形管道选用当量直径；对横向掠过单管或管簇则取管子外径；对纵向掠过平壁则取沿流动方向的壁面长度。

六、流体自然对流换热

流体由于冷、热各部分之间的密度不同所引起的流体运动称为自由运动。自由运动情况下的换热称为自然对流换热。

流体自由运动完全取决于壁面与流体之间的换热热流量，热流量受换热面大小及换热表面与流体之间温差的影响。所以，流体的自由运动要由换热表面积和温差来决定。温差影响流体的密度差和浮引力，而加热表面的大小则影响过程区域的范围。自然对流换热因流体所处的空间不同分为几种类型：一类是流体在很大的空间中，如窑墙外表面的换热、室内散热器对空气的换热等，称为无限空间自然对流换热；另一类是流体在狭小空间内，如流体在双层玻璃中的空气层等，称为有限空间自然对流换热。

(一)无限空间中的自然对流换热

无限空间是指空间尺寸比散热物体的尺寸大得多的空间,物体放热的多少不会引起空间流体温度的变化。下面以无限空间内空气沿热的竖壁做自由运动的情况为例来分析自然对流换热的机理。如图4-20所示,邻近热表面一薄层内的空气被加热,温度升高,密度降低,从而沿热表面向上流动,空气层的厚度从下向上逐渐增加,在壁的下部,空气以层流的形式向上流动,而壁的上部,空气呈湍流运动,两者之间出现过渡状态。不同流动状态时,表面传热系数 h_x 不同。自然对流时,促使流体运动的力是升浮力,阻碍流体运动的力是黏性力,这两种力的相对大小决定了流动状态的强弱。

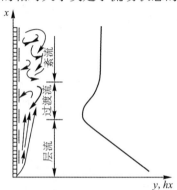

图4-20 自然对流边界层和局部传热系数的情况

表4-4 无限空间自然对流 C 和 n 值

表面形状与位置	定性尺寸	$GrPr$ 范围	流态	C	n
竖平板及竖圆柱	高度	$10^4 \sim 10^9$	层流	0.59	0.25
		$10^9 \sim 10^{12}$	湍流	0.12	0.333
横圆柱	外径	$10^3 \sim 10^9$	层流	0.53	0.25
		$10^9 \sim 10^{12}$	湍流	0.13	0.333
水平板热面向上	正方形取边长;长方形取两边平均;狭长条取短边;圆盘取 0.69d	$10^5 \sim 2 \times 10^7$	层流	0.54	0.25
		$2 \times 10^7 \sim 3 \times 10^{10}$	湍流	0.14	0.333
水平板热面向下	同上	$3 \times 10^5 \sim 3 \times 10^{10}$	层流	0.27	0.25

升浮力和黏性力之比可以用 Gr 来表示。Gr 越大,自然对流换热越强烈。实践证明,判断自然对流时层流与湍流的依据是 Gr 与 Pr 的乘积。

无限空间自然对流换热的准数方程式可整理成:

$$Nu = C\,(GrPr)_b^n \qquad (4-52)$$

式中定性温度为流体与壁面的平均温度。C 和 n 是常数,其值可根据 $Gr \cdot Pr$ 的数值范围由表4-4选取。

由式(4-52)可知,湍流时 $n = 1/3$,可使式中 Nu 和 Gr 中的定性尺寸消去,表示此时换热过程与壁面尺寸无关。

【例4-6】已知某室内采暖管道外径 $d = 50$ mm,表面温度 $t_w = 75\ ℃$,室内空气温度 $t_f = 25\ ℃$,试求此管道外表面的表面传热系数及向外散热量。

【解】首先确定定性温度:

$$t_b = \frac{1}{2}(t_w + t_f) = \frac{1}{2}(75 + 25) = 50\ ℃$$

定性尺寸 $d = 0.05$ m

按定性温度 $t_b = 50\ ℃$，由附录七查得干空气的物理参数：

$$\lambda = 0.028\ 3\ \text{W/(m·K)}, \nu = 17.95×10^{-6}\ \text{m}^2/\text{s}, Pr = 0.698$$

$$\beta = \frac{1}{T} = \frac{1}{273 + 50} = \frac{1}{323}$$

$$Gr = \frac{\beta g \Delta t l^3}{\nu^2} = \frac{1}{323} × \frac{9.81 × (75 - 25) × 0.05^3}{(17.95 × 10^{-6})^2} = 5.89 × 10^5$$

$$GrPr = 5.89×10^5 × 0.698 = 4.11×10^5$$

由表 4-4 查得：　　　　　　　$C = 0.53, n = 0.25$

将以上数据代入准数方程式 $Nu = C(GrPr)^n$ 得：

$$Nu = 0.53×(4.11×10^5)^{0.25} = 13.42$$

由 $Nu = \dfrac{hl}{\lambda}$ 得：

$$h = \frac{Nu\lambda}{l} = \frac{13.42 × 0.028\ 3}{0.05} = 7.60\ \text{W/(m}^2\text{·K)}$$

$$q = h(t_w - t_f) = 7.60×(75 - 25) = 380\ \text{W/m}^2$$

(二)有限空间中的自然对流换热

如果流体做自然对流所在的空间较小，冷热流体上下流动都受到空间因素的影响，此时的自然对流称为有限空间的自然对流。在有限空间里，冷热表面距离较近，流体的冷却和受热现象也靠得很近，甚至很难把它们划分开来，所以常将它的全部传热过程看成为一个整体。由于空间的局限性，冷热气体的上下运动互相干扰，使换热情况变得极为复杂。此时，换热与流体的物理性质和过程的强烈程度有关，而且还要受到换热空间的形状和大小的影响。下面只介绍常见的扁平矩形封闭夹层自然对流换热，按几何位置可分为垂直、水平及倾斜三种，如图 4-21 所示。为了计算方便，通常把这种对流换热过程按导热方式处理，热导率采用当量热导率 λ_e，对流换热量：

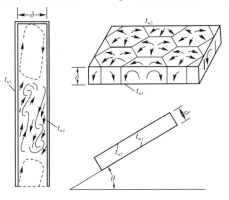

图 4-21　有限空间自然对流换热

$$q = \frac{\lambda_e}{\delta}\Delta t \qquad (4-53)$$

式中,λ_e——当量热导率,$W/(m \cdot K)$;

    δ——两壁间厚度,m;

    Δ——两壁面间温度差,℃。

根据牛顿定律:

$$q = h\Delta t$$

可以改写成:

$$q = \frac{h\delta}{\lambda}\frac{\lambda}{\delta}\Delta t = Nu\frac{\lambda}{\delta}\Delta t$$

此式与式(4-53)相比,可得:

$$Nu = \frac{\lambda_e}{\lambda} \qquad (4-54)$$

式中,λ_e/λ 的意义相当于两壁间对流换热的 Nu。在计算中用当量热导率的大小来反映夹层内对流换热过程的强弱,并把 λ_e 与流体热导率整理成准数方程式:

$$Nu = \frac{\lambda_e}{\lambda} = C(Gr_\delta \cdot Pr)^m \left(\frac{\delta}{h}\right)^n \qquad (4-55)$$

式中 Gr_δ 的定性尺寸为夹层厚度 δ,定性温度 $t_b = \frac{1}{2}(t_{w1} + t_{w2})$,$h$ 为垂直夹层的高度。

准数方程中各参数见表4-5。

表4-5 有限空间自然对流换热准数关系式

夹层位置	Nu 准数关系式	适用范围
垂直夹层(气体)	$Nu = 0.197(GrPr)^{1/4}\left(\frac{\delta}{h}\right)^{1/9}$	$6\,000 < GrPr < 2 \times 10^5$
	$Nu = 0.073(GrPr)^{1/3}\left(\frac{\delta}{h}\right)^{1/9}$	$2 \times 10^5 < GrPr < 1.1 \times 10^7$
水平夹层(热面在下)(气体)	$Nu = 0.059(GrPr)^{0.4}$	$1\,700 < GrPr < 7\,000$
	$Nu = 0.212(GrPr)^{1/4}$	$7\,000 < GrPr < 3.2 \times 10^5$
	$Nu = 0.061(GrPr)^{1/3}$	$GrPr > 3.2 \times 10^5$
倾斜夹层(热面在下与水平夹角为θ)(气体)	$Nu = 1 + 1.446\left(1 - \frac{1708}{GrPr\cos\theta}\right)$	$1\,708 < GrPr\cos\theta < 5\,900$
	$Nu = 0.229(GrPr\cos\theta)^{0.252}$	$5\,900 < GrPr\cos\theta < 9.23 \times 10^4$
	$Nu = 0.157(GrPr\cos\theta)^{0.285}$	$9.23 \times 10^4 < GrPr\cos\theta < 10^6$

【例4-7】两块边长为 0.5 m 的正方形竖板构成空心夹层,夹层之间距离为 15 mm,温度分别为 100 ℃和 40 ℃,竖板间充满空气。试计算通过该空气夹层对流换热的热流量。

【解】根据公式(4-53) $q = \frac{\lambda_e}{\delta}\Delta t$,为求当量热导率 λ_e,应用公式(4-55):

定性温度：
$$t_b = \frac{t_{w1} + t_{w2}}{2} = \frac{100 + 40}{2} = 70\ ℃$$

查附录七可得空气物性参数为：
$\nu = 20.02 \times 10^{-6}\ \text{m}^2/\text{s}, \lambda = 2.96 \times 10^{-2}\ \text{W}/(\text{m} \cdot \text{K}), Pr = 0.694$
所以

$$Gr_\delta \cdot Pr = \frac{9.81 \times \dfrac{1}{273 + 70} \times 0.015^3 \times (100 - 40)}{(20.02 \times 10^{-6})^2} \times 0.694 = 10\ 028$$

根据 $Gr_\delta \cdot Pr$ 值查表4-5，可得：

$$\frac{\lambda_e}{\lambda} = 0.197\ (Gr_\delta \cdot Pr)^{\frac{1}{4}} \cdot \left(\frac{\delta}{h}\right)^{\frac{1}{9}}$$

$$= 0.197 \times (10\ 028)^{\frac{1}{4}} \times \left(\frac{0.015}{0.5}\right)^{\frac{1}{9}} = 1.34$$

$$\lambda_e = 1.34\lambda = 1.34 \times 2.96 \times 10^{-2} = 0.04\ \text{W}/(\text{m} \cdot \text{K})$$

则对流换热的热流量：

$$\phi = \frac{0.04}{0.015} \times (100 - 40) \times 0.5^2 = 40\ \text{W}$$

七、受迫流动时的对流换热

(一)流体在管内流动时的对流换热

雷诺实验表明：流体在管内流动速度较小时，呈现出层流状态；流动速度较大时，呈现出湍流状态，两者分界的速度称为临界速度。对于不同流体和不同直径的管路，临界速度的数值也不同。但是，流体在管内流动时，从层流状态到湍流状态的转变完全取决于雷诺数的大小。各种不同的流体在不同直径的管内流动时，只要雷诺数相同，运动情况就相同。层流与湍流分界的雷诺数值称为临界雷诺数。实验表明，流体在管内流动时的临界雷诺数为2 300，当 $Re < 2\ 300$ 时为层流；当 $Re > 2\ 300$ 时，出现了由层流向湍流状态的转变过程，当 $Re > 10^4$ 时，达到了旺盛的湍流状态。雷诺数 Re 介于2 300与 10^4 之间时，为层流向湍流转变的过渡阶段，称为过渡状态。不过下临界点2 300很难达到，一般定为2 000。

雷诺数提供的上临界点为12 000。在工程上，上临界点是没有实用意义的，一般我们是以 $Re = 2\ 000$ 作为管道内层流与湍流的判据。

1.流体在层流和过渡流时的换热

流体在做层流运动时，各部分之间换热靠导热方式，层流换热热阻较湍流大，因此，热交换过程比较缓慢，通常工业设备都不设计在层流范围内工作，除非对黏性很大的流体，如油类。层流换热时，考虑到自然对流对换热的影响，不少学者提出了各种不同的计算公式，但误差都较大。赛德尔和泰特提出的经验公式如下：

$$Nu_f = 1.86\ (Re_f Pr_f)^{1/3} \left(\frac{d}{l}\right)^{1/3} \left(\frac{\eta_f}{\eta_w}\right)^{0.14} \tag{4-56}$$

式中,下标 f 表示定性温度为流体的平均温度;η_w 是管壁温度下流体的黏度,以管内径或当量内径 d_e 为定性尺寸。此式适用范围为 $Re_f < 2\,300$;$Pr_f > 0.6$ 以及 $Re_f Pr_f \dfrac{d}{l} > 10$。

对于 $Re_f = 2\,300 \sim 10\,000$ 的过渡流动状态,豪森(Hausen)提出的计算公式如下:

$$Nu_f = 0.116(Re_f^{2/3} - 125)Pr_f^{1/3}\left[1 + \left(\frac{d}{l}\right)^{2/3}\right]\left(\frac{\mu_f}{\mu_w}\right)^{0.14} \tag{4-57}$$

2. 流体在湍流时的对流换热

对于管内湍流强制对流,应用最广的关系式是迪图斯-贝尔特(Dittus-Boelter)公式:

$$Nu_f = 0.023 Re_f^{0.8} Pr_f^n \tag{4-58}$$

加热液体或冷却气体时,$n = 0.4$;冷却液体或加热气体时,$n = 0.3$。以流体进出口温度的算术平均值为定性温度,以管内径为定性尺寸。$Re_f = 10^4 \sim 1.2 \times 10^5$,$Pr_f = 0.7 \sim 120$,$l/d > 60$。上式适用于流体与壁面具有中等以下温差的场合:气体温度 $\leq 50\,℃$,水温 $\leq (20 \sim 30)\,℃$,即在中等以下温差。

温差超过以上幅度时,可用米海耶夫提出的关系式:

$$Nu_f = 0.021 Re_f^{0.8} Pr_f^{0.43}\left(\frac{Pr_f}{Pr_w}\right)^{0.25} \tag{4-59}$$

式中,除 Pr_w 用壁温为定性温度外,均采用流体平均温度为定性温度,管内径为定性尺寸。适用于 $Re_f = 10^4 \sim 5 \times 10^6$,$Pr_f = 0.6 \sim 2\,500$ 的范围。

在窑炉系统中也可有以下简化式:

$$h = A_n \frac{v_0^{0.8}}{d^{0.2}} \tag{4-60}$$

式中,v_0——流体在标态下管道内的流速,m/s;

$\quad\quad d$——管道的内直径或内当量直径,m;

$\quad\quad A_n$——因流体种类而异的系数,查表4-6得。

表 4-6　在常用温度下某些流体的 A_n 值

水	温度/℃	0	20	40	60	80	100
	A_n	1 425	1 850	2 330	2 760	3 080	3 370
重油	温度/℃	40	60	80	100	120	140
	A_n	31.4	52.4	88.5	119	146.5	179.0
空气	温度/℃	0	200	400	600	800	1 000
	A_n	3.97	4.32	4.68	4.96	5.16	5.35
废气	温度/℃	0	200	400	600	800	1 000
	A_n	3.96	4.63	5.35	5.76	6.42	6.65
水蒸气	温度/℃	100	150	200	250	300	350
	A_n	4.07	4.13	4.30	4.53	4.72	4.99

以上提到的经验公式只能用于光滑管,关于粗糙管的计算公式目前还相当缺乏。个别学者曾提出一些经验公式,不十分准确,所以不再介绍。

【例4-8】空气在2.2 atm和250 ℃下流过一直径为0.026 m的直管,流速为8 m/s,设管壁的温度沿着管长比空气温度低30 ℃,试求每单位长度管子与空气的对流换热量。

【解】(1)空气的密度:

$$\rho = \frac{p}{RT} = \frac{2.2 \times (1.013 \times 10^5)}{287 \times (273 + 250)} = 1.485 \text{ kg/m}^3$$

(2)根据空气温度250 ℃查附录七得物性参数:

$\eta_f = 2.74 \times 10^{-5} \text{kg/(m·s)}$,$\lambda_f = 0.042\ 7 \text{W/(m·K)}$,$Pr_f = 0.677$,$Pr_w = 0.679$。

(3)计算 Re_f:

$$Re_f = \frac{dv\rho}{\eta_f} = \frac{0.026 \times 8 \times 1.485}{2.74 \times 10^{-5}} = 11\ 273$$

因此,空气在管道内属湍流流动。

(4) $Nu_f = 0.021 Re_f^{0.8} Pr_f^{0.43} \left(\frac{Pr_f}{Pr_w}\right)^{0.25}$

$$= 0.021 \times (11\ 273)^{0.8} (0.677)^{0.43} \left(\frac{0.677}{0.679}\right)^{0.25} = 30.95$$

$$h = Nu_f \frac{\lambda_f}{d} = 30.95 \times \frac{0.042\ 7}{0.026} = 50.83 \text{ W/(m}^2 \cdot \text{K)}$$

(5)单位管长的热流密度:

$$q_L = h\pi d(t_w - t_f) = 50.83 \times 3.14 \times 0.026 \times 30 = 124.5 \text{ W/m}$$

(二)流体受迫横掠圆管时的对流换热

1.外掠单管

流体横掠单管流动有两个特点:第一,流动边界层有层流和湍流之分;第二,流动会出现分离现象,在分离点之后可能会有回流,其流动状态同 Re 的大小密切相关。由于以上特点,使得传热系数沿圆管周向发生变化,在边界层由层流变为湍流处,传热系数急剧增大。在计算换热量时只能用沿管周向的平均传热系数。

根据流体换热实验研究,整理成方程式:

$$Nu_f = CRe^n \tag{4-61}$$

式中,定性尺寸为管外径,Re 中的流速为通道最窄处的流速,定性温度为流体平均温度。

对于空气和烟气,C 和 n 列于表4-7中。

对于液体,可以用下式计算:

$$Nu_f = 1.115 C Pr^{1/3} Re^n \tag{4-62}$$

表4-7　空气外掠单圆管的 C 及 n 值

Re	1~4	4~40	40~4 000	4 000~40 000	40 000~250 000
C	0.891	0.821	0.615	0.174	0.0239
n	0.330	0.395	0.466	0.618	0.805

2.外掠光滑管束

在实际工作中常遇到流体掠过多管子组成的管束,如图4-22所示。显然这种情况下的传热比单管时的换热过程复杂得多。传热量的多少不仅与流态和冲刷角度有关,还与管子的排列方式、管间的距离、管排次序等有关。管子的排列一般可分为顺排与叉排两种,实验证明,管束中的最初几排的传热系数各不相同,第一排 h 较小,第二排大些,第三排更大些,以后是定值。h 之所以会增大,主要是流体绕过管束时产生旋涡而引起的。计算管束表面传热系数的准数方程很多,一般整理成如下形式:

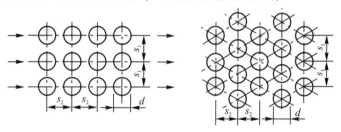

图 4-22 顺排和叉排管束

$$Nu_f = CRe_f^n Pr_f^m \left(\frac{Pr_f}{Pr_w}\right)^{0.25} \left(\frac{s_1}{s_2}\right)^p \varepsilon_z \tag{4-63}$$

式中,$\dfrac{s_1}{s_2}$ ——管束的相对间距;

ε_z ——排数影响的校正系数(参见表4-8)。

表 4-8 排数修正系数 ε_z

排数	1	2	3	4	5	6	8	12	16	20
顺排	0.69	0.80	0.86	0.90	0.93	0.95	0.96	0.98	0.99	1.0
叉排	0.62	0.76	0.84	0.88	0.92	0.95	0.96	0.98	0.99	1.0

由实验给出了上式的具体形式列于表4-9中,各式定性温度为流体在管束中的平均温度,定性尺寸为管外径。

表 4-9 管束平均表面传热系数准数方程式

排列方式	适用范围 $0.7<Pr<500$	准数方程式	对空气或烟气的简化式 ($Pr=0.7$)
顺排	$Re = 10^3 \sim 2\times10^5$, $\dfrac{s_1}{s_2}<0.7$	$Nu_f = 0.27 Re_f^{0.63} Pr_f^{0.36}\left(\dfrac{Pr_f}{Pr_w}\right)^{0.25}$	$Nu_f = 0.24 Re_f^{0.65}$
	$Re = 2\times10^5 \sim 2\times10^6$	$Nu_f = 0.021 Re_f^{0.84} Pr_f^{0.36}\left(\dfrac{Pr_f}{Pr_w}\right)^{0.25}$	$Nu_f = 0.018 Re_f^{0.84}$

续表 4-9

排列方式	适用范围 $0.7 < Pr < 500$		准数方程式	对空气或烟气的简化式 $(Pr = 0.7)$
叉排	$Re = 10^3 \sim 2 \times 10^5$	$s_1/s_2 \leqslant 2$	$Nu_f = 0.35 Re_f^{0.6} Pr_f^{0.36}$ $\left(\dfrac{Pr_f}{Pr_w}\right)^{0.25} \left(\dfrac{s_1}{s_2}\right)^{0.2}$	$Nu_f = 0.31 Re_f^{0.6}\left(\dfrac{s_1}{s_2}\right)^{0.2}$
		$s_1/s_2 > 2$	$Nu_f = 0.40 Re_f^{0.6} Pr_f^{0.36}\left(\dfrac{Pr_f}{Pr_w}\right)^{0.25}$	$Nu_f = 0.35 Re_f^{0.6}$
	$Re = 2 \times 10^5 \sim 2 \times 10^6$		$Nu_f = 0.022 Re_f^{0.84} Pr_f^{0.36}\left(\dfrac{Pr_f}{Pr_w}\right)^{0.25}$	$Nu_f = 0.019 Re_f^{0.84}$

【例4-9】某空气加热器由 8 排(每排 16 根)管束组成,每根长 1.3 m,外直径 20 mm。管子排列方式为叉排,管间距 $s_1 = 50$ mm,$s_2 = 40$ mm,空气平均温度为 30 ℃,流经管束最窄处的速度为 1.4 m/s,管内热蒸气温度为 100 ℃。试求流经换热器的空气所获得的热量。

【解】由附录七查得空气平均温度为 30 ℃ 时的物性参数:

$$\lambda_f = 0.026\ 7\ \text{W}/(\text{m} \cdot \text{K}), \nu_f = 16 \times 10^{-6}\ \text{m}^2/\text{s}$$

管间距之比 $s_1/s_2 = 50/40 = 1.25 < 2$

$$Re = \frac{vd}{\nu_f} = \frac{1.4 \times 0.02}{16 \times 10^{-6}} = 1\ 750$$

根据 $s_1/s_2 < 2, Re = 10^3 \sim 2 \times 10^5$,选用表 4-9 中的公式,再乘以排数修正系数 ε_z,即:

$$Nu = 0.31 Re^{0.6}(s_1/s_2)^{0.2}, \varepsilon_z = 0.31 \times 1\ 750^{0.6} \times (1.25)^{0.2} \times 0.96 = 27.47$$

$$h = \frac{Nu\lambda}{d} = \frac{27.47 \times 0.026\ 7}{0.02} = 36.67\ \text{W}/(\text{m}^2 \cdot \text{K})$$

空气流经换热器所获得的热流量:

$$\phi = h\Delta t A = h\Delta t \pi ndl$$
$$= 36.67 \times (100 - 30) \times 3.14 \times 16 \times 8 \times 0.02 \times 1.3 = 26.82\ \text{kW}$$

(三)流体沿平壁表面流动时的对流换热

根据实验数据整理得出如下经验计算式:

当 $Re > 10^5$ 时:

$$Nu_f = 0.037 Re_f^{0.8} Pr_f^{0.43}\left(\frac{Pr_f}{Pr_w}\right)^{0.25} \tag{4-64}$$

当 $Re < 10^5$ 时:

$$Nu_f = 0.68 Re_f^{0.50} Pr_f^{0.43}\left(\frac{Pr_f}{Pr_w}\right)^{0.25} \tag{4-65}$$

当流体是空气或与空气有相近 Pr 数值的其他气体时,上两式可分别简化成:

$$Nu_f = 0.032 Re_f^{0.8} \tag{4-66}$$

$$Nu_f = 0.59 Re_f^{0.5} \tag{4-67}$$

以上计算式不考虑自然对流换热的影响(公式中没有包括 Gr)。当流体沿平壁表面流速很小时,自然对流的影响不可忽略,按上式计算与实际情况有较大误差。此时应该同时按照自然对流换热公式计算,并选取其中 h 较大的一个为准。

第三节　辐射换热

一、辐射换热的基本概念

辐射是物体通过电磁波传递能量的现象。按照产生电磁波的不同原因可以得到不同频率的电磁波。高频振荡电路产生的无线电波就是一种电磁波,此外还有红外线、可见光、紫外线、X 射线和 γ 射线等各种电磁波。我们所关注的是由于热的原因而产生的电磁波辐射。这种辐射称为热辐射。热辐射的电磁波是物体内部微观粒子热运动状态改变时激发出来的。只要温度高于绝对零度,物体总是不断地把热能变为辐射能,向外发出热辐射。同时,物体也不断地吸收周围物体投射到它上面的热辐射,并把吸收的辐射能重新转变成热能。辐射换热就是指物体之间相互辐射和吸收的总效果。

电磁波中波长在 0.4~1 000 μm 范围内的部分紫外线、全部可见光和红外线,投射到物体上,能产生热效应,并且被物体吸收后又能重新转变成物体的热能,具备这种性质的电磁波叫作热射线,它们的传播过程叫作辐射传热。

当热辐射的能量投射到物体表面上时,和可见光一样,也会发生吸收、反射和透过现象,如图 4-23 所示。

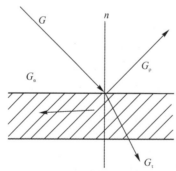

图 4-23　物体辐射能的吸收、反射和透过

单位时间内投射到物体单位面积上的辐射能称为投入辐射,用 G 表示,单位为 W/m^2,其中被物体吸收、反射和透过的部分分别为 G_α、G_ρ 和 G_τ,则有:

$$G_\alpha + G_\rho + G_\tau = G$$

$$\frac{G_\alpha}{G} + \frac{G_\rho}{G} + \frac{G_\tau}{G} = 1$$

或 $\qquad\qquad\qquad \alpha + \rho + \tau = 1 \qquad\qquad\qquad (4\text{-}68)$

式中 α、ρ、τ 分别表示物体对投射辐射能的吸收比、反射比和透射比。

我们把吸收比 $\alpha=1$ 的物体称为绝对黑体(简称黑体);把反射比 $\rho=1$ 的物体称为绝对白体(简称白体);把透过率 $\tau=1$ 的物体称为绝对透过体(简称透过体)。自然界里并不存在真正的黑体、白体和透过体。显然,这些物体都是假定的理想物体。

自然界中所有物体都具有一定的吸收能力、反射能力和透过能力,即 α、ρ 和 τ 的数值均在 0~1 之间变化,每个量的值又因具体条件不同而不同。但是,绝大多数工程材料(固体和液体)几乎不透过辐射能,除了部分被反射外,其余部分在表面很薄一层内全部被吸收。固体和液体的辐射和吸收是在物体表面上进行的,辐射和吸收特性主要取决于物体表面性质。此时公式(4-68)改写成:

$$\alpha+\rho=1 \tag{4-69}$$

气体的情形则不一样,它对辐射能几乎没有反射能力($\rho\approx0$)。气体的辐射和吸收是在整个气体容积中进行。所以对于气体来说,公式(4-68)可改写成:

$$\alpha+\tau=1 \tag{4-70}$$

黑体在热辐射分析中有其特殊的重要性。尽管自然界并不存在黑体,但可以用人工方法制得黑体模型。如图 4-24 所示,在空心体的壁面上开一个小孔,使壁面保持均匀的温度,射入小孔的热射线经过壁面的多次吸收和反射后,最终离开小孔的能量将是微乎其微的,可认为全部被吸收,壁面近似于黑体。小孔的尺寸愈小愈接近于理想黑体。这种黑体模型在黑体辐射的试验研究方面非常有用。我们处理实际物体辐射的思路是:先讨论黑体辐射的基本定律,在此基础上,找出实际物体辐射与黑体辐射的偏差,从而确定必要的修正系数。为使黑体区别于实际物体,黑体的一切量都标以下角码"b",如黑体的吸收比用 α_b 表示。

图4-24 人工黑体模型

黑体、白体和透过体只是一种比喻,与物体的颜色没有关系,例如雪是光学上的白体,它几乎不吸收可见光,但对于红外线则近于黑体,它几乎全部吸收红外线($\alpha=0.985$)。影响热辐射吸收和反射的主要因素不是物体表面的颜色,而是其物性、表面状态和温度,不管什么颜色的物体,平滑面和磨光面的吸收比要比粗糙面小得多。

二、热辐射的基本定律

(一)普朗克辐射定律

在没介绍普朗克定律之前,先介绍两个非常重要的概念:辐射力和单色辐射力。

辐射力:单位时间内单位面积的物体表面向其上半球空间发射的全部波长(λ 从 0~∞)的辐射能的总和称为该物体表面的辐射力,用符号 E 表示,单位为 W/m^2,它表征了物体发射辐射能的大小。绝对黑体的辐射力用 E_b 表示。

单色辐射力:用光谱分析仪分离不同波长的辐射力,发现辐射力按波长分布是不均匀的。设在波长 λ 到 $\lambda+d\lambda$ 波段范围内单位波长辐射能的辐射力称为单色辐射力,用 E_λ 表示。辐射力与单色辐射力之间的关系可表示为

$$E = \int_0^\infty E_\lambda \, d\lambda$$

E_λ 表示单位波长范围内的辐射力,单位为 $W/(m^2 \cdot \mu m)$。

1900 年,普朗克从理论上揭示了黑体的单色辐射力 $E_{b,\lambda}$ 按波长 λ、热力学温度 T 的分布规律,即普朗克辐射定律,其数学表达式:

$$E_{b,\lambda} = \frac{C_1 \lambda^{-5}}{e^{C_2/(\lambda T)} - 1} \qquad (4-71)$$

式中,λ——波长,μm;

T——热力学温度,K;

C_1——普朗克定律第一常数,$C_1 = 3.743 \times 10^8 \ (W \cdot \mu m^4)/m^2$;

C_2——普朗克定律第二常数,$C_2 = 1.439 \times 10^4 \ \mu m \cdot K$。

式(4-71)所对应的函数曲线如图 4-25。曲线下的面积就是该特定温度下的黑体辐射力。从图中可以看出:

(1)温度越高,同一波长下的单色辐射力越大;

(2)在一定的温度下,黑体的单色辐射力随波长连续变化,并在某一波长下具有最大值。

(二)维恩偏移定律

从图 4-25 我们可以观察到:T 越高,相应 λ_{max} 越小,即 λ_{max} 向短波方向移动。维恩偏移定律表达了这种波长极值 λ_{max} 与热力学温度 $T(K)$ 之间的函数关系:

$$\lambda_{max} T = 2\ 897.6 \qquad (4-72)$$

维恩在 1893 年从热力学观点推得此定律,比普朗克定律早发现 7 年。维恩偏移定律可以通过求式(4-71)极值而得,即先求导数,并令其为零,便可推得式(4-72)。

(三)斯特藩-玻耳兹曼定律(四次方定律)

从图 4-25 中还可看出,在 800 K 范围以下,黑体的辐射力较小,当在 800 K 以上时,随着温度的升高辐射力迅速增加。黑体的辐射力与温度的关系是由斯特藩和玻耳兹曼确定的,其数学表达式:

$$E_b = C_b \left(\frac{T}{100}\right)^4 \qquad (4-73)$$

式中,C_b——黑体的辐射系数,$C_b = 5.669 \ W/(m^2 \cdot K^4)$。

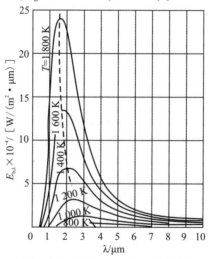

图 4-25　黑体 $E_{b,\lambda} = f(\lambda, T)$ 关系

斯特藩-玻耳兹曼定律说明黑体的辐射力与其开氏温度的四次方成正比,所以此定律也叫四次方定律。这个定律早在普朗克辐射定律之前就确定了,1879 年斯特藩首先根据实验提出此定律,之后(1884 年)玻耳兹曼又用热力学推得此定律。四次方定律说明黑体的辐射力仅仅与其温度有关,并随着温度的升高而迅速增大。

四次方定律也可在式(4-71)的基础上采用积分求得,即将 $E_{b,\lambda}$ 在波长从 0 到∞的范围内对 λ 进行积分,就可得出黑体的辐射力。

四次方定律也适用于灰体。由于在任何波长下一切实际物体的单色辐射力都小于相应黑体的单色辐射力,因此一切实际物体的辐射力也都小于同温度下黑体的辐射力。假如某一物体的辐射光谱是连续的,而且在任何温度下所有各波长射线的单色辐射力恰恰都是同温度下相应黑体单色辐射力的分数 ε_λ,即

$$\frac{E_{\lambda_1}}{E_{b,\lambda_1}} = \frac{E_{\lambda_2}}{E_{b,\lambda_2}} = \frac{E_{\lambda_3}}{E_{b,\lambda_3}} = \cdots = \varepsilon_\lambda$$

那么,这种物体叫作理想灰体(简称灰体),它的辐射叫作灰辐射。上式中的 ε_λ 叫作物体的单色发射率。灰体的单色辐射力分布曲线与同温度下黑体的单色辐射力分布曲线相似,它们的最大单色辐射力都位于同一波长。它们在任何波长下的单色辐射力之比值均等于单色发射率 ε_λ:

$$\varepsilon_\lambda = \frac{E_\lambda}{E_{b,\lambda}} = \frac{E}{E_b} = \varepsilon$$

这就是说单色发射率 ε_λ 不随波长而改变,且等于其总辐射的发射率 ε。因此灰体辐射力可用下式计算:

$$E = \varepsilon E_b = \varepsilon C_b \left(\frac{T}{100}\right)^4 = C\left(\frac{T}{100}\right)^4 \tag{4-74}$$

式中,ε ——灰体的发射率(即灰体的辐射力与同温度下黑体的辐射力之比),$1>\varepsilon>0$;

C ——灰体辐射系数,$W/(m^2 \cdot K^4)$,$C=\varepsilon C_b$。

公式(4-74)说明灰体的辐射力也符合斯特藩-玻尔兹曼定律。然而一般工程材料的辐射与灰体是有差别的,它的发射率 ε 随温度 T 而改变。因此其辐射力并不与热力学温度的四次方成正比。但为了计算方便起见,把一般工程材料都看作灰体,这在工程计算中是允许的。

(四) 兰贝特余弦定律

斯特藩-玻尔兹曼定律只指出了黑体表面在半球面空间中辐射的总能量,而没有说明在半球面各个方向上能量的分布情况。而实际上,在半球面空间的不同方向上辐射能力的分布是不均匀的。黑体沿各方向的辐射变化服从于兰贝特余弦定律,该定律指出:微元表面 dA_i 沿各个方向所辐射的能量是不同的,随该方向和微元表面法线间所构成的夹角 φ 而变化,如图4-26 所示,在法线方向上($\varphi=0$)辐射能量最大,当 φ 角增大时,辐射能量逐渐减小,直到 $\varphi=\pi/2$ 时减少为零。兰贝特余弦定律也被称为辐射的余弦定律。

它们之间的关系可表示为

$$E_{\varphi,b} = E_{n,b}\cos \varphi \tag{4-75}$$

式中,$E_{\varphi,b}$——指微元表面在 φ 方向每单位表面在单位时间内,单位立体角内所辐射的

能,$W/(m^2 \cdot sr)$;

$E_{n,b}$——指微元表面沿法线方向每单位表面在单位时间内,单位立体角内所辐射的能,$W/(m^2 \cdot sr)$。

sr 为球面度,是立体角的单位。所谓立体角又称球面角或空间角,是指在以 r 为半径的球面上,某切割面积 dA 所对应的球心角度(如图 4-27 所示)。用符号 ω 表示,单位为 sr,立体角大小可用下式计算:

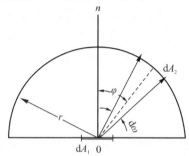

图 4-26　兰贝特余弦定律的推演

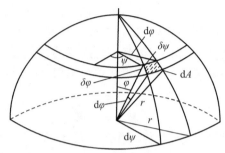

图 4-27　立体角的表示

$$d\omega = \frac{dA}{r^2} = \frac{dA_1 \cdot dA_2}{r^2} = \frac{rd\varphi \cdot r\sin\varphi d\psi}{r^2} = \sin\varphi d\varphi d\psi \tag{4-76}$$

式(4-75)中的 $E_{n,b}$ 为未知数,它和总辐射力 E_b 之间的关系做如下推导:

对于微元黑体表面 dA 在半球空间内的总辐射力 E_b,显然应按微元立体角 dω 在整个半球空间(即 $\omega = 2\pi$)的范围内加以积分,即:

$$E_b = \int_0^{2\pi} E_{\varphi,b} d\omega = \int_0^{2\pi} E_{n,b}\cos\varphi d\omega \tag{4-77}$$

将式(4-76)代入上式得:

$$E_b = \int_0^{\pi/2} E_{n,b}\cos\varphi\sin\varphi d\varphi \int_0^{2\pi} d\psi = E_{n,b}\left[\frac{1}{2}\sin^2\varphi\right]_0^{\pi/2} \cdot 2\pi = \pi \cdot E_{n,b} \tag{4-78}$$

法线方向辐射力 $E_{n,b}$ 是一个与方向无关的量,是一个常数,即 $E_{n,b} = E_b/\pi$,因此,式(4-75)可写成:

$$E_{\varphi,b} = \frac{1}{\pi} E_b\cos\varphi \tag{4-79}$$

从兰贝特余弦定律可知,各个方向的辐射能量分布之所以不同,是因为该表面在不同方向上的可见辐射面积不同,在法线方向可见辐射面积是原有面积 dA,但在离法线方向角度为 φ 的其他方向,可见辐射面积就减小为 d$A\cos\varphi$。

兰贝特余弦定律对于黑体是完全正确的,对于灰体,也是使用的,但其法线方向上的辐射力需用下式计算:

$$E_n = \varepsilon E_{n,b} = \frac{\varepsilon E_b}{\pi}$$

灰体在其他方向的辐射力可用下式表示:

$$E_\varphi = E_n\cos\varphi = \varepsilon E_{n,b}\cos\varphi = \frac{1}{\pi}\varepsilon E_b\cos\varphi \tag{4-80}$$

实践证明:对于工程材料,兰贝特余弦定律只适用于角度在 $0° \sim 60°$ 的范围内。

(五)基尔霍夫定律

基尔霍夫定律确定了物体的辐射力与吸收比之间的关系,其推导如下:

如图4-28所示,设有一物体被一个同温的黑体空腔体所包围,物体的表面积为 A,吸收比为 α,辐射力为 E,在物体与包围体温度相等的情况下,则物体吸收的能量等于发射的能量。写出能量平衡方程式:

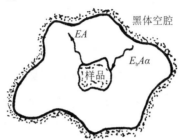

图 4-28　推导基尔霍夫定律示意图

$$EA = E_b A \alpha \qquad ①$$

如果把物体取出,换一个形状相同尺寸一样的黑体,让它同黑体空腔包围体达到同样的平衡温度,也可写出能量平衡方程式:

$$E_b A = E_b A \alpha_b \qquad ②$$

将式①除以式②,可得:

$$\frac{E}{E_b} = \frac{\alpha}{\alpha_b} = \alpha$$

或

$$\frac{E}{\alpha} = E_b \qquad ③$$

此式对任何物体都成立,则有:

$$\frac{E_1}{\alpha_1} = \frac{E_2}{\alpha_2} = \frac{E_3}{\alpha_3} = \cdots = E_b = f(T) \qquad (4-81)$$

式(4-81)为基尔霍夫定律的表达式,它说明任何物体的辐射力与其吸收比之间的比值,恒等于同温度下黑体的辐射力,同时也说明,吸收比大的物体其辐射力也较大。在同一温度下,黑体显然具有最大的辐射力 E_0 和最大的吸收比 α_b。反之,善于反射的物体其辐射力就较小,尤其是白体或镜体,它们的辐射力等于零。

如果把式(4-81)改写成如下形式:

$$\left. \begin{aligned} \alpha_1 &= \frac{E_1}{E_b} = \varepsilon_1 \\ \alpha_2 &= \frac{E_2}{E_b} = \varepsilon_2 \\ &\cdots \\ \alpha_i &= \frac{E_i}{E_b} = \varepsilon_i \end{aligned} \right\} \qquad (4-82)$$

这是基尔霍夫定律的另一种表达形式,它说明任何物体的吸收比等于同温度下的发射率。由于黑体的吸收比等于1,所以其发射率也等于1。

三、物体间的辐射换热

讨论辐射换热的主要目的是计算物体间的辐射换热量。从以上讨论可知,影响物体间相互辐射换热的因素除物体的温度、发射率和吸收比外,还有物体的尺寸、形状和相对位置等几何关系。

(一)黑体表面的辐射换热

图4-29(a)是两个任意放置的黑体表面,面积分别为A_1和A_2,温度分别为T_1和T_2,每个表面所辐射出的能量只有一部分能到达另一个表面,我们把表面1发出的辐射能落在表面2上的百分数称为表面1对表面2的角系数,用$\varphi_{1,2}$表示。同理也可定义表面2对表面1的角系数为$\varphi_{2,1}$。单位时间从表面1发出而到达表面2的辐射能为$E_{b,1}A_1\varphi_{1,2}$,而单位时间从表面2发出到表面1的辐射能为$E_{b,2}A_2\varphi_{2,1}$。因两个表面都是黑体,所以落到其上的能量分别被全部吸收,那么两个表面间的净辐射换热量:

$$\Phi_{1,2} = E_{b,1}A_1\varphi_{1,2} - E_{b,2}A_2\varphi_{2,1}$$

当$T_1 = T_2$时,净换热量$\Phi_{1,2} = 0$,且$E_{b,1} = E_{b,2}$,由上式可得

$$A_1\varphi_{1,2} = A_2\varphi_{2,1} \tag{4-83}$$

此式表示了两个表面在辐射换热时角系数的相对性。尽管这个关系是在温度平衡条件下得出的,但因角系数是几何量,它只取决于换热物体的几何特性(形状、尺寸及相对位置),而与表面性质是实际物体或黑体以及表面温度等均无关,所以对非黑体及不处于热平衡条件下的情况,式(4-83)同样适用。于是可得两个黑体间辐射换热的计算式:

$$\Phi_{1,2} = A_1\varphi_{1,2}(E_{b,1} - E_{b,2}) = A_2\varphi_{2,1}(E_{b,1} - E_{b,2})$$

$$= \frac{E_{b,1} - E_{b,2}}{\dfrac{1}{A_1\varphi_{1,2}}} = \frac{C_b\left[\left(\dfrac{T_1}{100}\right)^4 - \left(\dfrac{T_2}{100}\right)^4\right]}{\dfrac{1}{A_1\varphi_{1,2}}} = \frac{C_b\left[\left(\dfrac{T_1}{100}\right)^4 - \left(\dfrac{T_2}{100}\right)^4\right]}{\dfrac{1}{A_2\varphi_{2,1}}} \tag{4-84}$$

式(4-84)与直流电路的欧姆定律类似,分母$1/(A_1\varphi_{1,2})$或$1/(A_2\varphi_{2,1})$类似电阻,完全取决于几何条件,称为空间辐射热阻。将上式表示的辐射换热过程绘成热阻网络图,如图4-29(b)所示,称为空间热阻网络单元,是辐射网络的基本单元之一。

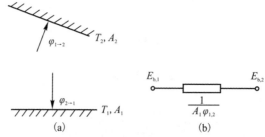

图4-29 两黑体表面的辐射换热及空间热阻网络图

从式(4-84)看出,辐射换热量的计算很简单,但实际上并非如此,只是很多复杂因素都纳入角系数之中的缘故。求辐射换热量的难点在于求角系数。

(二)角系数的特性

(1)角系数的相对性:由上述可知,对于辐射换热的两个物体,有

$$A_1 \varphi_{1,2} = A_2 \varphi_{2,1} \qquad (4\text{-}85)$$

(2)角系数的完整性:对于几个表面组成的封闭系统,根据能量守恒定律,任一表面发射的辐射能必全部落到组成封闭系统的几个表面(包括自身表面)上。因此,任一表面 i 对各表面的角系数之间存在着下列关系:

$$\varphi_{i,1} + \varphi_{i,2} + \cdots + \varphi_{i,j} + \cdots + \varphi_{i,n} = \sum_{j=1}^{n} \varphi_{i,j} = 1 \qquad (4\text{-}86)$$

这就是角系数的完整性。

(3)角系数的分解性:由图 4-30 可知,根据能量守恒定律得

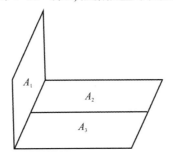

图 4-30　角系数的分解性

$$\Phi_{1 \to (2+3)} = \Phi_{1 \to 2} + \Phi_{1 \to 3}$$

两边同除以 Φ_1(A_1 发出的辐射能),则

$$\varphi_{1,(2+3)} = \varphi_{1,2} + \varphi_{1,3} \qquad (4\text{-}87)$$

则有

$$A_{(2+3)} \varphi_{(2+3),1} = A_2 \varphi_{2,1} + A_3 \varphi_{3,1} \qquad (4\text{-}88a)$$

$$A_1 \varphi_{1,(2+3),1} = A_1 \varphi_{1,2} + A_1 \varphi_{1,3} \qquad (4\text{-}88b)$$

式(4-88)是角系数的分解性。

(4)角系数的兼顾性:如图 4-31 所示,在任意两物体 1 和 3 之间设置一透热体 2,当不考虑路程对辐射能量的影响时,则有:

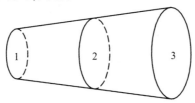

图 4-31　角系数的兼顾性

$$\varphi_{1,2} = \varphi_{1,3} \qquad (4\text{-}89)$$

如果在物体 1 与 3 之间没有一不透过的物体,则 $\varphi_{1,3} = 0$。

（三）角系数的确定

一些情况下的角系数可以通过数学分析法或实验法获得，在有关工程技术手册中可以查到。此外，可利用上述角系数的特性，通过代数运算确定一些简单情况的角系数。

（1）两块无限大的平行平板，如图4-32所示，第一个表面的辐射能可以认为全部落到另一表面上。则

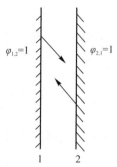

图4-32　平行平板辐射换热

$$\varphi_{1,2} = \varphi_{2,1} = 1 \tag{4-90}$$

（2）一个非凹形表面被另一表面所包围，如图4-33所示。因表面1发出的辐射能全部投到表面2上，则 $\varphi_{1,2}=1$。根据角系数的相对性可得

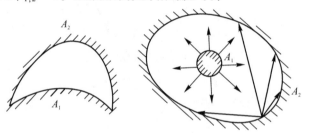

图4-33　一个非凹形表组成的封闭体系

$$\varphi_{2,1} = A_1/A_2 \tag{4-91}$$

（3）两凸形曲面组成的封闭体系，如图4-34所示，因表面1发出的辐射能穿过"透热体"的表面 A 全部落到表面2上，则

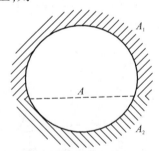

图4-34　两凸形曲面组成的封闭体系的辐射换热

$$\varphi_{1,2} = \varphi_{1,A} = \frac{A}{A_1} \qquad (4-92a)$$

$$\varphi_{2,1} = \varphi_{2,A} = \frac{A}{A_2} \qquad (4-92b)$$

（四）灰体表面间的辐射换热

由于灰体的吸收比小于 1,投射到灰体表面上的辐射能只有一部分被吸收,其余部分则被反射出去,结果形成辐射能在表面之间多次吸收和反射现象。如果用射线跟踪法跟踪部分辐射能,累计它每次被吸收和反射的数量,计算显得非常烦锁。为了计算方便,引入有效辐射的概念。

1.有效辐射

有效辐射是指单位时间内离开单位表面的总辐射能,用 J 来表示,单位 W/m^2,而把单位时间内投射到单位表面上的总能量称为该表面的投射辐射,用 G 表示,如图 4-35 所示。那么有效辐射是单位表面自身的辐射力 $E = \varepsilon E_b$ 与反射投入辐射 $\rho_1 G_1$ 之和,即

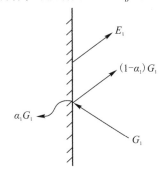

图 4-35　灰体表面的有效辐射

$$J_1 = E_1 + \rho_1 G_1 = \varepsilon_1 E_{b,1} + (1-\alpha_1) G_1 \qquad \text{①}$$

根据表面辐射平衡,单位面积的辐射换热量应等于有效辐射与投入辐射之差,即

$$q_1 = J_1 - G_1 \qquad \text{②}$$

由式①和②,消去 G_1,设表面 1 为灰体,$\alpha_1 = \varepsilon_1$,则

$$\Phi_1 = \frac{E_{b,1} - J_1}{\dfrac{1 - \varepsilon_1}{\varepsilon_1 A_1}} \qquad (4-93)$$

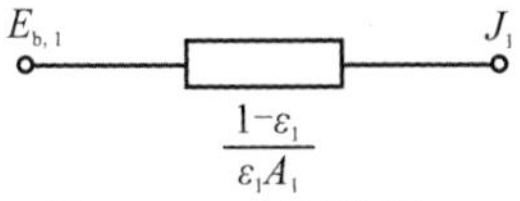

式中,$\dfrac{1 - \varepsilon_1}{\varepsilon_1 A_1}$ 称为表面辐射热阻,它是因表面不是黑体而产生的热阻,即取决于表面因素。表面发射率越大,表面辐射热阻越小。对于黑体来说,表面辐射热阻为零,此时 J_1 就是 $E_{b,1}$。将上式

图 4-36　表面热阻网络图

表示的辐射换热过程绘成热阻网络图,如图 4-36 所示,称为表面热阻网络单位,是辐射网络的另一个基本单元。值得指出的是热阻网络一端的电位是黑体的辐射力 $E_{b,1}$,而不是灰体的辐射力 E_1,另一端则是灰体的有效辐射 J_1。当 $E_{b,1} > J_1$ 时,Φ_1 为正值,表示在辐射换热过程中,表面 1 的净效果是失去热量,反之,Φ_1 为负值,表明表面 1 获得净热量。

2.两个灰体表面组成封闭系统的辐射换热

如图 4-37 所示,假设 $T_1 > T_2$,图中 $\dfrac{1-\varepsilon_1}{\varepsilon_1 A_1}$, $\dfrac{1-\varepsilon_2}{\varepsilon_2 A_2}$ 分别表示 1、2 的表面辐射热阻,

$\dfrac{1}{A_1 \varphi_{1,2}}$, $\dfrac{1}{A_2 \varphi_{2,1}}$ 分别表示 1、2 表面辐射换热的空间辐射热阻。表面 1 净损失的热量:

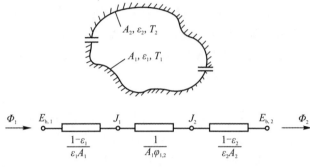

图 4-37　两灰体表面组成的封闭系统

$$\Phi_1 = \frac{E_{b,1} - J_1}{\dfrac{1-\varepsilon_1}{\varepsilon_1 A_1}} \qquad ①$$

表面 2 净获得的热量:

$$\Phi_2 = \frac{J_2 - E_{b,2}}{\dfrac{1-\varepsilon_2}{A_2 \varepsilon_2}} \qquad ②$$

根据有效辐射的定义及角系数的相对性,表面 1、2 之间净辐射换热量:

$$\Phi_{1,2} = \Phi_{1\to 2} - \Phi_{2\to 1} = J_1 A_1 \varphi_{1,2} - J_2 A_2 \varphi_{2,1} = \frac{J_1 - J_2}{\dfrac{1}{A_1 \varphi_{1,2}}} = \frac{J_1 - J_2}{\dfrac{1}{A_2 \varphi_{2,1}}} \qquad ③$$

由于表面 1、2 构成一个封闭体系,所以:

$$\Phi_1 = \Phi_2 = \Phi_{1,2}$$

联立①②③式可得:

$$\Phi_{1,2} = \frac{E_{b,1} - E_{b,2}}{\dfrac{1-\varepsilon_1}{A_1 \varepsilon_1} + \dfrac{1}{A_1 \varphi_{1,2}} + \dfrac{1-\varepsilon_2}{A_2 \varepsilon_2}} = \frac{C_b \left[\left(\dfrac{T_1}{100} \right)^4 - \left(\dfrac{T_2}{100} \right)^4 \right]}{\dfrac{1-\varepsilon_1}{A_1 \varepsilon_1} + \dfrac{1}{A_1 \varphi_{1,2}} + \dfrac{1-\varepsilon_2}{A_2 \varepsilon_2}} \qquad (4-94)$$

一般传热学中把式(4-94)改写成如下形式:

$$\Phi_{1,2} = \varepsilon_{1,2} C_b \left[\left(\frac{T_1}{100} \right)^4 - \left(\frac{T_2}{100} \right)^4 \right] \varphi_{1,2} A_1 \qquad (4-95a)$$

或

$$\Phi_{1,2} = \varepsilon_{1,2} C_b \left[\left(\frac{T_1}{100} \right)^4 - \left(\frac{T_2}{100} \right)^4 \right] \varphi_{2,1} A_2 \qquad (4-95b)$$

式中，$\varepsilon_{1,2}$——两灰体表面之间的发射率，亦即系统的发射率。

$$\varepsilon_{1,2} = \cfrac{1}{1 + \varphi_{1,2}\left(\cfrac{1}{\varepsilon_1} - 1\right) + \varphi_{2,1}\left(\cfrac{1}{\varepsilon_2} - 1\right)} \tag{4-96}$$

式(4-96)既适用于两个灰体组成封闭体系时的辐射换热的计算，也适用于两个灰体处于任意位置时的辐射换热的计算。

【例4-10】一黑体炉如图4-38所示，圆柱形炉腔的直径 $d = 10$ cm，深度 $l = 40$ cm，炉腔内壁面发射率 $\varepsilon = 0.9$，炉内温度为 1 000 ℃。试问：

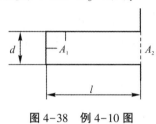

图4-38 例4-10图

(1)如果室内壁面温度为27 ℃，炉门打开时，单位时间内从炉门的净辐射散热损失为多少？

(2)单位时间内从炉门发射出多少辐射能？

【解】(1)因为从炉内发射出的辐射能几乎全部被室内的物体吸收，所以可将炉门开口假想为一黑体表面 A_2，温度为27 ℃。因此，从炉门的净辐射散热损失就等于炉腔内壁面 A_1 和 A_2 间的辐射换热量。根据式(4-95a)

$$\Phi_{1,2} = \varepsilon_{1,2} C_b \left[\left(\frac{T_1}{100}\right)^4 - \left(\frac{T_2}{100}\right)^4\right] \varphi_{1,2} A_1$$

由题意，$T_1 = (273 + 1\ 000) = 1\ 273$ K，$T_2 = 273 + 27 = 300$ K

$$A_1 = \pi d l + \frac{\pi}{4} d^2 = 3.14 \times 0.1 \times 0.4 + \frac{1}{4} \times 3.14 \times 0.1^2 = 13.345 \times 10^{-2}\ \text{m}^2$$

$$A_2 = \frac{\pi}{4} d^2 = \frac{3.14}{4} \times 0.1^2 = 0.785 \times 10^{-2}\ \text{m}^2$$

$$\varphi_{1,2} = \frac{A_2}{A_1} = \frac{0.785 \times 10^{-2}}{13.345 \times 10^{-2}} = 0.058\ 8$$

$$\varepsilon_{1,2} = \cfrac{1}{\left(\cfrac{1}{\varepsilon_1} - 1\right)\varphi_{1,2} + \left(\cfrac{1}{\varepsilon_2} - 1\right)\varphi_{2,1} + 1} = \cfrac{1}{\left(\cfrac{1}{0.9} - 1\right) \times 0.058\ 8 + 1} = 0.99$$

代入上式可得

$$\Phi_{1,2} = 0.99 \times 5.669 \times \left[\left(\frac{1\ 273}{100}\right)^4 - \left(\frac{300}{100}\right)^4\right] \times 0.058\ 8 \times 13.345 \times 10^{-2} = 1\ 152.9\ \text{W}$$

(2)如果假想黑体表面 A_2 的热力学温度为 0 K，则 A_1 与 A_2 之间的辐射换热量就等于从炉门发射出的辐射能量，即

$$\Phi_{1,2} = 0.99 \times 5.669 \times \left(\frac{1\ 273}{100}\right)^4 \times 0.058\ 8 \times 13.345 \times 10^{-2} = 1\ 156.5\ \text{W}$$

四、加遮热板或遮热罩的辐射换热

工程上有时需要削弱辐射换热或隔绝辐射的影响。如果辐射表面的尺度、温度和发射率无法改变,这时可在辐射表面之间放置发射率很小的薄板来达到目的。这种薄板起着遮盖辐射热的作用,称为遮热板或遮热罩。下面以插入遮热板为例说明对辐射换热的影响。

设有两个无限大平行平面,在它们中间装置一块薄片遮热板(本身热阻忽略)时,将增加两个表面辐射热阻和一个空间辐射热阻。因此,总的辐射换热热阻增加,物体间的辐射热量减少,这就是遮热板的工作原理。加板前后辐射网络见图4-39。

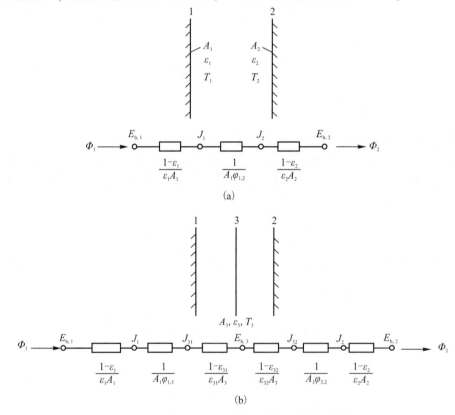

图4-39 两块大平板间有无遮热板时的辐射换热

没加遮热板时,$\varphi_{1,2} = 1$,

$$\Phi_{1,2} = \frac{C_b \left[\left(\dfrac{T_1}{100} \right)^4 - \left(\dfrac{T_2}{100} \right)^4 \right] A}{\dfrac{1}{\varepsilon_1} + \dfrac{1}{\varepsilon_2} - 1}$$

加一层遮热板时,设遮热板发射率为ε_3,则:

$$\Phi_{1,3,2} = \Phi_{1,3} = \Phi_{3,2} = \frac{C_b\left[\left(\dfrac{T_1}{100}\right)^4 - \left(\dfrac{T_2}{100}\right)^4\right]A}{\dfrac{1}{\varepsilon_1} + \dfrac{1}{\varepsilon_3} - 1 + \dfrac{1}{\varepsilon_3} + \dfrac{1}{\varepsilon_2} - 1} = \frac{C_b\left[\left(\dfrac{T_1}{100}\right)^4 - \left(\dfrac{T_2}{100}\right)^4\right]A}{\dfrac{1}{\varepsilon_1} + \dfrac{1}{\varepsilon_2} + 2\left(\dfrac{1}{\varepsilon_3} - 1\right)} \qquad (4-97)$$

显然 $\Phi_{1,3,2} < \Phi_{1,2}$。如果 $\varepsilon_1 = \varepsilon_3 = \varepsilon_2$，则 $\Phi_{1,3,2} = \dfrac{1}{2}\Phi_{1,2}$。用同样的方法可以得出，在两个无限大平行平板间插入几块发射率相同的遮热板时，辐射换热量减少为原来的 $1/(n+1)$。

五、气体辐射

(一)气体辐射的特点

气体的微观结构是决定气体辐射能力的根本原因，不同微观结构的气体有着不同程度的气体辐射能力。单原子气体和某些对称型双原子气体(如 H_2、N_2、O_2 等)的辐射能力非常微弱，几乎为零；而多原子气体，尤其是高温烟气中的 H_2O、CO_2 及 SO_2 等，却有着极强的辐射能力，这在炉内换热中有着极为重要的意义。另外，气体在气体层厚度不大、温度不高时的辐射是极低的，几乎可以略去不计。同固体辐射、液体辐射相比，气体辐射有以下两个特征：

1.气体辐射具有选择性

固体的辐射光谱是连续的，它能够辐射波长 $\lambda = 0 \sim \infty$ 范围的能量；而气体的辐射光谱是断续的，它只能辐射某些波长范围的能量，这些波长范围称为光带，对于光带以外的热射线，气体可当作透过体。如图 4-40(a)所示。

辐射和吸收是一致的，气体对于投射能量的吸收也同样具有选择性，且气体的吸收光谱呈现出与辐射光谱完全相同的带状特征，并作断续分布，如图 4-40(b)所示。

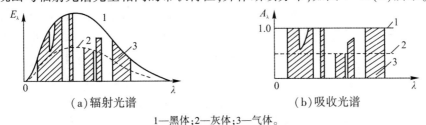

(a)辐射光谱　　　　　　　　　　(b)吸收光谱

1—黑体；2—灰体；3—气体。

图 4-40　黑体、灰体、气体的辐射光谱和吸收光谱的比较

火焰炉中影响火焰辐射和吸收的主要气体是 CO_2 和 H_2O，它们的吸收光谱表示在图 4-41 上。从图上可以看出，CO_2 和水蒸气的吸收光谱可分出三条最重要的条状光带(参见表 4-10)。由于水蒸气与 CO_2 相比有较宽的条状光带，因此它的吸收比和发射率比 CO_2 的高。

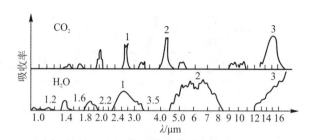

图 4-41 CO_2 和水蒸气的吸收光谱

表 4-10 CO_2 和水蒸气的三条最重要的条状光带

光带	CO_2/μm			水蒸气/μm		
	λ_1	λ_2	$\Delta\lambda$	λ_1	λ_2	$\Delta\lambda$
1	2.65	2.8	0.15	2.3	3.4	1.1
2	4.15	4.45	0.30	4.4	8.5	4.1
3	13	17	4.0	12	30	18

2.气体辐射呈容积性

固体的辐射和吸收是在很薄的表层上进行的,而气体的辐射和吸收则在整个容器中进行。当热射线穿过气体层时,沿途被气体分子吸收而减弱,这种减弱程度取决于沿途所遇到的分子数目,遇到的分子数目愈多,被吸收的辐射能量也愈多。所以射线减弱的程度就直接和射线穿过气体层的路程长短以及气体的分压大小有关。在一定分压条件下,气体的温度愈高,单位容积中分子数目愈少。因此,气体的单色吸收比 α_λ 是气体温度 T、气体层厚度 l_g 与气体分压 p 乘积的函数,即:

$$\alpha_\lambda = f(T_g, pl_g)$$

(二)气体的发射率

实验指出,所有三原子气体的辐射力与气体的温度、气体的分压(或浓度)、气层的厚度有关,但气体的辐射力不遵循四次方定律。1939 年,沙克(A.Schack)利用哈杰利和埃克尔特的实验数据,提出用下面公式来计算 CO_2 和水蒸气的辐射力:

$$E_{CO_2} = 4.07 \left(p_{CO_2} l_g\right)^{\frac{1}{3}} \left(\frac{T_g}{100}\right)^{3.5} \tag{4-98a}$$

$$E_{H_2O} = 4.07 \left(p_{H_2O}^{0.8} l_g^{0.6}\right) \left(\frac{T_g}{100}\right)^{3} \tag{4-98b}$$

式中,p_{CO_2}、p_{H_2O}——分别为气体中 CO_2 和水蒸气的分压,atm;

T_g——气体的温度,K;

l_g——气体有效厚度,或称气体的平均射线行程,m。

l_g 一般用下式计算:

$$l_g = m\frac{4V}{A} \tag{4-99}$$

式中,V——气体的体积,m^3;

A ——气体的表面积,m^2;

m ——气体辐射有效系数,表示气体辐射能经过自身吸收后达到器壁上的成数,当 $l_g > 1$ m 时,$m = 0.9$;当 $l_g < 1$ m 时,$m = 0.85$。某些气层形状有效厚度数值见表 4-11。

表 4-11　某些气层形状有效厚度的数值

气层形状		l_g/m
直径为 d 的球体内部		$0.6d$
边长为 a 的正方体内部		$0.6a$
直径为 d 的无限长圆筒内部		$0.9d$
厚度为 h 的两平行无限大平板之间		$1.8h$
直径为 d,管与管之间的中心距为 x 的管簇	顺排式(当 $x = 2d$)	$3.5d$
	错排式(当 $x = 2d$)	$2.8d$
	错排式(当 $x = 4d$)	$3.8d$
半径为 R 的无限长半圆柱体对平侧面的辐射		$1.26R$

在实际中为计算方便,仍把气体辐射写成四次方的形式,即:

$$E_g = \varepsilon_g C_b \left(\frac{T_g}{100}\right)^4 \qquad (4-100)$$

式中,ε_g ——为气体的发射率:

$$\varepsilon_g = f(T_g, pl_g) \qquad (4-101)$$

为了根据气体的温度、分压以及气层有效厚度 l_g 来计算发射率 ε_{CO_2} 和 ε_{H_2O},霍特尔根据大量的实验制成了计算图(图 4-42~图 4-45)。

从发射率计算图中可以看出:气体的发射率随着气体的分压与气层有效厚度的乘积增加而增加。这是因为气体的辐射和吸收是在整个气层中进行的,气体辐射力的大小与气体中分子数目有关,在一定的温度下当气体的分压(浓度)与气体层有效厚度增大时,气体中的分子就会增多,所以气体的辐射力是与气体的分压和有效厚度的乘积成正比。此外,气体的发射率也与气体的温度有关,温度升高,气体发射率减小。

但要注意,从图 4-42 计算得的 CO_2 发射率是混合气体总压力 $p_g = 101\,325$ Pa(1 atm) 时的发射率。当混合气体的总压力不等于 101 325 Pa 时必须进行修正,需乘上校正系数 β_{CO_2}(图 4-43),即

$$\varepsilon_{CO_2} = \beta_{CO_2} \varepsilon'_{CO_2} \qquad (4-102a)$$

分压和有效射程对水蒸气的吸收和辐射不是同次方关系,而图 4-44 是按同次方标定的,所以从图 4-44 查得的值一定要乘上校正系数 β_{H_2O}(图 4-45),即:

$$\beta_{H_2O} = \beta_{H_2O} \varepsilon'_{H_2O} \qquad (4-102b)$$

当混合气体中 SO_2 和 CO 的含量很少时,可忽略二者对混合气体发射率的影响,所以混合气体的发射率等于 ε_{CO_2} 和 ε_{H_2O} 之和。然而由于二者的光谱中有一部分光带是相互重合的,当二者并存时,CO_2 所辐射的能量将有一部分被水蒸气吸收;反之,水蒸气所辐

射的能量也有一部分被 CO_2 所吸收。因此,混合气体的总发射率比它们单独发射率之总和要小,用校正发射率 $\Delta\varepsilon$ 来修正:

$$\varepsilon_g = \varepsilon_{CO_2} + \varepsilon_{H_2O} - \Delta\varepsilon \tag{4-103}$$

修正系数可用 CO_2 和水蒸气发射率的乘积来表示:

$$\Delta\varepsilon_g = \varepsilon_{CO_2} \cdot \varepsilon_{H_2O} \tag{4-104}$$

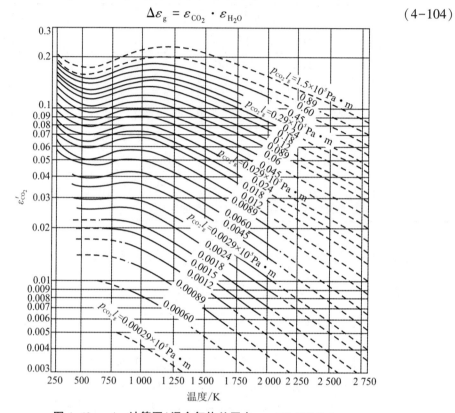

图 4-42　ε'_{CO_2} 计算图(混合气体总压力 $p_g = 101\ 325\ Pa$)

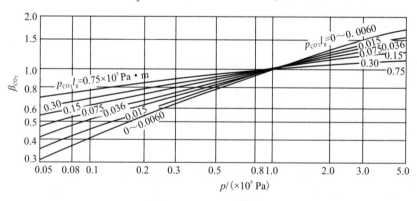

图 4-43　β_{CO_2} 计算图

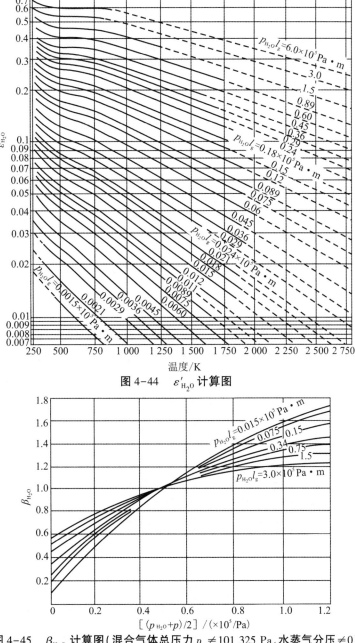

图 4-44　ε'_{H_2O} 计算图

图 4-45　β_{H_2O} 计算图 (混合气体总压力 $p_g \neq 101\ 325$ Pa, 水蒸气分压 $\neq 0$)

(三) 气体与外壳之间的辐射换热

高温气体在管道内流动时, 气体与管壁之间会发生辐射换热; 烟气在窑炉内与周围受热面或窑壁之间也会发生辐射换热。如果把外壳当作黑体, 则辐射换热计算就相当简单。

考虑一个温度为 T_w 的黑体外壳, 其中充满温度为 T_g 的吸收性气体, 气体的发射率和吸收比分别为 ε_g 和 α_g。此时, 气体与黑外壳之间的净辐射换热量, 等于气体的本身辐射减去从黑体外壳投射来而被气体吸收的辐射能, 即:

$$\Phi_{g,w} = (\varepsilon_g E_{b,g} - \alpha_g E_{b,w})A = C_b\left[\varepsilon_g\left(\frac{T_g}{100}\right)^4 - \alpha_g\left(\frac{T_w}{100}\right)^4\right]A \qquad (4-105)$$

在生产实践中,作为外壳的炉墙或烟道发射率相当大,因此用上式计算辐射换热一般能满足要求。若要把物体当灰体来考虑,计算过程相当复杂。可按式(4-106)计算:

$$\Phi_{g,w} = \varepsilon_{g,w}C_b\left[\left(\frac{T_g}{100}\right)^4 - \left(\frac{T_w}{100}\right)^4\right]A \qquad (4-106)$$

式中,$\varepsilon_{g,w}$ 是气体与外壳之间的发射率,在工程近似计算中,可认为 $\alpha_g = \varepsilon_g$,可按式(4-107)进行计算:

$$\varepsilon_{g,w} = \frac{1}{\dfrac{1}{\varepsilon_g} + \dfrac{1}{\varepsilon_w} - 1} \approx \frac{1}{\dfrac{1}{\alpha_g} + \dfrac{1}{\varepsilon_w} - 1} \qquad (4-107)$$

第四节　综合传热

前面我们分别介绍了导热、对流和辐射三种基本传热过程,而在实际工作中很少存在某单一传热方式,而是多种传热方式共同作用的结果。如窑内气体将热量通过窑墙传给车间空气就是三种传热方式综合作用的结果。我们把几种基本传热方式同时进行的过程称为综合传热。下面讨论几种典型的综合传热过程。

一、通过平壁的综合传热

设有一单层平壁(图4-46),在稳定状态下,热流密度首先将热量以对流和辐射的方式传给壁面,再通过平壁的导热传到另一侧壁面,最后由另一侧壁面以对流和辐射的方式传给冷流体。上述三个传热过程的计算公式分别为

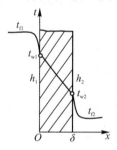

图4-46　通过单层平壁的综合传热

$$q_1 = h_1(t_{f1} - t_{w1}) \qquad ①$$

$$q_2 = \frac{\lambda}{\delta}(t_{w1} - t_{w2}) \qquad ②$$

$$q_3 = h_2(t_{w2} - t_{f2}) \qquad ③$$

稳定态状态下,$q_1 = q_2 = q_3 = q$

联立求解上述三个方程式,得

$$q = \frac{1}{\frac{1}{h_1} + \frac{\delta}{\lambda} + \frac{1}{h_2}}(t_{f1} - t_{f2}) \tag{4-108}$$

式中, t_{f1}、t_{f2}——平壁内、外两侧流体的温度,℃;

$\quad\quad t_{w1}$、t_{w2}——平壁内、外表面的温度,℃;

$\quad\quad h_1$、h_2——平壁内、外表面综合传热系数,W/(m^2·K),

$$h_1 = h_{c1} + h_{R1} \tag{4-109}$$

$$h_2 = h_{c2} + h_{R2} \tag{4-110}$$

式中,h_{c1}、h_{R1}——分别为高温流体与平壁内表面之间的表面传热系数和辐射传热系数,W/(m^2·K);

$\quad\quad h_{c2}$、h_{R2}——分别为平壁外表面与低温流体之间的表面传热系数和辐射传热系数,W/(m^2·K)。

式(4-108)中的$\frac{1}{h_1}$和$\frac{1}{h_2}$叫外热阻,$\frac{\delta}{\lambda}$叫内热阻。

若平壁为多层平壁,比单层平壁仅多增加了内热阻,所以

$$q = \frac{t_{f1} - t_{f2}}{\frac{1}{h_1} + \sum_{i=1}^{n} \frac{\delta_i}{\lambda_i} + \frac{1}{h_2}} \tag{4-111}$$

利用式(4-108)或(4-111)来计算传热量时必须预先知道式中各参数,如用来计算窑炉壁的散热损失时,要预先确定h_1和t_{f1},这是很困难的。因此通常不用上两式计算,而是用窑墙壁的外表面温度计算散热损失,即:

$$q = h_2(t_{w2} - t_{f2}) \tag{4-112}$$

式中h_2可用式(4-113)近似计算:

$$h_2 = A_w \sqrt[4]{t_{w2} - t_{f2}} + \frac{4.54\left[\left(\frac{T_{w2}}{100}\right)^4 - \left(\frac{T_{f2}}{100}\right)^4\right]}{t_{w2} - t_{f2}} \tag{4-113}$$

式中A_w是决定于散热面位置的系数,按表4-12选取。

表4-12 A_w系数值

散热面位置	向上的平壁	垂直的平壁	向下的平壁
A_w	3.26	2.56	2.1

二、通过圆筒壁的综合传热

设有一圆筒壁(图4-47),假定流体温度和壁内温度是沿径向发生变化,在稳定态时,由于筒内热流体通过单位面积的传热量随着半径的变化而变化,而单位长度圆筒壁

传出的热量却是定值,用 q_L 来表示单位长度通过圆筒壁传递的热量。同通过平壁综合传热一样,三个过程计算公式分别为

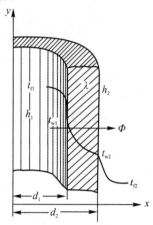

图 4-47   通过圆筒壁的传热

$$q_{L_1} = \frac{\Phi}{L} = h_1 \pi d_1 (t_{f1} - t_{w1}) \qquad ①$$

$$q_{L_2} = \frac{2\pi\lambda(t_{w1} - t_{w2})}{\ln d_2/d_1} \qquad ②$$

$$q_{L_3} = h_2 \pi d_2 (t_{w2} - t_{f2}) \qquad ③$$

稳定态状态下, $q_{L1} = q_{L2} = q_{L3} = q_L$。

联立求解上述三个方程得

$$q_L = \frac{t_{f1} - t_{f2}}{\frac{1}{h_1\pi d_1} + \frac{1}{2\pi\lambda}\ln\frac{d_2}{d_1} + \frac{1}{h_2\pi d_2}} \qquad (4-114)$$

对于多层圆筒壁,用同样方法可得

$$q_L = \frac{t_{f1} - t_{f2}}{\frac{1}{h_1\pi d_1} + \sum_{i=1}^{n}\frac{1}{2\pi\lambda}\ln\frac{d_i}{d_{i+1}} + \frac{1}{h_2\pi d_{n+1}}} \qquad (4-115)$$

思考题和习题

◆思考题

1.传热的三种基本方式是什么?试用你自己的语言简述它们的区别与联系。

2.傅里叶定律数学表达式中的负号表示什么?傅里叶定律能否应用于不稳定导热?

3.为什么多层平壁中温度分布曲线不是一条连续的直线,而是一条折线?

4.天气晴朗时将被褥晒后使用会感到暖和,晾晒后再拍打一阵效果会更好,为什么?

5.用铝制的水壶烧开水时,尽管炉火很旺,但水壶却安然无恙,如果壶内的水烧干后,水壶很快就被烧坏,试从传热学的观点分析这一现象。

6.把热水倒入一玻璃杯后,立即用手抚摸玻璃杯的外表面时不感到杯子烫手,但如果用筷子快速搅拌热水,那么很快就会觉得烫手,试解释这一现象。

7.为什么许多高效能的保温材料都是蜂窝状多孔结构?

8.为什么我国东北地区的玻璃窗采用双层结构?

9.从节能考虑,为什么采用特制空心砖比采用普通实心砖好?

10.发生在一个短圆柱中的导热问题,在哪些情况下可按一维问题处理?

11.什么是流动边界层?什么是热边界层?

12.影响对流换热表面传热系数的因素有哪些?

13.什么是定性温度和定性尺寸?

14.什么是无限大空间自然对流换热?它有怎样的换热特性?

15.格拉晓夫数的物理意义是什么?

16.什么是黑体、白体(或镜体)和透过体?

17.辐射传热的基本定律有哪些?

18.什么是辐射表面热阻和空间热阻?

19.遮热板为什么能减少辐射换热?

20.辐射传热角系数的含义是什么?

21.气体辐射有哪些特点?

◆ 习题

1.某炉壁由 250 mm 的耐火黏土制品层和厚 500 mm 的红砖组成,内壁温度为 1 000 ℃,外壁温度为 50 ℃。耐火黏土砖的热导率为 $\lambda_1 = 0.28 + 0.000233t$ W/(m・K),红砖的导热率近似为 $\lambda_2 = 0.7$ W/(m・K),求热损失和层间交界面的温度。

2.某蒸汽管道,管内饱和蒸汽温度为 340 ℃,管子外径 $d_1 = 273$ mm,管外包厚为 δ 的水泥蛭石保温层,外侧再包 15 mm 的保护层,按规定,保护层外侧温度为 48 ℃,热损失为 442 W/m,水泥蛭石和保护层的热导率分别为 0.105 W/(m・K) 和 0.192 W/(m・K)。求保温层的厚度。

3.一无窗冷室,墙壁总面积为 500 m²,壁厚为 370 mm,室内侧壁面温度为 18 ℃,室处侧壁面温度为 -23 ℃,墙壁的热导率为 0.95 W/(m・K),试计算通过墙壁导热热流量。

4.在第 3 题基础上,墙壁内表面有厚度为 15 mm 的白灰粉刷层,热导率为 0.7 W/(m・K);墙壁的外表面水泥粉刷厚度为 15 mm,热导率为 0.87 W/(m・K),内外壁面温度同第 3 题。求此时通过墙壁总的导热热流量。

5.平壁表面温度为 450 ℃,用石棉作保温层,热导率 $\lambda = 0.094 + 0.000\ 125t$ W/(m・K),保温层外表面温度为 50 ℃,若要求热损失不超过 340 W/m²,保温层的厚度应为多少?

6.水平放置外径为 0.3 m 的蒸气管,管外表面温度为 450 ℃,管周围空间很大,充满 50 ℃ 的空气。试求每米管长对空气的自然对流热损失(不考虑辐射散热)。

7.有一水平放置的空气夹层,夹层厚度为 20 mm,热面温度为 130 ℃,冷面温度为 30 ℃。试求:

（1）热面在下方，冷面在上方时的对流换热量；

（2）热面在上方，冷面在下方时的对流换热量。

8.空气以 10 m/s 的速度流过直径为 50 mm、长为 1.75 m 的管道，管壁温度为 150 ℃，如果空气的平均温度为 100 ℃，求表面传热系数。

9.薄壁真空球形空腔 A_2 包围着另一球体表面 A_1，组成了封闭空间。已知两表面的发射率 $\varepsilon_1 = \varepsilon_2 = 0.8$，直径 $d_1 = 0.125$ m，$d_2 = 0.5$ m，A_1 的温度 $t_1 = 427$ ℃，A_2 外侧的空气温度 $t_2 = 37$ ℃。外侧对流换热量设为同侧的辐射换热量的 5 倍。试计算 A_1 和 A_2 之间的辐射换热量。

10.用热电偶测量管道内的空气温度，如果管道内空气温度与管壁的温度不同，则由于热电偶与管壁之间的辐射换热会产生测温误差，试计算当管壁的温度 $t_2 = 100$ ℃，热电偶读数温度 $t_1 = 200$ ℃时的测温误差。设热电偶接点处的表面传热系数为46.52 W/(m²·K)，发射率 $\varepsilon_1 = 0.9$。

11.试求直径为 0.3 m，发射率为 0.8 的裸气管的辐射散热损失。已知裸气管的表面温度为 440 ℃，周围环境温度为 10 ℃。

12.计算不同情况下直径为 $d = 1$ m 的热风管每米长度内的辐射热损失。已知热风管的发射率为 0.8，砖槽发射率为 0.93。设热风管为裸露钢壳表面，外表面温度 $t_1 = 227$ ℃。

（1）若此管置于露天，周围环境温度 $t_2 = 27$ ℃；

（2）若将此管置于断面积为 1.8×1.8 m² 的砖槽内，且设砖槽内表面温度同样为 27 ℃。

13.两平行大平壁间放一块铝箔遮热板，发射率为 0.05，两板发射率分别为 0.5 和0.8。试计算辐射减少百分率。

14.试求 1 600 ℃下具有不同气层有效厚度($lg = 0.1$ m，$lg = 1$ m，$lg = 5$ m)时的辐射能力。（气体中含有 CO_2 13%，H_2O 10%。气体的总压力为 101 325 Pa)

15.锅炉壁 $\delta = 20$ mm，$\lambda = 58$ W/(m·K)，烟气温度为 1 000 ℃，水温度为 200 ℃，从烟气到壁面的综合传热系数为 116 W/(m²·K)，从壁面到水的表面传热系数为2 320 W/(m²·K)。试求锅炉两表面的温度和通过锅炉壁的热流量。

16.锅炉炉墙由三层组成，内层是厚度 $\delta_1 = 0.23$ m，$\lambda_1 = 1.2$ W/(m·K)的耐火砖层，外层是厚度 $\delta_3 = 0.24$ m，$\lambda_3 = 0.6$ W/(m·K)的红砖层，两层中间填以厚度 $\delta_2 = 0.05$ m，$\lambda_2 = 0.095$ W/(m·K)的石棉隔热层，炉墙内的烟气温度 $t_{f1} = 511$ ℃，烟气侧综合传热系数 $h_1 = 35$ W/(m²·K)。锅炉层外空气温度 $t_{f2} = 22$ ℃，空气侧综合传热系数 $h_2 = 15$ W/(m²·K)。试求通过该炉墙的热损失和炉墙内外表面的温度 t_{w1} 和 t_{w2}。

17.计算窑墙及拱顶辐射给物体的热量，已知：窑墙和拱顶的温度 $T_1 = 1$ 200 K，物体表面温度 $T_2 = 500$ K，窑墙和拱顶的发射率 $\varepsilon_1 = 0.806$，物体的发射率 $\varepsilon_2 = 0.645$，物体表面与窑墙及拱顶总表面之比 $A_2/A_1 = 1/2$（提示：把窑墙和窑顶看成一个物体）。

18.有一窑墙由三层材料组成，内层是 $\delta_1 = 230$ mm，$\lambda_1 = 1.2$ W/(m·K)的高铝砖，中间是 $\delta_2 = 230$ mm，$\lambda_2 = 0.25$ W/(m·K)的轻质高铝砖，外层是 $\delta_3 = 240$ mm，$\lambda_3 = 0.65$ W/(m·K)的红砖，已知环境温度为 20 ℃，窑墙外表面温度是 100 ℃，窑墙外表面与空气之间的综合传热系数为 10 W/(m²·K)，试计算窑墙内表面温度。

干 燥

从含水物料中除去水分的过程称为干燥,它是无机材料制品生产过程中必不可少的重要工序。通过干燥,可使坯体内水分减少,强度提高,以便于以后搬运和窑前加工等后续工序的进行。

无机材料制品坯体的干燥分自然干燥和人工干燥两种方法。自然干燥是将物料放在露天或室内,借助风吹和日晒的自然条件使物料脱水,这种方法虽然简单,但干燥效率较低,并且受气候条件的影响较大;人工干燥是指将湿物料放在干燥设备中进行加热干燥的方法,具有干燥效率高、劳动强度低等特点,但需消耗动力和燃料。常用的人工干燥方法有对流干燥、辐射加热干燥和对流-辐射加热干燥。

人工干燥方法按物料受热情况分为外热源法和内热源法。所谓外热源法是在坯体外部对其表面进行加热,其特点是坯体表面温度高于内部,热量传递的方向与水分内扩散的方向相反;所谓内热源法是指将坯体放在交变电磁场中,使其本身的分子产生剧烈的热运动而发热或使交变电流通过坯体而产生焦耳热效应,其特点是坯体的内部温度高于表面,热量传递的方向与水分内扩散方向一致,有利于增加水分内扩散速率。

上述各种干燥方式不仅应用于磨具生产,在其他制品(如陶瓷、耐火材料等)的生产中也可应用。不过高厚无机材料制品坯体也有采用自然干燥或辅助以内热源法干燥的,这样的干燥方法干燥速度较为缓慢,可以防止在干燥过程中坯体产生裂纹。

第一节 湿空气的性质

空气是常用的干燥介质之一。空气中总含有一定的水分,因此,可以把空气视为干空气和水蒸气的混合物,称之为湿空气。湿空气组分受地理位置、季节等条件的影响。湿空气的状态不仅与它的温度和总压强有关,而且与它含水蒸气的量有关。因此,湿空气的状态需由三个独立的状态参数来表征。

另一种常用的干燥介质是烟气,其成分与湿空气相近,故对湿空气性质的分析,也可近似应用于烟气。

一、干空气与水蒸气的分压

湿空气各组分都具有和湿空气相同的温度,各组分的分压总和等于湿空气的总压力。即:

$$p = p_w + p_a \tag{5-1}$$

式中,P_a,P_w——分别为湿空气中干空气和水蒸气的分压,Pa。

湿空气和干空气一般处于常压或接近常压,并且水蒸气的分压不高,通常不过几百帕(Pa)。因此,湿空气可看作是理想气体,按理想气体状态方程有:

$$p_a = \frac{m_a R}{V M_a} T = \rho_a R_a T \tag{5-2}$$

$$p_w = \frac{m_w R}{V M_w} T = \rho_w R_w T \tag{5-3}$$

式中, R ——摩尔气体常数,8 314.3 J/(kmol·K);

m_a,m_w——分别为干空气和水蒸气的质量,kg;

M_a,M_w——分别为干空气和水蒸气的千摩尔质量,kg/kmol,$M_a = 28.9$ kg/kmol,$M_w = 18$ kg/kmol;

ρ_a,ρ_w——分别为干空气和水蒸气在相应分压下的密度,kg/m³;

R_a,R_w——分别为干空气和水蒸气的气体常数,J/(kg·K),其中 $R_a = R/M_a = 8\ 314.3/28.9 = 287.7$ J/(kg·K);$R_w = R/M_w = 8\ 314.3/18 = 462$ J/(kg·K)。

二、空气的湿度

湿空气中所含水蒸气的量称为空气的湿度。空气湿度有三种表示方法:绝对湿度、相对湿度和湿含量(比湿度)。

(一)绝对湿度

绝对湿度是指单位体积湿空气中含有的水蒸气质量,用 ρ_w 表示。由上述定义可知,空气的绝对湿度就是在空气温度及分压下的水蒸气密度。按式(5-3)得

$$\rho_w = \frac{p_w}{R_w T} = \frac{1}{462} \frac{p_w}{T} \tag{5-4}$$

在一定的温度与压强下,湿空气中所能包含的水蒸气量有一定的限度,超过这一限度时水蒸气将凝结为液态水。因此,把处于这一状态的湿空气叫饱和空气,相应的水蒸气分压称为饱和水蒸气分压,用 p_{sw} 表示。饱和空气的绝对湿度用 ρ_{sw} 表示,有

$$\rho_{sw} = \frac{1}{462} \frac{p_{sw}}{T} \tag{5-5}$$

水在大气压下的饱和蒸气压仅是温度的函数,0~100 ℃范围及标准大气压下,水的饱和蒸气压可按下式求得

$$p_{sw} = 610.8 + 2\,674.3\left(\frac{t}{100}\right) + 31\,558\left(\frac{t}{100}\right)^2 + 27\,645\left(\frac{t}{100}\right)^3 + 94\,124\left(\frac{t}{100}\right)^4$$

$$(5-6)$$

饱和空气可以看成由绝干空气与同温度下的饱和水蒸气的混合物。因此,湿空气的饱和蒸气压就是同温度时水的饱和蒸气压。当饱和空气温度已知时,可由式(5-6)和式(5-5)分别求得饱和蒸气压和相应的绝对湿度,也可从表5-1中查得。

（二）相对湿度

相对湿度是指湿空气的绝对湿度 ρ_w 与同温同压下饱和空气的绝对湿度 ρ_{sw} 之比,用 φ 表示:

$$\varphi = \frac{\rho_w}{\rho_{sw}} = \frac{p_w}{p_{sw}} \times 100\% \tag{5-7}$$

式中,p_w——湿空气中水蒸气分压,Pa;

$\quad\quad p_{sw}$——湿空气温度下饱和空气的水蒸气分压,Pa。

对于干空气,$p_w = 0$,$\varphi = 0$;对于饱和空气,$\varphi = 100\%$;相对湿度越大的空气其吸湿能力越小,在 $\varphi = 100\%$ 的饱和空气中,湿坯体已不能被干燥。

表5-1　饱和空气的绝对湿度及其水蒸气分压

饱和温度/℃	绝对湿度 $\rho_{sw}/(kg/m^3)$	饱和水蒸气分压 p_{sw}/kPa	饱和温度/℃	绝对湿度 $\rho_{sw}/(kg/m^3)$	饱和水蒸气分压 p_{sw}/kPa
-15	0.001 39	0.165 2	45	0.065 24	9.584 0
-10	0.002 14	0.259 9	50	0.082 94	12.333 8
-5	0.003 24	0.401 2	55	0.104 28	15.737 7
0	0.004 84	0.610 6	60	0.130 09	19.916 3
5	0.006 80	0.872 4	65	0.161 05	25.005 0
10	0.009 40	1.227 8	70	0.197 95	31.156 7
15	0.012 82	1.703 2	75	0.241 65	38.516 0
20	0.017 20	2.337 9	80	0.292 99	47.346 5
25	0.023 03	3.167 4	85	0.353 23	57.810 2
30	0.030 36	4.243 0	90	0.423 07	70.097 0
35	0.039 59	5.623 1	95	0.504 11	84.533 5
40	0.051 13	7.376 4	99.4	0.586 25	99.321 4

（三）湿含量

湿含量是指湿空气中每千克绝干空气所含水汽的质量数,即水蒸气密度与干空气密度之比,用 d 表示:

$$d = \frac{\rho_w}{\rho_a} = \frac{\frac{p_w}{R_w T}}{\frac{p_a}{R_a T}} = \frac{R_a p_w}{R_w p_a} = \frac{287.7}{462} \cdot \frac{p_w}{p - p_w} = 0.622 \frac{\varphi p_{sw}}{p - \varphi p_{sw}} \tag{5-8}$$

空气湿度的三种表示方式均表示空气中水蒸气含量的多少,实测空气中水蒸气的含量时,用绝对湿度表示较方便;说明空气的干燥能力时,用相对湿度的概念比较方便;在进行干燥计算时,用湿含量表示湿度时计算较为简单。上述三种湿度之间是可以相互换算的。

三、空气的质量体积

湿空气密度 ρ_s 应等于湿空气中水蒸气的密度 ρ_w 和湿空气中干空气的密度 ρ_a 之和,根据理想气体的状态方程得

$$\rho_s = \rho_a + \rho_w = \frac{1}{T}\left[\frac{p_a}{R_a} + \frac{p_w}{R_w}\right] = \frac{1}{T}\left[\frac{p}{R_a} - \frac{p_w(R_w - R_a)}{R_a R_w}\right]$$
$$= \frac{p(1 + d)}{R_w\left(\frac{R_a}{R_w} + d\right)T} = \frac{p(1 + d)}{462(0.622 + d)T} \tag{5-9}$$

空气的质量体积(比体积)是指单位质量湿空气的体积,用 V_s 表示,它是密度的倒数:

$$V_s = \frac{1}{\rho_s} = \frac{462(0.622 + d)T}{p(1 + d)} \tag{5-10}$$

四、湿空气的热含量

热含量是指单位质量绝对空气及其所带水蒸气的热焓,用 h 表示,单位为 kJ/kg 干空气。设空气的湿含量为 d kg 水蒸气/kg 干空气,则湿空气的热含量:

$$h = c_a t + (2\,490 + c_w t)d = (c_a + c_w d)t + 2\,490d \tag{5-11a}$$

式中,c_a,c_w——分别表示绝干空气与水蒸气在 $0 \sim t$ ℃的定压平均比热容,在 200 ℃以下的温度范围 $c_a = 1.005$ kJ/(kg·K);

2 490——水在 0 ℃时的汽化潜热,kJ/kg。

式(5-11a)也可写成:

$$h = (1.005 + 1.93d)t + 2\,490d \tag{5-11b}$$

式中,右边第一项为湿空气的显热,第二项为水蒸气的潜热。在干燥过程中只能用湿空气的显热。

五、湿空气的温度参数

(一)干球温度

干球温度是指空气的实际温度,用 t 表示。可用普通玻璃液体温度计测量。

(二)露点

未饱和的湿空气在湿含量 d 不变的情况下,冷却到饱和状态($\varphi = 100\%$)时的温度称为露点,用符号 t_d 表示。空气温度低于露点时,空气中的水蒸气就会冷凝成水而析出。所以露点就是与湿空气中水蒸气分压相对应的饱和温度。用 p_d 表示露点时水蒸气分压,则由式(5-8)可知:

$$p_d = \frac{d \cdot p}{0.622 + d} \tag{5-12}$$

湿空气的总压和湿含量已知时,p_d 可求得,并可按表5-1查得相应的露点 t_d。

(三)湿球温度

湿球温度是用湿球温度计所测出的空气温度,用 t_w 表示。图5-1为常用的干湿球温度计,它是由两支相同的普通玻璃管温度计组成,一支用浸在水槽中的湿纱布包着温包,称为湿球温度计;另一支即为普通温度计,相对前者称为干球温度计。将干湿球温度计放在通风处,使空气掠过两支温度计表面。干球温度计所显示的温度 t 即为湿空气的温度;湿球温度计的读数即为湿空气的湿球温度 t_w。由于湿布包着湿球温包,当空气是未饱和空气时,湿布上的水分就要蒸发,水蒸发需要吸收汽化热,从而使纱布上的水温度下降。当温度下降到一定程度时,周围空气传给湿纱布的热量正好等于水蒸气蒸发所需的热量,此时湿球温度计的温度维持不变,这就是湿球温度 t_w。t_w 是表明空气状态或性质的一种参数,它不是空气的真实温度,是受空气的干球温度、湿含量或相对湿度所控制的。对于某一定干球温度的空气,其相对湿度越低,湿纱布表面的水蒸气压与空气中的水蒸气分压之差越大,水分汽化速率越快,传热速率也随之增大,所达到的湿球温度也越低。

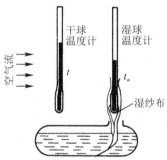

图5-1　干湿球温度计

由以上讨论可知,空气干球温度(t)、湿球温度(t_w)和露点(t_d)三者之间的关系对不饱和空气而言有 $t > t_w > t_d$;对饱和空气有 $t = t_w = t_d$。

(四)绝热饱和温度

在绝热的情况下,当大量的水与有限的空气接触时水分汽化所需的潜热,完全取自空气降低温度所放出的显热。所以,空气在绝热饱和过程中,湿度逐渐增大而温度逐渐下降。当空气被水蒸气饱和时($\varphi = 100\%$),其温度不再下降而等于水的温度,此时空气的温度称为空气的绝热饱和温度,一般用 t_s 表示,其相对饱和湿含量为 d_s。绝热饱和温度与湿球温度是两个不同的概念,但在空气-水汽系统中,其数值相近,因此,可以认为湿球温度近似地等于绝热饱和温度。

【例 5-1】已知空气的干球温度 $t=30$ ℃，湿含量 $d=0.02$ kg/kg 干空气，大气压强 $p=99\ 325$ Pa，求空气的相对湿度(φ)、绝对湿度(ρ_w)、水蒸气分压(p_w)、热含量(h)、露点(t_d)及密度(ρ_s)。

【解】由表 5-1 查得空气在 30 ℃时的饱和水蒸气分压 $p_{sw}=4.243$ kPa，饱和绝对湿度 $\rho_w=0.030\ 36$ kg/m³；由附录十一查得相对湿度 $\varphi=72\%$；空气的绝对湿度及水蒸气分压：

$$\rho_w=\varphi\rho_{sw}=0.72\times0.030\ 36=0.021\ 86\ \text{kg/m}^3$$

$$p_w=\varphi p_{sw}=0.72\times4.243=3\ 055\ \text{Pa}$$

空气的热含量：

$$h=(c_a+c_w d)t+2\ 490d=(1.005+1.93\times0.02)\times30+2\ 490\times0.02=81(\text{kJ/kg 干空气})$$

热含量也可由附录十一查得约为 81 kJ/kg 干空气。

露点对应的饱和水蒸气分压：

$$p_d=\frac{d\cdot p}{0.622+d}=\frac{0.02\times99\ 325}{0.622+0.02}=3\ 094\ \text{Pa}$$

由表 5-1 用线性内插法可得对应的饱和温度，即露点为 $t_d\approx28.4$ ℃，湿空气的密度：

$$\rho_s=\frac{p(1+d)}{462(0.622+d)T}=\frac{99\ 325\times(1+0.02)}{462\times(0.622+0.02)\times(273+30)}=1.127\ \text{kg/m}^3$$

第二节 湿空气的 h-d 图

为了简化计算，工程上常采用湿空气的状态参数坐标图确定湿空气的状态及其参数。状态参数坐标有多种表示方法，如用温量 t 作横坐标，湿含量 d 作纵坐标所绘制的湿含量-湿含量图(d-t 图)；也可用热含量作纵坐标，温含量 d 为横坐标制成的焓-湿含量图(h-d 图)等。

h-d 图中的全部数据均以湿空气中所含 1 kg 干空气作为基准，其总压力为 1 atm(760 mmHg 或 101 325 Pa)或接近 1 atm。如附录十一是在 99.3 kPa 下绘制的，图中共有五组曲线：等热含量线、等湿含量线、等干球温度线、等相对湿度线、等水蒸气分压线。为避免图中各组线条挤在一起，难以读数，两坐标间用夹角为 135°的斜坐标 hOd' 来表示，如图 5-2，并作与 h 轴成正交的 d 辅助轴。因斜坐标使用不方便，将斜坐标上的读数值投影在 O-d 轴上，以便于使用，所以在实际使用时仍使用正交直角坐标系 hOd。

一、h-d 图的组成

如图 5-2 所示，纵坐标为湿空气热含量 h，单位为 kcal/kg 干空气(或 kJ/kg 干空气)，斜坐标为空气的湿含量 d，单位为 kg/kg 干空气。图中各线条的绘制及意义分述如下：

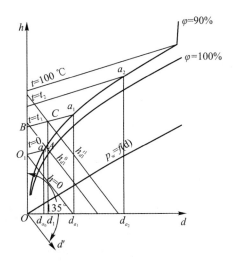

图 5-2　$h-d$ 图的组成

（一）等湿含量线（等 d 线）

在水平辅助轴 Od 上取一定的间隔距离,并标出湿含量的数值,然后做辅助轴的垂线,即为等湿含量线。

（二）等热含量线（等 h 线）

在纵坐标上标出零点 $O(t=0,d=0)$,以零点为起点,以一定间隔距离标出热含量的数值。通过各点作 hOd' 轴的平行线,即为等热含量线($h=\text{const}$),这些线与等湿含量线相交成 $135°$。由式（5-11b）可知,热含量是湿空气干球温度与湿含量的函数,单位为 kcal/kg 干空气或 kJ/kg 干空气（1 kcal = 4.18 kJ）。所以从 $h-d$ 图可看出,对于等温的湿空气,h 随 d 增加而增加,而对于等湿含量的湿空气,h 将随温度的增加而增加。

（三）等干球温度线（等 t 线或等温线）

由式（5-11b）可知,当温度为定值时,h 与 d 成直线,等干球温度线是一组互不平行、斜率为 $2\,490+1.93t$ 的直线。因此,定出两点即可绘出等干球温度线。

按式（5-11b）绘制干球温度线,如图 5-2 所示:当 $t=0$,$d=0$ 时,$h=0$ 为 O_1 点;当 $t=0$,$d=d_1$ 时,$h=2\,490d_1$,得 A 点,联结 O_1A 即为 $t=0$ 时的等干球温度线;当 $t=t_1$,$d=0$,$h=1.005t$,得 B 点,当 $t=t_1$,$d=d_1$ 时,按式（5-11b）计算出 h 值得 C 点,联结 BC 即为 $t=t_1$ 的等干球温度线。

（四）等相对湿度线（等 φ 线）

在绘制等干球温度线后,可根据式（5-8）$d = 0.622\dfrac{\varphi p_{sw}}{p - \varphi p_{sw}}$ 绘制等相对湿度线。当空气压力 p 及相对湿度 φ 一定时,d 与 p_{sw} 有一系列对应值。所以当 φ 为某一定值时,把不同温度下的饱和蒸汽压之值（查表 5-1）代入上式,求出相应温度下的 d 值,这样 $h-d$ 图上可得到许多点（这些点也就是许多等干球温度线与等湿含量线的交点）,联结这些点即得出该 φ 值的等相对湿度线。它们都是从原始点开始,向上向右弯曲延伸。例如,要绘制 $\varphi=90\%$ 的等相对湿度线,如图 5-2 所示,当温度 $t=0$ 时,由表 5-1 查得 $p_{sw}=p_0$,计算

得 $d = d_{a_0}$，得 a_0 点。同理，根据不同 t 值，可知 a_1、a_2、……等点，联结 a_0、a_1、a_2、……即可得 $\varphi = 90\%$ 的等相对湿度线。

当湿空气的温度达到水的沸点及沸点以上时，水蒸气达到过饱和，饱和蒸汽压上升到湿空气的总压 p，即 $p_{sw} = p$，此时，按 $d = 0.622\dfrac{\varphi p_{sw}}{p - \varphi p_{sw}}$，当 φ 为一定值时，湿含量 d 为一常数，故高于沸点时等相对湿度线垂直向上而与等湿含量线的方向相同。

显然，从式 $\varphi = \dfrac{p_w}{p_{sw}}$ 可知，在沸点以下，饱和水蒸气压 p_{sw} 随温度升高而增大，故湿含量不变时温度愈高，其相对湿度愈低。

$\varphi = 100\%$ 的等相对湿度线称为饱和湿空气线，或称临界曲线，也是对应于不同水蒸气分压的露点线，此时空气完全被水蒸气饱和。此线将 h-d 图分为两部分，在该曲线以上范围表示湿空气处于未饱和状态，曲线以下范围表示湿空气处于过饱和状态。湿空气已成雾状。

在 h-d 图上通常标明作图时的空气总压 p 值，若实际大气压 p' 与图上大气压相差较大时，将查得的相对湿度用下式修正：

$$\varphi' = \varphi\,\frac{p'}{p}$$

式中，φ'——对应于 p' 的相对湿度。

（五）水蒸气分压线

在 h-d 图右下部有一条水蒸气分压线，水蒸气分压 p_w 与湿含量 d 之间的函数关系由式（5-8）变换并整理得：

$$p_w = \varphi p_{sw} = \frac{d \cdot p}{0.622 + d}$$

由上式可看出，当总压 p 不变时，水蒸气分压 p_w 仅随湿含量 d 而变化，而与温度或相对湿度无关。每给出一定的 d 值，得到相应的 p_w 值，将这种关系绘成直线即为水蒸气分压线。水蒸气分压值标于右纵坐标上，单位为 mmHg 或 Pa（1 mmHg = 133.322 Pa）。

有些 h-d 图上还标有等湿球温度线，一般当空气温度较低或计算要求不高时，亦可用等热含量线近似代替等湿球温度线。还有些高温 h-d 图还标有等质量体积线，它是一组曲率很小的曲线。不过在干燥范围应用低温 h-d 图较多（如附录十一）。

二、h-d 图的应用举例

（一）用 h-d 图确定湿空气的参数

下面举例说明利用 h-d 图确定湿空气参数的方法。

【例 5-2】某湿空气的温度 $t = 45\,℃$，相对湿度 $\varphi = 60\%$，求该湿空气的热含量 h_1、湿含量 d_1、湿球温度 t_w、露点温度 t_d 及水蒸气分压 p_w。

【解】如图 5-3 所示。

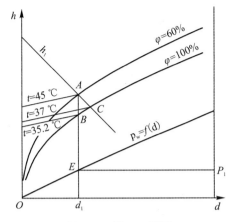

图 5-3　例 5-2 附图

（1）热含量 h_1：由 $t = 45$ ℃，$\varphi = 60\%$ 的交点得出该湿空气在 h-d 图上的状态点 A，过 A 点作等 h 线，交纵轴于 h_1，读出 $h_1 = 34$ kcal/kg 干空气（142 kJ/kg 干空气）。

（2）湿含量 d_1：过 A 点向下作垂线交水平轴于 d_1，读出湿含量 $d_1 = 0.037$ kg/kg 干空气。

（3）湿球温度 t_w：如前所述，对于空气、水系统湿球温度与空气的绝热饱和温度极为接近，因此可按空气绝热冷却达到已饱和的绝热冷却线来确定湿球温度。即由 A 点出发，延伸等热含量 h_1 线和 $\varphi = 100\%$ 相交于 C 点，C 点所示温度为该湿空气的湿球温度，$t_w = 37$ ℃。

（4）露点 t_d：由露点的定义可知，湿空气的露点是该空气的湿含量不变而被冷却达到饱和的温度，在 h-d 图上表示为等 d 过程。因此由 A 点作垂直于水平轴 Od 的垂线，交 $\varphi = 100\%$ 曲线于 B 点，B 点所示温度即为露点 $t_d = 35.2$ ℃。

（5）水蒸气分压 p_w：由 A 点向水平轴作垂线交于水蒸气分压线 $p_w = f(d)$ 的 E 点，然后由 E 点作平行于水平轴的直线交右侧纵坐标轴于 P_1 点，读出水蒸气分压 $p_w = 43.5$ mmHg（5.79×10^3 Pa）。

（二）空气经预热器预热后状态参数的图解

设空气进预热器前的状态参数为 t_0、φ_0、d_0、h_0，出预热器时的参数为 t_1、φ_1、d_1、h_1，则空气预热前后的状态参数及从预热器中获得的热量均可通过图解 h-d 图求得。

【例 5-3】将 $t_0 = 20$ ℃，$\varphi_0 = 60\%$ 的空气经预热器预热到 $t_1 = 95$ ℃。求：

（1）空气进预热器前的湿含量 d_0 和热含量 h_0；

（2）空气预热后的状态参数及从预热器中获得的热量。

【解】（1）由 $t_0 = 20$ ℃ 的等 t 线和 $\varphi_0 = 60\%$ 的等 φ 线在 h-d 图上得交点 A（如图 5-4 所示），A 点的参数为 $d_0 \approx 0.009$ kg 干空气；$h_0 = 42$ kJ/kg 干空气。

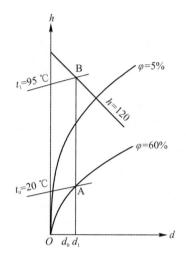

图 5-4　例 5-3 附图

（2）空气在预热器中预热时其湿含量不变，即 $d_1 = d_0$，故空气出预热器的状态点由 $d_1 = d_0$ 等 d 线及 $t_1 = 95\ ℃$ 的等 t 线的交点 B 获得；由过 B 点的等热含量线可得 $h_1 \approx 120\ kJ/kg$ 干空气，$\varphi_1 < 5\%$。

1 kg 干空气即 $(1+d)$ kg 湿空气从预热器中获得的热量：

$$q = h_1 - h_0 = 120 - 42 = 78\ kJ/kg\ 干空气$$

（三）热烟气与冷空气混合后状态参数的计算

在干燥过程中，为获得适宜的干燥介质，经常需要冷热空气的混合（或热烟气与冷空气混合），此时一般需要计算相互混合的气体量。这种计算可利用 $h-d$ 图进行。

1.热烟气湿含量及热含量的计算

$h-d$ 图适用于空气，但磨具工业中除用空气作干燥介质外，还常用高温烟气作干燥介质，烟气虽与空气不同，但在使用时高温烟气常掺入一定量的冷空气以使温度降低，达到工艺要求。因此可把热烟气近似看作与空气性质相似，并用 $h-d$ 图进行有关计算。

设 t_{fl}、d_{fl}、h_{fl} 分别代表烟气的实际燃烧温度、湿含量及热含量，它们可由燃烧计算求得：

（1）燃烧固体或液体燃料时：

$$d_{fl} = \frac{1.293\alpha V_a^0 d_0 + [9w(H)_{ar} + w(H_2O)_{ar}]\% + Q_a}{1.293\alpha V_a^0 + 1 - [w(A)_{ar} + 9w(H)_{ar} + w(H_2O)_{ar}]\%} \tag{5-13}$$

式中，V_a^0——标准状态下理论空气量，m^3/kg；

· Q_a——用蒸气雾化液体燃料时水蒸气的耗量（kg 水蒸气/kg 燃料）。

上式分母是 1 kg 燃料完全燃烧时干烟气的生成量，分子是水蒸气生成量。

$$h_{fl} = \frac{\eta Q_{gr} + c_f t_f + 1.293\alpha V_a^0 h_0}{1.293\alpha V_a^0 + 1 - [w(A)_{ar} + 9w(H)_{ar} + w(H_2O)_{ar}]\%} \tag{5-14}$$

式中，h_0——助燃空气的热含量，kcal/kg 干空气（或 kJ/kg 干空气）；

η——燃烧室燃烧效率，一般取 $0.75 \sim 0.85$。

根据 d_{fl} 和 h_{fl}，可用 h-d 图求燃烧产物的其他参数。

（2）燃烧气体燃料时：

$$d_{fl} = \frac{1.293\alpha V_a^0 d_0 + \sum \dfrac{0.09y}{(12x+y)}w(C_xH_y)}{1.293\alpha V_a^0 + 1 - \sum \dfrac{0.09y}{(12x+y)}w(C_xH_y)} \tag{5-15}$$

$$h_{fl} = \frac{\eta Q_{gr} + c_f t_f + 1.293\alpha V_a^0 h_0}{1.293\alpha V_a^0 + 1 - \sum \dfrac{0.09y}{(12x+y)}w(C_xH_y)} \tag{5-16}$$

式中，$w(C_xH_y)$——燃料中碳氢化合物的质量分数，其中 x 为碳原子数，y 为氢原子数。

设气体燃料的体积分数为 φ_i，则质量分数 w_i 可用下式求得：

$$w(x) = \frac{\varphi(x)M(x)}{\sum \varphi(x)M(x)} \tag{5-17}$$

式中，$M(x)$——气体燃料中某成分的分子质量。

【例 5-4】已知煤气的体积分数（%）：

组成	$\varphi(H_2)$	$\varphi(CH_4)$	$\varphi(C_3H_6)$	$\varphi(N_2)$
体积分数/%	20	25	10	45

求此煤气的质量分数 w_i 及单位质量煤气燃烧生成水蒸气量。

【解】已知 $\varphi(H_2O) = 20$，$\varphi(CH_4) = 25$，$\varphi(C_3H_6) = 10$，$\varphi(N_2) = 45$；

$$\sum \varphi(x)M(x) = 20 \times 2 + 25 \times 16 + 10 \times 42 + 45 \times 28 = 2\,120$$

$$w(H_2) = \frac{\varphi(H_2)M(H_2)}{\sum \varphi(x)M(x)} = \frac{20 \times 2}{2120} = 0.018\,87 = 1.887\%$$

$$w(CH_4) = \frac{25 \times 16}{2\,120} = 0.188\,7 = 18.87\%$$

$$w(C_3H_6) = \frac{10 \times 42}{2\,120} = 0.198\,1 = 19.81\%$$

$$w(N_2) = \frac{45 \times 28}{2\,120} = 0.594\,3 = 59.43\%$$

$$\sum w(x) = 99.997\% \approx 100\%$$

煤气燃烧生成的水蒸气量：

$$\sum \frac{0.09y}{12x+y}w(C_xH_y) = \frac{0.09 \times 2}{12 \times 0 + 2} \times 1.887 + \frac{0.09 \times 4}{12 \times 1 + 4} \times 18.87 +$$

$$\frac{0.09 \times 6}{12 \times 3 + 6} \times 19.81 = 0.849\,1\ kg\ 水蒸气/kg\ 煤气$$

2.热烟气与冷空气混合后状态参数的图解

设高温烟气的状态参数为 d_{fl}、h_{fl}、t_{fl}，所掺入的冷空气的状态参数为 d_0、h_0、φ_0、t_0，在 h-d 图上可以标出相应的状态点，如图 5-5 的 B、A 二点。混合后的气体温度 t_{ml} 通常由干燥工艺要求而定,作为已知数给定。欲求的是冷空气的掺入量及混合气体的状态参数 d_{m1} 和 h_{m1}。

设 1 kg 高温干烟气与 n kg 干冷空气混合,混合比为 n(kg 干冷空气/kg 干热烟气)。根据混合前后水蒸气量及热含量的平衡,得

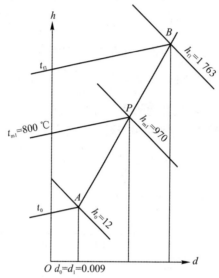

图 5-5 混合气状态参数的图解

$$d_{f1} + nd_0 = (1 + n)d_{m1} \tag{5-18}$$

$$h_{f1} + nh_0 = (1 + n)h_{m1} \tag{5-19}$$

联立式(5-18)和式(5-19)得:

$$n = \frac{d_{f1} - d_{m1}}{d_{m1} - d_0} = \frac{h_{f1} - h_{m1}}{h_{m1} - h_0} \tag{5-20}$$

式(5-20)是一个通过已知点 (d_0, h_0) 和 (d_{f1}, h_{f1}) 的直线方程,混合气的状态点 P 是直线 AB 的内分点。P 点由 h_{m1} 的等干球温度线与 AB 线的交点定出。

【例 5-5】某磨具厂干燥设备用煤作燃料,燃烧产生的烟气量为干燥介质,煤的收到基质量分数:

组成	$w(C)_{ar}$	$w(H)_{ar}$	$w(O)_{ar}$	$w(N)_{ar}$	$w(S)_{ar}$	$w(H_2O)_{ar}$	$w(A)_{ar}$
质量分数/%	65	5	6	2	0.2	4.0	17.8

煤进炉温度为 20 ℃,比热容 $c_f = 1.26$ kJ/(kg·K),空气过剩系数 $\alpha = 1.4$,燃烧室热效率 $\eta = 0.8$,要求进干燥设备的气体温度 $t_{m1} = 800$ ℃,燃烧烟气需掺入温度 $t_0 = 20$ ℃、相对湿度 $\varphi = 60\%$ 的冷空气。求混合比及混合气的其余状态参数。

【解】(1)煤的发热量

低位热值:

$$Q_{net} = 339w(C)_{ar} + 1\,030w(H)_{ar} + 109[w(S)_{ar} - w(O)_{ar}] - 25w(H_2O)_{ar}$$
$$= 339 \times 65 + 1\,030 \times 5 + 109 \times (0.2 - 6) - 25 \times 4 = 26\,453 \text{ kJ/kg 煤}$$

高位热值:

$$Q_{gr} = Q_{net} + 25\left[9w(H)_{ar} + w(H_2O)_{ar}\right] = 26\ 453 + 25 \times (9 \times 5 + 4.0) = 27\ 678\ \text{kJ/kg 煤}$$

（2）理论空气用量：

$$V_a^0 = 0.089w(C)_{ar} + 0.267w(H)_{ar} + 0.033\left[w(S)_{ar} - w(O)_{ar}\right]$$
$$= 0.089 \times 65 + 0.267 \times 5 + 0.033 \times (0.2 - 6) = 6.928\ 6\ \text{m}^3/\text{kg}$$

（3）$t_0 = 20\ ℃$，$\varphi = 60\%$，由附录十二高温 h-d 图可得冷空气的状态点 A：
$d_0 = 0.009\ \text{kg/kg 干空气}$；$h_0 = 42\ \text{kJ/kg 干空气}$。

（4）高温烟气的湿含量和热含量：

$$d_{fl} = \frac{1.293\alpha V_a^0 d_0 + \left[9w(H)_{ar} + w(H_2O)_{ar}\right]\%}{1.293\alpha V_a^0 + 1 - \left[w(A)_{ar} + 9w(H)_{ar} + w(H_2O)_{ar}\right]\%}$$

$$= \frac{1.293 \times 1.4 \times 6.928\ 6 \times 0.009 + (9 \times 5 + 4)\%}{1.293 \times 1.4 \times 6.928\ 6 + 1 - (17.8 + 9 \times 5 + 4)\%} = 0.047\ \text{kg/kg 干烟气}$$

$$h_{fl} = \frac{\eta Q_{gr} + c_f t_f + 1.293\alpha V_a^0 h_0}{1.293\alpha V_a^0 + 1 - \left[w(A)_{ar} + 9w(H)_{ar} + w(H_2O)_{ar}\right]\%}$$

$$= \frac{0.8 \times 276\ 78 + 1.26 \times 20 + 1.293 \times 1.4 \times 6.928\ 6 \times 42}{1.293 \times 1.4 \times 6.928\ 6 + 1 - (17.8 + 9 \times 5 + 4)\%} = 1\ 763\ \text{kJ/kg 干烟气}$$

（5）由 d_{fl} 和 h_{fl} 在 h-d 图上相交得 B 点，即高温烟气的状态点。

连接 AB，与 $t_{m1} = 800\ ℃$ 的等温线交于 P 点，即高温烟气与冷空气混合后的状态点（见图5-5）。P 点的参数：

$$d_{m1} \approx 0.03\ \text{kg/kg 干混合气}；h_{m1} = 970\ \text{kJ/kg 干混合气}$$

混合比：

$$n = \frac{d_{fl} - d_{m1}}{d_{m1} - d_0} = \frac{0.047 - 0.03}{0.03 - 0.009} \approx 0.81\ \text{kg 干冷空气/kg 干热烟气}$$

第三节　干燥过程的物料平衡及热平衡

干燥过程物料平衡及热平衡的计算目的是根据被干燥物料的产量及含水量，确定干燥器中每小时蒸发的水量、干燥介质消耗量及热耗量等技术经济指标，用以衡量运行中干燥器的结构、操作等是否合理。

一般的对流干燥器由四部分组成：

（1）干燥器

物料在其中进行热交换，得到热量后水蒸气蒸发而得到干燥，被蒸发的水分随干燥介质流出干燥器。

（2）预热器或燃烧室

用以产生热的空气或烟气，作为干燥介质。

（3）通风设备

风机、管道、烟囱等，用以供给干燥介质，并排除废气。

（4）物料输送设备

运载物料进出干燥器,如干燥小车、运输带、推板等。

干燥流程示意图见图5-6。

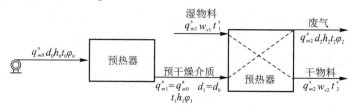

图5-6 干燥流程示意图

一、物料平衡

物料平衡的目的是计算出被干燥物料量,计算在干燥器中蒸发的水分量及需要的干空气量。计算基准可为1小时或1 kg 蒸发分。

（一）物料中水分的表示方法

单位时间进入干燥器的湿物料质量流量 q_{m1}^s 可看成是由绝干物料量和所含水分量之和：

$$q_{m1}^s = q_m^d + q_m^w \tag{5-21}$$

式中, q_m^d ——绝干物料质量流量,kg/h;

q_m^w ——湿物料所含水分的质量流量,kg/h。

上式中的水分可用相对水分和绝对水分两种方法表示。

（1）绝对水分:以绝干物料为基准时水分的质量分数,以 w_u 表示：

$$w_u = \frac{q_m^w}{q_m^d} \times 100\% \tag{5-22}$$

上式中 q_m^d 在干燥过程中是恒定的,在干燥计算中干基水分可以直接相加减。如1小时进干燥器的湿物料为100 kg,含水25 kg,其绝对水分：

$$w_u = \frac{25}{75} \times 100\% = 33.3\%$$

（2）相对水分:以湿物料为计算基准时水分的质量分数,以 w_v 表示：

$$w_v = \frac{q_m^w}{q_{m1}^s} \times 100\% \tag{5-23}$$

如1小时进干燥器的湿物料为100 kg,含水20 kg,其相对水分：

$$w_v = \frac{q_m^w}{q_{m1}^s} = \frac{20}{100} \times 100\% = 20\%$$

相对水分表示物料的实际含水量,物料在干燥过程中无论在什么时候都有一定的含水量。因此,在对物料进行含水率分析时常用相对水分 w_v 表示。但因相对水分在干燥过程中不断变化,不能直接相加减,运算不方便,所以,在干燥计算时必须把相对水分换算成绝对水分 w_u,换算关系如下：

$$绝对水分×干物料量＝相对水分×湿物料量$$

$$w_u×(100-100w_v)=w_v×100$$

得
$$w_u = \frac{100w_v}{100 - w_v} \tag{5-24}$$

或
$$w_v = \frac{100w_u}{100 + w_u} \tag{5-25}$$

例如将相对水分 w_v =30%换算为绝对水分：

$$w_u = \frac{w_v}{1 - w_v} \times 100\% = \frac{0.3}{1 - 0.3} \times 100\% = 43\%$$

将绝对水分 w_u =43%换算成相对水分：

$$w_v = \frac{w_u}{1 + w_v} \times 100\% = \frac{0.43}{1 + 0.43} \times 100\% = 30\%$$

(二)干燥过程中水分蒸发量的计算(kg/h)

(1)用干基水分计算：设 w_{u1} 和 w_{u2} 分别为干燥前后物料的干基水分,则 1 小时干燥器中蒸发水分：

$$q_m^w = \frac{w_{u1} - w_{u2}}{100} q_m^d \tag{5-26}$$

(2)用湿基水分计算：设 q_{m1}^s 和 q_{m2}^s 分别为干燥前后的湿物料质量流量,相应的湿基水分分别为 w_{v1} 和 w_{v2},则每小时的水分蒸发量：

$$q_m^w = q_{m1}^s - q_{m2}^s = q_{m1}^s(1 - \frac{q_{m2}^s}{q_{m1}^s}) = q_{m2}^s\left(\frac{q_{m1}^s}{q_{m2}^s} - 1\right) \tag{5-27}$$

根据干燥前后绝干物料量 q_m^d 相等得

$$q_m^d = \frac{100 - w_{v1}}{100} q_{m1}^s = \frac{100 - w_{v2}}{100} q_{m2}^s$$

$$\frac{q_{m2}^s}{q_{m1}^s} = \frac{100 - w_{v1}}{100 - w_{v2}} \quad 或 \quad \frac{q_{m1}^s}{q_{m2}^s} = \frac{100 - w_{v2}}{100 - w_{v1}}$$

代入(5-27)得

$$q_m^w = q_{m1}^s \frac{w_{v1} - w_{v2}}{100 - w_{v2}} = q_{m2}^s \frac{w_{v1} - w_{v2}}{100 - w_{v1}} \tag{5-28}$$

【例5-6】已知进干燥器的湿坯为 30 t/h,欲由湿基水分 w_{v1} =20%干燥至 w_{v2} =2%,问:蒸发的水分量是多少?

【解】由式(5-28)得

$$q_m^w = q_{m1}^s \frac{w_{v1} - w_{v2}}{100 - w_{v2}} = 30\ 000 \times \frac{20 - 2}{100 - 2} = 5\ 510\ \text{kg/h}$$

(三)干燥介质消耗量

若干燥器是密闭的,则干燥介质的通入量是恒定的,绝干的干燥介质量在进入和离开干燥器时应相等。下面以热空气为干燥介质为例说明干燥介质消耗量的计算方法。

设通过干燥器的绝干空气质量流量为 $q_{m,a}^d$（kg/h）。根据水分平衡得

$$q_m^w = q_{m,a}^d(d_2 - d_1) = q_{m,a}^d(d_2 - d_0)$$

$$q_{m,a}^d = \frac{q_m^w}{d_2 - d_1} = \frac{q_m^w}{d_2 - d_0} \tag{5-29}$$

设蒸发 1 kg 水需绝干空气质量为 m_a(kg)，则有

$$m_a = \frac{q_{m,a}^d}{q_m^w} = \frac{1}{d_2 - d_1} = \frac{1}{d_2 - d_0} \tag{5-30}$$

由上式可见，d_2 不变时，d_1（或 d_0）增大，则 $q_{m,a}^d$（或 m_a）减少。当 d_2 不变时，d_1 增大，则 $q_{m,a}^d$ 增加，说明干燥过程中，干燥介质须将湿物料中蒸发的水分带走。干燥介质需要量与其本身的干燥能力有关。入干燥器空气的湿含量 d_1 越高，空气所能带走的水分越少，所需要的空气量就越多；而出干燥器空气的湿含量 d_2 越高，表明空气所能带走的水分越多，干燥所需的空气量就减少。

二、热平衡

干燥器热平衡计算目的是确定每小时消耗的热量，为加热设备的设计提供依据。通常以蒸发 1 kg 水及摄氏零度为计算基准。以下标"1"和"2"分别表示进入及离开干燥器的物料和干燥介质的状态（图 5-6、图 5-7）。以干燥介质是热空气为例，把干燥器看成一个研究对象，则热平衡项目有：

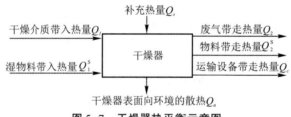

图 5-7　干燥器热平衡示意图

（一）热收入项

（1）干燥空气带入的热量 Q_1(kJ/kg)：

$$Q_1 = m_a h_1$$

式中，m_a ——蒸发 1 kg 水时干空气的用量，kg/kg 水；

h_1 ——干空气进入时的热含量，kJ/kg 干空气。

（2）湿物料带入的热量 Q_1^s(kJ/kg)：

$$Q_1^s = c_w t_1^s + \frac{q_{m2}^s}{q_m^w}c_1^s t_1^s$$

式中，t_1^s——物料进干燥器时的温度，℃；

c_w——水的比热容，近似取 4.19 kJ/(kg·K)；

q_{m2}^s——离开干燥器的物料量，kg/h；

c_1^s——离开干燥器的物料量 q_{m2}^s 在 t_1^s 时的比热容，kJ/(kg·K)。

（3）对干燥介质补充加热量 Q_s（kJ/kg）：如专设的电加热器、蒸汽加热等。

（二）热支出项

（1）废气带走热量 Q_2（kJ/kg）：

$$Q_2 = m_a h_2$$

（2）物料离开干燥器带走的热量 Q_2^s（kJ/kg）：

$$Q_2^s = \frac{q_{m2}^s}{q_m^w} c_2^s t_2^s$$

式中，t_2^s——物料离开干燥器时的温度，℃；

c_2^s——物料离开干燥器时的比热容，kJ/(kg·K)。

（3）运输设备在干燥器中吸收的热量 Q_c（kJ/kg）：

$$Q_c = \frac{q_m^c}{q_m^w} c_m^c (t_1^c - t_2^c)$$

式中，q_m^c——运输设备的质量流量，kg/h；

c_m^c——运输设备的平均比热容，kJ/(kg·K)；

t_1^c、t_2^c——分别为运输设备进入及离开干燥器时的温度，℃。

（4）干燥器表面向环境的散热 Q_a（kJ/kg）：

$$Q_a = 3.6 \frac{hA\Delta t}{q_m^w}$$

式中，h——干燥器表面与环境之间的表面传热系数，W/(m²·K)；

Δt——干燥器表面与环境的温差，℃；

A——干燥器的外表面积，m²。

根据热量平衡 $\sum Q_{收入} = \sum Q_{支出}$：

$$Q_1 + Q_1^s + Q_s = Q_2 + Q_2^s + Q_c + Q_a$$

或

$$Q_1 - Q_2 = (Q_2^s - Q_1^s) + Q_c + Q_a - Q_s \tag{5-31a}$$

令 $Q_m = Q_2^s - Q_1^s$ 表示物料从干燥器中获得的净热量，且 $Q_1 - Q_2 = m_a(h_1 - h_2)$，则

$$m_a(h_1 - h_2) = Q_m + Q_c + Q_a - Q_s = \Delta \tag{5-31b}$$

（三）干燥过程及热耗计算

按式（5-31b）中 Δ 的不同，干燥可分三种情况：

1. 理论干燥过程

当 $\Delta = 0$，即 $m_a(h_1 - h_2) = 0$ 时，$h_1 = h_2$，表示物料在干燥过程中干燥介质的热含量是不变的，这种情况称为理论干燥过程。

理论干燥过程根据 $\Delta = 0$ 的可能性有两种：

（1）所有热损失（$Q_m + Q_c + Q_a$）与补充热量 Q_s 相等。

（2）所有热损失（$Q_m + Q_c + Q_a$）为零，也无补充热量，即干燥过程是在绝热情况下进行的，又叫绝热干燥过程。此时干燥介质传给物料的热量恰好等于水蒸气蒸发所需的潜热。理论干燥过程中没有热损失，干燥热效率较高。

为使理论干燥过程与实际干燥过程有关参数进行区别,状态参数上标用"0"表示,如 d_2^0、h_2^0 等。

用热空气作干燥介质时,理论干燥蒸发 1 kg 水所需干空气及耗热分别为

$$m_a^0 = \frac{1}{d_2^0 - d_1} = \frac{1}{d_2^0 - d_0}$$

$$Q_a^0 = m_a^0(h_2^0 - h_0)$$

式中,d_0、h_0 是进预热器的冷空气状态参数。

2.实际干燥过程

(1)Δ>0 时的实际干燥过程

当 Δ>0 时,表示干燥器的所有热损失之和($Q_m + Q_c + Q_a$)大于补充热量 Q_s,或干燥器无补充热量($Q_s=0$),这种情况的使用较普遍。此时,干燥介质离开干燥器时的终态热含量 h_2 小于其进入干燥器时的初态值 h_1,蒸发 1 kg 水的热耗可用下式计算:

空气作干燥介质时:

$$Q_a = m_a(h_1 - h_0) = m_a(h_2 - h_0) + \Delta \tag{5-32}$$

(2)Δ<0 时的实际干燥过程

当 Δ<0 时,表示在干燥器中补充的热量 Q_s 大于热损失之和($Q_m + Q_c + Q_a$)。此时干燥介质离开干燥器时的热含量大于进入干燥器时的热含量,即 $h_2> h_1$。

三、干燥过程的图解法

干燥过程的图解法是利用 $h-d$ 图进行干燥过程的物料平衡及热量平衡的方法,目的是确定蒸发 1 kg 水所需的干燥介质量和所消耗的热量。用图解法可简化干燥过程的计算。干燥过程多以空气作为干燥介质。下面以热空气为干燥介质来说明干燥过程的图解方法。

(一)理论干燥过程的图解

设冷空气在进预热器前的四个参数(t_0, φ_0, d_0 和 h_0)中任意两个已知,空气离开预热器进入干燥器的温度 t_1 及离开干燥器的温度 t_2^0 或 φ_2 已知,作图步骤如下(图5-8):

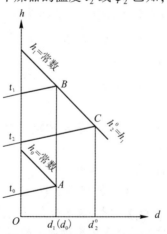

图 5-8 理论干燥过程的图解

(1)根据进预热器前的任意两个参数,在 $h-d$ 图上确定冷空气的状态点 A(根据 t_0、φ_0、d_0 和 h_0)。

(2)在预热器中,空气升温,但湿含量不变,即 $d_1 = d_0$,由 A 点沿等湿含量线 d_0 上升,与进干燥器温度 t_1 的等温线相交于点 $B(t_1,\varphi_1,h_1,d_1 = d_0)$,$B$ 点即为离预热器空气状态点(或进干燥器前空气状态点)。

(3)在干燥器中,空气热含量不变,而 $h_1 = h_2^0$,湿含量增加,温度降低,由 B 点沿等热含量线 h_1 下降,与离干燥器空气温度 t_2(或相对湿度 φ_2 线)交于 C 点(t_2、φ_2、d_2^0、$h_2^0 = h_1$),C 点即为离开干燥器空气状态点。

(4)将所读 d_1、d_2 的值代入 $m_a^0 = \dfrac{1}{d_2^0 - d_1} = \dfrac{1}{d_2^0 - d_0}$ 可求出蒸发 1 kg 水所需之干空气量 m_a^0。

(5)将所读 h_1、h_0 代入 $Q_a^0 = m_a^0(h_2^0 - h_0)$ 可求出蒸发 1 kg 水所需的热量 Q_a^0。

(二)实际干燥过程的图解

实际干燥过程与理论干燥过程的区别在于干燥介质在进干燥器前的热含量与出干燥器的热含量不相等。

1.当 $\Delta > 0$ 时的实际干燥过程

由式(5-31b)得:

$$h_2 = h_1 - \frac{\Delta}{m_a} = h_1 - \Delta(d_2 - d_1)$$

上式表明:进入干燥器的干燥介质初始状态 B 点(d_1,h_1)及 Δ 值已知时,实际干燥过程在 $h-d$ 图上是一条比理论干燥过程线斜率更陡的直线。对初始态和终态之间的任一状态点,上式可写成:

$$h = h_1 - \Delta(d - d_1) = h_1 - \Delta(d - d_0) \tag{5-33}$$

若令 $h_1 = h_2^0$,d_2^0 表示理论干燥过程的终态点 C 的参数,则在同一湿含量 d_2^0 的实际干燥的热含量:

$$h_2' = h_1 - \Delta(d_2^0 - d_1) = h_2^0 - \Delta(d_2^0 - d_1) \tag{5-34}$$

上式表明理论干燥过程的终点 $C(d_2^0,h_2^0)$ 已知时,对应于 d_2^0 的实际干燥过程状态 C_1(d_2^0,h_2')也是确定的,其位置在等湿含量线 Cd_2^0 上 C 点的下方,是等湿线 $d_2^0 =$ 常数与等热含量线 $h_2' =$ 常数两线的交点,如图 5-9 所示。连 BC_1 交等温线 t_2 于 D 点(d_2,h_2),D 点即为实际干燥过程的终点。实际干燥过程是沿 BD 线进行的。由图中可以看出,实际干燥过程终态点 D 的参数(d_2,h_2)都小于理论干燥过程终态点 C 的参数(d_2^0、h_2^0),所以,实际干燥过程的干燥介质用量和耗热量都高于理论干燥过程。

以上分析可知,在找出实际干燥过程的终态点 D 时,首先按如前所述理论干燥过程的前三个步骤找出理论干燥过程的终态点 $C(d_2^0,h_2^0 = h_1)$,在寻找 D 点的过程中关键是如何确定等热含量线 $h_2' =$ 常数。h_2' 可按式(5-34)计算得到。

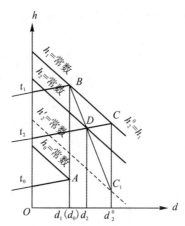

图 5-9　实际干燥过程的图解($\Delta>0$)

2.当 $\Delta<0$ 时的实际干燥过程

因为 $\Delta=m_a(h_1-h_2)$,当 $\Delta<0$ 时,$h_1<h_2$,作图过程如前所述,只是在寻找 C_1 点时应沿 d_2^0C 向上引垂线,与等 h_2' 线交于 C_1 点(d_2^0,h_2'),连 BC_1 交等温线 t_2 于 D 点(d_2,h_2),D 为实际干燥过程的终态点,如图 5-10 所示。

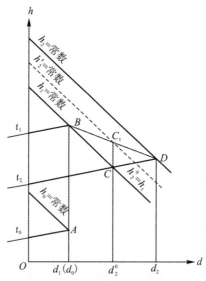

图 5-10　实际干燥过程图解($\Delta<0$)

【例 5-7】某推板式干燥器,每小时有 100 kg 湿坯进入干燥器,由相对水分 $w_{v1}=20\%$ 干燥至 $w_{v2}=2\%$,冷空气温度 $t_0=20$ ℃,相对湿度 $\varphi_0=70\%$,在预热器内加热至 $t_1=85$ ℃,出干燥器的温度 $t_2=60$ ℃,在干燥器内总热损失 $\Delta=1\,200$ kJ/kg,用 $h-d$ 图求干燥过程所需的空气量及热耗。

【解】(1)由式(5-28)得每小时蒸发水分量:

$$q_m^w=q_{m1}^s\frac{w_{v1}-w_{v2}}{100-w_{v2}}=100\times\frac{20-2}{100-2}=18.4\ \text{kg/h}$$

(2)由 $t_0=20$ ℃的等 t 线和 $\varphi_0=70\%$ 的等 φ 线在 $h-d$ 图上的交点 A(如图 5-11)可得空气在进预热器前的湿含量和热含量分别为:$d_0=0.01$ kg/kg 干空气,$h_0=45$ kJ/kg 干空气。

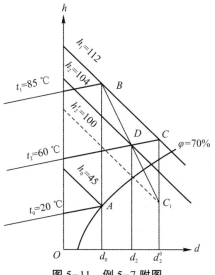

图 5-11　例 5-7 附图

（3）由 $d_0 =$ 常数的等湿线与 $t_1 = 85$ ℃ 的等温线交于 B 点 (h_1, d_0)，过 B 点作等 h 线可读得出加热器即进干燥器的空气初态参数：$d_1 = d_0 = 0.01$ kg/kg 干空气，$h_1 = 112$ kJ/kg 干空气。

（4）由 B 点的等 h_1 线与 $t_2 = 60$ ℃ 的等温线交于 C 点 (d_2^0, h_2^0)，读取 $d_2^0 = 0.02$ kg/kg 干空气，由式（5-34）求得：

$$h_2' = h_1 - \Delta(d_2^0 - d_1) = 112 - 1\ 200 \times (0.02 - 0.01) = 100 \text{ kJ/kg 干空气}$$

（5）由等热线 h_2' 与等湿线 h_2^0 交于 C_1 点 (d_2^0, h_2')，连 BC_1 交等温线 t_2 于 D 点 (d_1, h_2)，作等 h_2 线及等 d_2 线，读得 $d_2 = 0.017$ kg/kg 干空气，$h_2 = 104$ kJ/kg 干空气。

（6）空气用量。

①干空气：由式（5-29）计算通过干燥器的绝干空气质量流量（kg/h）：

$$q_{m,a}^d = \frac{q_m^w}{d_2 - d_1} = \frac{18.4}{0.017 - 0.01} = 2\ 628 \text{ kg/h}$$

由式（5-30）计算蒸发 1 kg 水需用的绝干空气量：

$$m_a = \frac{1}{d_2 - d_1} = \frac{1}{0.017 - 0.01} = 142.8 \text{ kg/kg 水}$$

②湿空气用量：

$$m_a^s = m_a(1 + d_0) = 142.8 \times (1 + 0.01) = 144.2 \text{ kg/kg 水}$$

（7）热耗 Q_a：由式（5-32）得

$$Q_a = m_a(h_2 - h_0) + \Delta = 142.8(104 - 45) + 1\ 200 = 9\ 625.2 \text{ kJ/kg 水}$$

或

$$Q_a' = Q_a q_m^w = 9\ 625.2 \times 18.4 = 17\ 710 \text{ kJ/h}$$

第四节　干燥机理

干燥机理即研究物料在干燥过程中所发生的物理、化学和机械变化，研究影响干燥速率的因素,从而确定最大安全干燥速度和最短的干燥时间。

一、物料中水分的性质

物料中的水分按与物料结合方式不同可分为三种类型,即机械结合水、物理化学结合水和化学结合水。

(一)机械结合水

物料直接与水接触而吸附的水分,存在于湿物料颗粒之间的空隙中及粗毛细管(直径大于 10^{-4} mm)中。这种水与物料结合不紧密,干燥时容易除去,又称自由水。机械结合水排除时,物料表面水蒸气分压等于其表面温度下(湿球温度)的饱和水蒸气分压。随着水分的排除,物料颗粒靠拢,产生体积收缩,其收缩的大小等于排出的水分的体积,所以又称收缩水。

(二)物理化学结合水

物理化学结合水又称大气吸附水,是由空气吸附的,与物料呈物理化学状态结合的水,被吸附于物料的微毛细管中(直径小于 10^{-4} mm 毛细管)的水分,由于与物料结合较紧密,干燥时不易排除。物理化学结合水排除时,物料表面的水蒸气分压小于同温度下的饱和水蒸气分压。对于黏土质物料,在排除大气吸附水阶段不产生收缩。

当物料表面水蒸气分压等于周围介质水蒸气分压时,水分不能够再排除,此时物料中的水分称平衡水分,属于大气吸附水,其值取决于空气的温度和相对湿度。

自由水和大气吸附水之间的关系可由图 5-12 表示。在图中与 $\varphi=1$ 相平衡的水分是大气吸附水分的最高点,超过此点即为自由水。而与 $\varphi<1$ 相平衡的水分部分属于大气吸附水,因此大气吸附水是一个总称。图中曲线为等温吸附线,在曲线左边不能进行干燥反而吸湿,只有在曲线右侧干燥过程才能进行。同时根据在某一温度下的曲线可以求出在一定相对湿度下物料中的平衡水分,即可确定在一定干燥制度下物料可能达到的最小水分。

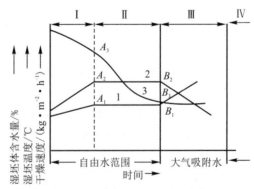

曲线1—湿坯温度与时间的关系曲线;曲线2—干燥速度与时间的关系曲线;
曲线3—湿坯水分与时间的关系曲线。

图 5-12 干燥过程曲线

(三)化学结合水

化学结合水又称结构水,通常以结晶水的形态包括在的物料的矿物分子组成中,与物料结合得最牢固,需要在较高温度下才能被排除。如高岭土($Al_2O_3 \cdot 2SiO_2 \cdot 2H_2O$)中的结晶水需要在400~500 ℃时才能被分解出来,但这已超出了干燥范围。

二、干燥过程

干燥过程既是传质过程,也是传热过程。所谓传质,就是把物质由高浓度向低浓度的方向转移的过程。正像温度差是传热推动力一样,浓度差是传质的推动力。在对流干燥中,热气体(热空气或烟气)以对流方式把热量传给物料表面,使其表面得热后,以传导方式将热传至物料内部,水分在表面蒸发,而内部水分则移向表面补充,再由表面蒸发,直至物料干燥。

(一)传热过程与扩散过程

1.传热过程

热气体通过物料表面边界层将热以对流方式传给物料表面,再以传导方式向内部传送,物料表面水分得热汽化,由液态水变为水蒸气。传热介质传给物料的热量用下式表示:

$$Q = h(t_f - t_w)A$$

可见:①提高气体温度,有利于加快对流传热。但如果坯体表面温度提高过快,易使表面水分与中心水分浓度差太大,表面受张应力,内部受压应力,坯体易开裂变形。②提高表面传热系数h。h与气体流速的0.8次方成正比,增加气体流速,可加快传热过程。③扩大传热面A。如适当稀码、变单面干燥为双面干燥等,都可加快传热过程。

2.扩散过程

扩散过程分为外扩散过程和内扩散过程。

1)外扩散过程

水蒸气通过物料表面边界层向传热介质的扩散。物料表面水蒸气的扩散与物料表面水蒸气分压及干燥介质的水蒸气分压有关,同时还与传热介质的流速、温度等因素有关。外扩散速率可用式(5-35)表示:

$$v_e = 1.1 \frac{h}{c\rho}(t - t_w) \tag{5-35}$$

式中, t——干燥介质的温度,℃;

t_w——坯体表面的温度或干燥介质的湿球温度,℃;

c——干燥介质在t_w温度下的比热容,kJ/(kg·K);

ρ——干燥介质在t_w温度下的体积质量,kg/m³;

h——干燥介质与物料表面间的表面换热系数,kJ/(m²·K)。

由式(5-35)可见:外扩散速率与表面换热系数成正比。所以,增加气体流速,减薄边界层厚度,对外扩散过程是有利的,可大大加快干燥速率。

2）内扩散过程

水分自物料内部向表面的扩散过程。内扩散包括湿扩散(湿传导)和热扩散(热湿传导)。

（1）湿扩散：由于坯体内存在湿度梯度(水分浓度梯度)而引起的水分移动称为湿扩散。水分自物料内部移动到表面主要靠扩散渗透力和毛细管力的作用。在水分多时，主要靠液体状态进行扩散；在水分少时，以蒸气状态进行扩散。湿扩散率的大小除与物料性质有关外，还与其形状有关。实践证明，湿扩散速率与坯体厚度成反比，减薄厚度可提高干燥速率。在坯体尺寸一定时，变单面干燥为双面干燥有利于干燥速率的提高。

（2）热扩散：由于坯体内存在温度梯度而引起水分的移动，称为热扩散(或热湿传导)。引起水分移动的原因：①分子动能不同，温度高处的水分动能大于低温处水分动能，使水分由高温向低温处移动；②毛细管内水的表面张力不同，毛细管高温端水的表面张力大于低温端，造成毛细管内的水分由高温端向低温端移动。

在对流干燥中，物料表面温度高于内部温度，而表面水分浓度小于中心水分浓度，此时热扩散方向与湿扩散方向相反，由湿扩散引起的水分移动方向为由中心至表面，而由热扩散引起的水分移动方向则是由表面至中心，由于水分最终要向水分含量减少的方向移动，所以，热扩散将成为阻碍因素。因此，若使物料中心温度高于物料表面温度，使热扩散与湿扩散方向一致，将大大加快干燥速率。如内热源法有利于提高内扩散速率。

（二）干燥阶段

在干燥条件稳定的情况下，设干燥介质的温度 t、相对湿度 φ 和流速 v 均保持一定，物料在此介质中的干燥过程如图5-12所示。整个干燥过程可分为四个阶段：

1.加热阶段

这一阶段也叫升温阶段。坯体表面被加热升温，水分在表面不断蒸发，直到表面温度达到干燥介质的湿球温度 t_w 时，物料吸收的热量与蒸发水分所消耗的热量达到动态平衡，则干燥过程进入等速阶段。由于此阶段时间很短，所以水分排出量不多。

2.等速干燥阶段

此阶段内，干燥介质的参数保持不变，水分由坯体内部迁移到表面的内扩散速度与表面水分蒸发扩散到介质中去的外扩散速度相等，水分源源不断地由内部向表面移动，表面维持润湿状态，坯体表面水分的蒸发过程如同自由液面上水的蒸发一样，其水蒸气分压等于湿球温度下的饱和水蒸气分压，坯体表面温度等于干燥介质湿球温度，干燥速度取决于水蒸气的外扩散速度，故又称外扩散控制阶段。在等速干燥阶段，随着自由水的排除，坯体发生收缩并产生应力。图5-12中 B 点表示坯体表面自由水不再维持为连续的水膜，自由水开始逐渐消失，坯体表面的水蒸气压低于介质湿球温度下的饱和水蒸气压，对应于 B 点的坯体绝对水分 w_u 称为临界水分，此时坯体表面的水分为大气吸附水，而内部仍为自由水，所以临界水分总是大于大气的吸附水。

3.降速干燥阶段

B 点以后即进入降速干燥阶段，该阶段是大气吸附水排除阶段，此时因坯体中水分减少，内扩散速度小于外扩散速度，以致坯体表面不再维持连续的水膜，个别部分不出现干斑点，表面水蒸气分压低于同温度下水的饱和蒸汽压，干燥速度受内扩散速率的限制，故又称为内扩散控制阶段。降速干燥阶段因坯体表面水分逐渐减少，水分蒸发所需的热量也逐渐减少,以致物料表面温度逐渐升高,干燥速度逐渐下降为零,干燥过程终止,此时坯体的绝对水分即为平衡水分,此阶段坯体略有收缩,但不会产生干燥收缩应力,干燥过程进入安全状态。

4.平衡阶段

当坯体干燥到表面水分达到平衡水分时,干燥过程达到平衡阶段,此时坯体内的水分称平衡水分,又叫干燥最终水分。磨具一般控制在0.4%以下。坯体的最终水分与外界空气湿度有关,干燥后的坯体在空气中放置一段时间后,与空气中的水分成平衡状态,因此,干燥的最终水分不会低于平衡水分。

在干燥的四个阶段中,只有在等速干燥阶段坯体发生明显的体积收缩并产生较大的收缩应力,所以,所谓加快干燥速率,是在保证坯体不产生干燥缺陷的情况下尽可能加快等速干燥阶段干燥速率,即加快传热和扩散过程。

第五节　干燥方法与干燥设备

工业干燥方法按操作方式的连续性分为间歇式干燥和连续式干燥;按热源的不同可分为热气体(热空气或热烟气)干燥、电热干燥等。随着科技的发展,高频干燥、微波干燥及红外干燥等新的干燥技术也逐渐广泛用于各行业。不同的干燥方法需要不同的干燥设备。

一、热气体干燥

利用未被水蒸气饱和的热气体对流传热作用,将热量传给坯体,使其水分蒸发而干燥的方法。坯体在干燥过程中,由于沿厚度的湿度差,水分从内部向外部扩散,而对流干燥时坯体表面温度高于中心温度,一部分在热湿传导性的影响下向内部移动,从而阻碍了水分的表面扩散,产生极大的湿度差。

根据干燥设备不同可分为箱式干燥、室式干燥、隧道式干燥、喷雾干燥、链式干燥及热泵干燥等。下面仅简单介绍磨具工业应用较多的几种热气体干燥设备。

(一)箱式煤气干燥

图5-13是箱式煤气干燥炉示意图。它是利用煤气经煤气管在燃烧室内燃烧,加热器将空气加热而上升,由风机将热空气送往循环间,经滑板鱼鳞板到炉内,湿坯吸热后将水分蒸发,经废气烟囱排出水分。热空气降温后有一部分从废气烟囱排出,还有一部分经加热器又回到循环间,这样反复循环使坯体干燥。其特点是干燥缓和,间歇式操作,比较灵活,对于不同类型的坯体可以采用不同的干燥制度。同时也存在干燥周期长、干燥制度不易控制、劳动强度大等缺点。

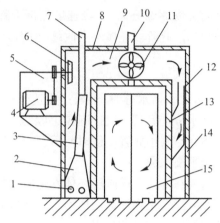

1—煤气管;2—燃烧室;3—加热器;4—电动机;5—电动机支架;6—风扇;7—废气烟囱;8—炉顶;9—循环间;10—潮气烟囱;11—花眼;12—滑板;13—鱼鳞板;14—炉墙;15—炉门。

图 5-13　箱式煤气干燥炉示意图

(二)隧道式热风干燥炉

隧道式热风干燥炉类同隧道窑。装好坯体的载车依次连续经推车装置推入窑内,逐步经过低温、中温,到最高干燥温度,然后由最高干燥温度冷却到规定温度出窑,经卸车后送入窑前加工或送到烧成区域装车烧成。为保证砂轮的干燥制度,在炉长方向上设有多个测温和控温点。

隧道式干燥炉可采用隧道窑的余热进行干燥,适用于产量较大的磨具企业,有单轨道的,也有多轨道的。图 5-14 是常用的五通道隧道式余热干燥炉示意图,可适应于不同磨具坯体的干燥。将干燥制度相近的坯体装入同一通道,每个通道设有独立的温度调节系统,可按干燥制度要求,实现按曲线从低温到最高干燥温度的实现。

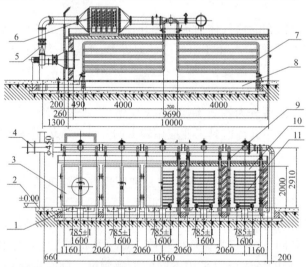

1—炉内轨道;2—基础;3—炉门;4—总余热热风管道;5—循环风系统;6—辅助电加热装置;7—炉内加热管道;8—地下排湿排烟烟道;9—炉内垂直管道;10—炉内干燥室;11—炉内坯车。

图 5-14　五通道隧道式余热干燥炉结构图

另外,干燥炉的热源可采用烧成隧道窑或抽屉窑的余热。由于干燥炉内可采用直接送热与间接换热相结合的干燥方式,所以可采用窑炉烧成阶段和冷却阶段的余热,对利用抽屉窑的余热很合适。余热的利用可降低制品的生产成本。理论计算和实践证明,陶瓷磨具烧成窑的余热能量完全能够满足与烧成窑生产能力一致的坯体的干燥。多通道余热干燥炉能适应大规格和细粒度及有干燥特殊要求的砂轮。

为解决特殊情况下的磨具干燥热能供应,余热干燥炉设有辅助热源,辅助热源可采用电能、燃气等。

由于装有湿坯的小车在轨道上移动,移动方向与载热体流动方向相反,入炉的坯体是被已冷却的而且相对湿度较高的载热体预热,所以,干燥条件是缓和的,而在出口端坯体中水分已排除,此时与湿度低而温度高的载热体接触使干燥速度加快,且不易产生开裂。隧道式干燥的特点是基本适应了干燥过程四个阶段的要求,干燥制度合理,便于实现自动控制,热利用率较高,干燥效果稳定,劳动强度低。

(三)喷雾干燥

喷雾干燥是系统化技术应用于物料干燥的一种方法。图 5-15 是常用的喷雾干燥器结构示意图,空气经过滤和加热,进入干燥器顶部空气分配器,热空气呈螺旋状均匀地进入干燥室。料液经塔体顶部的高速离心雾化器,(旋转)喷雾成极细微的雾状液珠,与热空气并流接触在极短的时间内可干燥为成品。成品连续地由干燥塔底部和旋风分离器中输出,废气由引风机排空。

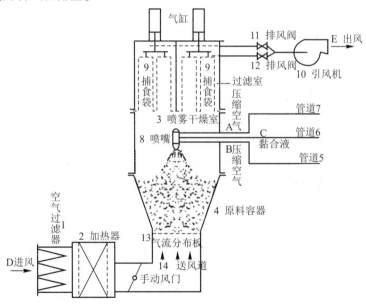

图 5-15　喷雾干燥器结构示意图

喷雾干燥的特点:干燥过程非常迅速,可直接干燥成粉末,易改变干燥条件,调整产品质量标准;由于瞬间蒸发,设备材料选择要求不严格;干燥室有一定负压,保证了生产中的卫生条件,避免粉尘在车间内飞扬,提高产品纯度;生产效率高,操作人员少;设备较复杂,占地面积大,一次投资大;雾化器,粉末回收装置价格较高;需要空气量多,增加鼓风机的电能消耗与回收装置的容量;热效率不高,热消耗大。

二、工频电干燥

将被干燥坯体两端加上电压,通过交变电流,湿坯就相当于电阻并联于电路中,当工频电通过时,由于水分子的导电性及随交流电场发生的极性转换的滞后现象,电能转变为热能,使坯体受热而得到干燥。这种干燥方法是一种内热式干燥法,热湿扩散方向一致,使坯体干燥速度较快。坯体中,含水率高的部位电阻较小,通过电流多,干燥得快;含水率低的部位通过的电流少,干燥得慢。所以,将厚度不均匀的坯体进行工频干燥时,通过这种自动平衡作用可使坯体含水率在传递过程中均匀化分布。

工频电干燥由于对坯体端面间的整个厚度同时进行加热,热扩散与湿扩散方向一致,干燥速度较快,适宜于含水率较高的高厚坯体的干燥。

三、辐射干燥

辐射干燥分为高频干燥、微波干燥和红外线干燥几种方法。

(一)高频干燥

高频干燥是将待干燥的湿坯置于高频电场(或相应频率的电磁波)中,周期变化的高频电场使坯体内的分子、电子及离子发生振动产生极化,由于极化的滞后现象产生分子摩擦而发热;同时湿坯中的离子随交变电场而发生有限位移,形成旋涡状短路电流,这种电流也转变产生热能使水分受热而得到蒸发。当湿坯含水量多时,介电损耗较大,电阻较小,产生的热能就多,干燥速度较快。同时,电磁波频率越高,其辐射能也越大,干燥速率也越快。采用高频干燥时,坯体内外同时加热,而且由于坯体表面水分蒸发而使其湿度低于内部,造成了湿扩散和热扩散方向一致,加快了干燥速度。

高频干燥虽然干燥速度较快,但由于坯体内湿度梯度较小,干燥过程中不会产生变形和开裂,所以适用于形状复杂而壁厚坯体的干燥。在干燥后期,由于水分下降,电阻变大,要继续排出水分则需极大的能量,故在干燥后期不宜采用此法,最好和其他干燥方法联合使用。

(二)微波干燥

微波是介于红外线和无线电波之间的一种电磁波,波长在1~1 000 mm 范围内,频率为300~300 000 MHz,微波加热原理基于微波与物质相互作用吸收而产生的热效应。微波的特点是对于良导体能产生全反射而很少被吸收,而对于不良导体只在表面发生部分反射,其余全部透热,因此,大多数含水物质都能吸收微波而被加热。

在实际使用时,利用微波易被金属反射的特点,可采用金属板防护屏,避免微波对人体的伤害和对周围电子设备的干扰。图5-16是陶瓷坯体带膜在微波干燥器中干燥的结构示意图。

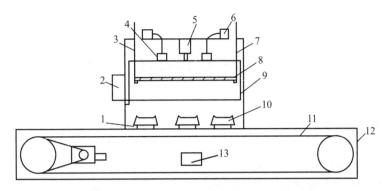

1—石膏模;2—控制箱;3—韧性绳索;4—微波源;5—液压起重器;6—磁控管电源;7—干燥器主壳体;8—隔板;9—托架;10—坯体;11—运输带;12—金属框架;13—液压动力源。

图 5-16 微波干燥器结构示意图

微波干燥的特点是干燥速度快而均匀,热效率高,对被加热的物质有选择性,设备体积小,便于控制等。

(三)红外线干燥

红外线干燥是利用红外线辐射元件发出的近红外线、中红外线和远红外线被加热物体所吸收,直接转变为热能而达到加热干燥目的的干燥方法。

红外线的波长范围为 $0.75 \sim 1\,000\ \mu m$,是一种介于可见光和微波之间的电磁波。波长在 $0.72 \sim 1.5\ \mu m$ 的称为近红外线,波长在 $1.5 \sim 5.6\ \mu m$ 的称为中红外线,波长在 $5.6 \sim 1\,000\ \mu m$ 的称为远红外线。红外线干燥仅适合于对红外线敏感的物质,在其强烈吸收的波长区域内有效。像水分子等极性分子在远红外线区有很宽的吸收带,其波长分别为 $3\ \mu m$ 处、$5 \sim 7\ \mu m$ 处、$14 \sim 16\ \mu m$ 处都有强烈的吸收峰,如图 5-17 所示。从图中可以看出,水分在远红外区域有很宽的吸收带,而在近红外区的吸收带较窄。因此,采用波长在 $2.5 \sim 15\ \mu m$ 的远红外线进行湿坯干燥是极为有效的。

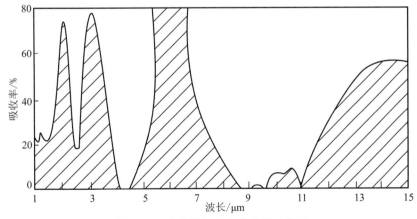

图 5-17 水分的红外吸收光谱示意图

红外线干燥时辐射与干燥几乎同时开始,无明显的预热阶段,因此效率很高,能耗较小;并且热湿传导方向一致,坯体受热均匀,不易产生缺陷。适合于较薄的湿坯干燥,但对高厚坯体干燥效果不显著。

思考题和习题

◆ **思考题**

1.对于未饱和空气,湿球温度、露点温度和干球温度哪个大?对于饱和空气呢?

2.为什么阴雨天洗的衣服不易干?

3.为什么冬季室内供暖时,空气干燥?

4.要确定湿空气的状态,必须知道哪几个独立的状态参数?为什么?

5.在相同压力和温度下,湿空气和干空气的密度哪个大?为什么?

6.绝对湿度的大小能否说明湿空气的干燥或潮湿的程度?

7.同一地区,阴雨天的大气压为什么比晴朗天的大气压力低?

◆ **习题**

1.已知湿空气 $t=20\ ℃$,$\varphi=70\%$,求 h、d、p_w 和 t_d。

2.已知湿空气的总压力 $p=0.1\ MPa$,温度 $t=27\ ℃$,其中水蒸气的分压 $p_w=0.002\ 83\ MPa$。求该湿空气的湿含量 d、相对湿度 φ、绝对湿度 ρ_w 及热含量 h。

3.某坯体在逆流式隧道干燥器中进行干燥,进料量为 1 000 kg/h,坯体最初的相对水分 $w_{v1}=6\%$,干燥后的相对水分 $w_{v2}=1.5\%$;用空气作为干燥介质,空气初温为 15 ℃ ,初湿含量为 0.008 kg/kg 干空气;进干燥器的空气温度为 140 ℃ ,出干燥器废气的相对湿度为 60% ,$\Delta=-3\ 188\ kJ/kg$ 水;大气压为 99 325 Pa(745 mmHg)。求:

(1)每小时水分蒸发量;

(2)每小时干空气用量;

(3)每小时的热耗。

第六章
窑炉工程应用

在无机材料制品生产过程中,烧成是一道重要的工序。常见的烧成设备(窑炉)有两大类。一类是连续式窑炉,如隧道窑、辊道窑及推板窑等;另一类是间歇式窑炉,如倒焰窑、梭式窑、钟罩窑等。连续式窑炉的主要优点是产量大,燃料消耗低,热效率高及劳动条件好;缺点是基建投资大,热工制度不易经常调节,钢材用量及附属设备较多,故多用于产量大、品种单一的产品。间歇式窑炉的主要优点是热工制度易调整,灵活性大,占地面积小,基建投资小;缺点是热效率低,单位产品耗能多。

窑炉的发展经历了从古代窑炉、近代窑炉到现代窑炉的发展过程。现代窑炉在燃料、筑炉材料、燃烧系统、测控系统及附属设备上都有鲜明的特点,热工性能优于旧式窑炉,有了质的飞跃。现代窑炉的发展也有力促进了无机非金属材料的技术进步,无机非金属材料的技术进步又促进了现代窑炉的发展,两者之间相辅相成。

无机材料制品"热加工过程"进行中各种条件的总和称为"热工制度",主要包括温度随时间的变化过程和热工设备内气氛组成随时间或温度的变化过程。热工设备内的传热、流体状态特征以及压力条件等,也是热工制度的组成部分。无机材料制品的"热加工过程"主要指干燥和烧成,其热工制度分别指干燥制度和烧成制度。

无机材料制品的最佳热工制度是使坯体在最佳的热工参数条件下获得最适宜性质的一种热工制度。它不仅由无机材料制品坯料的组成所确定,还受到产品的规格尺寸和形状,坯料制备与成型方法,窑炉类型,装窑方式,使用的燃料及燃烧系统,制品的传热传质过程等因素的影响。无机材料制品生产中的热工制度主要通过温度制度、气氛制度和压力制度来实现,其中压力制度是温度制度和气氛制度的保证。

无机材料制品最佳热工制度的研究方法主要有两大类:一类是用理论计算法求出最佳温度曲线;另一类是在理论基础上用实验及测定的方法来得出适宜的最佳温度曲线。由于热工过程中影响因素很多,理论计算法需建立相当全面的物性参数数据库,工作量及难度都很大。在理论基础上的实验及测定是国内外普遍采用的方法。

第一节　无机材料制品干燥制度

一、无机材料制品干燥制度

无机材料制品的干燥制度是根据坯料性质、坯体规格、坯体结构和湿度、坯体的装放方式、干燥介质的性质和干燥设备结构等综合因素来制订的产品特定的干燥参数的集合,主要包括干燥温度制度和干燥介质环境参数要求。

以陶瓷磨具为例,磨具坯体的干燥过程是将湿坯内的水分蒸发排除的过程。干燥排除的水分主要是自由水和大气吸附水。压制成型的磨具湿坯水分为3%左右,水浇注成型的磨具湿坯水分为15%~18%(脱模后入干燥窑的水分)。湿坯干燥过程中,经过升温阶段,等速干燥阶段,降速干燥阶段和平衡阶段,湿坯发生传热和传质过程,水分干燥至0.4%以下才能入窑烧成。由于水分排除时产品产生收缩应力,干燥过程控制不当会导致坯体出现变形和裂纹等缺陷。

陶瓷磨具干燥制度的确定包括干燥温度制度和干燥介质环境参数的确定。干燥温度制度包括最高温度和干燥升温曲线。干燥介质环境参数包括干燥介质种类,干燥介质的湿度和供给温度,干燥介质在干燥设备中的流速和分布及干燥介质废气的排出参数要求。

干燥曲线是指坯体在各个干燥阶段中所规定的干燥速度(干燥温度与干燥时间的函数),可通过介质的温度、湿度、升温速度来控制。干燥介质的温度和湿度是影响坯体外扩散速度的主要因素之一。在陶瓷磨具生产中应用最多的干燥介质是热空气。由于磨具的外径、厚度、孔径、粒度、湿润剂、黏结剂和结合剂的量及组成等不同,在干燥过程中传热速率,表面水分蒸发速度和内部水分扩散速度也不同,需要采用不同的干燥升温曲线。升温曲线中最高干燥温度的确定还应考虑成型方法和干燥时间等因素的影响,以保证坯体干燥后含水率在0.4%以下。以糊精为湿润剂的湿坯最高干燥温度一般在130~140℃;以水玻璃为湿润剂的湿坯最高干燥温度也可确定在130~140℃,但在60~80℃干燥干坯强度最高;高厚度砂轮湿坯最高干燥温度一般在130℃;水浇注砂轮湿坯的最高干燥温度一般在70℃;小尺寸、粗粒度砂轮湿坯最高干燥温度采用140℃。常用的陶瓷磨具干燥制度举例如下:

1.7 h 干燥曲线(表6-1)

适于各种材质磨料,粒度在F120及以粗,外径≤500 mm,厚度≤50 mm的砂轮。干燥介质为热空气或窑炉余热烟气,气流速度≤3 m/s。

表6-1　7 h 干燥曲线

累计时间/h	~3	4~7
达到温度/℃	140	140
升温速度/(℃/h)	自由升温	保温

2.15 h 干燥曲线(表6-2)

适于各种材质磨料,粒度在 F120 及以细,外径≤500 mm,厚度≤50 mm 的砂轮;粒度在 F120 及以粗,外径 600~750 mm,厚度≤75 mm 的砂轮。干燥介质为热空气或窑炉余热烟气,气流速度≤2 m/s。

表6-2　15 h 干燥曲线

累计时间/h	1	3	7	9	11	15
达到温度/℃	60	80	80	100	140	140
升温速度/(℃/h)	40	10	0	10	20	保温

3.20 h 干燥曲线(表6-3)

适于各种材质磨料,粒度在 F120 及以细,外径 350~500 mm,厚度≤200 mm 的砂轮;外径 600~750 mm,厚度≤75 mm 的砂轮。干燥介质为热空气或窑炉余热烟气,气流速度≤1 m/s。

表6-3　20 h 干燥曲线

累计时间/h	1	2	4	11	16	20
达到温度/℃	40	60	80	80	130	130
升温速度/(℃/h)	—	20	10	0	10	保温

4.60 h 干燥曲线(表6-4)

适于各种材质磨料。外径 600 mm,厚度 510 mm 的砂轮;外径 750 mm,厚度 300 mm 以上的砂轮。干燥介质为热空气或窑炉余热烟气,气流速度≤1 m/s。入干燥炉前在 40~45 ℃要预干燥。

表6-4　60 h 干燥曲线

累计时间/h	1	4	10	12	27	32	60
达到温度/℃	30	60	60	80	80	130	130
升温速度/(℃/h)	10	10	0	10	10	10	0

5.水浇注砂轮干燥曲线(表6-5)

干燥介质为热空气或窑炉余热烟气,气流速度≤1 m/s,控制炉内湿度。采用低温或恒温干燥,自由升至 70 ℃,按成品的厚度确定保温时间。

表6-5　水浇注砂轮干燥曲线

成品厚度/mm	≤13	≤32	≤50	>50
保温时间/h	70	100	166	干透为止

6.磨钢球砂轮干燥曲线(表6-6)

入干燥炉前在 40 ℃预干燥 2~3 天。干燥介质为热空气或窑炉余热烟气,气流速度≤1 m/s,控制炉内湿度。

表 6-6 磨钢球砂轮干燥曲线

累计时间/h	1	5	33	37	45	49	60
达到温度/℃	40	60	60	80	80	100	100
升温速度/(℃/h)	—	5	0	5	0	5	保温

二、无机材料制品干燥设备

生产中使用的干燥设备,分为连续式干燥设备和间歇式干燥设备。

国内使用的连续式干燥炉主要是隧道式干燥炉,使用的热源为隧道窑余热,燃煤气或使用蒸汽换热。连续式干燥炉干燥制度稳定,适于干燥批量大,干燥制度相近的产品,尤其是中小尺寸产品。

使用的间歇式干燥设备,主要有箱式煤气干燥炉、室式蒸汽换热干燥炉、多通道室式余热干燥炉。间歇式干燥设备干燥制度随需干燥的产品而变化,大规格及有干燥特殊要求的产品尤其适于在间歇炉内干燥。常用的干燥设备参见第五章第五节内容。

第二节 无机材料制品焙烧过程中的物理化学变化及烧成制度的确定

一、无机材料制品在焙烧过程中的物理化学变化

(一)升温阶段

1.低温阶段(室温~300 ℃)

这一阶段主要是排除干燥后残余水分,一是在混料工序中所加入的水分,存在于坯体的毛细管中,称为自由水;二是干燥后的坯体吸附空气中的水分,称为吸附水。坯体在该阶段升温为一综合的传热传质过程,坯体受热后,表面水分蒸发,在坯体内外形成水分的浓度差,使坯体内部水分向表面不断扩散。当温度高于 120 ℃时,坯体中的水分发生强烈汽化,产生较大的蒸气压,此时的坯体最容易开裂。这一阶段控制坯体入窑水分,加强通风和保持适当的升温速度是关键。这一阶段所发生的变化纯系物理现象。该阶段坯体强度很低。

2.分解氧化阶段(300~850 ℃)

1)黏土类矿物排除结晶水

包含在矿物分子结构内的水分叫结晶水或结构水。坯体中含结晶水的矿物主要是黏土。当坯体温度达到 400 ℃以上时,黏土矿物的结晶水开始排出,并随着温度的升高而激烈进行,到 800 ℃时结晶水脱完。黏土矿物因其类型,结晶完全程度及颗粒度不同,

脱去结构水的温度也稍有差别。

结晶不良的高岭石要延迟到 750~800 ℃ 才脱完结晶水。某些黏土矿物随着升温速度的提高,最后的一些结构水甚至到 1 000 ℃ 才排完。黏土脱水后,晶体结构被破坏,黏土失去可塑性。

2)结合剂的碳化及燃尽

坯体中作为润湿剂或临时结合剂的糊精液等有机物质,在 150℃ 时开始分解成碳,在 400~600 ℃ 氧化燃尽,碳和有机物的燃尽通过扩散的方式完成,通过排除水分的同一通道,热量和氧分子扩散进入坯体,而一氧化碳及二氧化碳必须扩散出来,这些过程须在结合剂开始烧结前完成,否则未完全氧化的碳素易沉积在坯体中形成渗碳。

3)黏土中硫化物、碳素及有机物的氧化及碳酸盐的分解

$$MgCO_3 \xrightarrow{500 \sim 850 \text{ ℃}} MgO + CO_2 \uparrow$$

$$CaCO_3 \xrightarrow{550 \sim 800 \text{ ℃}} CaO + CO_2 \uparrow$$

$$4FeS + 7O_2 \xrightarrow{500 \sim 800 \text{ ℃}} 2Fe_2O_3 + 4SO_2 \uparrow$$

$$4FeCO_3 + O_2 \xrightarrow{800 \text{ ℃}} 2Fe_2O_3 + 4CO_2 \uparrow$$

$$C + O_2 \xrightarrow{350 \text{ ℃ 以上}} CO_2 \uparrow$$

$$C_{碳素} + O_2 \xrightarrow{600 \text{ ℃ 以上}} CO_2 \uparrow$$

4)石英的晶型转变

$$\beta - 石英 \xrightarrow{573 \text{ ℃ 以上}} \alpha - 石英 + 0.82\% \text{(膨胀)}$$

石英在 573 ℃ 的晶型转变,使坯体体积膨胀 0.82%,而且转变速度较快(1~2 min),又是在干状态下发生的,所以坯体在此阶段易开裂。

5)水玻璃、硼玻璃的熔融

作为磨具坯体临时结合剂的水玻璃,在 650 ℃ 时开始熔融,数量虽少但催熔作用较大,使共熔温度下降,在 793 ℃ 时完全熔融。

硼玻璃在 700~800 ℃ 开始熔融。所以,结合剂含有硼玻璃的磨具,热膨胀系数较大,在 500~600 ℃ 之间有一突然膨胀高峰,如升温过快,磨具将产生裂纹。

在 300~850 ℃ 阶段,磨具坯体机械强度较低,易产生开裂等缺陷。在该阶段控制适宜的升温速率,氧化气氛(烟气中含氧量在 4%~10%)是保证磨具制品正常烧成的关键因素。

3.高温阶段(850 ℃ ~ 最高烧成温度)

在高温阶段磨具坯体逐步烧结,形成磨具的组织结构。烧结就是细颗粒组成的固体物料体系,在高温作用下结合成一个致密体的过程。这个过程的推动力是系统物料颗粒的表面能。烧结有两种情况,或是在无液相情况下进行(单组分坯料烧结),或是在有熔体情况下进行(多组分坯料烧结),磨具的烧成属于后者。有液相参与的烧结,推动力是浸润固体粒子的熔体表面张力。

整个烧结过程大体分为两个阶段:第一阶段,以颗粒集团中的原始连通孔隙转变成封闭孔隙;第二阶段为孔隙的不断缩小。影响烧结速度的因素,主要是物质的组成,其次是物质的粒度,粒度越细表面积越大,烧结的推动力也就越大。烧结速度还显著地取决

于温度,温度升高,原子或离子的活性增大,从而利于体积扩散。此外,添加剂、气氛、晶型转变等,对烧结速度也有影响。烧结过程中伴随有化学反应,并影响烧结的过程。

1)高温阶段的化学反应

(1)未脱完结晶水的部分黏土矿物在1 000 ℃前,继续排除结晶水;

(2)坯体中的铁化合物进行分解和还原;

(3)黏土矿物分解出无定形 Al_2O_3 和 SiO_2,在950 ℃左右开始转变为 $\gamma - Al_2O_3$,1 100 ℃以上时生成莫来石。结合剂中有滑石时,高温下与黏土反应生成堇青石。

2)磨具的烧结

在高温阶段,结合剂的化学组成及烧成条件决定着磨具的烧结。根据陶瓷磨具种类的不同,所选用的结合剂配方也不相同,因而各类结合剂的化学组成也不相同。

生产中常用的陶瓷磨具结合剂中,黏土及石英为难熔物质,作为助熔物质的有长石、滑石、硼玻璃及水玻璃等,这些助熔物质带入了 K_2O、Na_2O、MgO、CaO 及 B_2O_3 等,对结合剂起促熔作用。

850 ℃以后,助熔物质生成的液相随温度的升高逐渐增多。长石熔化后,熔体中的钾、钠离子向黏土物质扩散形成少量熔质,从而促进黏土分解形成莫来石。含黏土-长石-石英组成的结合剂是陶瓷磨具的基本型结合剂,其主要化学组成构成以 $K_2O-Al_2O_3-SiO_2$ 为主的三元系统。烧熔结合剂在1 200 ℃已成为光滑的玻璃相,有的晶体表面开始熔融,晶体轮廓开始模糊,原来无规则的气孔,在表面张力的作用下,变为圆形的封闭气孔。温度继续上升,一部分残留晶体数量明显减少。同时由于液相量不断增加,液相黏度逐渐降低,结合剂上的小气孔不断发生迁移、合并,使气孔逐渐减少,达到烧成温度时,只存在残留晶体,玻璃相连成一片成为基质,以大小不等的面积出现,包围着磨粒。以上主要指烧熔结合剂的变化过程。烧结结合剂仅出现少量的液相量。

含有硼玻璃的结合剂,是一种强催熔剂,均为烧熔结合剂,流动性好,高温催熔性强,高温阶段能使结合剂形成较高强度的玻璃网络,均匀地分布于磨粒间形成结合剂桥,使磨粒与结合剂结合强度提高。在形成的矿物组成上,与黏土-长石类结合剂相似。

含有滑石的结合剂,在高温阶段,结合剂各组分的反应还生成镁铁橄榄石、顽火辉石和堇青石。当磨料中的含铁杂质被氧化成 FeO 后,Fe^{2+} 进入堇青石内生成置换固溶体,变成青绿色的铁镁堇青石,有解决磨具发红问题的效果。

其他各类结合剂也依据其组分的化学组成体系进行相似的物理化学反应。

在结合剂高温反应的同时,结合剂产生的液相包围着磨料并与之发生反应。

对于刚玉磨具,由于结合剂的液相产生及对磨粒的湿润,磨粒表面被熔融,反应能力大。刚玉颗粒与结合剂的化学反应促使结合剂中 Al_2O_3 含量增加,液相黏度也逐步提高。这样又会使刚玉的溶解速度逐渐降低。随着温度的升高,液相黏度降低,刚玉的熔解速度又会增大,有可能导致磨具高温烧成时变形。因此,要适当控制磨具的升温速度。在熔解过程中,化学反应速度以及液相质点对晶体表面质点的作用均比扩散速度大得多。整个熔解过程速度仍由扩散速度所控制。棕刚玉磨料中含有较多杂质,这些杂质随着磨料表面被熔蚀而进入结合剂内。各种钛的氧化物和 TiN,经转化、扩散和析晶,最后形成稳定的金红石(TiO_2)晶体。还有少量铁钛合金,铁钛合金在其周围的结合剂内,充满了被氧化后的赤铁矿、磁铁矿和金红石等。白刚玉磨料杂质少,结合剂桥中无此类晶体存在。熔融结合剂磨具中,刚玉颗粒与结合剂液相接触处构成"反应带"中,生成硅酸盐矿物,结合剂中 Al_2O_3 成分增加,磨料与结合剂形成牢固的化学结合,大大提高了磨具的机械强度。而烧结结合剂刚玉磨具,结合剂与磨粒间由于液相较少,反应较弱,磨粒与结合剂的结合属"机械镶嵌的结合",因而,其磨具机械强度要低于烧熔结合剂磨具。

对于碳化硅磨具,磨料与结合剂几乎不起反应,仅发生磨料表面被氧化成 SiO_2 薄膜的反应。碳化硅磨粒分解温度均在 2 000 ℃ 以上,但在 O_2、H_2O 等气体介质中,在 600 ℃ 时颗粒表面就发生分解与氧化反应。反应在碳化硅磨粒表面形成一层 SiO_2 保护薄膜,阻止 SiC 继续氧化。碳化硅磨粒的分解仅在表面进行。当没有足够的氧气使 C 及 Si 充分氧化,则碳附着在颗粒的表面,使磨具产生"黑心"。烧结结合剂的少量液相与碳化硅磨粒只进行微弱的反应,构成"镶嵌状的结合"。而烧熔结合剂的大量液相包围着磨料颗粒,一方面与表面的 SiO_2 薄膜反应形成硅酸铝层,另一方面使氧气很难进入,颗粒的分解产物"碳"不易被氧化使磨具成"黑心",这也是碳化硅磨具多采用烧结结合剂的原因。碳化硅磨粒随温度的升高分解反应逐步加剧,在 1 200~1 300 ℃ 分解反应最激烈,被视为产生黑心的危险时期。碳化硅磨具热传导性好,膨胀系数较小,可以较快升温。碳化硅磨具在 800 ℃ 以上烧成过程中表现为增重现象。增重是由于在一定温度下,磨料产生的分解、氧化作用,生成了 SiO_2 及 CO_2。CO_2 逸出,根据化学反应计算,一个分子 SiC 生成一个 SiO_2,其重量增加 50%,增重率与反应速率成正比。

根据结合剂成分和磨料成分的差异,陶瓷磨具显微结构不完全相同,磨具的组织和性能也有所不同。常见矿物成分包括:莫来石、尖晶石、堇青石、金红石、钙斜长石、赤铁矿、磁铁矿、锐铁矿及斜长石。

高温阶段的最高温度称为磨具的烧成温度。它由结合剂的化学成分及烧成条件所决定。结合剂的化学组成决定着结合剂的烧结温度及烧结范围。结合剂气孔率趋于最低、体积收缩趋于最小时的温度,为结合剂的烧结温度。如再升温到某一温度,结合剂物料软化,气孔率又开始增加时的温度为软化温度。烧结温度到软化温度的间隔称为烧结范围。烧结范围宽有利于控制磨具的烧成质量。陶瓷磨具在烧成温度下烧成才能使产品获得所需的强度、硬度、外观等质量特性。我国陶瓷磨具的烧成温度一般在 1 250~1 350 ℃ 范围内。

(二)保温阶段

在烧成温度下,进行一定时间的保温,使窑内各部位及磨具内外的温度趋于一致。并继续高温阶段的物理化学反应,玻璃相熔融均化,生成的新结晶相及残余的未熔化颗粒,得到进一步扩散和反应,结合剂中残留气体尽可能排除掉,固液相之间共熔趋于平衡,磨具的质量达到均一。

保温时间的长短与磨具的规格及窑炉的温度场状况有关。保温时间一般占总加热时间的 5%~15%。保温时间过长,一方面使燃料消耗增加,产品成本上升;另一方面还可能造成产品的过烧。有关研究表明,保温从 4 小时增长至 16 小时,磨具的反应能力只增长 1%。对于刚玉磨具,长时间的高火保温有可能使含硼结合剂磨具中的 B_2O_3 蒸发至表面,使表面硬度下降,影响砂轮边角部的把持力。对于粗粒度碳化硅磨具,则增加了形成黑心的可能性。

磨具的高温烧结性能与烧成温度和保温时间有密切关系。在烧成温度范围内,可采用较高烧成温度以较短的保温时间烧成方式,即高温快烧工艺。也可采用较低烧成温度以较长保温时间的方式,即低温慢烧工艺。二者可取得相近的烧成效果。一般来讲,前者比后者节能。

(三)冷却阶段

1.急冷阶段(保温结束~800 ℃)

磨具经保温后应进行冷却。陶瓷结合剂一般在 800 ℃ 时由塑性状态转变为脆性状态。磨具在 800 ℃ 以上时,陶瓷结合剂为黏性流体,急速冷却时流体可缓冲应力而不会导致磨具开裂,所以此阶段可以急冷,一方面可缩短整个烧成周期,另一方面使结合剂成为玻璃相微观结构,提高磨具的机械强度。急冷速度的快慢,直接影响玻璃体的形成。熔体内物质的质点具有较高能量,一般都有释放能量进行结晶的趋向。冷却缓慢时,结合剂中的熔体就容易生成晶核,并成长为晶体。急冷则可抑制晶体的生长,且生成的晶体尺寸小。急冷使熔体的黏度很快增大,晶核的形成及长大受到阻碍。急冷速度由窑炉能提供的冷却空气量及料垛从内到表面的热传导能力所决定。我国的新型陶瓷磨具抽屉窑可达到 150~250 ℃/h 的降温速度,可有效地提高磨具的强度。

2.退火阶段(800~450 ℃)

退火阶段又称陶瓷磨具的缓冷阶段,也是影响磨具烧成质量的关键阶段。急冷后,随着温度的降低,结合剂由塑性转为脆性状态,冷却速度过快会使磨具承受不住因温度差所产生的热应力而出现裂纹,或留有残余应力导致后期阶段的开裂。

为保障磨具质量,退火阶段要控制适宜的冷却速度,并使窑内具有均匀的温度场。退火阶段的冷却速度及不同磨具的具体退火温度可通过实验测定。因冷却过快或者冷却不均匀引起的退火不良应力,在砂轮回转时会造成低速破裂。退火不当的磨具有 20% 左右会在贮存中自裂。此阶段即使磨具表面冷却均匀,由于磨具内部仍存在温差,砂轮内部冷却比表面慢,结果产生张应力。砂轮中心产生的张应力是破坏性的,在砂轮回转时,易使砂轮产生缺陷。

3.低温冷却阶段(450 ℃~出窑)

低温冷却阶段磨具较致密,但仍需控制冷却速度及均匀的温度场,以避免产生残余应力。与退火阶段相比,冷却速度可以适当加快,但还要根据磨具的规格尺寸、形状而定。对于大直径、高厚度、细粒度磨具,冷却过快导致残余应力,会使制品产生冷炸废品。而对于小规格磨具,相对来说可以加快冷却速度。该温度区间的高温阶段可以适当快些,而低温阶段则应缓慢。砂轮内部温度高于窑内测定温度,由于内外温差会导致产生应力破坏。这一点应尤其引起注意。

普通陶瓷及铝硅系耐火材料在焙烧过程中物理化学变化和陶瓷磨具类似,在此不再叙述。

二、无机材料制品烧成制度的确定

不论是理论计算还是实验测定,一旦得到某种砂轮的经验最佳烧成温度曲线,可以采用内推法或外推法来得出其他规格砂轮的最佳烧成温度曲线。根据国内外陶瓷磨具生产的实践和研究,可制定出一般情况下的磨具烧成制度。

(一)温度制度和气氛制度

温度制度包括升温速度、冷却速度、最高止火温度和保温时间。

室温~300 ℃。大多数F180以粗的,$d<350$ mm,厚度$\delta<100$ mm的砂轮,可成型后直接入窑烧成。而大砂轮即使干燥后,仍有残余水分,特别是细粒度砂轮,若在外面存放时间过长,也会从大气中吸潮。该阶段升温过快,将导致坯体开裂,甚至炸裂。中小规格砂轮,该阶段升温速率保持在50 ℃/h左右是安全的,采用高速调温烧嘴的窑炉,可以适当快些。以F180以粗残余水分0.5%的磨具为例,大规格砂轮在300 ℃前的升温速率是300 ℃~烧成温度的速率的一半。

在300 ℃~烧成温度区间,窑内氧气含量最少要4%~10%,一般保持在4%~6%为最好,O_2含量过大不仅会增加燃料消耗量,而且还会使烟气中产生过多的NO_x,污染环境。保证适当的O_2含量,可防止因氧化不足、碳素和有机物未燃尽等问题带来的缺陷。该阶段内,开裂是影响砂轮升温速率的主要因素。开始烧结前的短瞬,结合剂分解而使砂轮强度极低,加热时,砂轮外面温度高于内部,由于热膨胀,内部受热应力,若存在过大温差,将导致孔径裂纹。除内外温差外,在窑炉中大砂轮还承受边与边温差,厚砂轮还承受顶部与底部温差。碳化硅磨具对温差和加热速率的敏感性比刚玉磨具小得多,这是因为其膨胀系数小,导温系数大。棚板窑具、垫砂对该阶段升温速率也有较大影响,在具有强制循环能力的现代窑炉中,该阶段的安全升温速率参见表6-7。

表6-7 300 ℃~烧成温度区间升温速率

磨具最大直径/mm	最大厚度/mm	窑型	安全升温速率/(℃/h)
350	100	隧道窑	100
608	152.4	间歇窑	62.5
608	305	间歇窑	25
1 067	50	间歇窑	25
1 524	608	间歇窑	10

在该温度区间内,在适宜的条件下,可以实现磨具的快速烧成。国外采用莫来石垫板的辊道窑烧成$d=178$ mm,厚度$\delta=25.4$ mm砂轮,升温速率为500 ℃/h,烧成周期为7 h。另外某公司辊道窑烧成砂轮周期为4 h,我国也有10 h烧成P300×80×75GC80砂轮及26 h烧成P600 mm×75 mm×305 mm的白刚玉磨具及$d=350$ mm以下24 h烧成的成功经验。而计算该阶段的升温速率,$d=1 067$ mm砂轮可达76 ℃/h,$d=304$ mm厚砂轮可达62.5 ℃/h,用高速烧嘴的窑炉可实现100 ℃/h的正常烧成。

在烧成温度的保温阶段,保温时间占总加热周期的5%~15%。隧道窑比间歇窑保温时间应长一些,这是因为隧道窑增长的时间用于补偿在窑炉长度方向的温度梯度及上下温差所需的加热。从保温结束到800 ℃的急冷区间,最大冷却速率由提供冷空气的能力以及料垛从内到表面的热传导能力所决定。该区间的安全冷却速率参见表6-8。

表 6-8 最高温度到 800 ℃ 的急冷区间安全冷却速率

磨具最大直径/mm	最大厚度/mm	窑型	安全冷却速率/(℃/h)
350	100	隧道窑	200
608	152.4	间歇窑	180
608	305	间歇窑	75
1 067	50	间歇窑	75
1 524	608	间歇窑	30

在 800~400 ℃ 磨具退火区间,30 ℃/h 的退火速度对 $d=350$ mm,$\delta<100$ mm 以下的砂轮不会有太大影响。由于在隧道窑中存在水平方向的温度分布,因此,大砂轮退火难度较大,最好用间歇窑强制循环冷却退火。隧道窑退火 $d>1\,000$ mm 的大砂轮时,若装在长 1 200 mm 的窑车上,则两个边部因向墙辐射传热冷却比前后要快;另外,长度方向的气流也先冷却边道,而砂轮的前后部位,加之沿长度方向的温度梯度,从而形成的温差极易导致强度破坏。隧道窑上安装退火烧嘴,有助于提高底部温度及装载边部的温度,形成均匀的退火温度区,可有效地改善大砂轮退火情况。磨具退火区间除温度均匀外,还应控制冷却速率,冷却速度过快,也将产生退火缺陷。也可以采用二次退火的方式来消除退火的不良缺陷。退火不当的磨具,存放不会改善其应力不良缺陷。若长期存放后,退火不良的砂轮应力下降,是由于微裂纹产生诱导应力释放所致。

400 ℃ 以后的冷却速率与磨具在该温度段允许的加热速率是一致的,内部的物理化学变化是可逆的。由于窑内测定的温度低于砂轮内部温度,在该区间的低温段,若砂轮内部温度高于窑内 60 ℃,则高温出窑时必须对砂轮进行保护,或使砂轮内外均匀冷却到工艺要求的温度后出窑。

(二)压力制度

磨具烧成的压力制度是温度和气氛制度得以实现的保证。窑内压力的大小关系到进入窑内的空气量及排出的烟气量的多少,进而影响产品的温度制度和气氛制度。

现代燃气、燃油的陶瓷磨具隧道窑,一般在预热带中后部保持为零压,烧成带保持为微正压,预热带最大窑压在 -50~100 Pa 范围。现代陶瓷磨具抽屉窑和钟罩窑,在 900 ℃ 以前烧成时,保持的窑压在 -5~0 Pa,高温阶段为零压。

其他无机材料制品如普通陶瓷、耐火材料等,要根据所烧产品的组成、在烧成过程中所发生的物理化学变化及性能要求确定合理的烧成温度制度和气氛制度,方法类似,在此不再叙述。

第三节 隧道窑

一、隧道窑的分类和特点

无机材料制品隧道窑(tunnel kiln)是一种对制品进行热加工的连续工作的设备,一般分为预热带、烧成带和冷却带三部分。制品在窑内运行方向与窑内烟气流动方向是相反的。制品在预热带利用来自烧成带的烟气进行预热，经烧成带达到一定的温度而烧成，然后进入冷却带，通过急冷段、缓冷段和窑尾冷却段冷却后出窑。

隧道窑作为一种连续式窑炉，早在19世纪50年代已出现在欧洲，直到19世纪末法国Faugeron建造的隧道窑才成功地用于烧制陶器。20世纪初至今，隧道窑经过不断改进后已逐步成为现今无机材料制品生产中的主要连续式窑炉。

最初隧道窑的运载工具是窑车，随着窑炉技术的不断发展，陆续出现了运载工具推板、步进梁、输送带、辊道等。这些窑除了运载方式不同外，工作原理是相同的。所以，从广义来讲，这些不同运载工具的隧道窑都应称之为隧道窑，但由于这些隧道窑都已有自己的习惯名称，如推板窑、步进梁窑、输送带窑及辊道窑等，故现在仍旧在沿用，只有对窑车式隧道窑简称为隧道窑。

1.隧道窑的分类

隧道窑常用的分类方法有以下几种：

按热源分为燃料(或火焰)隧道窑和电热隧道窑(采用电能加热)。

按火焰是否进入隧道内分为明焰隧道窑(火焰直接进入隧道)、隔焰隧道窑(在火焰和制品间有隔焰板或叫马弗板，火焰加热隔焰板，隔焰板将热辐射给制品)、半隔焰隧道窑(在隔焰板上开一些小孔，使少部分烟气能流入窑内以调节气氛)。电热隧道窑也有隔焰式(马弗窑)，用隔焰板将电热元件和制品分开。

按窑内运输方式分为窑车式隧道窑、推板隧道窑、辊道隧道窑、输送带隧道窑、步进梁隧道窑和气垫隧道窑。

按隧道的通道数分为单通道隧道窑和多通道隧道窑。

按烧成温度分为低温(小于1 100 ℃)隧道窑、中温隧道窑(1 100~1 500 ℃)、高温隧道窑(1 500~1 800 ℃)和超高温(1 800~1 900 ℃)隧道窑。

2.隧道窑的特点

隧道窑的特点是连续化生产，生产效率高，能源利用率高，产品质量稳定，装卸操作在窑外定点进行，工人劳动强度低，劳动条件较好；但设备投资较大，窑炉是靠在隧道窑长度方向上的温度、气氛和压力分布来实现其热工制度。隧道窑的热工制度不宜经常变动，适于生产批量大且稳定、规格品种相对固定、无特殊要求的一般性无机材料制品，不适于焙烧产量小、规格大或形状复杂且有特殊要求的产品。

陶瓷磨具隧道窑与其他产品隧道窑的最大不同，是其本身的特点要求不同。除产品的磨削性能外，回转强度和组织均匀性等极大地影响着磨具使用的安全性。而隧道窑在长度方向存在温度梯度，在冷却时易由温度梯度产生应力而使砂轮退火不匀，产生残余应力，影响砂轮强度。因而一般不适于退火大直径砂轮或高厚砂轮。在隧道窑冷却带设退火烧嘴区域，可改善隧道窑退火大砂轮的情况。采用窑具围烧也能改善大砂轮的退火情况，但由于降低了装窑密度，延长了烧成周期，而使窑炉的热效率可能低于现代间歇窑。我国隧道窑可烧砂轮最大规格为$d=1 100$ mm。在国外，隧道窑主要用于烧制中小规格砂轮，厚、大、薄、异规格的砂轮用抽屉窑或钟罩窑烧成。

当隧道窑装窑密度超过额定的装载密度或超过生产负荷生产时，其单位产品能耗显著升高,能耗低和节能的优点也随着消失。

我国二十世纪六七十年代所建的隧道窑,由于受当时技术条件限制,窑内截面温差大,单位产品能耗偏高,窑炉热效率偏低,操作维护性能及自动化水平较低。与现代隧道窑相比,主要差别表现在:①窑型结构参数不合理,高宽比大多在 1 以上,且为拱顶重体结构,而现代隧道窑有效高宽比为 0.5~1,平顶轻体结构;②窑炉工艺系统不合理,产品能耗偏高;③自动化控制水平低;④窑内工况欠佳,预热带上下温差大,高者达 400 ℃,而现代隧道窑最大上下温差可控制在 30 ℃ 以下;⑤烧成工艺技术存在明显的区别。

3.现代新型隧道窑的发展趋势特征

①具有与产品烧成工艺相适应的窑炉工艺系统设计,按工艺要求设计炉型,燃烧系统和其他功能系统;②窑体结构向轻质、平顶、扁宽断面方向发展,窑有效宽一般在 1.2 m 或 2 m 以上,有效高宽比为 0.5~1;③燃烧技术现代化,除采用高速等温烧嘴外,还采用脉冲燃烧和扩散燃烧等新技术,采用新型顶烧高速烧嘴及退火高速调温烧嘴;④控制智能化,广泛采用了集散控制系统,模糊控制系统,自适应控制等现代最优控制技术;⑤低蓄热窑车技术更加完备;⑥窑用附属设备系统化、自动化,可实现进出窑和回车线全自动化;⑦采用洁净燃料;⑧具有窑体模数化,设计制造装配化的趋势;⑨具有低污染处理系统,环保效果好。

二、隧道窑的工作系统及结构

隧道窑的工作系统,又称工艺系统或工作流程,是指隧道窑的系统构成及相互关系。隧道窑工作系统一般由窑体结构系统、通风加热系统、检测及控制系统和窑车传输系统等构成。隧道窑工作系统必须满足产品烧成工艺需要,包括温度曲线、压力曲线和气氛曲线及装车工艺等。产品烧成工艺要求不同,窑炉工作系统和结构也有所不同。

(一)工作系统及分带

隧道窑因与铁路山洞的隧道相似而得名。目前使用最多的是单通道、明火焰、窑车式隧道窑。内有轨道,彼此相连的装有坯体的窑车,由推车机推动,在隧道内迎着气流连续或间歇地移动。不论窑的结构简单或复杂,隧道窑均可划分为三带:预热带、烧成带和冷却带。对于三带的划分,传统隧道窑多以燃烧装置的设置来划分,即有燃烧装置的区段为烧成带,其前为预热带,其后为冷却带。但现代隧道窑在预热带和冷却带也设置有烧嘴,故一般以制品的烧成曲线及烧嘴的设置两个特征来划分,即常温至 800~900 ℃ 为预热带,烧成带最末烧嘴(最高烧成温度的保温段)之后为冷却带。

国内某传统燃气隧道窑的工作系统图见图 6-1。国外某公司设计的燃气隧道窑的工作系统图见图 6-2。

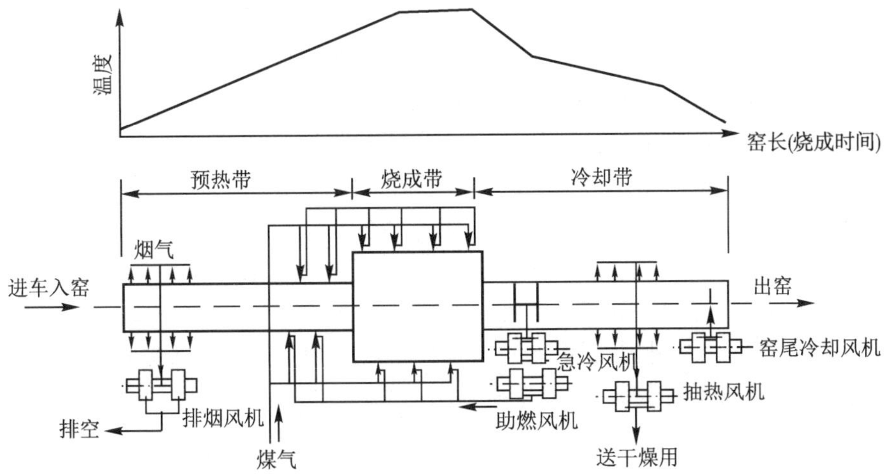

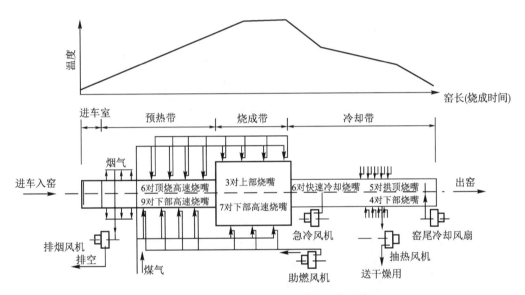

图 6-1 燃气隧道窑工作系统图

图 6-2 国外某公司设计的隧道窑工艺系统图

现代无机材料制品隧道窑工作系统有如下几个特点：

（1）强调保证窑内温度均匀性与烧成曲线的可调性。温度均匀性包括窑内空间场的温度均匀性和窑内实际温度与要求工艺设定温度的符合性。烧成曲线的可调性包括具有调出满足工艺所需的温度曲线，并能使调出的烧成曲线稳定运行。

（2）采用小功率多分布的烧嘴布置方式，在烧成带设置多个小功率高速烧嘴，两侧垂直和水平交错排列，这样有利于均匀窑温和调节烧成曲线。在预热带下部两侧设置多个水平交错排列的小功率高速调温烧嘴或普通高速烧嘴加调温搅拌风嘴，以利于均匀预热带截面温度和调节烧成曲线。

（3）排烟孔比较集中于窑头，有利于充分利用烟气热量。一些现代隧道窑采用小分散排烟孔，为的是便于调节预热带前段温度曲线。

（4）冷却带一般分为三段：急冷段、缓冷段（退火段）及低温冷却段。多采用直接冷却方式，从窑墙两侧垂直和水平交错布置冷却风喷口，喷入高速冷却风，造成强烈横向气流循环，均匀冷却制品。缓冷段（退火段）还采用新型顶烧高速烧嘴及退火高速调温烧嘴。热风则由窑顶分散抽出。因此冷却带是以横向气流为主，纵向气流为辅。有的现代隧道窑在缓冷段及低温冷却段采用直接和间接相结合的冷却方式。

（5）不设车下检查坑道，且很少设车下压力平衡系统。因为隧道窑窑内气流阻力小，正压或负压都较小，可以不设置车下压力平衡系统。有的窑在预热带前段窑车两侧砂封槽上方窑墙上沿窑长方向设置若干空气小喷孔，形成小气幕以减少吸入车下冷风。

（6）工作系统所用各种风机因其良好的耐用性，一般不设置备用风机，这样简化了管理，减少了漏风，减少了占地面积，节省投资。

（二）隧道窑的结构

隧道窑长度一般在 20~100 m，内宽 2.5 m 以下，内高（自车台面起到拱顶）在 1.5 m 以下。

隧道窑的结构与工作系统一样，一般由窑体结构系统、通风加热系统、检测及控制系统和窑车传输系统构成。参见图 6-3。

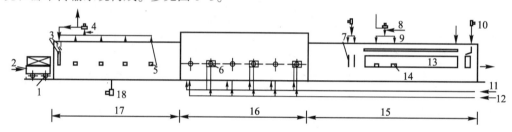

1—推车机；2—窑车；3—窑头封闭气幕；4—排烟风机；5—排烟口；6—燃气烧嘴；7—急冷风机和气幕；8—抽热风机；9—抽热风口；10—尾冷风机和气幕；11—助燃风；12—煤气；13—间接冷却；14—直接抽热风口；15—冷却带；16—烧成带；17—预热带；18—车下冷却风机。

图 6-3 某小型燃气隧道窑系统构成图

窑体主要由窑墙和窑顶构成。窑体材料由外部钢架结构（包括窑体加固系统）和内部耐火和隔热材料衬体构成。窑墙、窑顶和窑车衬体围成的空间，形成窑炉隧道，制品在隧道中完成其烧成工艺过程。

通风系统包括排烟系统，气幕和气体的循环系统，以及冷却系统。它们由排烟机、烟囱、鼓风机及各种烟道、管道、阀门等组成。其作用是使窑内气流按一定的方向移动，排出烟气，供给空气，抽出热风等，并维持窑内一定的温度、气氛和压力制度。

加热系统包括燃烧（或电热）装置和供燃（电）系统。加热系统为窑内提供热能，制品获得热量而烧成。

检测及控制系统包括温度、压力、气氛和流量检测装置，仪表调节装置，线路及管路和控制系统。检测和控制系统实施窑炉系统的检测和控制，实现窑炉的温度、气氛和压力的检测或自动控制。

窑车传输系统，包括窑车、转运车、推车机和窑内外轨道。

隧道窑系统的基础要能承受窑车装烧制品、窑具、窑体和附属窑用设备的重量载荷。

为使窑车的上部隧道与窑车下部分开，保持密封，常采用砂封的办法。砂封由窑车两侧的裙板,窑墙内侧的砂封槽,砂子和加砂孔构成。

1.窑体结构

窑体主要由窑墙和窑顶构成。某小型隧道窑结构示意图见图6-4。

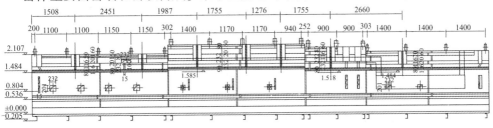

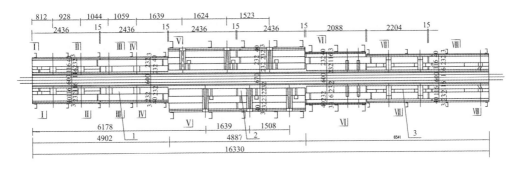

1—预热带;2—烧成带;3—冷却带。

图6-4 某小型隧道窑结构图

注:图中剖面线未画出

1)窑墙

窑墙的作用及特点:①与窑顶一起,将窑道与外界分隔,在窑道内进行热能与坯体的热交换,窑墙必须具有耐高温的特点;②窑顶为拱顶结构时,窑墙要支撑窑顶,承受一定的重量,窑墙必须具有一定的强度;③窑墙内壁温度近于制品的温度,而外壁接触大气,其温度较内壁低,因此有热量自内壁通过窑墙向外壁散失,窑墙应具有隔热的特点。

传统隧道窑的窑墙结构采用重质耐火材料和隔热砖及红砖的组合结构。现代陶瓷磨具窑炉窑墙则采用全轻质化设计,包括窑内工作面。这样可以减薄窑体,减轻窑体重量,减小窑体蓄热能力。

2)窑顶

窑顶的作用和窑墙相似,拱顶结构时,窑顶支撑在窑墙上,且在较为恶劣的条件下操作。因此,除了必须耐高温,积散热小及具有一定的机械强度外,窑顶还必须:①结构好,不漏气,坚固耐用;②质量轻,减轻窑顶负荷;③拱顶的横推力小,少用钢材;④尽量减少气体分层。

窑顶有平顶和拱顶两种。现代隧道窑窑体结构多采用平吊顶或平顶与拱顶相结合(预热带、冷却带和部分烧成带采用平顶,烧成带高温段采用拱顶)的方式。

拱顶是用楔形砖夹直形砖砌成。拱顶通过拱脚砖支撑在两侧窑墙上。拱顶产生一个横推力,这个横推力靠拱脚梁传给立柱。拱脚梁是在拱脚处沿窑长方向水平安置的槽钢、工字钢、角钢或钢筋混凝土横梁。立柱是紧靠窑顶两侧直立的工字钢、槽钢或混凝土立柱。立柱下端埋在基础内或用拉杆拉紧。立柱上端用拉杆拉紧,拉杆上有松紧螺母。开窑点火时,温度上升,拱顶有所膨胀,应适当调节放松,以防拱顶被压坏。

常用拱高 f 与跨度 b(窑内宽)的关系来说明拱顶的形式(表6-9):

表6-9 拱顶的形式

拱顶形式	半圆拱	标准拱	倾斜拱	平拱
拱高	$f=0.5b$	$f=\left(\dfrac{1}{3}\sim\dfrac{1}{5}\right)b$	$f=\left(\dfrac{1}{8}\sim\dfrac{1}{10}\right)b$	$f=0$

当我们要选用拱顶楔形砖来砌窑,或计算窑顶散热面积,或计算拱顶横推力以便设计钢架结构时,必须先知道拱半径 R 和拱心角 α。R 和 α 的计算可根据拱高 f 及跨度 b,用三角形法则来推导,见图6-5。

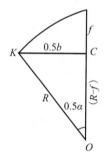

图6-5 拱半径计算三角形

在三角形 OKC 中有:

$$R^2 = (R-f)^2 + \left(\frac{b}{2}\right)^2 \qquad (6-1)$$

$$R = \frac{1}{2f} \cdot \left[f^2 + \left(\frac{b}{2}\right)^2\right] \qquad (6-2)$$

$$\sin\frac{\alpha}{2} = \frac{\dfrac{b}{2}}{R} = \frac{f \cdot b}{f^2 + (b/2)^2} \qquad (6-3)$$

$$\alpha = 2\arcsin\frac{f \cdot b}{f^2 + (b/2)^2} \qquad (6-4)$$

如果拱心角 α 为60°,可算出 $f=0.134b$;如果拱心角 α 为90°,则 $f=0.2071b$。在实际生产中,可直接从有关设计手册(如《工业炉设计手册》)中选用标准楔形砖和拱脚砖,避免烦琐和重复计算设计异型砖。一般多选用60°拱或90°拱。

拱顶作用于窑墙的力 S 是沿拱的切线方向作用于拱脚砖上的(图6-6),S 分解为两个力,即垂直力 N 和水平力 F。N 为拱顶自身重力 P 的一半,即 $N=P/2$,水平力 F 即为横推力。这个横推力的大小可从 $\triangle KNM$ 中求得:

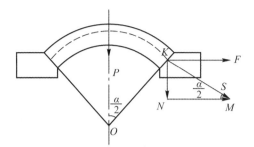

图 6-6 拱顶横推力图

$$\cot\left(\frac{\alpha}{2}\right) = \frac{F}{N} \tag{6-5}$$

$$F = N\cot\left(\frac{\alpha}{2}\right) = \frac{P}{2}\cot\left(\frac{\alpha}{2}\right) \tag{6-6}$$

但窑内温度远大于室温，拱顶内面受热伸长，外面却力图维持原状，限制了内面的膨胀，在拱心部分产生了一个向下的压力，增加了拱顶的横推力，需加一温度修正系数 K。

$$F = K \cdot \frac{P}{2} \cdot \cot\left(\frac{\alpha}{2}\right) \tag{6-7}$$

K 与内壁温度的关系如表 6-10：

表 6-10 拱顶横推力的温度修正系数

窑内温度/℃	600	800	1 000	1 300	1 500	1 750
K	1.5	2	2.5	3	3.5	4

由公式知，当跨度一定时，拱越高，拱心角越大，横推力越小。

为了使拱顶结构更加坚固，避免拱顶下落，可做成双心拱：拱顶由两个半圆弧构成，左方拱圆弧的圆心移至拱心垂直线之右，右方拱弧的圆心移至拱心垂线之左。

拱越平，横推力越大，加固窑所需的钢材越多，且拱顶不稳固，容易下落。拱顶式窑顶重量大，应采用高强度耐火材料砌筑窑墙以能承重。拱顶式窑的窑顶也需要使用高强度耐火材料。而轻质耐火材料只能用于夹层或外层保温。

隧道窑内气体为平流，热气体易分层，造成垂直方向上下温差。若拱越高，拱顶与料垛之间的空隙越大，气体流动的阻力越小，热气体越易从上部流过，使上部温度高，下部温度低。所以，从窑内温度均匀性来看，希望拱越平越好。

传统隧道窑的窑顶材料一般为内衬耐火砖，中间隔热砖，顶部平铺红砖。

现代隧道窑窑体结构的一个明显特点是多采用平吊顶。平吊顶的主要优点有：①能够保证窑内有效高度一致，便于装车；②平吊顶窑顶的跨度没有限制，可达 2.0 m 以上；③窑内顶部中心空隙不会过大；④有利于侧墙上部装设高速烧嘴（在烧成带）；⑤窑顶和窑墙都可以采用轻质耐火材料，窑体质量大为减小，从而大大降低对窑炉基础的荷重要求。同时，平吊顶式窑也可以使窑体全轻质化，不仅减轻窑体质量和降低对窑炉基础的要求，而且可以大大减少窑体的蓄热量。有人认为隧道窑窑体处于稳态传热过程，蓄热问题不是重要的,因此没有必要使窑体全轻质化。但是,隧道窑窑体并非只有稳态传热,在烘窑、停窑和温度发生变动时都是处于非稳态传热,因此,窑体全轻质化有利于快速烘窑(仅需 1~2 h),同时,窑体热容小对窑温自动控制也有好处,减轻了温度滞后现象。

拱顶式窑多采用现场砌筑,砌筑时窑体含大量耐火泥砂浆水,由于大量采用重质耐火材料,窑体蓄热能力大,耐热震性不好,烘窑时间长达一个月或更长,停窑也很缓慢。平吊顶式全轻质窑体适合采用装配式结构,将窑体预制成相等长度的模块,用集装箱运到现场装配。装配式模块结构可以工厂专业化生产,便于管理,提高劳动生产率,严格质量控制。窑体模块结构可以使窑炉实现标准化。装配式窑体结构经过预装配试验,在现场装配迅速,比现场砌筑的窑炉施工期可缩短数月。装配式模块结构隧道窑所用钢材较多,主要是轻型型钢,一次投入虽高,但从长远来看综合效益还是经济可行的。所以,装配式模块结构窑炉是世界窑炉的发展趋势。

现代窑炉窑体使用轻质耐火材料不同于传统窑炉。传统窑炉将轻质耐火材料置于窑体夹层中,而现代窑炉窑体则趋向全轻质化,包括窑内工作面。这样可以减薄窑体,减轻窑体重量,减小窑体蓄热能力。

3)检查坑道

为了便于清扫落下的碎屑和砂粒,冷却窑车,检查窑车,以及在发生倒垛事故时,便于拖出窑车进行事故处理,传统的隧道窑,在窑车轨道下常设置可行人的通道,宽度一般在 1 m 左右,深度在 1.8 m 左右。坑道内设有人工或自然通风冷却系统或车下压力平衡系统。

现代隧道窑由于制品装车高度小,而且窑车上棚架稳固,极少发生倒窑事故。即使窑内发生卡车或其他事故,也可停窑,能够很快冷却下来,再行处理,对生产影响不大,因此不设车下检查坑道和冷却带首端的事故处理孔,简化了窑炉基础结构,降低了造价,窑体保温也得到改善。

4)窑门

隧道窑窑头及窑尾可设窑门,为的是防止窑头漏入冷空气,窑尾漏出窑内冷却热空气。但是在每次开闭窑门阶段会造成窑内压力曲线波动,影响烧成稳定。为了减少开闭窑门对窑内压力的影响,隧道窑在窑头设置二道窑门(窑尾一般只设一道窑门)。窑内开闭必须有安全连锁装置,否则会发生窑门未开而窑车推进,顶坏窑门,造成事故。现代隧道窑多不设窑门,而用封闭气幕代替,即在窑头和窑尾各设置两道封闭气幕。窑头第一道封闭气幕用冷空气,第二道用热风或循环废气,这有利于预热进窑制品。窑尾两道封闭气幕都用冷空气。由于现代隧道窑窑头和窑尾正负压均不大,气幕风速要求不高,一般为 13~15 m/s。

为抵消隧道窑纵向自然对流的影响,窑头封闭气幕上半部分应斜向窑内,而下半部分应斜向窑外。但为了简化结构,现代隧道窑的封闭气幕一般是垂直于窑长方向。

5)曲封和砂封

为防止窑车平面上下气体相互流通(预热带防止坑道空气体向窑道流动,烧成带防止窑内高温热气体辐射给坑道窑车金属部分),使漏气阻力增加,在窑墙与窑车的耐火砌体之间及相连两窑车砌体之间做成曲折封闭,简称曲封。参见图6-7。常用的曲封结构形式有:单曲封、双曲封和柔性摩擦曲封。窑车与窑车之间要承受推力,所以两相连窑车的砌体之间不能接触,只能靠两车金属车架凹凸接触,并在凹槽中填以石棉绳,以防上下漏气。

砂封是利用窑车两侧的钢制裙板,窑车在窑内运动时,裙板插入窑两侧墙上的内装有直径为1~3 mm砂子的砂封槽中,隔断窑车上下空间。砂封槽一般用耐火砖或耐火混凝土做成,且留有膨胀缝。窑车不断运动将砂子不断带出窑,所以,在预热带头尾部及冷却带前部窑墙上设有2~3对加砂斗,在冷却带尾部设有出砂槽。参见图6-7。

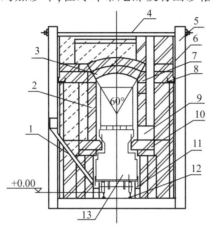

1—加砂斗;2—窑墙;3—拱顶;4—拉杆;5—立柱;6—窑外壳钢板;7—拱脚砖;8—拱脚梁;9—排烟孔;10—曲封;11—砂封;12—窑内轨道;13—窑车。

图6-7 某燃气隧道窑剖面结构图

2.隧道窑的主要附属设备

隧道窑的主要附属设备包括:窑车、窑头油压推车机、电动转运车、链式进窑机、链式出窑机及步进回车机。

窑车是隧道窑的重要组成部分,用来运载制品,一辆辆窑车平面在窑内构成封闭的活动窑底。窑车由金属车架及其上耐火衬料组成。窑车在窑内一面承受推车机的水平推力,一面又承受车上砂轮制品和窑具的重量,同时要经受高温,因此,窑车应具有足够的机械强度,耐热性好,以及反复在加热和冷却状态下使用不变形。

窑车轴承多采用宽间距的特制滚柱轴承,或大游隙的标准轴承,以免热胀卡住。润滑剂应适应于高温,多用石墨或二硫化钼与机油调制的混合物,在加大游隙的轴承中也可使用纯石墨粉。当车下温度低时,也可采用标准轴承和钙基润滑脂和机械油,但需常加油。

传统窑车金属车架常用的铸铁车架,具有刚度好,热变形小,抗氧化,在高温环境下经久耐用的特点。但制造工期长,要求有较好的铸造工艺条件,才能保证其品质,且铸铁车架较笨重。现代窑车都使用轻型型钢车架。

传统窑车车轮直径较大(300~450 mm)。这是因为窑车质量大,大轮径可以使推动省力。现代窑车车轮直径小(200~250 mm),不仅减轻了车架质量,而且降低了窑车高度,便于装卸;也使窑体高度降低,节省了建窑材料。

窑车上耐火材料衬料是隧道窑至关重要的一个部分,简称隧道窑的"窑底",但是窑车衬料又不同于窑墙和窑顶,它是在窑内移动的,处于非稳态传热过程。所以,现代窑车衬料最突出的特点是要轻质化,主要在于窑车衬料采用轻质耐火材料,特别是上表面材料,以降低窑车蓄热能力。

为了使窑车在窑内移动,在隧道窑进出车端装有推车机。推车机应使窑车推动平稳均匀,以免料垛倒塌。窑车运动有间歇和连续两种。间歇推车时,窑车以最大允许速度推进窑内,每车温度急剧改变,产品温度不是均匀上升,对制品影响大,且推车快时,装载产品料垛的稳定性差。连续推车时,窑车在窑内缓慢向前移动,产品温度均匀上升,装载产品料垛的稳定性好,不会在烧嘴处形成局部过高温度,烧坏制品及窑具。仅当进车和出车时,才有短暂的停车时间。现代隧道窑多采用连续推车方式,推车机多用油压推车机。

电动转运车(又称托车)的作用是将窑车从窑内的轨道上转运至窑外轨道,或将窑车从窑外的轨道上转运至窑内轨道。现代磨具隧道窑采用窑车自动运行系统,其操作流程如下:窑头转运车运行到回车线接车位置,定位并固定。窑头转运车上的链式输送机伸出,将载有生坯的窑车送上窑头转运车。载有窑车的窑头转运车运行到窑前,此时窑前等候区已等待入窑的窑车由链式进窑机送入窑内。窑头转运车上的链式输送机将载有生坯的窑车卸下到窑前等候区。当油压推车机将窑内窑车推进了一个车位后,油压机回位,链式进窑机将窑前等候区的窑车送入窑内。油压推车机推车前进,窑尾托车运行到窑尾接车位置,定位并固定。一旦窑尾窑车出窑,链式出窑机即将窑车送到窑尾转运车上。窑尾转运车运行到回车线处,由窑尾转运车上的链式输送机将窑车卸到回车线上。由步进回车机将窑车送回窑头,在中途搭钩脱离,窑车停止前进,由人工卸下产品,再装载生坯,装载完毕后,搭钩抬起,窑车由步进回车机继续推往窑头。

上述自动操作程序连锁运行,即前一道工序与后一道工序的联系是按一定的逻辑程序进行,不会发生不协调事故。推车间隔时间是预先设置的,自动按时推车。

各操作工序中运行的定位是由限位开关控制,可以做到严格定位。运行的启动与停止都有变频调速器或液压传动自动调速,使转运车可慢速启动或停止,防止过大加速度造成晃动。在启动与停止之间则自动转为快速运行。

3.燃烧设备

无机材料制品隧道窑以燃气和燃油为主。其燃烧设备包括烧嘴、燃烧室及附属设备。燃烧设备的种类、结构形式和布置方式是影响隧道窑性能的关键之一。

1)燃烧设备的种类和结构形式

传统隧道窑采用的是低压燃气或燃油烧嘴,烧嘴布置在预热带后部和烧成带的两侧窑墙上,窑墙内需设专门的燃烧室,如低压比例燃气烧嘴,低压涡流式天然气烧嘴,低压比例燃油烧嘴等。现代隧道窑多采用中压或高压燃气或燃油高速调温烧嘴,由烧嘴本体和烧嘴砖组成。

2)燃烧设备的布置

燃烧室的布置情况影响到隧道窑内的温度分布是否合理。燃烧室的布置有集中或分散布置,相对或相错布置,一排或二排布置。

传统隧道窑自900~950 ℃左右开始至最高烧成温度处布置燃烧室和烧嘴(预热带分布的高速调温烧嘴不在这个范围)。燃烧室分布一般占全窑长度的15%~30%,自低温起是先稀后密。全窑每小时燃料消耗量是根据热平衡或实际生产燃耗指标算出的。究竟需要用多少对燃烧室是一个值得讨论的问题。如用1~2对燃烧室,这就叫集中布置燃烧室。也可以用10~12对或更多的燃烧室,这就叫分散布置燃烧室。集中布置易于操作和自动调节,但燃烧室的大小或烧嘴能力都有一定限制,过大的燃烧室不易操作,过小的燃烧室对窑内的温度均匀性也难以保证,尤其对需烧还原气氛的制品。一般烧对气氛及温度要求较严格的制品时,必须采用分散布置燃烧室。

小断面的短隧道窑,一般采用1~2对燃烧室。大断面长隧道窑有5~8对燃烧室。烧还原气氛的窑,前1~2对为氧化燃烧室,后3~4对为还原燃烧室,氧化和还原燃烧室中间应有一定的距离,以便引入氧化气氛气幕。烧成带的长度一定了,燃烧室的对数也确定了,则燃烧室之间的距离也就知道了。至于每个燃烧室的大小,可以根据每小时的燃料消耗量和空间热强度来计算。

现代隧道窑采用小功率多分布的烧嘴布置方式,在烧成带设置数十个小功率高速烧嘴,两侧垂直和水平交错排列,这样有利于均匀窑温和调节烧成曲线。在预热带下部两侧设置数十个水平交错排列的小功率高速调温烧嘴或普通高速烧嘴加调温搅拌风嘴,以利于均匀预热带截面温度和调节烧成曲线。

燃烧室一般都是相对布置,这样砌筑简单,易于安装钢结构,但对着喷火口的两侧料垛温度较高,在烧成带长度上温度的变化不是渐变的,当烧嘴喷出的火焰长而速度高时,还会产生火焰猛烈冲击的现象。所以,有时可采用相错布置,即两侧燃烧室不全相对而略有错开。这样,窑内气体水平方向可产生循环,使温度进一步均匀化。

现代隧道窑利用高速烧嘴采用相错布置。但要注意相错的间距以半个到一个车位为宜,同时对准烧嘴的料垛应留适当的气体循环通道,或将喷火口对准装载制品的下部或垫砖火道。

传统隧道窑燃烧室多是一排布置在近车台面处。喷火口对准窑车衬砖中的气体通道,或窑车面上垫砖通道及料垛下部,以提高隧道下部温度。喷火口最高可达侧墙的70%。

现代隧道窑烧嘴布置较多,产品用棚板装车,上下气体沟通较困难。为了使窑内气体产生循环,使温度进一步均匀,往往分上下两层布置烧嘴。喷火口对准料垛下部窑车台面上垫砖通道或料垛上部通道。

以上是指侧烧式烧嘴布置情况,如果窑的断面较大,也可采用顶烧烧嘴,窑顶和侧墙都不设燃烧室,煤气或油直接自窑顶数排烧嘴喷进窑内料垛空隙中燃烧。

3)各类燃烧室介绍

(1)燃煤燃烧室:燃煤燃烧室有人工烧煤和机械烧煤两种。人工烧煤燃烧不稳定,不完全燃烧热损失大,且劳动强度大。但由于设备简单,投资少,一些企业采用燃煤多通道式推板隧道窑。人工烧煤燃烧室,用块煤时多采用倾斜式梁状炉栅,烧粉煤时采用阶梯炉栅。一般利用烟囱自然抽风,炉栅下敞开,烧成带呈微负压操作。这种窑结构简单,但预热带负压过大,易漏进冷风,造成气体分层,使预热带上下温差较大。随着人们对环境意识的不断提高,煤烧窑正处于逐步被淘汰阶段。

(2)燃油燃烧室:油雾化后大部分在燃烧室内燃烧,所以燃油燃烧室内的温度比烧煤和煤气的要高,燃烧室内衬容易被烧坏,因而要将燃烧室建得大些,适当降低空间热强度,并采用较好的耐火材料作燃烧室内衬。

烧重油的燃烧室有时设有挡火墙(燃烧室比车台面下落一个距离,扩大燃烧室空间,喷火口仍自车台面开始),烧嘴对准挡火墙,以免重油雾滴直冲料垛,造成结焦。燃烧室前有烧嘴砖,烧嘴砖做成喇叭口状,其张角应和烧嘴扩散角相配合,否则,燃烧室内易结焦。

(3)燃气燃烧室:燃煤气的燃烧室砌在两侧窑墙上,但比烧煤或燃油的小,因为只有一部分煤气在燃烧室内燃烧,而大部分煤气直接进入窑内燃烧。也有不设燃烧室,只在窑墙上布置燃烧通道,将全部煤气喷入窑内燃烧的。此时,应将烧成带两侧适当加宽,并在料垛中留有空隙,留设足够的燃烧空间。

4.排烟系统

排烟系统包括烟气由窑内向窑外排出所经过的排烟口、支烟道、主烟道、排烟机及烟囱等范围。隧道窑预热带设置分散的排烟口,分散排烟的目的是易于控制各点的烟气流量,保证按烧成曲线进行焙烧,同时迫使烟气多次向下流动,减少气体分层现象。分布排烟口的地段占预热带全长的40%~70%,往往自进窑第二车位起,每车布置一对排烟口,这是为了砌筑方便和易于操作。从理论上说,应该按烧成曲线在不同距离的温度转折点上设排烟口,但随着焙烧制品的变动,烧成曲线也有所变动,根据理论布置有困难。排烟口设置得越多,越容易进行温度的调节。

现代隧道窑排烟孔比较集中于窑头,以利于充分利用烟气热量。一些现代隧道窑采用小分散排烟孔,为的是便于调节预热带前段温度曲线。

排烟口之下为支烟道和主烟道,支烟道起连接排烟口和主烟道的作用,主烟道汇集各支烟道来的烟气送进烟囱。排烟口和垂直烟道见图6-8。

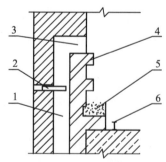

1—垂直烟道;2—垂直烟道闸板;3—排烟口;4—曲封;5—砂封槽;6—轨道。

图6-8 排烟口和垂直烟道

主烟道布置有两种,一种是一侧主烟道穿过窑底与另一侧主烟道汇合后进烟囱,此时烟囱在窑的一侧;另一种是两侧主烟道平行至窑头汇合再进烟囱,此时烟囱在窑头。前者结构复杂,主烟道基础深,不宜在地下水位高的地方砌筑,且阻力较大,使烟囱高度增加。后者主烟道平行砌筑,结构简单,阻力较小,因而烟囱也不必很高。

排烟口、支烟道和主烟道的设计应尽量减少阻力损失,保证烟气能顺利地排走,所以烟道应避免急剧弯曲。排烟系统烟道的横截面积在砌筑条件允许下大些好,但也不能太大,以免浪费。主烟道以能顺利进行清扫灰渣为宜。排烟口、支烟道和主烟道多是砌在窑体内、基础内或地平面下的砖砌管道。在小型隧道窑中,也可用金属管道引出窑外。原则上排烟口的总面积应等于支烟道的总截面积,等于主烟道的截面积,等于烟囱出口截面积,但实际上由于砌筑条件的限制,往往有很大出入。设计时考虑在排烟口和支烟道中的气体流速标准状态下为 1.0~2.0 m/s,在主烟道中和烟囱出口为 2.0~4.0 m/s,如果采用高速调温烧嘴,则流速有所增加。烟气的流量是根据燃料燃烧计算的,再根据选定的流速,即可求出各处的截面积。主烟道不宜过长,过长散热损失大,烟气温度降落大,本身阻力也大,使烟囱抽力减小。在不影响操作的条件下,越短越好。

排烟系统的最后设置为排烟机和烟囱,或没有排烟机而只有烟囱。烟囱的主要作用是利用其几何高度造成足够的抽力以克服窑内的阻力,同时也把烟气送到较高的空间避免污染周围环境。一般火焰窑炉都要设计烟囱以排出烟气。自然排烟的窑炉,只设烟囱而不设排烟机。对机械通风的窑炉,窑内阻力虽有抽风机克服,但为了卫生,烟气也要排放至高空,所以仍需要烟囱。烟囱要高于周围 200 m 范围内的最高建筑物顶 3 m 以上。

一般砖烟囱外表面有 1.5%~2.5% 的倾斜度。烟囱上口筒身厚度 120~240 mm,自烟囱口向下每高 10~15 m 分为一节,每节筒身厚度相同,而下节比上节厚度增加 120 mm,砖烟囱高度确定后,根据上口筒身直径和倾斜度可确定烟囱底部的外直径,再根据底部筒身厚度,确定底部的内直径。

如果窑不太长,阻力小,排烟温度又高,一般只用烟囱排烟。烟囱虽投资费用较少,但抽力受天气变化的影响较大,从而也影响到窑内压力常发生变化。所以当窑内阻力大,烟气温度不很高时,则以采用排烟机为好,也可再配一符合卫生条件的烟囱。

烟囱或烟道排烟机要克服的窑内阻力,应该自窑内零压面算起,经料垛、排烟口、支烟道、主烟道至烟囱底部的全部阻力之和。在隧道窑中,当冷却带鼓风维持正压,烧成带近于零压时,则自烧成带算起,经预热带至烟囱为止。当冷却带无鼓风机呈负压时,则应从冷却带开始经烧成带和预热带至烟囱止。烧成带负压操作的燃煤隧道窑,零压面在煤层下,应自煤层经烧成带和预热带至烟囱止;烧成带正压、煤层下鼓风的窑,零压面可能在预热带和烧成带交界处。

有时可以两个窑共用一个烟囱,此时烟气流量是两窑之和,而阻力按阻力最大一个窑的阻力计算。要在烟囱底内部砌一隔墙,以免两股烟气相撞产生涡流,增加阻力。

5.气幕、搅动循环装置

隧道窑预热带处于负压,易漏入冷风,冷风密度大,沉在下部,迫使热气体向上,产生气体分层现象,上下温差最大可达 300~400 ℃,这样就必须靠延长预热时间使下部制品预热到所需温度,以保证坯体内反应完全。这样延长了制品的烧成周期,增加了燃料消耗量。为了克服预热带气体分层现象,预热带设有循环气幕和搅动气幕。此外在烧成带还有氧化气氛气幕,在冷却带有急冷阻挡气幕。

1)封闭气幕

封闭气幕位于预热带窑头,将气体以一定的速度自窑顶和两侧窑墙喷入,成为一道气帘。由于气体的动压转换为静压,使窑头形成 1~2 Pa 的正压,避免了冷空气漏入窑内。

气幕风一般是抽车下热风或冷却带抽来的热风。送入的方式可在窑墙、窑顶上开孔,以与窑内气流垂直的方向送入。这种送入方式,封闭的效果较好,但料垛间需留一定的间隙,故多用于间歇推车。在连续推车时,在窑顶和侧墙做成与出车方向成45°角的缝隙,喷出气流,阻止外界冷空气入窑。

2)搅动气幕

为了减少预热带气体分层,常在该带设置2~3道搅动气幕。将一定量的热气体以较大的流速和一定的角度自窑顶一排小孔喷出,迫使窑内热气体向下运动,产生搅动,使窑内温度均匀。气流喷出角度可以90°垂直向下,或以120°~180°角逆烟气流动方向喷出。作为搅动气幕的热气体温度应尽量与该断面处温度相近。作为搅动气幕的热气体可以来自烟道内烟气,烧成带二层拱内热空气或冷却带抽来的热空气,喷出速度在 10 m/s 以上才有作用。现代隧道窑多采用高速调温烧嘴来代替搅动气幕。高速调温烧嘴可调至该处所需的温度,且喷出速度大,超过80~100 m/s,使气体达到剧烈搅动,上下温度均匀,可实现快速烧成。

3)循环气幕

循环气幕是利用轴流风机或喷射泵使窑内烟气在垂直截面上形成气体循环流动,以达到均匀窑温的目的。轴流风机装在窑顶洞穴中,叶片不超出拱顶面,机轴后面有夹道通向侧墙车台面处的吸风口,将同一截面上的烟气抽吸并自窑顶吹向下部。轴流风机使用时受温度所局限,多用于中低温。喷射泵是用压缩空气自喷口高压喷出,在该处形成负压,将同一截面上的烟气抽走后又送入,形成烟气循环,减少上下温差。

4)气氛气幕

在烧还原气氛时,常在 950~1 050 ℃ 处设置氧化气氛气幕。在该处由窑顶及两侧墙喷入热空气,使与烧成带来的含一氧化碳的烟气相遇而燃烧成为氧化气氛。要求整个断面气氛均匀,较好地起分隔气氛作用。窑顶和两侧墙都设有喷气孔,上密下稀,均以90°角喷出。

5)急冷阻挡气幕

为了缩短烧成时间,提高制品质量,最高保温结束后制品进入冷却带需要急速冷却(根据不同的制品,急冷温度阶段也不同,一般在 1 000~700 ℃ 之前结束)。设置急冷气幕是急冷的最好办法。急冷气幕可用冷空气,或温度较低的热空气自侧墙和窑顶喷入。急冷气幕不但起急冷作用,同时亦为阻挡气幕,防止烧成带烟气倒流至冷却带。急冷气幕的喷入应对准料垛间隙,入窑后能迅速循环,起到均匀急冷的作用。喷入的冷空气应在不远的热风抽出口抽出。

6.冷却系统

烧好的制品进入冷却带,将热传给入窑的冷空气及窑墙、窑顶,本身被冷却后出窑。最简单的冷却方式是自然冷却,但效果不好,应该采用强制冷却。强制冷却的方法是直接鼓入冷风入窑冷却产品,某些不宜直接风冷的产品也可间接冷却或直接和间接冷却相结合。直接冷却方法是自最高温度~700 ℃ 一段鼓入风使产品急冷,同时在冷却带末端也鼓入冷风使产品强制冷却。

抽热风口的位置视冷却曲线而定,一般从 700~400 ℃ 每车位一对,设在车台面处,也可设上下两排抽热风口。抽出的热风主要送去干燥室作湿坯干燥用,也可供各气幕之用或用作烧嘴的助燃空气。必须调节好使冷却风量和热空气的抽出量达到平衡,保证冷却带各处压力稳定。

直接急冷气幕风的鼓入以集中在一二处自窑顶和侧墙鼓入为好。窑尾冷却风的鼓入主要以窑顶鼓入为主,两侧为辅。冷风送入要做成与隧道中心线成比较大的角度,例如 30°~60°角。在冷风送入的前端要有一个空间,以免冷风受到窑拱或产品阻挡而向出车端外溢。

直接冷却和间接冷却相结合的冷却方法,是将冷空气鼓入两侧窑墙空隙夹壁及窑顶双层拱内,并抽出这些热空气作气幕、助燃空气或干燥热源用。用导热性能好的碳化硅薄壁作内壁和内拱,可提高冷却效果。

间接冷却方法还有窑墙、窑顶蓄热式格子盒冷却,金属管冷却和空气冷却套冷却等等。也有在急冷段装设余热锅炉或水蒸气锅炉来间接冷却产品,一般不提倡。

现代陶瓷磨具隧道窑,在冷却带设退火烧嘴区域,形成局部的均温区,克服隧道窑在长度方向上存在的温度梯度,以改善隧道窑退火大砂轮时的适应能力。

7.窑体加固与钢结构

采用拱顶结构时,隧道窑窑体加固用钢架结构来克服拱顶的横推力。

8.窑炉基础

窑炉基础是指用三七灰土、毛石、砖块和混凝土或钢筋混凝土等做成的用于支撑窑体重量的基础,简称窑基。窑基放在地基土壤上。

基础十分重要,如果处理不当,将会使窑炉下沉、倾斜、开裂以致破坏。窑基承受的压力很大,一般老土可以承受这些压力。老土指原地的黏土层、碎石层或岩石层,而不是后填的、新填的松软土壤。施工窑基时,一定要将表土、松土挖掉,挖到老土为止。如果挖得过深,应将干净素土或灰土回填,分层夯实到窑基底的标高。

窑基视材料不同,有几种结构形式。一种是最低紧贴地基土壤的厚 400~500 mm 的灰土层(3:7),上面为 100 mm 厚的 C20 混凝土,混凝土之上再砌 250 mm 砖层作为窑基;或以紧贴地基土壤 500~600 mm 的毛石层作为窑基;或最低层为 100 mm 厚的 C20 混凝土,其上再砌 300~400 mm 厚的砖层为窑基。

地下水位高的窑基,四周及底部应用油毡作防水层。需要防水的坑道,四周及底部用厚 200 mm 的 C25 或 C30 钢筋混凝土。

小型窑炉,如电炉,它的基础比较简单,室内原有的地基即可承受窑炉的重量。

窑体外的烟道基础,承受重量较小,可以简单些,但要注意防水。最低烟道的底平面应比地下水位高 250 mm 左右,以免水分进入烟道,降低烟气温度,减少烟囱抽力。

烟囱基础应与窑炉基础分开,因为烟囱基础承受的压强远比窑炉基础大,不同负荷的基础应分开,以免互相影响。

三、隧道窑的工作原理

隧道窑的工作原理包括三部分:燃料燃烧、气体力学和传热。这三部分的工作原理参见本书第二~四章,本节只讨论与隧道窑有关的问题。

(一)隧道窑内的气体流动

1.各种压头对气体流动的影响

由伯努利方程式可知,影响窑内气体流动的因素有几何压头、静压头、动压头和阻力损失压头。这些压头的意义是窑内单位体积热气体比窑外单位体积空气多具有的能量,是相对能量。如果是正值,表示比外界空气多具有的能量;如果是负值,表示比外界空气少的能量。窑内热气体的能量与窑外冷空气的能量不同,必然引起窑内气体的流动,气体流动的方向和窑内外能量之差有关,所以各种压头会给予窑内气体一定的流动方向。把压头的概念应用于窑炉,解决生产中的问题,有明确的概念。所以压头不用能量单位,而用压强单位,压强是有方向的。现在分别讨论各种压头对气体流动的影响。

1)几何压头

因为隧道窑和外界是相通的,窑内热气体的密度总是小于外界冷空气的密度,而且窑内有一个高度,所以窑内一定有几何压头存在。几何压头使窑内热气体由下向上流动,气体温度愈高,几何压头愈大,向上流动的趋势愈大。隧道窑烧成带温度高于预热带及冷却带,所以有热气体自烧成带上部流向预热带和冷却带,同时有较低温度的气体自该两带下部回流至烧成带,形成两个循环,见图6-9。

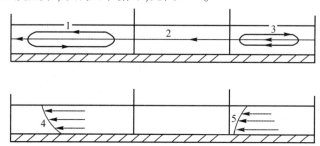

1—预热带气体循环;2—气体主流;3—冷却带气体循环;4—预热带垂直断面的流速分布;5—冷却带垂直断面的流速分布。

图6-9 隧道窑内的气体流速分布

以上两个气体循环只就隧道窑三个带的几何压头而言。由于排烟机或烟囱的作用,隧道窑内气体的流向是由冷却带到烧成带,再到预热带。在预热带上部,主流和循环气流方向相同,而下部相反,所以从预热带垂直断面看,总的流速是上部大下部小。冷却带相反,总的流速是上部小下部大。所以冷却带热空气应从上部抽出,迫使热空气多向上部流动。而预热带热烟气则应从下部抽出,迫使烟气下流。这样可达到隧道内上下气流均匀,温度均匀的目的。

必须指出,只凭窑内各带温度不同造成的上下气流循环,对操作的影响不十分明显。实际上在烧成带有一部分燃烧正在进行,燃烧本身有扰动作用,尤其是将煤气或重油喷入窑内燃烧及采用高速烧嘴,所以烧成带上下温差不是很大。在冷却带有急冷风及窑尾直接冷却风的喷入以及抽热风,也带有几个气体循环,形成强烈的扰动,上下温差也不严重。温差最严重的是预热带,因为该带处于负压下操作,从窑的不严密处(如窑门、窑车接头处、砂封槽等)漏入大量冷风,沉在隧道下部,迫使密度较小的热烟气向上流动。再者料垛上部和拱顶空隙大,阻力小,使大部分热气体易从上部流过,因而大大加大了该带几何压头的作用,使气体分层十分严重。传统的隧道窑上下温差最大可达 300~400 ℃。还有一个主要原因是窑车衬砖吸收了大量的热,使预热带下部烟气温度降低很多,进一步加大了上下温差。预热带气体分层现象是隧道窑存在的最主要问题,如果能克服气体分层现象,则可以大大缩短预热带长度,缩短烧成时间,实现快速烧成的目的。

克服预热带气体分层现象,从窑体结构和操作控制上所采用的方法有:①在预热带采用平顶或降低拱顶高度(相对烧成带而言),减少上部空隙,增加上部气流阻力,减少上部热气流量;②适当降低窑的高度,降低几何压头的影响,所以现代隧道窑多采用扁平结构;③设立窑头封闭气幕,减少由窑门漏入冷风量;④设立搅动气幕和循环气流装置,以及在预热带多处布置小流量高速调温烧嘴,使上下气流搅动,以达到温度均匀的目的;⑤烟气排出口开在下部近车台面处,迫使烟气多次向下流动;⑥从窑车结构上减轻窑车重量,采用低蓄热窑车,减少窑车吸热,同时,在车台面设有气体通道,提高隧道下部温度;⑦严密砂封和曲封,减少漏风量;⑧从装窑方法上,要合理码垛,合理装窑密度,使窑内阻力分布合理;⑨尽量使预热带处于微负压操作,减少冷风漏入量。

2)静压头

隧道窑内气体是通过风机和排烟设备来完成气体的流动,送风处为正压,抽风处为负压,气体由高压向低压方向流动,中间经过零压。零压是指该处窑内绝对压强等于窑外空气的绝对压强。

隧道窑的预热带和烧成带形成一个工作系统。烧成带由于煤气或重油的喷入,形成微正压,预热带由于烟囱或排烟机抽走烟气而呈微负压。冷却带独立形成一个工作系统。冷却带急冷气幕喷入处和窑尾直接风鼓入处为正压,中间抽热风处为负压,该带气体是由急冷处和窑尾流向抽热风处。

关于窑内零压点的位置是一个较为复杂的问题。我们取一个垂直截面来看,根据伯努利方程式,如果忽略断面上下动压的变化,则上部的几何压头和静压头之和应等于下部的几何压头和静压头之和。下部几何压头最大,静压头最小。逐渐向上,几何压头转变为静压头,所以上部几何压头最小,静压头最大。总的说来,任一垂直断面,上部静压总是大于下部静压,最多也只能出现一条零压线。在烧成带长度方向正压段,上部正压大,下部正压小,全断面呈正压。在预热带长度方向负压段,上部负压小,下部负压大,全断面呈负压。而在烧成带与预热带交界处是零压地段。实际上零压位是一段长度范围,可以画出一条倾斜的零压线。下部零压位于烧成带,上部零压偏于预热带,中部零压在两带交界附近。

隧道窑零压位置一般控制在预热带和烧成带交界面附近较理想。如果零压(中部零压)过多地移向预热带,则烧成带正压过大,有大量热气体从窑体不严密处外逸,不但损失热量,而且易烧坏窑车。如果零压过多地移向烧成带,例如自然排风烧煤的隧道窑,则

227

预热带负压过大,易漏入大量冷风,沉在隧道底部,造成气体分层更加明显。

冷却带的零压位,有的在急冷气幕和抽热风口之间,有的在窑尾和抽热风口之间(如窑尾无鼓风,则窑尾即为零压)。控制好急冷处和窑尾的正压和抽热风处的负压大小,可稳定零压位,保证冷却带气体送风和抽风平衡,防止烧成带烟气倒流。

3)动压头

动压头给予气体流动的方向,就是气体喷出的方向。隧道窑的各种气幕和气流循环装置就是利用动压头喷出的不同方向和强大的动能来削弱几何压头的作用,达到窑内上下温度均匀的目的。所以机械强制通风的窑炉,要求保持较高的气体流速,标准状态下一般大于 1 m/s,此时窑内的几何压头影响就可以不考虑。现在快速烧成的窑炉,窑内气体流速远远超过这个范围,所以气流的方向主要取决于动压头的影响。增加流速,还可以提高对流换热系数,缩短烧成时间。使用高速烧嘴就能达到这两个目的,但增加流速的同时,也增加了窑内的阻力。

4)阻力损失压头

阻力损失指窑外管道系统的阻力损失和窑内的阻力损失,包括摩擦阻力损失、局部阻力损失以及料垛阻力。阻力的作用是阻碍气体的流动。

窑外管路的阻力关系到风机压强和功率或烟囱高度的设计。所以,应合理设计管道的长度、直径和布置方式,力求降低窑外阻力损失,达到最经济的风机和烟囱设计。

窑内阻力损失大小与很多因素有关,阻力损失是靠消耗静压头来弥补的,如果窑内阻力损失大,则用于克服阻力的静压降也大,也就是窑内的正压和负压都大。如果正压过大,则漏出热气过多,燃料消耗大,操作条件不好。如果负压大,漏入冷空气必多,气体分层严重,上下温差大。所以,设计窑炉和码装料垛应力求降低阻力。

从式(6-8)看出,窑内气体的摩擦阻力和窑的长度成正比,窑愈长,阻力愈大。窑内的气体摩擦阻力又和气体通道的当量直径成反比,通道尺寸愈大,阻力愈小。通道是指料垛间的气体通道和料垛与窑墙、窑顶之间的空隙,所以适当稀码料垛,扩大料垛内部通道,可以减少阻力。但必须注意尽量减少料垛与窑墙、窑顶之间的空隙,以免该处因阻力过小而使热气体流过这些空隙,造成料垛内外温度不均。

一般情况下,局部阻力可根据附录先查局部阻力系数,再根据有关公式进行计算。料垛的阻力也可看作是局部阻力,一般要根据经验求得。因陶瓷磨具工业窑炉,气体通道布置无固定形式,没有现成系数可查,设计时可近似认为每 1 m 窑长的料垛阻力为 1 Pa。

2.料垛码法对流速和流量的影响

任取 1 m 长的料垛来考虑,从整体看,这 1 m 长的料垛阻力可以作为一个局部阻力,在设计中可以选用一个经验数据。料垛内各气体通道大小各不相同,其内部气体流速和流量有很大不同。料垛与窑顶及窑墙之间的空隙比料垛中间的间隙大,几乎有70%以上的气体由料垛外部空隙流出,结果造成料垛外围温度过高,内部温度较低。下面只根据每条料垛摩擦阻力来分析这种情况。用方程式表示摩擦阻力如下:

$$h_1 = \lambda \frac{v_1^2}{2} \rho \cdot \frac{l_1}{d_1} \qquad (6-8)$$

$$h_2 = \lambda \frac{v_2^2}{2}\rho \cdot \frac{l_2}{d_2} \qquad (6\text{-}9)$$

$$\cdots$$

$$h_n = \lambda \frac{v_n^2}{2}\rho \cdot \frac{l_n}{d_n} \qquad (6\text{-}10)$$

在 1 m 长的料垛中,可以认为各条通道长度相等,损失的压头也相等,即:

$$l_1 = l_2 = \cdots = l_n$$
$$h_1 = h_2 = \cdots = h_n$$

由式(6-8),(6-9),(6-10)可得

$$\frac{v_1^2}{d_1} = \frac{v_2^2}{d_2} = \cdots = \frac{v_n^2}{d_n} \qquad (6\text{-}11)$$

或

$$\frac{v_1}{v_2} = \frac{d_1^{0.5}}{d_2^{0.5}} \qquad (6\text{-}12)$$

由式(6-12)可以看出,通道直径愈大,其流速也愈大,流量更大。

$$q_{V1} = v_1 \cdot \frac{\pi}{4}d_1^2$$

$$q_{V2} = v_2 \cdot \frac{\pi}{4}d_2^2$$

$$\frac{q_{V1}}{q_{V2}} = \frac{v_1 d_1^2}{v_2 d_2^2} = \left(\frac{v_1}{v_2}\right)\left(\frac{d_1}{d_2}\right)^2 = \left(\frac{d_1}{d_2}\right)^{0.5}\left(\frac{d_1}{d_2}\right)^2 = \left(\frac{d_1}{d_2}\right)^{2.5} \qquad (6\text{-}13)$$

由式(6-13)可知:各通道的体积流量 q_V 与其当量直径的 2.5 次方成正比。所以在隧道窑中大部分气流是在靠窑墙、窑顶的大空隙中流过,小部分气流由料垛内部通道流过,这是造成料垛内外温度不均匀的主要原因。如果料垛内部码得太密,周围和窑墙、窑顶距离太大,往往造成周边过烧而内部生烧。要使料垛温度均匀,必须适当稀码,大量气流通过料垛,使通道温度分布均匀合理,易于升温或降温,可以实现快速烧窑的目的。

码垛的基本原则:在垂直方向必须是上密下稀,增加上部阻力,避免上部过多气流通过,削弱几何压头的影响,减少气流分层现象。在水平方向上料垛中平行于窑长方向的各通道应当相等,以保证水平方向温度均匀。同时为了气体能在窑内循环,使温度均匀,还要适当留一定的垂直于窑长方向的水平通道,尤其是采用高速烧嘴时,这种循环通道更不可少。

上述分析指一般矩形料垛通道。对于圆柱料垛,其气流通道形状不同,不能完全搬用上述公式。但圆柱料垛适当稀码,其空隙距离大,气流速度也大,更有利于快速烧成。

(二)隧道窑内的传热

传热的方式有导热、对流和辐射三种。导热又分稳定导热和不稳定导热,对流又分湍流对流传热和层流对流传热,辐射传热又分固体辐射传热和气体辐射传热。在火焰窑炉中,燃烧产物或烟气将热以对流及辐射的方式传给制品。隧道窑内的传热比较复杂,但在某一范围,总有一种传热起主要作用。因为辐射传热是与绝对温度的四次方成正比的,所以温度越高,辐射传热就越强烈。一般在 800 ℃ 以上的高温阶段,以辐射传热为

主,在 800 ℃以下的低温阶段以对流传热为主。因此,预热带的高温阶段(800 ℃以上)和烧成带,窑内主要以辐射传热为主,如何提高此范围内的传热主要着手于如何提高窑内辐射传热。在预热带的低温阶段主要着手于如何提高对流传热。隧道窑内的气体是处于湍流状态,湍流对流传热随着流速的增加而增加。如果窑内采取气体循环,特别是采用高速烧嘴时,大大提高了窑内气体流速,提高了对流传热量,即使在高温阶段,对流传热也要和辐射传热同等看待。隔焰窑则靠发热元件辐射传热给制品。

在冷却带,一方面是产品以辐射方式把热传给窑墙和拱顶;另一方面空气以对流方式从制品表面带走热量。制品在加热时,表面获得热量后,以不稳定导热方式将热传向内部,制品冷却时则相反。冷却带不存在气体的辐射传热。

隧道窑的窑墙和窑顶内的传热是稳定传热,内表面获得能量后,则以稳定的导热方式传至外表面,内表面的得热方式和制品得热方式相同。外表面则以层流对流及热辐射的方式把热量传给外界的空气。

预热带和烧成带制品和窑墙之间可近似认为是不传热的。我们知道,热量是由温度高处流向温度低处,温度差是传热的推动力,两个温度相等的物体,彼此虽有相互辐射传热,但彼此辐射的热量相同,最终可以认为没有传热。目前隧道窑的计算都认为预热带和烧成带的窑墙和窑顶内表面温度等于制品温度,制品和窑墙、窑顶之间没有传热现象。

1.隧道窑内的气体对流传热

对流传热是隧道窑预热带低温处和冷却带的主要传热方式。在采用了高速烧嘴之后,烧成带对流传热量也很高,窑内是属于湍流对流传热。要快速烧窑,提高对流传热是一种有效的途径。根据牛顿冷却定律,提高对流传热有几种途径:一是扩大制品受热面积。将制品稀码,使制品能被热气体包围,所有表面都成为加热面。二是提高气体温度。在保证产品质量的情况下尽可能使空气过剩系数偏小,并用预热空气进行燃烧,在预热带防止漏入过多冷空气,减少各种热损失等都可提高实际火焰温度。这里所指的温度是指加热阶段的烟气温度,不包括最高烧成温度。最高烧成温度是根据磨具所用结合剂的耐火度来制定的,只要配方确定,最高烧成温度不能随意变更(少许降低最高烧成温度,适当延长烧成时间是可以的,但只限于最终温度,即所谓的低温慢烧)。冷却阶段与加热阶段正好相反,应鼓入大量冷风,也是扩大产品与空气的温度差,以加快对流传热。三是提高对流传热系。影响对流传热系数的因素有很多,可通过相似模型实验得到的准数方程求出。用得较多的是用气体在管道内强制流动的计算公式:

$$h_c = k\frac{v^{0.8}}{d^{0.2}} \tag{6-14}$$

式中,k 是与气流通道的种类及大小等因素有关的系数。提高对流传热系数主要是增大气体流速。现在采用高速烧嘴(喷出速度达 100 m/s 以上)对提高气体与制品间的对流换热是十分有利的。

从式(6-14)还可以看出,料垛空隙尺寸愈大,对流传热系数也愈大。从对流传热的角度看,适当稀码可以快速烧窑。

窑墙外壁与空气的对流换热属自然对流,其对流传热系数可按下式计算:

$$h_c = k(t_w - t_a)^{0.25} \tag{6-15}$$

式中,k——与壁面位置有关的系数,对窑墙取 2.56,对窑顶取 3.26,对窑底取 2.1。

2.隧道窑内的气体辐射传热

火焰窑炉内烧成带及预热带高温段主要靠燃烧产物辐射传热给制品。预热带低温段窑内传热主要以对流传热为主。冷却带只有空气,空气中含有对称的双原子气体,不能接受辐射热,所以在该带无气体辐射传热,产品冷却时放出之热只靠空气对流带走。只有分子结构比较复杂的三原子以上气体和不同元素的双原子气体才有辐射能力。

气体辐射和固体表面辐射有不同的地方。固体辐射是属于表面辐射,只限于表面很薄的一层。而气体辐射是体积辐射,与气体体积(即辐射层厚度)有关。窑内料垛适当稀码,增加气体辐射层的厚度,料垛间多容纳些具有辐射能力的气体分子,可以提高气体与制品之间的辐射能力。所以,设计窑炉时烧成带高度及宽度尺寸比其他两带要大些,再配以适当大的料垛内部气体通道,易于实现快速烧成。

气体辐射传给制品的热量可近似按下式计算:

$$\Phi = 5.67\varepsilon_m\varepsilon_f\left[\left(\frac{T_f}{100}\right)^4 - \left(\frac{T_m}{100}\right)^4\right]A \qquad (6-16)$$

式中,ε_m——窑内制品的发射率,一般取为 0.8~0.95。

根据传热学有关 CO_2 和水蒸气辐射能力的计算公式可知,气体的发射率随着通道当量直径的增大而增加。通道直径越大,气体发射率越大,辐射出的热量越多,所以稀码可以快速烧窑。

3.明焰窑内的综合传热

在隧道窑内,如果认为窑墙窑顶内表面温度等于制品温度的情况下,预热带和烧成带气体传给制品的热量可用下式计算:

$$\Phi = (h_c + h_R)(t_g - t_m)A \qquad (6-17)$$

式中,h_c——窑内气体的湍流对流传热系数,$W/(m^2 \cdot K)$

h_R——窑内辐射传热折算成对流传热的传热系数,$W/(m^2 \cdot K)$

$$h_R = \frac{5.669\varepsilon_m\varepsilon_g\left[\left(\frac{T_g}{100}\right)^4 - \left(\frac{T_m}{100}\right)^4\right]}{t_g - t_m} \qquad (6-18)$$

4.隔焰隧道窑内的传热

隔焰隧道窑内用隔焰板(马弗板)将火焰和制品分开,这种窑的传热和明焰窑相比主要特点如下:一是隔焰板表面温度比制品温度高,单位时间内辐射给制品的热量较多;二是窑内制品不装围瓦,窑内气体空间大,可采用中空窑的传热计算方法。如果在窑的两侧和窑顶都设有隔焰板,窑墙和窑顶温度一致,窑内的传热可按一个物体被另一个物体包围的固体辐射传热计算。

有很多隔焰窑只在窑的两侧装设隔焰板,此时窑内的传热计算就较复杂,要看窑顶砌筑材料及其厚薄而定。如果窑顶向外散热大,可以近似地认为窑顶内表面温度等于制品温度,制品和窑顶间无热交换,只是两侧隔焰板向制品辐射热量,计算较简单。如果窑顶绝热性较好,则窑顶温度介于隔焰板和制品温度之间,即窑顶温度高于制品温度而低于隔焰板温度,在这种情况下,用隔焰板、窑顶和制品的有效辐射和净辐射概念,列出该三种表面的热平衡,可以求得隔焰板传给制品的净辐射热量。

5.隧道窑窑车的积热和散热

隧道窑窑车衬砖自预热带到烧成带,上表面接收烟气、燃烧产物或电热元件供给的热量,逐渐把热量向内层传递,使衬砖温度升高不断积热,当热量传到下表面时,也向车下坑道散热。到了冷却带,窑车衬砖两面都向外散热。这种积热和散热属周期性的不稳定导热。不稳定导热的计算方法应按傅里叶导热微分方程,连同初始条件积分求解(经典解法);或用相似论的方法求得准数函数方程。但因为窑车入窑时的初始条件根据实际情况有所不同,如果在车间停留很久,内外温度均匀一致,等于车间温度。如果出窑卸车不久又装车入窑,则往往衬砖内部温度高于外表面而成某一曲线分布,这个初始条件就很难掌握。至于边界条件也随制品形状和加热条件而变化,但为了求得解答,就只有作一些简化的假定。

一般隧道窑烧成时间长,窑车衬砖用多层不同材料砌筑,窑车的积散热多采用有限差法计算,这种方法十分烦琐。现在窑炉已向快速烧成方向发展,烧成时间短,窑车周转快,并采用轻型窑车,尤其是小断面短隧道窑,采用带滑轨的轻便推板,其积热和散热的计算方法可以大大简化。这种方法是假定窑车为半无限大的平板,周期性受热和冷却,不考虑向车下散热,简捷便利,计算结果和有限差法对照,误差不大。

这种方法认为窑车衬砖内是周期性热波传递,热波透入的深度不超过衬砖厚度。从入窑经预热带至烧成带最高温度的时间等于冷却带出窑和窑外卸、装以及回车的时间。前段叫积热半波,后段叫散热半波。前半波的积热等于后半波的散热,积热和散热都通过上表面。在半个周期($Z/2$)内,衬砖积累或散失之热量按下式计算:

$$\Phi_{Z/2} = \sqrt{\lambda c \rho} \sqrt{\frac{T}{\pi}} \Delta t_{\mathrm{m}}^{\max} \qquad (6-19)$$

式中, Z——波动的全周期时间,s;

$\Delta t_{\mathrm{m}}^{\max}$——表面最大温度与其平均温度之差。

式(6-19)就是窑车衬砖在预热及烧成带的积热计算公式或冷却带和出窑时放热计算公式。窑车在预热带和烧成带的积热与衬砖材料的性能有关。当衬砖的密度、比热容和导热系数增加时,积蓄的热量增多,采用轻质隔热材料作窑车衬砖,可以减少积热。窑车积热还和加热周期有关,加热周期长,积热多,所以快速烧窑可以减少积热。积热还和烧成最高温度有关,如高温快烧比低温慢烧积热少。窑车的积热和散热约占全部热耗的20%~25%。所以,减少窑车衬砖积热是十分重要的。同时在减少窑车衬砖积热时,还可减少预热带气体分层现象;而且冷却带窑车放出的热也较少,可以加快产品的冷却,有利于快速烧成。

6.隧道窑内制品的加热和冷却

隧道窑内制品的加热和冷却属于不稳定导热,从不稳定导热可以计算制品内部的温度分布。又根据弹性力学可以找出制品内部热应力和温度分布的关系,根据导热的难易,在传热学上把制品分为薄壁和厚壁两种。制品表面自外界获得热量的速度快,向内部传送热量慢,形成内外温差,引起了制品内部产生应力。例如制品在窑内加热时,表面温度高于内部温度,外表面力膨胀较大,处于被压缩状态;而内层表面由于温度较低,膨胀较小,因而处于被拉伸状态。这种压缩和拉伸状态一直维持到制品发生烧结收缩为止。因此,制品在加热升温过程中外层受到压缩应力,而内层将受到拉伸应力。由于压缩应力和拉伸应力的存在,制品受到一对剪应力,此剪应力如超过制品允许的剪切应力极限时,就可能使制品破坏。同样,制品在冷却阶段,表面比内部冷得快,表面收缩快,内部收缩慢,外表面处于拉伸状态,内表面处于压缩状态,同样在制品内部产生一对剪应力,此剪应力如超过制品允许的剪切应力极限时,也可使制品破坏。温度分布愈不均匀,则应力愈大,愈易造成废品。所以要制定一条烧成温度曲线,就必须知道制品在各个阶段允许的最大升温或冷却速度,允许的最大内外温差。

制品内部的温度分布,除与制品本身的性质、形状、厚薄有关,更和窑内的加热条件、升温速度有关。升温愈快,内外温差愈大,产生的热应力也愈大。制品在不同的阶段允许多大的升温速度,才不致超过应力极限,不致出现废品,这是制定烧成曲线的依据。一方面可以根据实验测定,另一方面还要根据理论计算。

四、隧道窑的操作控制

隧道窑的操作控制包括温度控制、气氛控制和压力控制三个部分。压力制度是温度制度和气氛制度的保证。隧道窑的操作控制要注意窑温均匀性与烧成曲线的可调性。

(一)各带的温度控制

不同种类的制品需在其特定的烧成制度下进行。烧成制度的制定一方面是根据不同种类制品各阶段的物理化学变化,同时,还要结合实践经验,考虑一些实际因素。比如窑内温差的大小、燃料的种类、温控方式等因素。维持不同制品热工制度的稳定是隧道窑正常生产的前提。窑炉操作控制的主要目的是当有扰动因素出现或已影响热工制度发生变化时,能够及时地进行操作,使热工制度迅速恢复正常并处于稳定状态。

1.预热带的温度控制

预热带的温度控制是保证制品自入窑起到第一对燃烧室止,能按升温曲线均匀地加热。在一般情况下借助几支关键热电偶控制窑头温度,预热带中部控制温度约为500 ℃,末端控制温度约为 900 ℃。如窑头温度过高,易使入窑水分高的坯体炸裂。入窑坯体水分要低于 0.5%。573 ℃左右是石英晶形转化温度,有体积变化,应维持温度稳定。预热带不仅要控制热电偶指示的窑顶温度,还要控制近车台面的温度,尽可能使上下温差减小。

预热带温度的控制手段主要是通过调节排烟总闸、排烟支闸以及各种气幕和预热带调温烧嘴来实现。若总闸开度加大,则预热带负压值增加,易漏入冷空气,加剧气体分层。总闸开度小,则抽力不足,排烟量减少,不易升温。合理控制总闸是极重要的。排烟支闸的作用是分配各段的烟气,以满足各点的温度要求。

要减少预热带的上下温差,可以采用封闭气幕和扰动气幕,前者是防止窑门开启时进入冷空气,后者作用是迫使烟气由上向下流动。采用气体循环或高速调温烧嘴对减少上下温差也有较显著的效果,这也是现代隧道窑采取的主要方法。

砂封效果的好坏对预热带上下温差也有一定的影响。砂封板(裙板)接头要靠紧,砂封板要埋入砂下 3~4 cm,以防止漏气。同时要采用二重窑门或卷帘窑门。

合理码坯能减少上下温差。码窑时垂直方向料垛必须是上密下稀,增加上部阻力,防止过多气体从上部流过。在水平方向料垛疏密要均匀,保证各气体通道均匀,以防止出现水平温差。

2.烧成带的温度控制

烧成带的温度控制是控制实际燃烧温度和最高温度点。实际火焰温度应高于制品烧成温度 50~100 ℃。火焰温度的控制是通过调节单位时间内的燃料消耗量和空气配比来实现的。在保证烧成气氛的情况下空气系数越小,火焰温度越高。

最高温度点一般控制在最末两个控温区之间。烧还原气氛的窑,其烧成带还要控制气氛转折温度,一般由氧化气氛转化为还原气氛的温度在 1 050 ℃左右。也有些原料需要将转化温度提前,这要通过工艺试验来确定。

烧成带的温度可用热电偶、光学高温计或辐射高温计等进行测量,同时还必须借用测温锥测量最高烧成温度。

3.冷却带的温度控制

磨具制品结合剂由塑性转变成脆性的温度一般是在 970 ℃左右,最高烧成温度保温到冷却带 970 ℃左右要急冷,靠急冷阻挡气幕喷入的冷空气将产品急速冷却。大规格和细粒度磨具产品,为了避免冷风喷入不均匀引起产品炸裂,可抽 200 ℃以下(由冷却带夹墙和夹顶抽)的热空气作急冷之用(也可采用间接冷却)。窑尾则直接鼓入冷风,使产品由 400~80 ℃左右出窑。自 970~400 ℃一段为缓冷阶段,靠分布在该段的热风抽出将产品冷却。冷却风口的位置和风量应根据产品性质,装车情况和推车速度等来决定。

现代陶瓷磨具隧道窑采取急冷喷嘴和高速调温退火烧嘴,在冷却带形成局部的均温区来保证陶瓷磨具的急冷和缓冷,消除砂轮存在的残余应力,保证了产品具有足够的强度。

普通陶瓷产品冷却时,在 1 300~700 ℃温度区间属于塑性阶段,可以采用急冷,急冷宜采用急冷气幕,即直接吹风急冷。直接吹风急冷还有阻挡烟气倒流、防止烟熏的作用。700~400 ℃为缓冷阶段,产品中的石英发生晶型转化,发生体积收缩。此阶段必须注意窑内温度均匀,使产品冷却均匀,才不会开裂。400~80 ℃阶段可以直接鼓风冷却,冷却速度可以加快。

4.烧成曲线举例

(1)刚玉类磨具和碳化硅类磨具烧成的基本曲线(图 6-10)。

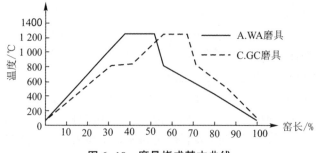

图 6-10　磨具烧成基本曲线

（2）国内、外隧道窑参考烧成温度曲线（表6-11、6-12）。

表6-11　国内隧道窑参考烧成温度曲线

累计时间/h	曲线一	5	8	11	13	14	17	23	27		d≤250 mm
	曲线二	6	10	15	21	27	34	46	57		d≤400 mm
	曲线三	7	21	26	33	41	49	62	82		d≤600 mm
	曲线四	10	25	37	50	67	77	86	106	144	d≤1 100 mm
到达温度/℃	曲线一	800	1 070	1 300	1 320	1 320	900	300	60		
	曲线二	620	900	1 150	1 300	1 300	950	530	60		
	曲线三	440	1 000	1 130	1 300	1 300	980	590	50		
	曲线四	320	695	935	1 130	1 300	1 300	1 030	630	60	
升温速率/(℃/h)	曲线一	160	90	16	10	0	−140	−100	−80		
	曲线二	100	70	50	25	0	−50	−35	−43		
	曲线三	60	40	26	10	0		−40	−30	−27	
	曲线四	30	25	20	15	10	0		−30	−20	−15

表6-12　国外隧道窑参考烧成温度曲线

累计时间/h	曲线一	8	14	22	24	28	36	44	d350,δ50 砂轮
	曲线二	12	21	33	36	42	54	66	d250,δ100 砂轮
	曲线三	16	28	44	48	56	72	88	d450,δ100 砂轮
到达温度/℃	曲线一	~100	~300	~1 260	~1 260	~700	~400	~60	
	曲线二	~100	~300	~1 260	~1 260	~700	~400	~60	
	曲线三	~100	~300	~1 260	~1 260	~700	~400	~60	
升温速率/(℃/h)	曲线一		33.2	120	0	−140	−37.5	−42.5	
	曲线二		22.2	80	0	−93.3	−25	−28.3	
	曲线三		16.6	60	0	−70	−18.75	−21.25	

（二）烧成带的气氛控制

烧氧化气氛的制品气氛容易控制,控制空气过剩系数大于1,但要在满足制品烧成制度的情况下尽可能使空气过剩系数偏小,以达到节约燃料、提高温度的目的。烧还原气氛的窑一般在烧成带前部控制氧化气氛,最高烧成温度保温处控制还原气氛。在氧化气氛幕与还原气氛幕之间要留设一段气氛转换距离(氧化炉距第一对还原炉较远,以便引入氧化气氛幕)。如烧成带七对燃烧室时,则前面两对为氧化炉,后五对为还原炉,气氛中含一氧化碳在2%~4%,其中前四对为重还原炉,最后一对为弱还原炉。气氛幕应抽冷却带的热空气,避免过多地降低窑内温度。氧化炉既要有充分的空气以燃尽残余的一氧化碳,还要维持一定的温度(900~1 050 ℃)。氧化炉的作用是使进入还原期前坯体中的有机物完全烧尽,硫化物、碳酸盐充分分解。

气氛的控制是通过调节燃料和空气的配比来实现的。也可根据火焰的颜色判断气氛的性质。氧化气氛时空气过量,火焰清晰明亮,可以清楚地看到料垛。还原气氛时空气微不足,火焰混浊,不容易看清料垛。刚玉磨具烧成气氛一般是中性或弱氧化气氛,碳化硅磨具烧强氧化气氛,磨具气氛制度参考见表6-13。

表6-13　隧道窑焙烧陶瓷磨具气氛制度参考

温度	$\varphi(CO_2)/\%$	$\varphi(O_2)/\%$
室温~900 ℃	10~15	8~10
900 ℃~烧成温度	13~15	5~7
保温阶段	17~19	1~3

(三) 各带的压力控制

压力制度是为了保证温度制度和气氛制度的。压力制度的控制最紧要的是控制各带的压力稳定。预热带维持微负压状态。如果窑内负压过大,一方面漏入的冷空气多,冷空气密度大,沉在隧道的底部,使热气体更容易被托起,造成气体分层严重。另一方面烧成带难以维持还原气氛。如果预热带处于正压,烧成带正压过大,大量热气体易向烧成带坑道流动,损失热量,烧毁窑车,造成事故。烧成带压力应控制在微正压。由正压到负压要经过零压,零压维持在预热带和烧成带交界处。冷却带要鼓入冷空气冷却产品,送风处必然处于正压,所以,在冷却带两端为正压,中间抽热风处为低压或负压。烧煤气,烧油或炉栅下鼓风烧煤的窑可采用上述压力制度。

对于只靠烟囱抽风烧煤的窑,零压面控制在烧成带前两对燃烧室之间,甚至在烧成带末,使烧成带处于微负压下操作,以便有炉栅下吸入相应的空气来进行燃烧,不过这种窑现在已经被淘汰。

冷却带急冷和尾部直接送风量应和抽热风量相平衡,不致有冷风流入烧成带,使烧成带能控制最高烧成温度和还原气氛。如果急冷处正压过大,大大超过烧成带末一对燃烧室处的正压,大量温度不高的空气进入烧成带,影响最高烧成温度和烧成气氛,可能引起保温不足,或还原气氛不足,造成产品颜色不正等缺陷。如果急冷处正压不足而呈现负压,则烧成带有烟气倒流至冷却带,影响产品性能,同时也影响急冷速度。

除控制隧道窑内的压力制度外,还要控制车下检查坑道的压力,最好是检查坑道的压力与窑内压力接近平衡,即冷却带车下维持正压,预热带车下抽风处维持低压或负压,烧成带处于微正压。这样,窑车上下压力平衡,隧道和坑道气体不易相互流通。

总之,冷却带要注意送风量和抽风量保持平衡,烧成带产生的烟气量和预热带排出的烟气量也要达到平衡,窑道和坑道压力平衡,这样可以保证各带的压力稳定,同时也保证了窑内温度及气氛制度的顺利进行。

现代燃气、燃油的隧道窑,其压力制度一般在预热带中后部维持零压,烧成带维持微正压。预热带最大窑压在-50~100 Pa之间。

五、窑温均匀性与烧成曲线的可调性

(一)窑温均匀性

隧道窑截面温度均匀性是影响产品的烧成品质和一致性的最重要因素。截面温度均匀性好的隧道窑才能够生产出高档产品。隧道窑不仅要求截面温度均匀,而且也要求截面气氛均匀。一般来说,截面温度均匀也就能保证截面气氛均匀。

隧道窑是一种气流作水平流动的横焰式窑炉,热烟气在流动过程中易分层,特别是在预热带,上下温差最大,这也是隧道窑长期以来难以解决的主要问题。分析其原因,主要有以下几个方面:①气流的自然分层现象;②窑内上下空隙不均;③预热带负压操作;④窑车蓄热;⑤纵向自然对流作用。多年来,国内外不少窑炉工作者在这方面进行了深入的研究,也取得了一定的成果。现代隧道窑在窑温均匀性方面的改进也正是在这些方面努力的结果。

一般大规格的产品放置在窑车上层棚架上,而小规格的放置在下层棚架上,其目的是增加上部阻力,减少预热带气体分层。

现代隧道窑和传统隧道窑相比最显著的改进之一是大大降低了窑车蓄热量。因为窑车在窑内运行时处于非稳态传热过程,根据热平衡计算,传统隧道窑在出烧成带时蓄热量达到总热量收入的20%~30%,而大部分是在预热带蓄积的,这么多的热量由预热带下部烟气供给,因而造成预热带下部温度偏低。窑车积热量较多的主要原因是传统窑车衬料一般较厚(300~400 mm),多采用重质耐火材料构成,窑车车架用铸铁制成,窑车衬料及车架质量比装载的制品质量要大得多。现代隧道窑已将窑车衬料和窑车金属车架的质量大为减小。同时,窑车衬料材料采用轻质耐火材料,特别是上表面材料,甚至有些采用全纤维结构。全耐火纤维结构窑车最大蓄热量仅为全黏土砖窑车的8.1%左右,平均散热量为全黏土砖的29.1%左右。低蓄热窑车已在国内外研制多年,现在正逐步应用于国内无机制品行业。

现代隧道窑在烧成带可设置较多的小功率高速烧嘴,在窑墙两侧水平交错排列,采用底烧技术。由于燃气喷出速度高,强烈搅动窑内气流,同时从预热带进入烧成带的制品上下温差较小,料垛一般为多层码放,故窑内上下温差最小可达到±5 ℃以内。

冷却带上下温差往往是与预热带和烧成带相反的,即上部温度偏低,而下部温度偏高。这是因为冷却带热源是窑车和制品蓄积之热,并在冷却带隧道偏下部放热。冷却带两侧墙也可水平交错布置烧嘴,高速喷入冷却空气,由窑顶分散排出热空气,而且由于低蓄热窑车的采用,在很大程度上克服了传统隧道窑冷却带温度下高上低不均匀的缺点。

综上所述,现代隧道窑采用高速烧嘴或喷嘴,低蓄热窑车,底烧方式,平吊顶,降低窑内高度等措施,已使隧道窑各带温度均匀性得到了显著改善。

(二)烧成曲线的可调性

关于烧成曲线的可调性,可对三带分别进行讨论。

首先讨论预热带。现代隧道窑预热带都设置有一些小功率烧嘴,常采用窑头集中排烟方式,此种情况下预热带温度的调整称为"正调节方式"。而旧式隧道窑预热带不设置

烧嘴或燃烧室,采用分散排烟的方式,此种情况下预热带温度的调整称之为"负调节方式",它是靠排走一部分烟气来调节预热带烧成曲线的,主要优点是能有效地调节局部温度。例如预热带烧成曲线温度偏高时,特别是在预热带前段由于制品还存在一定的入窑水分,对升温过快比较敏感,那么利用"负调节方式"就可以有效降低这段的温度。但这种方式由于过早排走一部分烟气,导致烟气热量不能有效利用。传统隧道窑虽然排烟口都设置在下部(近车台面处),但对预热带的气体分层问题并不能完全有效地解决。"正调节方式"不仅可以有效升温,还能有效加热下部,在使用高速烧嘴的情况下,更能有效搅动预热带气流,造成强烈的横向气流循环,促使预热带上下温度均匀。当采用集中排烟方式时,烟气的热量在预热带得以充分利用来加热制品。但"正调节方式"在调节烧结曲线时只能升温,如想降温只能关闭烧嘴,如想再降温则无能为力。因此,现代隧道窑预热带上部多设有冷风或低温热风喷嘴,以此作为降温手段。这些降温喷嘴由于风压较高,喷出速度较大,除了降温作用,还可以搅动气流,增大上部气流阻力,减少热气体过多地从上部流过,达到均匀上下温度的目的。从引进的各种隧道窑的实际运行情况来看,由于窑内温差较小,预热带大部分烧嘴没有完全被使用,未能充分发挥"正调节方式"的作用。也有的隧道窑采用小分散排烟方式,即在预热带前端分段设置一定数量的排烟口,这样兼有"正调节方式"和"负调节方式"两种调节方式的特点。

关于烧成带烧成曲线的可调性,现代隧道窑是利用烧嘴的"正调节"作用调节烧成带烧成曲线。烧成曲线的可调性远优于旧式隧道窑。

冷却带可采用直接冷却或直接与间接冷却相结合的冷却方式。直接冷却是利用高速喷嘴送冷风和分散抽热风来调节冷却曲线。间接冷却则是利用夹壁墙及空心顶中通冷却风量的大小来调节冷却曲线。有的引进窑在缓冷段设置有少量高速烧嘴用以减缓冷却速度,以防止因冷却过快造成产品开裂。国内外不少窑炉研究人员主张有热风冷却,即小温差大流量的直接冷却,使制品得以均匀温和地进行冷却,这是减少冷炸废品的合理措施。在引进窑中有采用以部分热风循环来实现这种冷却方式的。调节热风温度也可达到调节冷却曲线的目的。

现代隧道窑窑顶部沿窑长方向每隔一定距离设置有阻挡墙结构,使之在相隔的区域内,能形成相对的温度调节区,以增强隧道窑烧成曲线的可调性。

六、窑炉安全防爆和环境保护

(一)窑炉爆炸的基本原因及其预防

隧道窑的爆炸主要发生在新窑投产点火,使用中停电停气后重新点火,个别烧嘴故障或控制系统故障导致发生向窑内泄漏煤气,更换烧嘴后重新点火等情况。

隧道窑的任何一种自动的燃料截止阀在下列系统出现故障报警时必须关闭:①排烟风机、助燃或雾化风机;②调节输入的系统(如温度控制器);③燃烧器的空气压力;④燃烧器的燃料压力;⑤火焰探测器的信号;⑥来自其他安全装置的信号,如温度超高等。

隧道窑在预热带 760 ℃以后的每一个烧嘴上都应设置火焰监测器。

（二）窑炉的安全防爆

对直接电点火的中、小型燃气高速烧嘴隧道窑,操作人员应是经培训合格后训练有素的人员。在点火前进行系统巡检,确认燃气、空气压力低于上限而高于下限,排烟风机和助燃风机已经工作,排烟闸板在打开状态;确认完成吹扫操作;确保按操作规程要求点火。

（三）窑炉燃烧系统的环保要求

为减少环境污染,烧窑操作应采取相应措施。采用清洁燃料,对燃煤窑炉进行改造,改用煤气或其他清洁燃料。采用低 NO_x 燃烧技术,减少或消除 NO_x 排放污染。对含有 C 及 CO 的烟气进行二次燃烧。对窑具废料进行回收,可用于生产其他耐火材料,减少废渣污染。按国家环保标准要求,在烟气检测、窑炉外表面温度及噪音防护方面,采取相应完善措施。

七、隧道窑的设计

掌握隧道窑设计计算的主要内容、设计方法和视图的能力,是隧道窑设计的基础。窑炉的设计基本原则都一样,学会了一种窑的设计,也就能举一反三了。

窑炉的设计计算包括三部分:窑体主要尺寸及结构的计算,燃料燃烧及燃烧设备的计算,通风设备及其他附属设施的计算。

隧道窑的设计计算过程相当复杂,所以在计算过程中往往采用简化的经验数据。现代隧道窑设计采用计算机辅助设计技术,使设计工作向前推进了一步。例如,对窑墙传热,窑车不稳定传热,烧成带烧嘴分布及各对烧嘴中燃料的分配,预热带排烟口分布及各对排烟口烟气量的分配等都可以用计算机设计计算。

（一）原始资料的收集

窑炉设计前必须收集一些必要的资料和已知的数据。

（1）生产任务:年产量(或日产量、小时产量)是设计任务给定的,是根据企业的营销计划和生产计划的生产能力决定的,一般不能随意改变,但可考虑为将来扩大再生产留有余地。

（2）产品的种类和规格:由设计任务给定,如产品的种类、规格、组织、硬度等。

（3）年工作日:按窑的结构,设备性能,维修能力等确定窑连续工作的时间。一般为335~350 天。

（4）成品率:根据窑的结构,操作情况,产品类型等来决定。可参考类似的窑炉和同类产品来定,不要定得太低太保守,但也不可能不出废品。

（5）燃料的种类及组成:根据当地的具体情况并考虑发展,确定所用燃料的种类,并了解燃料的主要特性,如低位热值及组成等。

（6）坯体入窑水分和理化性能:根据窑炉结构对入窑坯体提出的要求,或由干燥设备的性能而定,同时还应了解坯体的理化性能。

（7）烧成制度:烧成制度包括温度制度、气氛制度和压力制度。温度制度是主要的,应制定一条合理的烧成曲线,能够达到制品烧成工艺的要求。压力制度是为了保证温度制度和气氛制度的。气氛制度是根据制品工艺要求制定的,如碳化硅磨具需强氧化气氛烧成。

烧成曲线可以到类似的工厂去收集。若无现成的资料可取,则必须根据制品在加热和冷却过程中的物理化学变化,制品的特性(如几何形状、热性能、力学性能等),通过工艺试验来拟定。

(8)窑型的选择:有了原始资料,首先应确定窑型是明焰、隔焰还是半隔焰。窑内运载制品的方式是窑车、推板还是传送带等。这些应根据制品的种类,燃料的特性及当地的具体条件,按高产、优质、低消耗及降低劳动强度的原则来决定。

(9)当地气象条件、水电供应及窑炉区域的地质条件等。

(二)窑体主要尺寸的计算

1.隧道容积的计算

隧道容积是根据生产任务、成品率、烧成时间及装窑密度四个因素来决定。装窑密度是根据制品对焙烧过程的要求、制品的尺寸等找到最合理的装车方法而计算出来的,也可从生产实践中收集数据。烧成时间是由烧成曲线决定的,生产任务和成品率都是已知的。根据以上已知数据则有

$$V = \frac{G \cdot \tau}{k \cdot \rho} \tag{6-20}$$

式中,V ——隧道容积,m^3;

τ ——烧成时间,即坯体在窑内停留时间,h;

k ——成品率,陶瓷磨具隧道窑一般取99%;

ρ ——装窑密度,kg/m^3;

G ——生产任务,kg/h 或件/h。

$$G = \frac{年生产任务(kg) 或(件)}{年工作日 \times 24(h)} (kg/h 或件/h)$$

2.隧道窑内高、内宽、长度及各带长度的计算

隧道窑内高指窑内可装制品部分的空间高度,即窑车装载面至拱顶的高度。隧道窑内高的确定,应考虑到垂直断面温度分布的均匀性以及工人操作是否方便。窑越高气体分层越严重,窑内温度越不均匀,太矮则不能满足生产任务的要求。一般内高在1~2 m(快速烧成的隧道窑内高可稍低)。

内宽指窑内两侧墙间的距离。内宽的确定要考虑到燃烧装置的选择及其性能特点,水平断面温度的均匀性、制品尺寸和装车方式。太宽则火焰不易到达隧道中心,使窑两侧与中心温差大;太窄不经济,加宽比加高有利。一般陶瓷磨具隧道窑的内宽在1~2.5 m。顶烧隧道窑的宽度则较此范围大些。

确定了隧道窑的内宽和内高,就可以计算出隧道截面积,并确定隧道的长度。

设计时也可根据合理的装车图,首先确定窑车的尺寸,根据每车制品的装载量直接求出窑的长度及各带长度,再根据窑车宽和制品的尺寸,确定窑的内宽和内高。

【例6-1】设计一条年产陶瓷砂轮2 000 t的隧道窑。

(1)原始资料

年产量为2 000 t/年棕刚玉砂轮,最大规格砂轮直径600 mm,年工作日为350天,成品率为99%,燃料为城市煤气($Q_{net}=15\,500\,kJ/m^3$),制品入窑水分为0.5%,烧成曲线是:20~900 ℃为21 h,900~1 350 ℃为12 h,1 350 ℃保温为8 h,1 350~80 ℃冷却为41 h,最高烧成温度是1 350 ℃,烧成周期82 h。

(2)窑型选择

陶瓷砂轮,采用窑车式隧道窑。

(3)窑体主要尺寸的确定

为使装车方便,并使窑内温度均匀,采用装车方式。窑车长×宽=2 000 mm×1 300 mm,装载量为600 kg/车。可直接求出窑长(L):

$$L=\frac{\dfrac{年生产任务(kg)}{年工作日\times24}\times烧成时间}{成品率\times装窑密度(kg/m\,窑长)}=\frac{\dfrac{2\,000\,000}{350\times24}\times82}{0.99\times\dfrac{600}{2}}=65.7\ m$$

窑内容车数: $n=65.7/2=32.85$辆,取33辆

则窑有效长: $33\times2=66\ m$

根据烧成曲线求各带长度:

$$L_{预}=\frac{\tau_{预}}{\tau_{总}}\times L_{总}=\frac{21}{82}\times66=16.9\ m$$

$$L_{烧}=\frac{\tau_{烧}}{\tau_{总}}\times L_{总}=\frac{20}{82}\times66=16.1\ m$$

$$L_{冷}=\frac{\tau_{冷}}{\tau_{总}}\times L_{总}=\frac{41}{82}\times66=33\ m$$

设进车室2 m,出车室2 m,则窑总长:

$$L_{总}=66+2+2=70\ m$$

窑内宽B根据窑车和制品的尺寸取1 300 mm,窑内侧墙高(窑车装载面至拱脚)根据制品最大尺寸(并留有孔隙)定为900 mm。拱心角α取为60°,则拱高$f=0.134B=0.134\times1\,300=174.2\ mm$。

轨面至窑车衬砖面高760 mm。为避免火焰直接冲击制品,窑车上设300 mm高之通道(由40 mm厚碳化硅板及耐火砖柱组成)。

侧墙总高(轨面至拱脚):$h=900+300+40+760=2\,000\ mm$

推车时间间隔: $\Delta\tau=\dfrac{82\times60}{33}=149\ min/车$

推车速度: $v=60/149=0.40\ 车/h$

(三)工作系统的确定

窑型及窑的主要尺寸确定后,应确定窑的工作系统。工作系统包括送风系统、排烟系统、冷却系统和气幕系统。

工作系统的确定原则是要满足制品的焙烧要求,减少窑内温差,加速传热和充分利用余热,便于施工以及操作控制等。而且还要考虑当地实际情况,就地取材,节约投资。例如:两侧主烟道在窑墙内平行引向窑头汇合进烟囱(不先在窑底汇合由一侧进烟囱),可以减少阻力,降低烟囱高度。又如在风机安排上,最好风机专用,则每台风机容量小,功率小,而且便于控制各点的气氛和温度。但有时受条件限制,也可一机数用,但使用起来不太方便。

【例6-2】为例6-1的隧道窑确定工作系统。

在预热带2~8号车位设7对排烟口,每车位一对。烟气通过各排烟口到窑墙内的水平烟道,由4号车位的垂直烟道经窑顶金属管道至排烟机,然后由铁皮烟囱排至大气。排烟机及铁皮烟囱皆设于预热带窑顶的平台上。

在1号车位设置一道气封气幕,窑顶和侧墙皆开孔,气体喷出方向与窑内气流垂直。

在烧成带设置22对调温烧嘴,其中上排9对,下排13对。喷火口对准料垛下部窑车台面上垫砖通道或料垛上部通道。

助燃空气不预热,由助燃风机直接抽车间冷空气,并采用环形供风方式,使各烧嘴前压力基本相同。

冷却带18~20号车位处设置7对急冷调温烧嘴,22~27号车位处设置13对退火烧嘴,其中上排7对,下排6对。喷火口对准料垛下部窑车台面上垫砖通道或料垛上部通道。

冷却带在27~30号车位处,设8对热风抽出口,每车位两对。热空气经过窑墙内的水平热风通道,于29号车位处用金属管道由热风机抽送干燥。

窑尾33号车位处,由冷却风机自窑顶和侧墙集中鼓入冷却空气。

车下自14~29号车位,每隔3 m设一个冷却风进风口,由车下冷却风机分散鼓风冷却,并于5号车位处有排烟机排走。全窑不设检查坑道。

该隧道窑采用计算机控制,窑内温度采用分区控制,窑内设20个测温控温点,其中预热带7只,烧成带8只,冷却带5只。预热带烧嘴分3区控温,每个控温区控制5~8对烧嘴。烧成带烧嘴分5区控温,每个控温区控制4~5对烧嘴。冷却带烧嘴分3区控温,每个控温区控制5~8对烧嘴。排烟风机和抽热风机采用变频控制,以准确控制窑压。

系统采用DCS计算机集散控制系统,可实现模拟量与开关量的控制,具有功能强、可靠性好等特点。配置上位机,能进行双向通信,带打印机可打印实时烧成工艺参数及储存的工艺曲线,可以菜单选项方式实现各种功能的选择。软件可完成对工艺曲线的总设定和修改。在显示器上显示工艺曲线,用实测值跟踪已设定的工艺曲线。软件可实现查看当前一年时间内的任一工艺曲线记录情况。系统设有安全系统,烧嘴可自动点火,火焰自动监测。具有信号报警(包括烧嘴灭火报警,供气压力过高报警,窑压过高或过低报警,排烟机温度过高报警等)和联锁保护功能(包括停电,风机故障,供气故障等的联锁保护)。系统可数字显示控制各区温度,预热空气温度,烟气排烟温度。显示助燃空气和煤气压力。窑压自动调节,数字显示。燃气总管压力,助燃风总管压力及窑内压力均设有定值调节系统,其压力设定由烧成工艺确定。系统具有与企业计算机网络联网的功能。

（四）窑体材料及厚度的确定

窑墙、窑顶所用材料及厚度应根据传热及结构强度等因素来确定。根据多层平壁或圆筒壁的热传导和外表面对大气的综合传热原理来计算,并确定窑体的材料及厚度。

隧道窑窑体材料及厚度的确定计算步骤如下:

(1)将隧道窑按温度分为若干段,逐段计算窑体的材料及厚度。如将隧道窑分为600 ℃以下、600~900 ℃、900~1 100 ℃、1 100~1 350 ℃、1 350 ℃~最高温度的各段。

(2)初步确定各段窑墙和窑顶的多层结构材料种类和厚度。

(3)根据窑墙和窑顶外表面的控制温度,计算窑墙和窑顶的散热损失热流 q,查表或计算出窑墙外壁与空气之间的对流辐射换热系数,再计算散热损失热流 q。参阅第四章内容。

(4)根据热流和内壁最高温度,用试算法假设并计算各层材料之间的界面温度和适宜的材料厚度。

(5)材料及厚度确定后可进行材料的概算,逐段逐层的计算,确定全窑的材料消耗量,最后确定窑体材料。可采用全轻质窑体结构,从高温层到低温层依次为:莫来石隔热砖(根据各段温度不同,采用不同使用温度牌号的产品),高铝或黏土隔热砖,高铝或硅酸铝纤维,硅酸钙隔热板的组合复合窑墙和窑顶,窑体外壳采用 4 mm 厚的钢板结构。

预热带和冷却带急冷以后段,采用平顶结构,烧成带可采用拱心角 60°拱结构。

（五）窑体加固计算

隧道窑钢架结构是为了克服拱顶的横推力。钢架结构的计算与横推力有关(图6-11)。

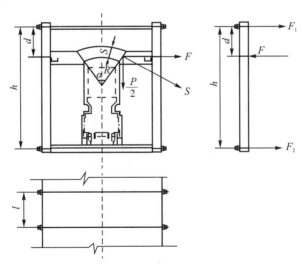

图 6-11 窑体钢架加固计算示意图

1.横推力计算

两立柱间的窑顶重力 $P(\mathrm{N})$:

$$P = 2\pi \left(R + \frac{s}{2} \right) \cdot \frac{\alpha}{360} \cdot s \cdot l \cdot \rho \cdot g \tag{6-21}$$

式中, s——拱顶材料厚度;

ρ——材料密度;

l——沿窑长度立柱之间的距离。

两立柱间窑顶横推力计算(N):

$$F = K \frac{P}{2} \cot \frac{\alpha}{2} \tag{6-22}$$

2.拱脚梁计算

(1)弯曲力矩(N·m):

$$M_1 = \frac{F \cdot l}{8} \tag{6-23}$$

(2)截面模数(m³):

$$W_1 = \frac{M_1}{[\sigma]} \tag{6-24}$$

式中, $[\sigma]$——材料的许用应力,一般选 $[\sigma] = 157 \times 10^6 \ \text{N/m}^2$

(3)根据 W_1 确定所用材料的规格和数量。

3.上拉杆的计算

(1)拉力 F_1(N):

$$F_1 = \frac{F \cdot (h-d)}{h} \tag{6-25}$$

(2)拉杆截面积 A_1(m²):

$$A_1 = \frac{F_1}{[\sigma]} \tag{6-26}$$

(3)拉杆的直径 d_1(m):

$$d_1 = \sqrt{\frac{4A_1}{\pi}} \tag{6-27}$$

4.下拉杆的计算

(1)拉力 F_2(N):

$$F_2 = \frac{F \cdot d}{h} \tag{6-28}$$

(2)拉杆截面积 A_2(m²):

$$A_2 = \frac{F_2}{[\sigma]} \tag{6-29}$$

(3)拉杆的直径 d_2(m):

$$d_2 = \sqrt{\frac{4A_2}{\pi}} \tag{6-30}$$

5.立柱计算

(1)弯曲力矩(N·m):

$$M_2 = F \cdot d \tag{6-31}$$

（2）截面模数（m^3）：

$$W_2 = \frac{M_2}{[\sigma]} \tag{6-32}$$

（3）选用材料。

（六）燃料燃烧的计算

燃料燃烧的计算包括：燃烧所需空气量的计算，燃烧生成烟气量的计算及实际燃烧温度的计算。

在已知燃料组成的情况下，可用列表计算的方法，较为精确地求出燃料燃烧计算内容，也可用经验公式简捷求得。有关计算参见第二章内容。

（七）用经验数据决定燃料消耗量

燃料消耗量的计算，可直接选用经验数据。隧道窑焙烧各种产品的单位热耗一般在 5 000~12 000 kJ/kg（陶瓷砂轮），4 600~26 000 kJ/kg（普通瓷器），2 500~4 600 kJ/kg（黏土质耐火砖）。将每小时产量乘以单位热耗，即为该窑每小时的热耗。

（八）预热带及烧成带的热平衡计算

隧道窑的热平衡计算分为两部分：一部分是预热带和烧成带的热平衡，其目的是计算每小时的燃烧消耗量；另一部分为冷却带的热平衡，其目的是计算冷却空气用量。如果计算窑炉热效率，则应对全窑进行热平衡计算。

热平衡计算比较复杂，但是通过热平衡的计算，除了能求出每小时全窑的燃料消耗量以外，还可以从热平衡的各个项目中看出窑的工作系统和结构是否合理，哪项热能大，能否采取措施改进等。在热平衡的计算以前必须注意计算基准的选择和计算范围的确定。

基准的选择，即时间基准和温度基准的选择。因为隧道窑是连续生产的，燃料是源源不断地燃烧，制品不断地推进推出，所以选择小时作为计算基准。温度基准一般取 0 ℃，当然也可选用室温，后者计算较复杂，前者计算较简单。

计算范围的确定。计算燃料消耗量时，热平衡的计算范围为预热带和烧成带。计算冷却空气用量时计算范围为冷却带。计算全窑的热效率时计算范围是预热带、烧成带和冷却带。

1.热收入项目

（1）制品带入显热（kJ/h）：

$$Q_1 = q_{m1} \cdot c_1 \cdot t_1 \tag{6-33}$$

式中，q_{m1} —— 入窑制品的质量流量，kg/h；

c_1 —— 入窑制品的平均比热容，kJ/（kg · K）；

t_1 —— 入窑制品的温度，℃。

（2）棚板、立柱等窑具带入显热（kJ/h）：

$$Q_2 = q_{m2} \cdot c_2 \cdot t_2 \tag{6-34}$$

式中，q_{m2} —— 棚板、立柱等窑具质量流量，kg/h；

c_2 —— 入窑棚板、立柱等窑具的平均比热容，kJ/(kg·K)；

t_2 —— 入窑棚板、立柱等窑具的温度，℃。

当棚板和立柱采用不同材质材料时，应分别计算。

(3)燃料带入化学热及显热(kJ/h)：

$$Q_f = (Q_{net} + c_f \cdot t_f)x \tag{6-35}$$

式中， x —— 每小时燃料消耗量，kg/h 或 m³/h；

Q_{net} —— 燃料的低热值，kJ/kg 或 kJ/m³；

c_f —— 入窑燃料的平均比热容，kJ/(kg·K)或 kJ/(m³·K)；

t_f —— 入窑燃料温度，℃。

(4)助燃空气带入显热(kJ/h)：

$$Q_a = q_{V,a} \cdot c_a \cdot t_a = V_a \cdot x \cdot c_a \cdot t_a \tag{6-36}$$

式中， $q_{V,a}$ —— 入窑空气的体积流量(m³/h)；

V_a —— 实际空气量，m³/kg 燃料或 m³/m³ 燃料；

c_a —— 入窑空气的平均比热容，kJ/(m³·K)；

t_a —— 入窑空气的温度，℃。

(5)从不严密处漏入空气带入显热(kJ/h)：

$$Q_1' = q_{V,a}' \cdot c_a' \cdot t_a' \tag{6-37}$$

式中， $q_{V,a}'$ —— 漏入空气的体积流量，m³/h。

$$q_{V,a}' = [(\alpha_g - \alpha_f)V_a^0]x$$

式中， V_a^0 —— 理论空气量，m³/m³ 或 m³/kg；

α_f —— 烧成带的空气过剩系数；

α_g —— 离窑时烟气中的空气过剩系数；

c_a' —— 漏入空气的平均比热容，kJ/(m³·K)；

t_a' —— 漏入空气的温度，℃。

2.热支出项目

(1)产品带出显热(kJ/h)：

$$Q_3 = q_{m3} \cdot c_3 \cdot t_3 \tag{6-38}$$

式中，q_{m3} —— 出烧成带产品质量，kg/h；

c_3 —— 出烧成带产品的平均比热容，kJ/(kg·K)；

t_3 —— 出烧成带产品的温度，℃。

(2)棚板、立柱等窑具带出显热(kJ/h)：

$$Q_4 = q_{m4} \cdot c_4 \cdot t_4 \tag{6-39}$$

式中，q_{m4} —— 棚板、立柱等窑具出烧成带质量，kg/h；

c_4 —— 出烧成带棚板、立柱等窑具的平均比热容，kJ/(kg·K)；

t_4 —— 出烧成带棚板、立柱等窑具的温度，℃。

当棚板和立柱采用不同材质材料时，应分别计算。

(3)废气带出显热(kJ/h):

$$Q_g = q_{V,g} \cdot c_a \cdot t_a \tag{6-40}$$

式中，$q_{V,g}$ —— 实际烟气体积流量，m^3/h，$q_{V,g} = [V^0 + (\alpha-1)V_a^0]x$，若有气幕时，尚需加

入气幕的空气体积；

V^0 —— 理论烟气量，m^3/kg 燃料或 m^3/m^3 燃料；

c_g —— 离窑烟气的平均比热容，$kJ/(m^3 \cdot K)$；

t_g —— 离窑烟气的温度，℃；

α —— 离窑烟气的空气过剩系数，当窑内负压不大时，$\alpha = 2 \sim 4$；当窑内负压较

大时，$\alpha = 3 \sim 7$。

(4)通过窑墙、窑顶散失之热 Q_5：

窑墙窑顶内的温度是不均匀的，一般采用分段并按多层墙壁稳定导热的方法进行计算。

(5)窑车积累和散失之热 Q_6：

窑车积散热是不稳定的传导传热，可用式(6-19)计算，也可用有限差量法计算，但为简化起见，往往采用经验数据。此项热支出占总收入的 20% ~ 25%。如果采用推板运送制品或用薄层轻质衬砖砌筑窑车，则此项热损失甚小。

(6)物化反应耗热 Q_7(kJ/h)：

①自由水蒸发吸热(kJ/h)：

$$Q_w = q_{m,w}(2\,490 + 1.93t_g) \tag{6-41}$$

式中，$q_{m,w}$ —— 入窑制品所含自由水的质量流量，kg/h；

2 490 —— 0 ℃时，1 kg 自由水蒸发所需之热，kJ/kg；

1.93 —— 在烟气离窑时的水蒸气平均比热容，$kJ/(kg \cdot K)$；

t_g —— 离窑烟气温度，℃。

②结构水脱水吸热(kJ/h)：

$$Q'_w = q'_{m,w} \times 6\,700 \tag{6-42}$$

式中，$q'_{m,w}$ —— 入窑制品所含结构水的质量流量，kg/h；

6 700 —— 1 kg 结构水脱水所需之热，kJ/kg。

③其余物化反应吸热(kJ/h)：

此项热支出要根据原料情况，查阅有关资料，但由于无机材料制品烧成反应极为复杂，常根据经验数据大致估计，或用 Al_2O_3 的反应热近似地代替。

$$Q_d = q_m^d \times 2\,100 \times \omega(Al_2O_3) \tag{6-43}$$

式中，q_m^d —— 入窑干制品质量流量，kg/h；

2 100 —— 1 kg Al_2O_3 的反应热，kJ/kg；

$\omega(Al_2O_3)$ —— 制品中 Al_2O_3 含量的百分数。

当要求准确计算无机材料制品物化反应吸热时，应根据制品的定量热分析测定值

计算。

则物化反应热：

$$Q_7 = Q_w + Q_w' + Q_d \tag{6-44}$$

（7）其他热损失 $Q_8(\text{kJ/h})$：

该项热支出要根据具体情况，对比现有同类型的窑加以确定，一般占总收入的 $5\% \sim 10\%$。

（8）列出热平衡方程式：热收入＝热支出

$$Q_1 + Q_2 + Q_f + Q_a + Q_a' = Q_3 + Q_4 + Q_g + Q_5 + Q_6 + Q_7 + Q_8 \tag{6-45}$$

下面以例题的形式，结合某厂实际热平衡测量有关数据说明热平衡的计算过程。

【例6-3】对例6-1的隧道窑用热平衡方法进行燃料消耗量计算。

（1）热收入项目：

①坯体带入显热 Q_1：

入窑干坯量：

$$q_m^d = 600 \times 0.40 = 240 \text{ kg/h}$$

入窑制品含0.5%自由水，每小时入窑的湿坯体：

$$q_{m1} = 240/(1 - 0.005) = 241.2 \text{ kg/h}$$

入窑制品温度为20 ℃，查手册，棕刚玉砂轮平均比热容为1.02 kJ/（kg·K）：

$$Q_1 = 241.2 \times 1.02 \times 20 = 4\,920 \text{ kJ/h}$$

②棚板、立柱等窑具带入显热 Q_2：

碳化硅棚板、立柱平均比热容按下式计算：

$$c_2 = 0.963 + 0.000\,147t = 0.963 + 0.000\,147 \times 20 = 0.966 \text{ kJ/（kg·K）}$$

设每车碳化硅棚板、立柱质量为200 kg，

$$q_{m2} = 200 \times 0.4 = 80 \text{ kg/h}$$

$$Q_2 = q_{m2} \cdot c_2 \cdot t_2 = 80 \times 0.966 \times 20 = 1\,546 \text{ kg/h}$$

③燃料带入化学热及显热 Q_f：

燃料选用城市煤气，低位热值为15 500 kJ/m³，入窑煤气温度为200 ℃，查附录，此温度下的煤气平均比热容为1.37 kJ/（m³·K）：

$$Q_f = (Q_{net} + c_f \cdot t_f)x = (15\,500 + 1.37 \times 20)x = 15\,530x \text{ kg/h}$$

④空气带入显热 Q_a：

全部助燃空气作为一次空气，燃料燃烧所需理论空气量按下面经验公式求得：

$$V_a^0 = \left(\frac{0.26Q_{net}}{1\,000} - 0.25\right) = \left(\frac{0.26 \times 15\,500}{1\,000} - 0.25\right) = 3.78 \text{（m}^3\text{/kg 或 m}^3\text{/m}^3\text{）}$$

取空气过系数为1.29，入窑实际空气流量：

$$q_{V,a} = \alpha V_a^0 \cdot x = 1.29 \times 3.78x = 4.88x \text{ m}^3\text{/h}$$

查附录，助燃空气温度在20 ℃时的平均比热容为1.30 kJ/（m³·K）：

$$Q_a = q_{V,a} \cdot c_a \cdot t_a = V_a \cdot x \cdot c_a \cdot t_a = 4.88x \times 1.3 \times 20 = 127x \text{ kJ/h}$$

⑤从预热带不严密处漏入空气带入显热 Q_a'：

取预热带烟气中的空气过剩系数 $\alpha_g = 2.5$，烧成带燃料燃烧时的空气过剩系数 $\alpha_f =$

248

1.29：

$$q'_{V,a} = x(a_g - a_f)V_a^0 = x(2.5 - 1.29) \times 3.78 = 4.57x \ \text{m}^3/\text{h}$$

漏入空气温度为 20 ℃，查附录，$c'_a = 1.3$ kJ/(m^3·K)：

$$Q'_a = q'_{V,a} \cdot c'_a \cdot t'_a = 4.57x \times 1.30 \times 20 = 119x \ \text{kJ/h}$$

⑥气幕空气带入显热 Q_s：

全部气幕风为空气，由风机直接供给。设 $q_{V,s} = 500$ m^3/h，助燃空气温度为 20 ℃，查附录，平均比热容为 1.30 kJ/(m^3·K)：

$$Q_s = q_{V,s} \cdot c_s \cdot t_s = 500 \times 1.30 \times 20 = 13\ 000 \ \text{kJ/h}$$

(2)热支出项目：

①制品带出显热 Q_3：

出烧成带产品质量 $q_{m3} = 240$ kg/h（不考虑灼减，产品质量等于干制品质量），出烧成带产品温度为 1 350 ℃，查附录，产品平均比热容为 1.26 kJ/(kg·K)：

$$Q_3 = q_{m3} \cdot c_3 \cdot t_3 = 240 \times 1.26 \times 1\ 350 = 408\ 240 \ \text{kJ/h}$$

②棚板、立柱等窑具带走显热 Q_4：

棚板、立柱等窑具质量 $q_{m4} = q_{m2} = 80$ kg/h，温度为 1 350 ℃，查手册，出烧成带棚板、立柱等窑具的平均比热容：

$$c_4 = 0.963 + 0.000\ 147t = 0.963 + 0.000\ 147 \times 1\ 350 = 1.161 \ \text{kJ/(kg·K)}$$

$$Q_4 = q_{m4} \cdot c_4 \cdot t_4 = 80 \times 1.161 \times 1\ 350 = 125\ 388 \ \text{kJ/h}$$

③烟气带走显热 Q_g：

烟气中除燃烧生成的烟气和预热带不严密处漏入之空气外，尚有用于气幕的空气，用于气幕之空气体积设为 1 552 m^3/h。离窑理论烟气体积流量为：

$$V^0 = \left(\frac{0.272Q_{net}}{1\ 000} + 0.25\right) = \left(\frac{0.272 \times 15\ 500}{1\ 000} + 0.25\right) = 4.47 \ \text{m}^3/\text{kg 或 m}^3/\text{m}^3$$

实际烟气流量：

$$V = V^0 + (a_g - 1)V_a^0 \ (\text{m}^3/\text{kg 或 m}^3/\text{m}^3)$$

离窑烟气体积流量：

$$q_{V,g} = xV + 1\ 552 = [V^0 + (a_g - 1)V_a^0]x + 1\ 552$$

离窑烟气温度一般为 200～300 ℃，现取 t_g 为 250 ℃，查手册，此时烟气的平均比热容为 1.44 kJ/(m^3·K)：

$$\begin{aligned} Q_g &= q_{V,g} \cdot c_g \cdot t_g = \{[V^0 + (a_g - 1)V_a^0]x + 1\ 552\}c_g t_g \\ &= \{[4.47 + (2.5 - 1) \times 3.78]x + 1\ 552\} \times 1.44 \times 250 \\ &= 3\ 650x + 558\ 720 \ \text{kJ/h} \end{aligned}$$

④通过窑侧、窑顶散失之热 Q_5：

根据各处窑墙材料、厚度及温度的不同，并考虑温度范围不能太大，将预热带和烧成带窑墙分四段计算其向外散热，也可分更多段，分段越多，计算结果越准确。经计算，窑墙窑顶总热损失为 244 000 kJ/h。由于计算较复杂，因此，计算过程从略，即：

$$Q_5 = 244\ 000 \ \text{kJ/h}$$

⑤窑车积蓄和散失之热 Q_6：

一般取经验数据,占热收入的 $20\% \sim 25\%$,本次计算取 25%。

⑥物化反应耗热 Q_7:

不考虑制品所含之结构水,烟气离窑温度为 $250\ ℃$。

自由水质量流量:

$$q_{m,w} = q_{m1} - q_{m1}^d = 241.2 - 240 = 1.2\ kg/h$$

砂轮结合剂中 Al_2O_3 占总磨具质量分数为 10%:

$$Q_7 = Q_w + Q_d = q_{m,w}(2\ 490 + 1.93t_g) + q_m^d \times 2\ 100 \times w(Al_2O_3)$$
$$= 1.2 \times (2\ 490 + 1.93 \times 250) + 240 \times 2\ 100 \times 0.10 = 53\ 967\ kJ/h$$

⑦其他热损失 Q_8:

取经验数据,占热收入的 $5\% \sim 10\%$,取 5%。

列出热平衡方程式:

热收入项:

$$4\ 290 + 1\ 546 + 15\ 530x + 127x + 119x + 13\ 000 = 18\ 836 + 15\ 776x$$

热支出项:

$$408\ 240 + 125\ 388 + (3\ 650x + 558\ 720) + 244\ 000 + (18\ 836 + 15\ 776x) \times$$
$$25\% + 53\ 967 + (18\ 836 + 15\ 776x) \times 5\% = 1\ 395\ 965.8 + 8\ 383x$$

热收入 = 热支出:

$$18\ 836 + 15\ 776x = 1\ 395\ 965.8 + 8\ 383x$$
$$x = 186.3\ m^3/h$$

(3)列出预热带及烧成带热平衡表(表6-14)。

表6-14　预热带及烧成带热平衡表

热收入			热支出		
项目	热量/ (kJ/h)	%	项目	热量/ (kJ/h)	%
①坯体带入显热(Q_1)	4 920	0.17	①制品带出显热(Q_3)	408 240	13.80
②棚板、立柱等窑具显热 (Q_2)	1 546	0.05	②棚板、立柱等窑具带出显热(Q_4)	125 388	4.24
③燃料化学热、显热(Q_f)	2 893 239	97.80	③烟气带走显热(Q_g)	1 239 568	41.90
④助燃空气显热(Q_a)	23 660	0.80	④窑墙、窑顶散热(Q_5)	244 000	8.25
⑤漏热空气显热(Q_a')	22 170	0.74	⑤窑车积散热(Q_6)	739 476	24.99
⑥气幕显热(Q_s)	13 000	0.44	⑥物化反应热(Q_7)	53 967	1.82
			⑦其他热损失(Q_8)	147 895	5.00
总计	2 958 534	100.00	总计	2 958 534	100.00

(九)冷却带热平衡计算

冷却带热平衡计算方法与预热带和烧成带计算方法相同,分别找出各热收入项和热支出项,列平衡方程,在热平衡方程中也只能有一个未知数,一般是求冷却空气量 $q_{V,x}$(或可供干燥的热空气量)。而可供干燥的热空气抽出量是由冷却空气鼓入量和助燃二次空气量决定的,亦可通过热平衡求得。

冷却带热收入的项目主要是离开烧成带而进入冷却带时产品带入显热,棚板和立柱等窑具带入显热,窑车带入显热及冷却空气带入显热等之和。

热支出项目主要是离窑时产品带出显热,棚板和立柱等窑具带出显热,窑车带出显热,窑墙和窑顶散热,抽送干燥热空气带走显热,做气幕气体带走显热及其他热损失等之和。计算方法同预热带、烧成带热平衡计算。

【例6-4】对例6-1的隧道窑进行冷却带热平衡计算。

(1)热收入项目:

①制品带入显热:

制品带入冷却带的显热等于预热带和烧成带产品带出显热 Q_3:

$$Q_3 = 408\ 240\ \text{kJ/h}$$

②棚板、立柱等窑具带入显热:

此项热量即为预热带、烧成带棚板和立柱等窑具带出显热 Q_4:

$$Q_4 = 125\ 388\ \text{kJ/h}$$

③窑车带入显热 Q_9:

预热带、烧成带窑车散失之热约占窑车积热的5%,而95%之积热带进了冷却带。

$$Q_9 = 0.95 \times Q_6 = 0.95 \times 739\ 476 = 702\ 502\ \text{kJ/h}$$

④冷却带末端送入空气带入显热 Q_{10}:

20 ℃时空气平均比热容为 1.30 kJ/(m³·K):

$$Q_{10} = q_{V,x} \cdot c_a \cdot t_a = q_{V,x} \times 1.30 \times 20 = 26q_{V,x}\ \text{kJ/h}$$

(2)热支出项目:

①产品带出显热 Q_{11}:

出窑产品质量 $q_{m5} = q_{m3} = 240$ kg/h,出窑产品温度为 80 ℃,查手册可得,比热容为 1.06 kJ/(kg·K):

$$Q_{11} = 240 \times 1.06 \times 80 = 20\ 352\ \text{kJ/h}$$

②立柱等窑具带出显热 Q_{12}:

出窑棚板、立柱等窑具的质量流量 $q_{m6} = q_{m2} = 80$ kg/h,出窑垫棚板、立柱等窑具的温度为 80 ℃,在 80 ℃时棚板、立柱等窑具的比热容:

$$c_{12} = 0.963 + 0.000\ 147t = 0.963 + 0.000\ 147 \times 80 = 0.975\ \text{kJ/(kg·K)}$$

$$Q_{12} = 80 \times 0.975 \times 80 = 6\ 240\ \text{kJ/h}$$

③窑车带走和向车下散失之热 Q_{13}:

此项热量占窑车带入显热的55%:

$$Q_{13} = 0.55 \times Q_9 = 0.55 \times 702\ 502 = 386\ 376\ \text{kJ/h}$$

④抽送干燥用空气带走显热 Q_{14}:

该窑不用冷却带热空气作二次空气,且气幕所用空气由冷却带间壁抽出。所以,热空气抽出量即为冷却空气鼓入量 $q_{V,x}$,设抽送干燥器用的空气温度为 200 ℃,查附录,此温度下的空气平均比热容为 1.32 kJ/($m^3 \cdot$ K)。

$$Q_{14} = q_{V,x} \times 1.32 \times 200 = 264 q_{V,x} \text{ kJ/h}$$

⑤窑墙、窑顶散热 Q_{15}：

同样根据窑的结构和材料，并考虑温度范围，将窑墙和窑顶分成若干段计算。间壁冷却段的计算用换热器的传热计算方法，计算过程从略。经计算得冷却带窑墙和窑顶散热量为：

$$Q_{15} = 130\ 000 \text{ kJ/h}$$

⑥其他热损失 Q_{16}：

取经验数据，占总热收入的 5%~10%，取 5%。

（3）列热平衡方程式：

热收入项：

$$408\ 240 + 125\ 388 + 702\ 502 + 26\ q_{V,x} = 1\ 236\ 130 + 26\ q_{V,x}$$

热支出项：

$$20\ 352 + 6\ 240 + 386\ 376 + 264\ q_{V,x} + 130\ 000 + (1\ 236\ 130 + 26\ q_{V,x}) \times 5\%$$
$$= 604\ 774.5 + 265.3\ q_{V,x}$$

列热平衡方程式：热收入 = 热支出

$$1\ 236\ 130 + 26\ q_{V,x} = 604\ 774.5 + 265.3\ q_{V,x}$$
$$q_{V,x} = 2\ 638 \text{ m}^3/\text{h}$$

即每小时可需 $2\ 638$ m^3 的冷却空气，可用 200 ℃ 的热空气抽送干燥。

（4）列出冷却带热平衡表及全窑热平衡表，方法同预热带、烧成带热平衡计算，此处从略。

（十）烧嘴的选用及燃烧室的计算

可根据算出的每小时全窑燃料消耗量，求出每个烧嘴的燃料消耗量，选用合适的烧嘴进行燃烧室尺寸的计算。

燃烧室的计算是根据燃烧室空间热强度，求出燃烧室的体积。根据窑墙的厚度，烧嘴砖的尺寸，确定燃烧室的深度，求出燃烧室的截面积。再根据砖型及工艺要求算出燃烧室的宽度和厚度。一般燃烧空间热强度为 $1\ 250\ 000$~$2\ 100\ 000$ kJ/ m^3。

【例6-5】为例6-1的隧道窑选用烧嘴并进行燃烧室计算。

每小时燃料消耗量 $x = 186.3$ m^3/h，该窑预热带和烧成带共设 44 对烧嘴，每个烧嘴的燃料消耗量：$186.3/88 = 2.12$ m^3/h。

选 GS 型高速调温烧嘴，预热带 22 对，其每个烧嘴能力为 5 m^3/h，烧嘴前煤气压力为 $2\ 500$ Pa，空气压力为 $3\ 000$ Pa。烧成带 22 对烧嘴，其每个烧嘴能力为 8 m^3/h，烧嘴前煤气压力 $2\ 500$ Pa，空气压力 $3\ 000$ Pa。烧嘴不需专门的燃烧室，烧嘴砖直接砌于窑墙上即可。

（十一）烟道和管道计算，阻力计算和风机选型

窑炉的工作系统已确定，但窑各部的具体尺寸如排烟口，热风抽出口，窑墙内各通道和各金属管道的尺寸等尚未确定，必须进一步计算，并计算各部分的阻力，以便对风机

选型。

【例6-6】对例6-1的隧道窑进行管道计算、阻力计算和风机选型。

(1)排烟系统的计算：

①烟道和管道计算：排烟系统的烟气体积流量由预热带和烧成带的热平衡计算：

$$q_{v,g}=[V^0+(a_g-1)V_a^0]x+1\ 552$$
$$[4.47+(2.5-1)\times3.78]\times186.3+1\ 552=3\ 441\ m^3/h$$

②排烟口及水平支烟道尺寸：

共有7对排烟口，则每个排烟口的烟气流量：

$$q_v=3\ 441/14=245.8\ m^3/h$$

标准状态下烟气在砖砌管道中的流速为(1~2.5) m/s，流速太大则阻力大，流速太小则管道直径过大，造成浪费，且占地太多。现取流速$v=1.5$ m/s，烟道截面积：

$$A_1=\frac{q_v}{3\ 600\times v}=\frac{245.8}{3\ 600\times1.5}=0.046\ m^2$$

标准耐火材料规格为230 mm×114 mm×65 mm，砖缝一般为2~4 mm，取2 mm，排烟口高取三砖厚，则排烟口高为0.199 m，宽为0.046/0.199＝0.230 m。

③垂直支烟道尺寸：

烟气由排烟口至垂直支烟道流量不变，流速相同，所以截面面积应相等。但考虑砖型，取垂直支烟道0.230 m×0.230 m，垂直深度定为0.869 m(13砖厚)。

④水平烟道尺寸：

水平烟道内烟气流量是排烟口的4倍，流速不变则截面积应为排烟口的4倍，即：

$$4\times0.046=0.184\ m^2$$

取宽为两砖，即为0.230×2＋0.002＝0.462 m，则高为0.184/0.462＝0.398 m，考虑砖型，取高为6砖厚，即0.065×6＋5×0.002＝0.400 m，长定为8 m。

⑤垂直烟道尺寸：

若烟气流速不变，垂直烟道又设于水平烟道的中部，所以其内烟气流量增加了1倍，因此截面积应为水平烟道的2倍。但从窑的结构强度来考虑，墙内通道过大，则窑的结构强度低，由于采用风机排烟，流速可以适当取大些。所以取垂直烟道截面积等于水平烟道截面积，并考虑砖型为0.462×0.400 m，高定为1.5 m，此时垂直烟道内流速为3.0 m/s。

⑥垂直烟道上接金属管道：

直径$d=0.350$ m，长$l=10$ m。

(2)阻力计算：

阻力($\sum h$)计算应包括料垛阻力、几何压头、局部阻力、摩擦阻力和烟囱阻力的计算之和。

选用铁皮烟囱高15 m，标准状态下取烟气在烟囱内流速为6 m/s，烟气在烟囱内的平均温度为200 ℃，求出烟囱内径d：

$$d=\sqrt{\frac{4q_{v,g}}{\pi v}}=\sqrt{\frac{4\times3\ 441}{3.14\times6\times3\ 600}}=0.45\ m$$

由于烟囱较矮，且烟气在烟囱内流速较大，烟囱造成的抽力尚不能克服烟囱本身的摩擦阻力及出口动压头损失,因此烟囱本身也已成为阻力。

(3)风机选型:

根据以上计算的各管道尺寸,可计算出烟气流动过程中的所有阻力之和 $\sum h$。风机的风压是为克服烟气流动过程中所有的阻力的。为保证有足够的调节余量,一般取安全系数为 1.2~1.3。若取安全系数为 1.3,排烟机应具备的全风压 $H(\text{Pa})$:

$$H = 1.3 \times \sum h \times \frac{\rho_a}{\rho_g} = 1.3 \times \sum h \times \frac{1.293 \times \dfrac{273}{273+20}}{1.3 \times \dfrac{273}{273+200}} = 2.09 \sum h$$

风量:
$$Q = 1.3 \times 3\,441 \times \frac{273+200}{273} = 7\,750 \text{ m}^3/\text{h}$$

根据以上风压和风量的计算,查通风机手册选用合适的风机型号。其他各管道的阻力及风机选择可通过同样的方法计算求得。

第四节　其他连续式烧成窑炉

一、推板窑

推板窑又称为推板式隧道窑,属于小型隧道窑一类,主要适用于电子陶瓷、结构陶瓷、高铝陶瓷、化工材料、电子元器件、磁性材料、电子粉体、发光粉体(发光粉,荧光粉)等尺寸较小的小件产品的烧成。这种窑具有生产效率高、节能,截面温度较均匀,可快速烧成和产品质量较稳定,结构简单,操作方便,易于机械化、自动化等特点。

推板窑以推板在窑底上作为窑内运载工具,制品放在彼此相连的推板上,由推进机推入窑内。推板一般用耐火材料制成。推板窑按窑道可分为单通道和多通道,按烧成方式分为明焰和隔焰两种形式。明焰窑不但热耗小,与隔焰推板窑相比,还具有便于控制烧成气氛等优点。而隔焰推板窑烧成时火焰均匀纯净。这种窑截面较小,窑底密封,无冷空气漏入,窑内截面温度较均匀,易于实现快速烧成。但推板在长期使用中易损耗,窑床上可能附着某些物质,使推板和窑底间的摩擦阻力逐渐增加,或推板接触的地方变圆,致使推板拱起罗叠,易发生事故。为了减少磨损,有的工厂在推板和窑底之间放置瓷球,但瓷球尺寸大小不太一致,使用效果不十分理想。为了克服这些缺点,有的工厂在推板下设置金属滑块,窑底上有滑轨,滑块载着推板在滑轨上滑走,摩擦较小。同时,在推板和窑墙之间还设置砂封槽,以免烧坏滑块和滑轨。

多通道推板窑一般长 7~15 m,也有长达 30 m 的,太长对推板高温抗压强度要求高,投资大,太短则产量低,产品进出窑温度高,热利用率低。窑道截面一般宽 0.4~1.0 m,高 0.5~0.8 m。通道的数目 4~48 个不等。可用气体燃料和液体燃料,也可用电加热。

二、隔焰窑

用隔焰板(马弗板)将燃烧产物与制品隔开,借隔焰板的辐射传热使制品烧成的窑称为隔焰窑。火焰在隔焰道内,制品在隧道窑内不与火焰接触。隔焰窑有多种形式,常用的有单隔焰道和多隔焰道。多隔焰道的各通道可单独调节,以调整窑内上下温度,达到均匀窑温的目的;单通道则较简单。图6-12为多隔焰道隧道窑结构示意图。

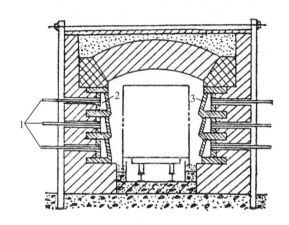

1—烧嘴;2—隔焰通道(火道);3—隔焰板。

图6-12　多隔焰道隧道窑

隔焰板应选用导热性好、耐热度高、强度大的材料制成,如碳化硅、硅线石及熔融刚玉等。由于碳化硅的导热性能比一般材料大5~10倍,且易于制造,所以,碳化硅的使用最为普遍。但碳化硅在900~1 100 ℃时易氧化,降低了隔焰板的使用寿命。这是碳化硅耐火窑具长期存在的问题。现代隔焰板一般采用新型耐火窑具,虽然一次投入较多,但从长远来看还是经济可行的。

隔焰窑内主要为固体辐射传热,传热系数大,传热速度快,窑内截面温差较小,加之制品不用围烧,因此烧成周期可大大缩短,产品质量也可大幅度提高,尤其适合于易污染制品的燃料的燃烧。由于隔焰烧成,燃烧室温度高,需选用较好的耐火材料砌筑燃烧室。若能将喷嘴深入隔焰道,既解决了燃烧室材料的问题,又提高了热效率,但对隔焰材料的要求也更高了。这种窑的烟气离隔焰道时温度很高,必须在窑头设置换热器,利用烟气来预热空气,送去干燥或助燃使用,可达到节约燃料的目的。下面以2通道隔焰推板窑为例来说明其工作系统。

2条通道分为平行的2列,在预热带及烧成带每条通道的上下及两侧有烟道包围。烧成带两侧有1~3对燃烧室,烟气进入烟道后沿烧成带和预热带向前流动,然后进入预热带的排烟口及各烟道,最后由烟囱排出。在烟道中每隔0.5~1 m设一挡墙,使烟气上下波浪式前进。在预热带前端,隔焰板上可开小孔,使烟道和烟气相通,可排出通道内制品焙烧时产生的水气和气体。冷却带的冷空气通道中也可设挡墙,使冷空气在里面波浪式曲折地行走,使冷却均匀。

制品放在垫板上,用油压推进机将垫板推向前进,推进机上设与通道数目相等的小推板,将所有通道的垫板同时向前推进。为便于推动,窑体可从预热带向烧成带倾斜2°左右。

多通道的优点是窑炉空间利用系数高,单位容积生产量高,占地面积小,截面小,温差小,质量好,窑炉热利用率高。

推板窑燃料可采用重油、柴油、液化石油气和发生炉煤气等,结构采用全隔焰或半隔焰形式。

推板式的隔焰窑虽具有一系列优点,但由于燃烧产物不进入窑内,窑内不能形成还原气氛,对一些要求还原气氛烧成的产品,隔焰窑就不太适用,可采用半隔焰形式的隔焰窑。半隔焰窑是在烧成带设一些挡墙,或在隔焰板近车台面处开些小孔,使隔焰通道与窑内相通,使一小部分烟气能进入窑内,以利于气氛的调节。因此,半隔焰窑比隔焰窑经济,既有固体辐射又有火焰辐射,同时还可调节气氛。

三、辊道窑

辊道窑是近几十年发展起来的新型快烧连续式工业窑炉,目前广泛用于建筑陶瓷工业的生产中。与传统窑车隧道窑不同,它是用很多根平行排列的辊子组成"辊道",制品放在辊道上随辊子转动送入窑内,经预热带和烧成带,再经冷却带冷却后出窑。由于辊道窑具有高效节能,截面温度均匀,温度控制精确,自动化程度高,可快速烧成的特点,被一些国家用于焙烧小规格陶瓷磨具产品,我国也进行过类似的烧成试验。

辊道窑使用的能源有燃油、煤气和电热。辊道的传动方式有链传动和齿轮传动。齿轮传动又分为直齿轮传动和斜齿轮传动。

辊道窑的通道有单层辊道窑,双层辊道窑和多层辊道窑。陶瓷磨具烧成多使用单层辊道窑。图6-13为油烧隔焰辊道窑的工作系统图,图6-14为隔焰辊道窑结构示意图。

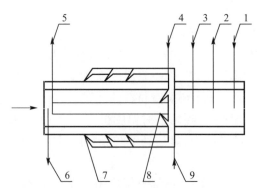

1—窑尾进冷风;2—抽热风;3—急冷风;4—油管路;5—隔焰道排烟;
6—窑道排气;7—烧嘴;8—烧嘴;9—助燃风机。

图6-13 油烧隔焰辊道窑的工作系统图

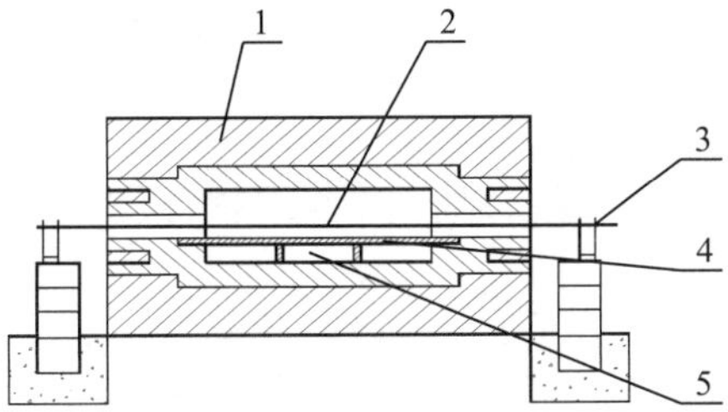

1—工作通道；2—辊子；3—辊轴承；4—隔焰板；5—火道。

图 6-14　隔焰辊道窑结构示意图

第五节　倒焰窑

倒焰窑是传统的间歇窑，是在我国没有现代梭式窑及钟罩窑时期中小企业烧成使用的主要设备，其工作流程示意图如图 6-15 所示。热气体产生于燃烧室，经挡火墙、喷火口至窑顶，然后从上向下流动，经产品料垛间空隙，将制品加热，再经吸火孔、支烟道、主烟道，最后经烟囱排入大气。由于火焰自上而下流动，所以称之为倒焰窑。被烧的无机材料制品按一定要求装入窑内，经过升温、保温和冷却完成产品的烧成。

传统倒焰窑与隧道窑相比主要有以下优点：

（1）产品生产适应性强，在生产中灵活性大，可随被烧制品的工艺要求变更烧成制度。同一座倒焰窑可烧制不同规格甚至不同材质的制品。

（2）市场适应性强，窑炉按每个窑次间歇生产，可根据市场的订单情况来组织生产，容易适应市场多样化的需求。

（3）窑内温度分布比较均匀，窑内烧成和冷却可实现均匀的温度场和窑内气氛，产品烧成热环境好。

（4）生产安排灵活，可在周末和节假日停窑休息。烧成周期短的，还可以取消干扰工作人员正常生活规律的夜班工作。窑炉生产启动和停止方便。

（5）窑炉基建投资低，占地少，见效快。

传统倒焰窑与隧道窑相比主要有以下缺点：

（1）随着窑内制品的加热与冷却，窑内的温度随之而变化，需要不断调节燃料与空气的比例以实现窑内烧成制度，烧成制度不易控制。

（2）烧窑时窑体积蓄热量，冷窑时窑体积蓄之热量又散发于空气中，造成能量损失。另外，烟气离窑温度较高，排烟热损失较大。所以传统倒焰窑的热效率较低。

随着市场竞争越来越激烈，企业对产品的生产周期、能耗、产品质量和成品率等要求越来越高，加之我国环境保护的力度越来越大，传统倒焰窑正逐步被现代梭式窑、钟罩窑和隧道窑所取代。所以，对倒焰窑的结构和工作原理只作简单的介绍。

如图 6-15 所示，将煤加进燃烧室的炉栅上，一次空气由灰坑穿过炉栅，经过煤层与煤发生燃烧反应。燃烧产物自挡火墙和窑墙所围成的喷火口喷至窑顶,再自窑顶经过窑内制品倒流至窑底,由吸火孔、支烟道及主烟道由烟囱排出。在火焰流经制品时,其热量以对流和辐射的方式传给制品。

倒焰窑的结构也像隧道窑一样,包括三个主要部分:窑体、燃烧设备和通风设备。

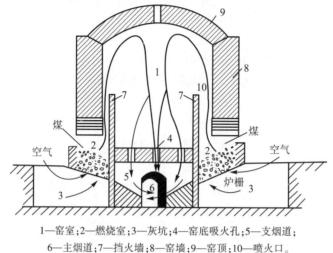

1—窑室;2—燃烧室;3—灰坑;4—窑底吸火孔;5—支烟道;
6—主烟道;7—挡火墙;8—窑墙;9—窑顶;10—喷火口。

图 6-15　倒焰窑工作流程示意图

一、窑体

(一)圆窑和矩形窑(方窑)的比较

倒焰窑的窑体结构有圆形和矩形两种形式,各有优缺点:

(1)圆窑比矩形窑温度更易均匀。因为火箱沿圆周平均分布,窑内没有死角,且每个火箱控制的加热面积(指窑底面积)为扇形,近火箱处是窑底圆的外围,面积最大,而远离火箱向窑中心面积渐趋于零,这符合热量分布条件,使窑中心与四周的温差很小。

(2)在相同窑室容积的条件下,圆窑比矩形窑有较少的窑墙侧面积。因此,圆窑窑体向外界散失和积聚的热量比矩形窑少。

(3)圆窑的直径增至很大时,增加了每个火箱所控制的加热范围,因而增加了窑内横截面上的温度差。而矩形窑可以维持窑的宽度不变,通过加长窑的长度来增大窑的容积,保证每个火箱所控制的加热面积不变。所以容积在 100 m^3 以上的窑多为矩形窑。

(4)圆窑砌筑要用大量的异形砖,尤其窑顶是一个球缺状,砖形复杂,砌筑更为困难。一般容积不大时多设为矩形窑。

(二)窑墙、窑顶、窑门(装卸口)

倒焰窑是间歇式操作的窑炉,在长时间的焙烧中,窑墙和窑顶同时被加热,砌体所积聚之热往往超过外表面向外界散失之热数倍,可达到总热消耗量的 10%~15%。当制品冷却时,砌体所积聚之热大部分又传给窑室,使制品的冷却受到阻碍。减少窑墙的厚度,可减少积聚之热;但窑墙太薄时,向外界散热量也增加。因此,采用轻质的保温性能好的绝热砖为砌体的中间层,可使积热和散热量相应地减少。窑墙的总厚度一般为 0.8~1.2 m,内层耐火砖厚为一块半砖长,即 230+114+2＝246 mm,外层为红砖,一般为两块砖长厚,240+240+10＝490 mm,中间为一砖至一砖半的轻质砖 116~346 mm。窑顶的厚度比窑墙薄些,以减轻对窑墙的荷重和横推力,总厚度为 0.3 m 左右。窑顶上不需像隧道窑那样铺平,可沿拱做成弧形。

对于升温快,烧成时间短的窑,窑墙的厚度可以适当减薄。这样,可以减少砌筑材料和窑墙的积热。因为窑墙的积热需要较长时间,等到热量大量地通过窑墙传导至外表面向外界散失时,窑内制品已到了冷却阶段了。因此,在高温阶段窑墙向外散热也不大,反而可节省燃料消耗量,缩短冷窑的时间。

根据倒焰窑容积的大小,侧墙上可设一道或两道窑门,由此进窑装卸制品。在每次装完窑后,砌两层耐火砖封闭窑门,门外涂以耐火泥以增加窑门的严密性。在封闭窑门时应留观察小孔,以便随时可打开观察窑内制品的焙烧情况。为减少每次封闭窑门的频繁劳动,可以把砌窑门的耐火砖墙固定砌筑在一小车上,小车在轨道上前后移动。封闭时,把小车推进,窑门周边涂以耐火泥;出窑时,把小车拉出。窑门的大小应足以使装出窑的操作人员自由通过,通常高为 1.8 m,宽为 0.8 m(焙烧特殊形状的制品例外)。

(三) 窑的高度、直径(或宽度)和容积的决定原则

1.高度

隧道窑内气体的流动是横向平流的,易分层,造成窑内上下温差大,特别是预热带。所以,其高度应该在 2 m 以下,尤其是快速烧成的隧道窑,高度更小。而倒焰窑内,燃烧产物自喷火口喷至窑顶后,倒向窑底流动,窑内上下温差小,故其高度可比隧道窑高些。有时为了适应焙烧大型制品,窑可以建得更高些。但是,窑建得越高,窑内上下温差也越大。尽管燃烧产物在窑内是上下流动,流经的高度越大,温度降低就越多,上下温差也就越大。另外,窑太高了,制品装卸不便,并且使底层耐火物(或制品)负荷太大,特别在高温阶段,容易发生倒塌事故。所以传统倒焰窑其内高一般不超过 4.5 m。

因为是倒焰式窑,窑内热气体不会像隧道窑那样集中在窑的顶部而造成上下温差太大。所以,窑的高度与跨度之比可以比隧道窑大些,有时甚至是半圆拱以减少窑顶的横推力,节省箍窑的钢材。一般圆窑的拱高为直径的 1/6~1/2。

2.直径(或宽度)

窑的直径(或宽度)是根据窑内横截面上的温度均匀性来确定的。在隧道窑烧成带,虽然火焰自窑的两侧燃烧室喷向窑中心,但火焰喷入窑后受到预热带的抽力作用沿窑的长度方向水平流动,若窑太宽,火焰喷出速度不够大,则火焰不易达到隧道的中心,所以其宽度一般在 2 m 以下。而倒焰窑内火焰的流动情况不同,圆形窑火焰自圆周向中心喷至窑顶,矩形窑火焰自两侧向中心喷至窑顶,然后倒流至窑底,火焰容易喷至中心使窑内温度均匀。火焰自火箱喷出后所能控制窑的水平距离是由火焰的长短来决定的,烧烟煤或重油时,火焰喷出后所能控制的距离为 3 m 左右。烧无烟煤时,火焰喷出后所能控制的距离为 2 m 左右。所以,圆窑的直径一般在 4~6 m,矩形窑两边设火箱,则窑的宽度也在 4~6 m。

3.容积

窑的容积大,产量大,其单位容积所占有的窑砌体重量及外表面积与容积小的窑相

比单位制品热耗较低。但窑的容积过大时,火焰不易达到窑的中心,窑的温度和气氛分布不易均匀。如果要使窑内的制品都烧好,只好靠延长烧成时间,这样又增加了燃料消耗量,且冷窑时间也长,拉长了窑的使用周期。

窑的容积小,产量小,单位制品的热耗较大。但火焰容易充满全窑,窑的温度和气氛容易均匀。如果窑的容积过小,其开设窑门的地方散热损失所占的比例也大,也可能引起窑内的温度和气氛更不均匀。目前圆窑最大容积一般在 $100\ m^3$ 左右(高度约 4 m,直径约 6 m)。矩形窑可比圆窑的容积大些,其长度与宽度之比一般在 $1\sim2.5$ 范围内,窑的容积可达 $200\ m^3$,甚至更大。

二、燃烧设备

(一)燃烧室(火箱)

烧煤和烧油的倒焰窑都需要设置燃烧室,只是烧油的燃烧室不要炉栅和灰坑,在加煤口上安装油烧嘴即可。烧煤气时,可不设燃烧室,煤气和助燃空气混合后直接由窑墙上的通道喷入窑内进行燃烧。

燃烧室的大小,可根据每小时最大燃料消耗量来计算,计算的方法与隧道窑的燃烧室计算一样。但是,由于倒焰窑是间歇式窑炉,通过热平衡计算燃料消耗量是很繁杂的,而且这样算出的结果误差也较大。一方面是由于倒焰窑每小时的升温速度不同,每小时燃料消耗量在不断变化,必须将升温速度大致相同的某一阶段作为热平衡计算的基准,逐个小阶段进行热平衡计算,然后折算在各个阶段中每小时燃料消耗量,并以最大的燃料消耗量(往往是窑内温度较高而升温又快的阶段)来设计燃烧室尺寸,在计算过程中必须选用一些经验数据。另一方面,倒焰窑的窑墙和窑顶随着制品一同被加热,窑墙既积热又向外散热,是属于不稳定的导热,用微分方程或相似论的方法不能准确热平衡计算,而用有限差量法计算又费时,且误差大。所以间歇式倒焰窑一般不进行热平衡计算,而是直接采用生产经验数据,见表 6-15。

表 6-15　倒焰窑热平衡表

热收入		热支出	
项目	占比/%	项目	占比/%
1.燃料热值及显热	98~99	1.蒸发水分及物化反应耗热	5~10
2.空气显热	1~2	2.烟气带走之热	30~50
		3.窑墙、窑顶蓄热	2~5
		4.窑墙、窑顶蓄热及散热	15~28
		5.加热产品耗热	4~6
		6.窑具带走之热	40~48

据生产经验,在高温阶段每小时的燃料消耗量为平均每小时燃料消耗量的 $1.2\sim1.6$ 倍,根据窑内制品的升温速度不同而选取。如果要求有部分可燃物进入窑内进行燃烧,

燃烧室的空间热强度或炉栅面积热强度可取大些数据,即燃烧室可以小些。燃烧室炉栅面积可由炉栅面积占窑底面积的百分比来决定(表6-16)。在倒焰窑中焙烧普通陶瓷单位产品热耗在 14 700 ~ 42 000 kJ/kg 之间,各种耐火砖单位产品热耗在 8 400 ~ 40 000 kJ/kg之间,各种陶瓷磨具产品单位产品热耗在 23 500~30 000 kJ/kg 之间。

表 6-16　倒焰窑的主要结构经验数据

窑容积/m³	每 10 m³窑容积所具有的面积/m²			炉栅总面积占窑底总面积/%	吸火孔总面积占窑底总面积/%	喷火孔总面积占炉栅面积/%
	炉栅	吸火孔	主烟道			
大于 100	0.5~1.0	0.05~0.15	0.06~0.15	15~25	1.5~5	20~25
小于 100	1.0~1.5	0.10~0.20	0.15~0.25	25~35	3.0~7	20~25

为了使窑内温度分布均匀,一般设 10 个以内的燃烧室,每个燃烧室的炉栅面积为 0.5~1.5 m²。圆窑的燃烧室沿窑的圆周分布,矩形窑则分布在窑的两侧。燃烧室的设置间距一般在 2~3 m,圆窑由于每个燃烧室控制的加热面为扇形,可取大的数值,矩形窑则取小的数值,甚至为 1.5 m。由于靠近窑门处散失热量较多,所以在接近窑门处的燃烧室间距应适当小些,以保证窑内温度的均匀。

高度很大的倒焰窑,为使窑内上下温度均匀,往往沿着窑墙的高度方向设置两排甚至很多排烧嘴。这样的倒焰窑一般使用气体或液体燃料。

目前,使用烟煤作燃料的倒焰窑也还不少,采用阶梯状炉栅或稍向窑内倾斜约 15°的梁状炉栅。前者操作容易掌握,不易漏煤,尤其适用于烧细颗粒煤,后者则清灰方便。为保证助燃所需的一次空气由灰坑穿过炉栅与煤进行燃烧,炉栅上应有一定的通风面积。通风面积太小,不易通风,阻力大,也不易清灰。通风面积太大,则易漏煤,造成机械不完全燃烧热损失。通风面积一般为炉栅总面积的 25%~30%。燃烧所需的一次空气可采用自然通风,也可以封闭灰坑门用风机鼓风。不过,随着人们环境意识的不断提高,煤烧窑正逐步被淘汰。

(二)挡火墙及喷火孔

挡火墙的作用是使火焰具有一定的方向和流速,合理地送入窑内,且能防止一部分煤灰入窑污染制品。挡火墙的高低,严重影响窑内上下温差。挡火墙太低,则火焰大部分不到窑顶,而直接进入窑的下部,使窑的上部温度低,下部温度高。反之,挡火墙太高,则把火焰全部送至窑顶,甚至集中于窑的最顶点,只靠火焰由顶部向下流动时把热量传给制品,又造成上下温差大,上部制品过烧而下部生烧。挡火墙的设计应使大部分火焰送到窑顶,小部分进入窑的下部,有的还在挡火墙上开设几个小通气孔,用以调节窑的上下温度。挡火墙一般比窑底高出 0.5~1.0 m。

喷火口为挡火墙与火箱上面的窑墙之间的长方形截面空间。喷火孔的截面积过大,则火焰喷出速度小,不能达到窑顶和窑的中心,造成窑上部温度低而下部温度高,且占据窑内容积过多,减少制品的装载量。但是,喷火孔也不能太小,以免火焰喷出时阻力太大,喷出困难,容易把燃烧室耐火砖及炉栅烧坏,且易造成窑内下部制品生烧的现象。一般喷火口截面积为炉栅水平面积的 1/4~1/5。

三、通风设备

倒焰窑的通风设备主要是指窑底吸火孔、支烟道、主烟道和烟囱等排烟装置。

(一) 吸火孔

倒焰窑吸火孔的作用相当于隧道窑排烟口。隧道窑的排烟口是设在预热带始端的两侧窑墙上,而倒焰窑是倒焰的,由窑底排烟,吸火孔设在窑底。吸火孔总面积的大小和分布情况对窑的操作控制和窑内水平截面上的温度均匀性关系极大。如果吸火孔总面积太大,火焰一经喷火孔喷出,很快就由吸火孔抽掉,不能充分地把热量传给制品,烟气离窑温度过高,热利用率低。如果吸火孔总面积太小,排烟阻力较大,对排烟不利。根据实践经验,吸火孔总面积约为窑底面积的 3% ~ 7% 较适宜,容积大的窑选小些的数据,容积小的窑取大些的数据。另外,为了操作方便,吸火孔面积宜选大些好,以防在烧窑过程中出现吸火孔变形,部分堵塞等现象。若原设计吸火孔面积过大,可以在装窑时用垫脚砖适当赌住一点。

一般来说,吸火孔均匀地分布在窑底上。但为了使窑内水平截面上的温度均匀,要注意在烟气不易达到的地方,如远离烟囱的一端和窑的角落处等,吸火孔应布设多些或大些。

吸火孔多是圆形孔,以免产生局部回流现象。每个孔的直径一般为 60 ~ 100 mm,但要设计异型砖砌筑窑底。也可用标准直型砖砌窑底,按需要留出矩形(或方形)的吸火孔。

(二) 支烟道、主烟道及烟囱

支烟道(均衡烟道)分布在窑底吸火孔的下面,起连接吸火孔和主烟道的作用。而主烟道则是连接支烟道和烟囱的。为使烟囱对窑内各个吸火孔的抽力基本相同,支烟道多做成蜘蛛网式或做成"非"字形排布。窑底中心有一垂直烟道和主烟道相连,但结构复杂,地基要深,要注意地下水。为了砌筑方便,小型的试验窑一般可不用垂直烟道,支烟道直接与主烟道相连接。矩形窑支烟道多做成"非"字形排布,主烟道两端相通,汇合后进入烟囱。

在设计烟道时,希望废气自支烟道至烟囱的流动过程中阻力不大,使阻力主要在窑底的吸火孔上,有利于主烟道上的闸板对窑内抽力大小的控制。所以,支烟道的总截面积原则上比吸火孔总截面积大些或相等,烟囱口截面积与主烟道截面积相等,烟气一经窑底吸火孔排出,就能迅速流向烟囱排走。

主烟道的截面大小,还要考虑清理烟道的积灰,其截面高度一般要大于宽度。主烟道不要建得过长,否则烟气在主烟道里温度降低太多,减少烟囱的抽力,且增加建筑费用。但为了操作控制方便,烟囱也不要离窑太近,一般主烟道长 10 m 左右。主烟道上的闸板安设位置不宜紧靠烟囱,以使烟气在闸板至烟囱底部有一段较稳定的流动,不致因闸板的少许变化而引起窑内压力的较大波动。

一座倒焰窑使用一个烟囱,建筑费用大。又由于倒焰窑间歇操作,在开始点火烧窑时,要在烟囱底部临时火箱烧火,以提高烟囱抽力,而且在低温阶段,由于烟气温度低,往往会有抽力不足的现象。因此,最好两座窑共用一个烟囱,交替使用,使烟囱长期处于热的状态,一直使烟囱具有足够的抽力。这样设计的烟囱,实际上等于一座窑使用,不必考虑烟囱的加高加大问题。

为了缩短冷窑时间,往往在倒焰窑顶中央位置设一个放冷小烟囱。冷窑时打开小烟囱上的闸板,让窑内被加热的热空气直接向上排出,冷空气自动由窑门和燃烧室进入窑内,加快制品的冷却速度,烧窑时再关闭小烟囱上的闸板。

倒焰窑的各个主要部分的结构尺寸,经过长期实践经验的积累,已有较成熟的数据,列于表6-16中,设计时可参考使用。

四、倒焰窑的工作原理

倒焰窑内温度能够较均匀分布的原因是由分散垂直气流法则所决定的。

倒焰窑在升温过程中,由于窑内制品及窑墙都同时吸收热量,且有热量通过窑墙向外界散失,特别是窑门的临时封闭,砌体较薄,向外散失热量更多。要使窑内温度均匀,靠近窑墙特别是窑门的地方必须多供给些热量,否则这里的温度就会偏低。尽管根据分散垂直气流法则窑内温差会自动减小,但温度的调节也是有限的,只是温差相对隧道窑来说较小而已。如果操作或装窑不规范,温差还是存在的。

倒焰窑烧成陶瓷磨具时常采用围瓦装窑,以防止火焰直接冲刷制品。但装围瓦后,大大降低了气流与制品的对流传热和辐射传热速度。在低温段,窑内气流以对流方式传热给围瓦,然后围瓦内的气体再以缓慢的自然对流从围瓦取得热量,传给制品,制品的整个烧成时间较长。即使采用了高速调温烧嘴,加快了围瓦外的对流传热,而围瓦内的对流传热量还是较小,达不到快速烧窑的目的。至于辐射传热,因为隔了一层围瓦,气体辐射给制品的传热速度大大削弱。所以,一般使用导热性良好的碳化硅围瓦,如果使用导热性低的黏土质围瓦,则会更大地削弱传热速度。陶瓷产品主要用匣钵承烧,在低温和高温阶段分别靠窑内燃烧产物以对流和辐射传热方式把热量传给匣钵,匣钵得到热后由外表面以传导方式传给内表面,然后匣钵再以辐射传热的方式把热量传给制品。

在冷窑时,打开窑顶上的放冷小烟囱闸门,冷空气由窑底部入窑后上升至窑顶排出,本身被加热。根据分散垂直气流法则,同理可知,窑内会自动达到均匀冷却。

倒焰窑单位制品热耗大的原因是窑体蓄热和散热以及废气带走之热所占比例较高所致。

五、倒焰窑燃料燃烧的操作控制

倒焰窑与隧道窑的燃料燃烧机理是相同的,但它们的操作控制却有所不同。因为隧道窑是连续操作的窑,每个火箱燃烧的情况要求稳定,即燃烧温度和气氛性质都不随时间而变化,操作控制比较容易。而倒焰窑是间歇操作的,从点火逐渐升高温度至烧成,燃料消耗量在不断地变化。200 ℃以下的低温阶段升温要求慢;200~900 ℃的中温阶段升温速度较快,但中间还要有一段中火保温,以使窑内温差减小;900 ℃以上到高温阶段升温较慢,在高温阶段接近最终烧成温度时,制品还要有一段高温保温。中温阶段及以前都是氧化气氛,高火保温阶段的气氛要根据产品而定。所以,倒焰窑在整个升温过程中,升温的速度和气氛的性质在不断地变化。下面以煤烧倒焰窑为例说明倒焰窑的操作控制过程。

随着倒焰窑内温度的不断变化,各个阶段的加煤间隔,每次加煤量以及清灰的方法等都不相同,要合理地操作控制才能把窑烧好。

低温氧化阶段时控制煤层要薄,加煤间隔要长。高温还原阶段控制煤层要厚,加煤间隔要短,加煤次数也多,但也不能经常开启炉门或每次开启时间过长,以免漏入冷空气太多,降低炉子的温度,难于维持还原气氛。煤层的厚薄是相对而言的,它和煤块的大小有关。煤块大,气体穿过煤层的阻力就小,煤层可以加厚些,高温阶段时,煤层厚甚至达600~700 mm。若使用细小碎煤,煤层就不能太厚,高温阶段煤层厚也只有200~300 mm。否则气体穿过煤层时阻力太大,不利于窑内的调节。因此必须勤加煤、快加煤,每次加煤量要少。

选择燃料时要尽量利用当地燃料,这样可减轻运输负担。倒焰窑燃料燃烧时一般是自然送风,但烧细碎的煤和灰分多的劣质煤时,为了克服煤层阻力,也可密闭炉栅采取机械鼓风,这样还可使火焰增长。一般选用低压离心式鼓风机即可。

倒焰窑也可选用煤气或重油为燃料,比烧煤容易操作控制,尤其是烧煤气。使用重油为燃料,在低温阶段时,由于燃烧室和窑内温度很低,使油雾燃烧速度很慢。当油的喷出量大时,易产生"脱火"甚至灭火现象;当油喷出量少时(即喷出速度也小),往往又很难保证重油的雾化质量,使油滴颗粒大,不易燃烧而熄火,使低温阶段燃烧很不稳定。为了使低温阶段油的燃烧和升温速度易于控制,此时最好使用生产能力小的油烧嘴,待窑温升至700~800 ℃以后,再换上生产能力大的油烧嘴。

第六节 现代间歇窑

梭式窑(又称抽屉窑)和钟罩窑是无机材料制品生产中应用最广泛的现代间歇窑。现代间歇窑是在传统隧道窑和倒焰窑的基础上发展起来的新型窑炉,发扬了二者的优点,克服了它们的缺点。现代间歇窑与传统倒焰窑相比有以下特点:

(1)与隧道窑相似,工人在窑外装卸制品,劳动条件好。

(2)窑炉的烧成和冷却过程可以实现全自动控制,以确保产品烧成质量。

(3)采用耐高温的轻质耐火砖或耐火纤维制品作内衬,大幅度地降低了窑体的蓄热量,便于快速烧成和冷却,提高了窑炉热利用率。

现代间歇窑采用调温高速烧嘴,明显地改善了窑内温度和气氛的均匀性,强化了窑内传热,缩短了制品的烧成时间。窑炉的断面还可加宽,利于增大每台窑的生产能力,对降低基建投资和操作运行费用,降低蓄热与散热损失等都有明显的好处。一些现代化的宽断面大容积梭式窑的经济技术指标,已接近现代化的隧道窑。无机非金属材料工业更着重采用现代化间歇窑,新建间歇窑的数量已明显超过了连续窑。

一、梭式窑

梭式窑是一种现代间歇窑,其结构与隧道窑的烧成带相似,由窑室和窑车两大部分组成,坯体码放在窑车棚架上,推进窑室内进行烧制,经烧成和冷却后,将窑车和制品拉出窑室外卸车。窑车的运动如同织布的梭子或桌子上的抽屉一样移动,故此而得名。有时也称之为车式窑或车底窑。

现代梭式窑多采用清洁气体燃料或液化石油气,尤其在中小企业和个体企业,很少采用重油为燃料。

(一)梭式窑工作系统

梭式窑工作系统由窑体、窑车、传输系统、通风及燃烧系统、检测及控制系统组成。窑体一般采用全轻质结构。图6-16为我国某专业设计研究院研制的计算机集散控制系统全自动燃气梭式窑工艺系统图。

产品的装出窑都在窑外固定的装卸点(如液压升降台)进行,生产方式和时间安排比较灵活,烧成制度也比较灵活,能适应产品不同规格和不同批量的生产,尤其适合于大规格、高厚度、特殊形状及细粒度产品的烧成,满足市场多样化的需求,是国内外无机非金属材料生产企业普遍采用的理想设备。

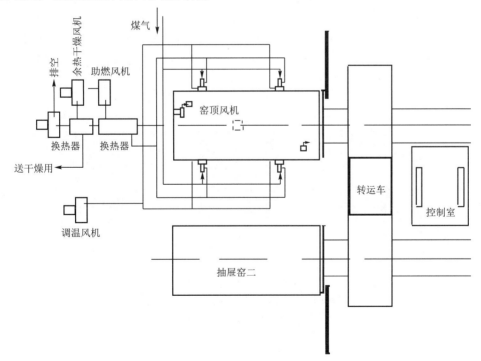

图 6-16 计算机集散控制系统全自动燃气梭式窑工艺系统图

（二）梭式窑结构

图 6-17 为我国某专业设计研究院研制的现代燃气陶瓷梭式窑结构示意图。

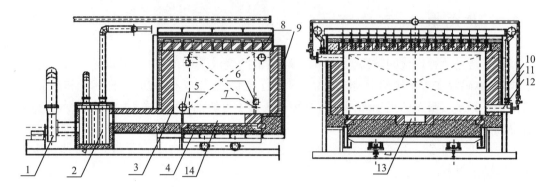

1—排烟风机；2—换热器；3—窑墙；4—窑车；5—烧嘴砖孔；6—看火孔；7—热电偶孔；8—吊挂平顶；
9—窑门；10—助燃空气管；11—煤气管；12—高速调温烧嘴；13—排烟孔；14—烟道。

图 6-17　现代陶瓷梭式窑结构示意图

1. 窑体及基础

窑体多采用复合轻质窑体结构。窑墙由莫来石隔热砖、高铝隔热砖、硅酸钙板或硅酸铝纤维及钢板外壳组成。窑墙采用浮锚式钩挂结构，就是通过砖拉钩和砖拉杆将窑墙与窑体钢结构联系起来，增强窑墙的稳定性。沿窑炉长度和高度方向均应留设膨胀缝，通过纵向膨胀缝和水平滑动缝将窑墙有效地模块化，降低或避免砌体膨胀和温度应力对窑墙的损害。膨胀缝的宽度应由窑炉最高操作温度、耐火材料线膨胀系数、窑墙的长度等计算而得，一般为 10～25 mm。窑墙高度方向上每隔 500 mm 左右设置砖拉杆，沿砖拉杆每隔 300～500 mm 设置一个砖拉钩，砖拉钩与窑炉钢结构相连接。参见图 6-18。

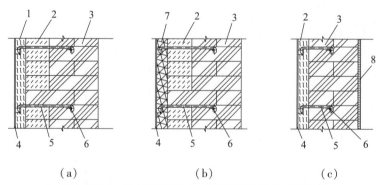

（a）　　　　　　　　（b）　　　　　　　　（c）

1—耐火纤维；2—黏土质隔热砖；3—莫来石隔热砖；4—窑墙钢板；
5—耐热钢拉钩；6—耐热钢拉杆；7—耐火纤维贴面块；8—硅钙板。

图 6-18　砌砖炉墙结构形式

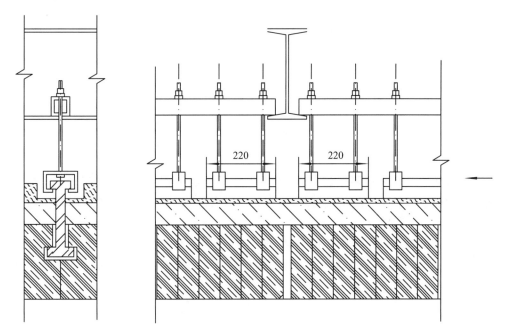

图 6-19 用异型耐火砖为吊挂件作串挂平顶

另外一种吊挂结构是每一吊顶异型块由两块异型隔热轻质砖组成,采用耐火胶泥黏结,将砖和不锈钢吊挂件粘成一体,然后把不锈钢吊挂件和窑顶钢结构连接起来。

还有一种串挂结构,用串砖杆把窑顶砖串起,然后和窑顶钢结构连接起来。把串砖杆和窑顶钢结构连接起来的方式很多,图 6-20 是串砖杆通过吊砖板、吊钩和窑顶钢结构连接起来的,也可采用全纤维结构。

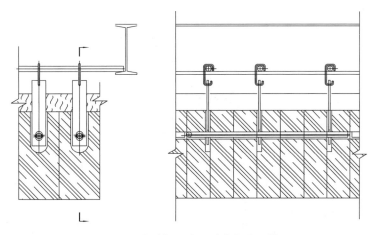

图 6-20 用串砖杆把窑顶砖串起作吊挂平顶

窑墙、窑顶和窑车台面围成的空间构成窑室,用于装烧陶瓷磨具坯体。窑室内温度变化非常快,从室温迅速升至一千多摄氏度,在高温下保持一段时间,然后急速冷却至750~850 ℃,随后冷却至室温。窑室也要经受频繁的急速加热与冷却的热胀冷缩作用,同时还要经受高温下炉尘和炉气(磨具坯体的低熔挥发物)的侵蚀作用。因此窑墙、窑顶、棚架和台车面等所用的材料必须适应上述特点,以保证窑炉正常工作。莫来石隔热砖具有较好的使用性能,常用于作窑体材料。

窑墙上开有烧嘴砖口、看火孔、测温孔及测压孔等。孔洞的设置应注意不能影响窑炉的砌砖强度和密封性。为防止砌砖破坏,窑墙应尽可能避免直接承受附加载荷,窑门、管道、换热器等应设在钢架上。在强度较低的轻质耐火砖和耐火纤维制造的窑墙上,也不应放置质量较大的烧嘴砖等,它们应由钢架来承重。

窑顶按其结构形式可分为拱顶和吊顶两种。拱顶是用楔形砖砌成,拱角一般在60°~180°,60°的拱顶采用的较多。小断面梭式窑多采用拱顶。

拱顶常用轻质莫来石隔热砖砌筑,拱顶上面采用硅酸铝纤维、岩棉等轻质材料。在拱顶砖的内面也可粘上50 mm左右的耐火纤维,以减少蓄热,并可延长轻质砖拱顶的使用寿命。

断面较宽的现代梭式窑常采用平吊顶。平吊顶是由异型砖构成,异型砖用吊杆单独地或者成组地吊在窑炉的钢梁上。吊顶砖的材料常用轻质耐火砖,吊顶砖外面常用硅酸铝纤维等轻质耐火材料覆盖。

现代梭式窑采用的耐火纤维窑墙和窑顶的结构主要有三种:

(1)用陶瓷杆锚固多层不同材质的耐火纤维毯。烧成温度高的窑采用氧化铝纤维、莫来石纤维、含锆纤维、高铝纤维。烧成温度较低的窑采用普通硅酸铝纤维,甚至岩棉毯,这样的结构经济合理。陶瓷杆锚固件是重质材料,蓄热多,传热系数大,增大了蓄热和散热损失。如果陶瓷杆的品质不过关,在多次冷热交替下会断裂,纤维毯就会脱落。层铺式耐火纤维内衬一般由隔热层和纤维毡复合组成。纤维毡在厚度方向上是多层叠合,在平面方向上是多块纤维毡拼接。一般耐火纤维内衬由隔热层和纤维毡复合组成。因而耐火纤维的铺设应注意拼接搭接合理。同时还应处理好窑墙拐角,窑门密封和烧嘴维护等特殊部位。这种结构多用于1 400 ℃以上梭式窑。参见图6-21。

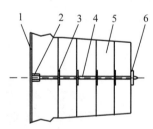

1—窑墙钢板;2—锚固座;3—快速夹紧圈;4—锚固杆;5—耐火纤维;6—夹紧瓷子。

图6-21 层铺式耐火纤维结构

(2)叠砌式分为穿串固定法和模块(组合件)固定法。穿串固定法是将耐火纤维毡切割成宽度等于窑墙厚度的长方形纤维条,将其预压缩(压缩率为15%~20%),再用耐热钢销钉穿串固定。模块固定法是将耐火纤维毡折叠压缩后组成模块,再通过锚固件固定在窑体钢板上。

在冷端用轻型耐热钢夹紧并锚固耐火纤维Z形折叠块,Z形折叠块需用同一材质的纤维毡制成,在材料的利用上并不十分合理。但施工方便,使用可靠,是目前中低温窑炉全纤维炉衬的主流结构,应用较广泛。

(3)带堇青石-莫来石护瓦,用陶瓷杆锚固多层不同材质的耐火纤维毡或 Z 形折叠块。护瓦具有保护耐火纤维免遭冲刷及侵蚀作用,但其本身是重质材料,处于窑墙的热面,加上陶瓷杆锚固件的蓄热、导热作用,窑体蓄热和散热量会比结构②高,造价与施工难度也有所增加,目前仅在少数窑上使用。

窑门大多采用型钢和钢板焊接构成,其内侧衬有耐火纤维或轻质隔热砖。窑应与窑门框、窑车端面紧密接触,以减少冷空气的吸入或热烟气的漏出以及热辐射的损失。常用耐火纤维进行密封,采用机械压紧或气动压紧都可达到密封的目的。其中用人工操作机械压紧的较多,方法简单可靠,投资少。气动和液压压紧虽然投资较多,但能实现自动操作。

窑门放置在窑门框上,窑门框与窑体框架联成一体。窑门内外两侧温度相差较大,窑门框要留出不均匀膨胀的余地。

窑门的开闭运动方式有垂直或倾斜升降;平面旋转至一侧开闭或两侧开闭;整个窑门与窑体分离然后向一侧滑或做成窑门车等多种方式。采用新型平面旋转结构窑门,开闭窑门省力轻巧,操作简单,仅需开闭和压紧两个动作就可完成。

窑门及其他运动机构应固定在钢架上,并尽量使窑门不与窑门框、窑墙、窑车发生碰撞。

窑体钢结构全部钢材用热轧普通槽钢、工字钢和钢板。型钢以槽钢和工字钢为主,侧墙钢板厚 3~5 mm。窑体钢结构整体强度高,可靠性好,设有平台和扶梯,利于操作和其他部件的维修。钢结构构架的主要作用如下:加固窑体的轻质耐火材料构件和砌体,承受窑炉拱顶的侧压力或窑炉吊顶的全部重量,并把它们的作用力传给窑炉的基础;构成窑炉骨架,在它上面安置窑炉全套附属设备,如窑门框、烧嘴、管道、仪表及电缆等;抵抗轻质耐火材料构件,砌体的高温膨胀,防止窑体产生变形。

钢立柱是钢结构的主体,它用地脚螺栓固定在钢筋混凝土的基础上。为了使窑炉的钢架成为牢固的整体,钢立柱之间须用角钢或槽钢焊接在一起。此时窑炉的各部分砌砖,必须留有膨胀缝并夹有衬垫物,以保证砌体的外形尺寸不发生很大的变化。现场组装梭式窑就是将钢构架分段做成便于运输的牢固构件,窑衬、管道、轨道等已预先装配,到现场后只需进行简单的联结组装工作,即可进行调试交付使用。

窑车运行轨道由窑内轨道、窑外转运车轨道、窑外停车轨道和装车轨道等组成。现代梭式窑采用轻质窑车,装载重量也较轻,一般采用轻轨。窑内外轨道系统,应确保窑车的运行平稳。

对窑体钩挂件和膨胀缝的结构和布置应进行优化设计,可使窑体在上下和左右方向膨胀收缩,并保持钩挂件对莫来石隔热砖砌体的锚固作用,防止窑体内倾变形。

根据窑炉荷重及地质情况优化设计窑炉基础。

2.窑车、转运车和液压升降台

窑车用来装载制品,窑车的台面在窑内构成密封的窑底,梭式窑窑车结构与隧道窑的基本相同,但梭式窑窑车一般比隧道窑的大。为充分利用梭式窑的生产能力,通常配备的窑车数量为窑内可容纳窑车数量的 2 倍。窑车装载着坯件推入窑内,经预热、烧成、冷却后由窑内拖出,待产品接近室温即可进行卸车和重新装载制品,窑外已装好的另一组窑车可立即推入窑内进行烧制,窑体一部分蓄热可得到利用。

窑车的密封措施是直接影响窑车运行和窑炉操作性能的主要因素之一,通常通过采用曲折密封、砂封和耐火纤维密封体的压紧来实现。

密封要求严格的梭式窑采用柔性升降压紧密封装置。窑车两侧耐火纤维密封体的压紧是靠手动、气动、电动、液压等方法来实现的。压紧的机械、气缸或液压缸设在窑门或窑墙的下部,窑车进入窑内就位之后,才启动动力或用人工将耐火纤维密封体压紧,实现密封。窑车出窑之前,需先撤出压紧设施。因此,一些自动化程度较高的梭式窑实行自动连锁控制。窑车密封未压紧,不能点火;密封装置未松开,不能打开窑门。

用电动或手动的方法进行压紧,简单可靠,投产少。用气动或液压实行压紧,机构简单,易实现自动程控,但要注意选用可靠的气动或液压组件,避免运行中发生漏油或漏气以及其他故障而影响窑炉的运转。

窑车端部的密封面积较小,目前多用耐火纤维毡作为密封件,靠顶紧窑车进行密封,一般密封效果尚好。但当车端的耐火纤维毡密封填料不满,粉化脱落或对压不良时也容易蹿火,造成破坏窑车的事故,所以应经常检查维修。

梭式窑窑车采用轻质高强低蓄热窑车。窑车无动力,车架以型钢为主体的焊接结构,位于下部的纵梁与4个车轮组相连上部横梁构成转置窑车的底盘骨架,其动作由转运车(托车)拖动。转运车有自动驱动机构和推车机构,它是梭式窑进窑与出窑用的设备,多为电动。其结构参见图6-22。

有的梭式窑两端都设有窑门,窑车往返穿梭而过,无需将窑车转运至另一轨道上,可不设置托车。对于中、小型梭式窑,由于采用轻质窑车,进窑、出窑、运转窑车等过程都可用人工操作,可以不采用电力驱动。

梭式窑的进、出窑车可以用在一固定轨道上移动的小车装置来实现,用往返运动的钢丝绳牵引,小车上装有可改变方向的单向推头,以推动窑车进窑,窑车到位时,触动联锁开关,自动断电,窑车停止运动,随后推头往返到推车的预备位置上。出窑车时动作相反。小车的启动应有人工控制,驱动应采用可调速的电动装置,以保证窑车启动平稳,进、出窑的速度不应大于10 m/min。梭式窑的进、出车也可以用液压或气动机构来实现。

3.燃烧系统

供应燃气,经稳压过滤及调压后进入各区支管,经燃烧系统后在调温高速烧嘴内燃烧并进入窑内。助燃风采用经烟道换热器预热后的洁净空气,风压6 000 Pa以上,经各种阀门和管路后,进入烧嘴,助燃空气压力不小于4 000 Pa。采用燃气等温高速烧嘴,配有自动点火器和火焰监视器,具有自动点火、火焰监测和熄火保护功能,可在控制室内实现点火。烧嘴出口燃气温度调节范围80~1 400 ℃,在整个调温区间内,可保持火焰出口速度在100 m/s以上。烧嘴可使用高温助燃风。

根据窑的尺寸要求和产品的特点,双向立体交错布置等温高速烧嘴,分布在窑内垂直火道位置,每个火道上下布置两只烧嘴。

现代梭式窑大多采用调温高速烧嘴。烧嘴通常在料垛间要留出100~400 mm的火道,火道宽度随窑炉宽度尺寸的增大而增大。高速的焰气喷入火道之中并抽吸窑内的烟气,其行为与自由射流相似,可近似地应用自由射流的规律来进行计算。射流的速度和

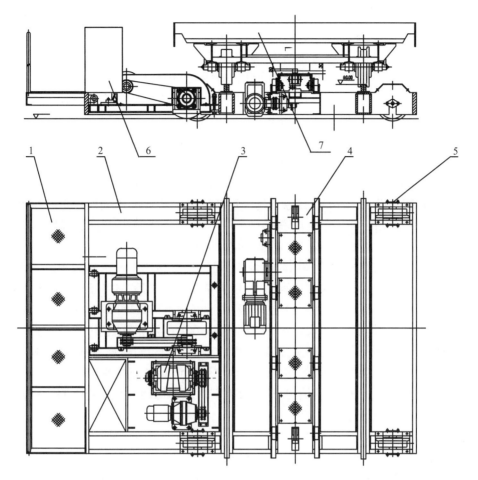

1—操作底板;2—转运车架;3—对位机构;4—推拉小车;5—车轮;6—操作控制箱;7—窑车。

图 6-22 自动转运车

温度都较高,不宜直接与制品和窑墙接触,考虑火道的长度时应注意这一点。高速的焰气经过相当长的流动距离,使其温度和速度都得到大幅度的衰减后,才与窑墙相遇,这对消除窑墙局部过热,减小窑内温差和高速焰气对窑墙的冲刷都有好处。火道周围的制品并不与射流高温、高速的中心接触,只与射流的边界层接触,边界层的流速和温度低于射流轴心的速度和温度。因此,沿火道周围的制品所能承受的温度和边界层的温度分布是考虑火道宽度的依据。焰气的喷出温度过高,会增大沿火道温差和火道与窑内其他部位的温差,使制品受热不匀。

事实上,从烧嘴喷入窑内的焰气,由于受火道两侧料垛和窑墙的影响,属于限制流股,再加上每一火道布置一个以上烧嘴,还涉及射流相遇的问题。因此,窑内气流运动的路程十分复杂,总的趋势是射流沿程卷吸的气体量会减少,其速度和温度下降率要比自由射流小,射流末端的气体要经料垛回流,形成循环气流,同时还受到排烟的影响。气体流动与窑内温度分布可从以下几方面分析:

(1)提高气流喷出速度可使窑内温度均匀性和综合换热系数的均匀性相应提高,使烟气的热量得到充分利用,排烟温度下降,热利用系数提高。窑内的综合换热系数虽然也相应提高,但增加的幅度并不很显著。这一结果表明,在陶瓷窑炉中,高速烧嘴主要起搅拌均化的作用,而不是靠提高热气流的喷出速度来提高对流换热系数。因此,气流喷出的速度应根据工艺要求、窑炉结构、风机压力等因素决定。

(2)提高焰气喷出的温度可提高烟气热量的利用率,但同时使窑内的温差增大,易造成制品的局部过热。调温高速烧嘴和过剩空气高速烧嘴可使焰气喷出温度和窑内温差降低,掺入的调温空气(或过剩空气)使烟气的流量和流速同时增大,不但起着上述1)的作用,还会使全窑的换热系数提高,坯件可以更加均匀快速地加热(或冷却)。焙烧对温度和气氛的均匀性要求严格的产品时,应采用调温高速烧嘴或过剩空气高速烧嘴。喷出焰气的最佳温度应结合产品的工艺要求、窑炉结构以及烧成的不同阶段进行研究,只要工艺允许,应尽量提高调温高速烧嘴或过剩空气高速烧嘴喷出焰气的温度,以提高热效率。

(3)在现代间歇窑中,由于采用高速烧嘴,焰气是以高速喷入由制品围成的火道中,首先以对流和辐射传热的方式加热制品,经过大幅度的降温后,才与窑墙、窑顶相遇。所以,窑墙和窑顶的温度会低于制品的,这时,窑墙和窑顶不应再用"辐射涂料"。窑墙和窑顶温度的降低还有利于延长耐火材料的使用寿命,减少蓄热和散热损失。

有的梭式窑仅采用一般的高速烧嘴,烧嘴的布置与调温高速烧嘴基本相同。这类梭式窑调节的灵活性、温度和气氛的均匀性都要比使用调温高速烧嘴的略逊一筹,尤其在低温和中温的范围内;但烧嘴的结构、管路及控制系统都比调温高速烧嘴的简单,可应用于工艺要求不很高的场合。

由于梭式窑烧嘴的供热能力变化较大,为使燃料与助燃空气能按给定的空气系数同时增减,保证烧嘴正常和有效地工作,现代梭式窑的燃烧系统大都配有燃料-空气比例调节器。有采用面积控制系统的,有采用压力控制系统的,但采用流量控制系统的却不多见。

不少梭式窑采用简单的机械连杆联动助燃空气阀和燃气阀门的比例调节(面积控制)。实践表明,这样的系统可以在一定范围内维持烧嘴正常燃烧,但难以维持固定的空气-煤气比例。有的系统在调节范围扩大时,易发生比例失调。当燃气或空气过量太多时,超过了着火浓度范围,就会产生熄火现象。

4.电气控制

显示记录仪表盘面安装,应强电、弱电屏分开设置,按规范要求配置屏蔽线缆。

风机实行现场控制室两地控制,燃烧系统与风机控制进行连锁。电气设备穿管线和控制柜等都有安全接地装置,接地电阻小于 4 Ω。

5.检测及控制系统

梭式窑采用先进的控制技术,可实现温度、气氛和压力的准确控制。温度控制采用分区控制,全窑按控制区控制,每个控制区可控制一至多个烧嘴。对控制要求高的窑炉,每一个烧嘴设一个控制区和一个热电偶。每一控制区的空气管道设电动调节阀一只,煤气管道设电磁切断阀、手动调节阀、煤气/空气比例调节阀、溢流阀各一只,通过各控温区的闭环控制系统组件,结合控制软件,实现窑炉内产品烧成全过程准确温度控制。烧成温度按设定的温度曲线实现全自动控制。冷却阶段,烧嘴只进空气,按冷却曲线要求调节空气量。

窑内的气氛控制是在控制窑炉温度制度的同时,通过调节总管及各区的燃气量和助燃空气量来实现的。一般窑炉气氛控制通过两个层次来保障:首先,控制煤气和助燃空气总管的流量及二者的比例。其次,通过比例调节器控制每一控制区的燃气/空气比例实现燃烧的空气过剩系数控制。从环保角度出发,在保证产品质量的情况下尽可能控制空气过剩系数越小越好,这样可有利于减少烟气中氮化物的生成量。

窑内的压力控制主要通过变频调节控制排烟机来实现。

控制可采用功能强、可靠性好的智能仪表和计算机控制系统。控制系统可实现模拟量与开关量的控制,还可实现自动/手动双向无扰切换。

采用智能仪表控制系统的主要特点有:①可根据产品情况选定产品烧成曲线;②烧嘴可自动点火,火焰自动监测;③具有信号报警、信号联锁和联锁保护功能;④系统可数字显示控制窑内各温度、预热空气温度、烟气排烟温度;⑤显示助燃空气量、天然气压力和流量记录;⑥窑压自动调节,数字显示。

采用 DCS 计算机集散控制系统的主要特点有:①可实现模拟量与开关量的控制,功能强且可靠性好;②配置上位机,能进行双向通信,带打印机可打印实时烧成工艺参数及储存的工艺曲线;③可以菜单选项方式实现各种功能的选择;④软件可完成对工艺曲线的总设定和修改,在显示器上显示工艺曲线,用实测值跟踪已设定的工艺曲线;⑤软件可实现动态管理,对各区的给定、实测、偏差、控制状态进行适时显示与监控,并用功能键提示操作;⑥可实现各区 P.I.D 等控制参数的自动调用并实时显示;⑦软件可实现窑炉模拟图显示,并动态显示各烧嘴的燃烧状态及窑炉系统各检测控制参数值;⑧软件可实现查看当前一年时间内的任一工艺曲线记录情况。

总之,新型梭式窑控制系统可根据产品情况,按选定的产品烧成曲线进行烧成。烧嘴可自动点火,火焰自动监测。具有联锁保护和信号报警功能。信号报警包括断偶报警、烧嘴灭火报警、供气压力过高报警、窑压过高报警、窑压过低报警和排烟机温度过高报警等。信号联锁保护包括停电、风机故障和供气故障等的联锁保护。系统可数字显示控制各区温度、预热空气温度和烟气排烟温度,还可显示助燃空气和煤气压力。全过程窑压自动调节,数字显示。燃气总管压力、助燃风总管压力及窑内压力均设有定值调节系统,其压力设定由烧成工艺确定。

6.通风排烟系统

梭式窑的排烟系统是由烟道、烟道闸门、烟囱、排烟机或喷射排烟器等组成。排烟的抽力是靠烟囱、排烟机或喷射器产生的。排烟方式分为自然排烟与机械排烟两类。当排烟阻力在 500 Pa 以下时,可选用自然排烟(即烟囱)。

烟囱分为砖烟囱、钢筋混凝土烟囱和钢板烟囱。烧制陶瓷的梭式窑常选用钢烟囱。

当排烟阻力较大,采用自然排烟有困难时,可采用机械排烟。机械排烟分为通风机排烟和喷射器排烟两大类。前者排烟温度根据通风机耐高温性能而受到限制,一般不高于 250 ℃,温度过高时需混入冷空气来降低烟气温度。喷射排烟可不受排烟温度的限制,虽然效率低,但投资少,应用方便。

烟道是指梭式窑吸火孔至烟囱底或排烟机之间的砖砌管道或金属管道,包括垂直支烟道、水平支烟道、汇总烟道和主烟道等。烟道不宜过长,以免烟气阻力大,温降增加。烟道断面要合理,不宜过小,过小则阻力大,但也不宜过大。基本的要求是下游的烟道流通断面积大于或等于其上游各烟道流通断面积之和。比如总烟道的流通断面积大约与各水平支烟道流通断面积之和相等。

自然排烟的烟道内设置烟道闸门,用以调节窑内压力,控制窑炉的热工制度,对提高燃料利用率及产品质量等方面有重要作用。

常用的烟道闸门有耐火材料烟道闸板(温度低的采用灰铸铁,温度较高的用高硅耐热球墨铸铁)和耐热钢(1Cr18Ni9Ti)制作的耐热闸板。

烟道闸门也有用上述材料做成转动式的,主要用于进行自动控制的窑炉,但结构较复杂,安装要求严格,烟气温度过高或操作不当时易出故障。

窑内压力的调节可利用烟道闸门来调节流通的阻力,也可用调节排烟装置产生的抽力来实行。如调节喷射器的喷射介质的喷射速度,从烟囱的旁路通入空气以降低排烟温度,改变排烟机转速来降低抽力等,都是一些比较方便与可靠的方法。

现代梭式窑排烟系统多采用机械排烟与自然排烟相结合的方式。窑内烟气经窑车台面中心的排烟孔和地下烟道(或车面烟道,窑内有多辆窑车时多采用地下烟道),排向换热器集气箱,排烟机强制排烟,采用变频控制。在换热器出口设置一旁通口,以调节进入排烟机的烟气温度不超过 250 ℃。烟气进入换热器时通过兑冷风被控制在 800 ℃以下,确保换热器安全运行,最后烟气通过烟囱排空或送往陶瓷坯体干燥窑。

排烟孔和烧嘴的布置对窑内温度分布是有影响的。在使用调温高速烧嘴的现代梭式窑中,由烧嘴引起的循环气体流速是排烟流速的几倍,甚至几十倍。因此,循环气流的流向与强度对窑内温度分布与传热起决定性作用。因此,烧嘴的布置非常关键,排烟孔的布置对此也有一定的影响,但已是非关键性的。现代梭式窑的排烟孔有分散布置在窑底的;也有分散布置在窑顶的;有分散安置在窑侧墙的下部;也有集中布置在窑端墙的下部,甚至布置在烧嘴的周围。目前,上述布置排烟孔的各种方式在现代梭式窑中都有应用,且能满足烧成工艺的要求。就窑体的结构而言,分散布置在窑底的结构最为复杂,投资也是最高的。

助燃空气由风机将空气送入换热器预热后,经助燃风管送至烧嘴。换热器采用耐热不锈钢制造。助燃风机可选用变频调节及减震和消音措施。

助燃空气管道需贴保温层,总管上设置切断阀,两侧分管上设防爆装置,确保窑炉安全运行。

所有管路安装位置合理,走向流畅,适于各烧嘴的均衡调节;与其他部件的安装、操作、维修不发生冲突;所选用的管路附件要保证性能可靠,操作安全和维修方便。

梭式窑的燃耗高于隧道窑和辊道窑的重要原因是它们烟气的热含量未被充分利用,特别是高温阶段,排烟温度高达一千多摄氏度,烟气带走燃烧产生热量的 60%～85%,而留在窑中加热制品、窑具、窑墙、窑顶、窑车和供窑体向周围散热的热量仅为 15%～40%。因此,合理利用排烟带走的热量来预热助燃空气是降低梭式窑能耗的主要措施之一。

以低位热值为 5 862 kJ/ m³ 的发生炉冷煤气作燃料、烧成温度为 1 300 ℃的梭式窑为例,烟气离窑温度可高达 1 300 ℃,约带走燃料总热能的 75% 左右。若燃烧用预热助燃空气,当预热至 200 ℃,可省煤气 18%;预热至 300 ℃,可省煤气 25%;预热至 600 ℃,可省煤气41%。又如以一座燃发生炉冷煤气的梭式窑为例,如空气未预热时,燃耗 10 886 kJ/kg产品;空气预热至 400 ℃时,燃耗 8 165 kJ/kg 产品。通过以上对比可以看出,余热回收利用有明显的经济效益。

在陶瓷烧成时,烟气排出窑室的温度可高达 1 200～1 500 ℃,换热器壁常用的材料是1Cr18Ni9Ti 耐热钢,长期最高使用温度为 800 ℃。换热器壁温过高,会使材料失去强度和热腐蚀过快而破损。通常向高温的烟气掺入冷空气降低温度等方法来延长换热器的使用寿命,但这些方法不仅增加投资,还妨碍烟气余热的回收,并非良策。也可采用更昂贵的耐热合金为换热器壁材料。

喷流热交换(空气以较高的速度垂直喷向换热表面)的换热系数要比相同流速时管内对流热交换(空气平行于换热表面的流动)的换热系数大 1 倍以上,能有效地降低换热器的壁温,并能大幅度地减少换热面积,提高烟气余热回收率,是一项降低投资、提高效益的新型换热技术。因此,喷流换热器的应用近些年来得到了迅速发展。

近些年来又有两种新型的喷流辐射换热器得到了应用。一种是插入管式喷流辐射换热器,每根管子都是顺流或逆流流向的多级串联喷流换热管。它们可以在烟气温度为1 400 ℃的高温下直接使用,空气预热温度可达烟气进口温度的 1/2 左右,能节省大量燃料。另一种是烟筒型喷流换热器,每段换热筒是顺流或逆流串联的空气多级喷流辐射换热器。这种换热器同样可在高温下使用,烟气进入换热器的温度可达 1 400 ℃,甚至更高。空气预热的温度可达烟气进口温度的 1/2 左右,能回收大量的热能。这种小型的喷流辐射换热器很适合于分散使用,与梭式窑的燃油或燃气烧嘴配用,组成自身换热燃烧系统,同时其本身就是分散排烟系统的组成部分之一。

7.现代梭式窑的特点

(1)可最大限度地满足产品烧成工艺需要,在烧成的升温、保温、冷却各阶段,都可靠地实现窑炉温度、气氛和压力的良好控制。

(2)采用等温高速烧嘴,可保证火焰的高速性能,火焰喷出速度大于 80 m/s,保障了窑内传热效果。烧嘴喷出的火焰温度与正在烧成的产品温度相近,烧成热环境较好。能结合系统的温度及气氛控制系统,可保证产品在烧成各关键阶段烧成制度的实现。

(3)可确保煤气管路的安全系统和设备管路关闭快且平稳,实现燃料零泄漏。控制系统采用计算机和智能仪表控制,可靠性高,调节精度高,使用维修方便。

(4)加强节能降耗措施,采用烟气余热预热空气助燃和坯体干燥,既充分利用能源,又利于达到较高烧成温度,加之优化系统配置,可保证系统协调一致。采用风机变频调节节能技术,可显著地节约电能。

8.其他梭式窑

1)引射式梭式窑

引射式梭式窑的结构如图 6-23 所示。引射式燃气梭式窑原来用于烧成日用陶瓷产品,后来扩展用于一些小企业烧成小规格的陶瓷磨具等产品,具有结构简单、造价低的特点。但此种窑型温差较大,升温及冷却速度难以准确控制,适宜对产品要求不高的中小型厂。引射式燃气梭式窑的工作原理、结构及特点简述如下：

(1)原理：引射式燃气梭式窑类似于传统倒焰窑，燃料燃烧所用空气完全依靠其自身压力引入。引射式烧嘴布置于窑底，在窑底烧嘴位置形成多股热烟气流，依靠烟囱抽力，烟气汇入窑车中间烟道，经烟囱排入大气。通过调节燃气压力，实施升温和保温。冷却时只能靠烟道闸板来调节窑内温度。引射式烧嘴本身结构和窑内气流分布的特点，决定了窑内温差较大，无法准确控制烧成制度。

(2)结构：a.窑体砌体采用全轻质耐火材料或全纤维结构，蓄热散热损失小；b.无助燃送风动力，空气靠燃气压力吸入烧嘴，再与燃气混合燃烧，窑内燃烧生成的烟气靠烟囱抽力排入大气，烟气余热可用于汽化液化气和产品干燥；c.窑截面小，一般窑宽1.5 m以下，高1.3~1.5 m，拱顶结构，长度可根据窑容积而定；d.烧嘴能力小，数量多，一般布置在窑底；e.手工操作；f.一般不用预热器加热助燃空气，因而热效率低。

(3)特点：a.不设专门的送风装置、预热设备和自控系统，全窑装置比较简单，投资少，比较适用于生产批量小、规格小的产品；b.烧嘴喷出气体流速低，窑内气体依靠烟囱抽力流动，同时烧嘴本身没有调节喷出气体温度的装置，喷出气体一般在900~1 400 ℃；c.窑内烟气与窑内烧成的制品间温差大，制品烧成阶段的热环境较差；d.升温可以较快，但降温靠自然冷却，冷却速度无法按曲线调节，冷却阶段窑内各点温差最大达200 ℃以上；e.由于多采用液化石油气为燃料，燃烧较完全，烟气排放可以达到国家环保要求。与燃煤倒烟窑相比，工人在窑外装卸制品，劳动条件较好。

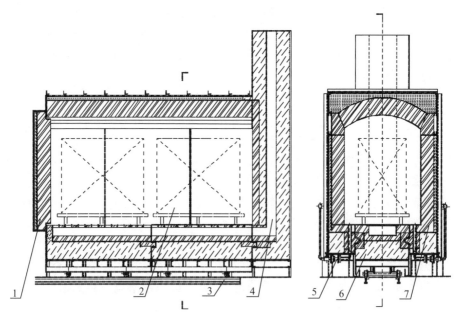

1—窑门；2—产品料跺；3—轨道；4—烟囱；5—引射式烧嘴；6—窑车；7—窑体。

图6-23　引射式焙烧陶瓷磨具梭式窑

2)蓄热式烧嘴梭式窑

蓄热式烧嘴梭式窑采用高温空气燃烧(HTAC燃烧)技术，它是把回收烟气余热与高效燃烧及降低NO_x排放等技术有机地结合起来，从而实现极限节能和降低NO_x排放的双重目的。

（1）原理：从助燃风机出来的常温空气由换向阀切换进入蓄热式燃烧器后，在经过蓄热式燃烧器 B 或 B 组（陶瓷球或蜂窝陶瓷）时被加热，在极短的时间内常温空气被加热到接近炉内温度（一般比炉温低 50~100 ℃），被加热的高温空气进入炉膛后，卷吸周围烟气形成一股含氧量较低的稀薄贫氧高温气流（低于 20.6%），同时往稀薄高温空气附近注入燃料，燃料在贫氧状态下实现燃烧。与此同时，炉膛内燃烧后的烟气经另一个蓄热式燃烧器 A 排入大气，炉膛内高温热烟气通过蓄热式燃烧器 A 或 A 组时，将显热储存在蓄热式燃烧器 A 或 A 组内，然后以低于 150 ℃的低温烟气经过换向阀排出。工作温度不高的换向阀以一定的频率切换，使两个蓄热式燃烧器处于蓄热与放热交替的工作状态，从而达到节能和降低 NO_x 排放的目的。常用的换向周期为 30~200 s。

（2）结构：蓄热式烧嘴梭式窑的窑体结构，除燃烧和排烟系统外，其他与一般梭式窑相同。其燃烧系统一般由一组或多组蓄热式燃烧器组成，燃烧器位于引射式燃气梭式窑的烧嘴位置，即位于窑车车台面高度下的窑侧墙处，两侧墙平均分布烧嘴数量。助燃排烟管路和燃料管路布置在窑外，由助燃风机、排烟风机和自动换向切换阀组成。蓄热式燃烧器（烧嘴）系统常设有小火和大火燃烧系统，小火常燃，大火切换燃烧。设有自动点火和火焰监测装置。

（3）特点：a.采用蓄热式烟气余热回收装置，交替切换空气与烟气，使之流经蓄热器，能够最大限度地回收高温烟气的物理热，从而达到大幅度节约能源（一般节能 30%~70%），提高热效率，减少温室气体排放量（CO_2 减少 30%~70%）；b.低热值的燃料借助高温预热空气，可获得较高的烧成温度；c.炉内温度均匀性比引射式燃气梭式窑有很大改善，但仍然比高速烧嘴梭式窑差很多。

3）电热梭式窑

一般来说，电热窑炉的设备费用和操作费用比燃料窑炉的要高。电热梭式窑的结构紧凑，占用厂房面积小，操作方便，灵活性好，因此，适合中小型厂生产使用，也适合大型厂生产小批量特殊产品使用。

电热梭式窑的电热组件按其工作温度可采用：

（1）硅钼棒（$MoSi_2$）：在空气中连续使用的最高温度为 1 650 ℃。在高温下表面生成一层气密性良好的 SiO_2 玻璃膜，起保护作用，可防止元件进一步氧化，但还原气氛会破坏保护层。在 400~700 ℃温度范围内会发生低温氧化而遭破坏。所以在使用时应很快越过此温度范围。硅钼棒在室温下既脆又硬，在 1 350 ℃以上变软且有延展性，伸长率约为 5%，冷却后又恢复原尺寸和脆性。

（2）硅碳棒（SiC）：在空气中，1 000 ℃以下氧化极慢；1 350 ℃时分解和氧化显著，并在其表面生成一层 SiO_2 玻璃保护膜，使内层不再继续分解和氧化因而可在 1 350 ℃以下长期使用。但在 1 350~1 700 ℃间，生成的 SiO_2 玻璃保护膜逐渐被熔化，使内层再继续分解和氧化。所以，硅碳棒加热元件只适合于在 1 350 ℃以下长期使用。硅碳棒的氧化主要表现为其电阻增大，在使用 60~80 h 后，其电阻增大 15%~20%，以后逐渐减缓，这种现象称为"老化"。硅碳棒老化后电流就要下降，要使功率保持不变必须提高电压，这是硅碳棒电炉需设调压装置的主要原因。硅碳棒的电阻在使用过程中越来越大，最后大到不能再继续使用而废弃。在低温时,硅碳棒电阻与温度成反比,约在 800 ℃时,其电阻温度特性由负变为正,在 800 ℃以上,其电阻与温度成正比。

(3)铁铬铝合金:熔化点约为 1 500 ℃,加热后在其表面生成 Al_2O_3 薄膜,阻碍内部金属继续氧化,其最高使用温度可达 1 400 ℃。但它的强度比镍铬合金低得多,一旦过烧,容易变形倒塌,造成短路而烧毁,尤其是经高温使用一段时间后,晶粒粗大,脆性增加,容易断裂。它的安全使用温度应在 1 350 ℃以下。与镍铬合金相比,铁铬铝使用温度较高,电阻系数大,电阻温度系数小,表面容许负荷高,密度小,价格便宜,因此被广泛使用。

应注意铁铬铝合金在高温下会与酸性耐火材料及氧化铁发生化学反应,破坏其表面的 Al_2O_3 保护膜。因此,铁铬铝电热组件的搁砖必须用高铝砖。

电热梭式窑的温度控制系统相对燃料窑而言是比较简单的,仅需调节供电功率的大小。通常采用热电偶和可控硅进行控制,也可以用位式控制、PID 仪表控制或计算机 PID 仪表控制、计算机模糊控制等。控制精度高于燃料窑,在整个工作温度范围内,控制精度为±1 ℃。应该指出,控制精度高不等于窑内温差就小。

电热窑炉是以电能为热源,借助辐射与对流的传热方式将热量传给制品。因此,在加热过程中所达到的温度与电热组件的布置以及对流辐射换热系数的大小有直接关系。

例如,某电热梭式窑,电热组件设置在六个壁面上,在 600 ℃左右时,只有采用风机时窑内产生强烈的气流循环,大幅度提高对流换热系数后,窑内温差才能达到±5 ℃。而且,只有在保温阶段或缓慢升温阶段窑内温差才有可能达到(t±2)℃。如果不采用强制循环风机,在正常的升温阶段,控温精度达到(t±2)℃,而窑内有效容积的温差为 100 ℃。

由于辐射换热与两物体绝对温度的四次方的差值成正比,因此,在 800 ℃以上辐射换热强化了,窑内温差随温度的升高会逐渐下降。两物体之间的辐射换热还与它们之间的几何形状、距离和角系数有直接关系。因此,电热梭式窑的宽度受到传热的限制,大多数是窄断面而不是宽断面的。为此,必须重视电热组件在窑内的布置,有时甚至在窑内固定的立柱和棚板上也布置了电热组件,以减小窑内的温差。

电热梭式窑的窑体由牢固的钢架结构组成。窑内衬用轻质耐火砖,在耐火砖与钢板之间填充轻质保温材料。窑炉设计的最高使用温度一般为 1 300 ℃,但仍采用能够经受 1 500 ℃高温的隔热砖以保证窑炉能在高温下长期安全运转。窑炉采用拱顶结构,以求结构牢固、稳定和便于装窑。采用一侧转动开启的窑门,便于进出窑车的操作。

4)电热保护气氛窑

随着新技术、新型工业,尤其是电子工业的发展,特种陶瓷、特种耐火材料和特种陶瓷磨具等得到迅速的发展,有的产品需要在真空条件下或保护气氛下烧成。常用的保护气氛是 N_2 和 H_2,在 1 200 ℃以下加热组件常用铁铬铝电热丝;在 1 400 ℃以下常用等直径硅碳棒;在 1 600 ℃以下常用硅钼棒。

某真空充氮升降式梭式窑的主要技术指标如下:

有效容积:0.5 m^3;

窑炉主要外形尺寸:2 400 mm×2 400 mm×3 600 mm;

最高工作温度:1 400 ℃;

窑室温度均匀性:≤±5 ℃;

控温组数:7;

烧成周期:24 h;

加热元件:等直径碳硅棒;

窑车数量:2(用 1 备 1);

极限真空度:40 Pa;

窑内最低氧含量:50×10⁻⁶(氮气原气纯度要求大于 99.99%);

氮气消耗量:150 m³/炉;

额定功率:150 kW。

该窑采用全纤维窑衬,计算机程序控制。抽真空后可充氮气保护,并可采用循环降温。适用于高性能软磁铁氧体材料的批量烧结,是节电省氮气的新一代电热保护气氛梭式窑。

(三)梭式窑工作原理

1.窑内气体流动

1)窑内气体的运动力

采用高速烧嘴的梭式窑,由高速气流在窑内形成强制循环,加速窑内传热,最后由排烟风机强制排烟,由气流的动压头来克服高温烟气自然上升的几何压头。

在自然通风的梭式窑中,例如引射式梭式窑,燃烧烟气由烧嘴在窑内的出口上升,喷至窑顶,然后由窑顶向下流至窑车台面(窑底),经吸火孔排出。由于燃烧产物从烧嘴口上升至窑顶有一个几何压头 $H_1(\rho_a-\rho_1)g$,是燃烧产物上升的推动力,并在窑顶转变为静压头。而烟气由窑顶倒流至窑底时又有一个几何压头 $H_2(\rho_a-\rho_2)g$,是燃烧产物由上向下流动时的阻力。一般烧嘴口平面至窑顶的高度和窑顶至窑车台面的高度大约相等,即 H_1 等于 H_2,而燃烧产物在烧嘴火口喷至窑顶的平均温度一般比由窑顶倒流至窑底时的平均温度高一些。因此,燃烧产物上升流动时平均密度比倒流时的平均密度小些。这样,作为推动力的几何压头就大于作为阻力的几何压头。又因为燃烧产物自喷火口喷出时的速度为 0.5~1.0 m/s,且在窑内的流速也比隧道窑内气体流速小,即燃烧产物的动压头、料垛阻力及其他阻力所损耗的压头之和很小。所以,燃烧产物由烧嘴喷火口上升至窑顶时的几何压头所转变的正静压头能够克服气体由窑顶向下流动时的全部阻力(阻力是靠消耗静压头来克服的)。

2)窑内压强分布

采用高速烧嘴的梭式窑,由排烟风机强制排烟,窑内的零压面一般是维持在排烟口平面,以保证窑内热气体不外泻,窑外冷空气不漏入。

自然通风的引射式梭式窑,窑内的零压面一般是维持在窑底平面。由于燃烧产物由烧嘴火口上升至窑顶时的几何压头转化为静压头,使窑顶的静压为正压;在燃烧产物由窑顶倒流至窑底时,静压头需克服流动时的阻力,静压头逐渐由正变为零。这样,烟囱所要克服的阻力只是从窑底吸火孔算起,经支烟道、主烟道至烟囱本身这一段范围。如果窑底为正压,则窑内静压过大,热气体经窑墙不严密处漏出较多;如果窑底为负压,则有冷空气从窑墙下部不严密处吸入窑内,使窑内下部温度降低,影响制品的烧成。

3）窑内传热

间歇操作的窑炉,窑内制品及窑墙、窑顶的温度随着时间的不同而变化。在升温过程中,制品及窑墙、窑顶同时都吸收热量,窑墙窑顶内侧一面积蓄热量,外侧一面向外界散失热量。在冷窑过程中,制品及窑墙、窑顶又同时冷却放出热量,传给入窑的冷空气。这些传热全都是属于不稳定的传热。因此,要应用有限差量法来计算窑墙、窑顶砌体内不同时间的温度分布,从而可计算任意时间窑墙、窑顶所积蓄之热量及其外表面散失之热量。

在低温阶段,主要靠燃烧产物以对流传热的方式把热量传给制品,再由制品外表面以传导方式传入内部。这种传热情况正像隧道窑预热带烟气的传热一样,窑内以对流传热为主,辐射传热较少。在高温阶段,主要靠燃烧产物以辐射传热的方式把热量传给制品,这种传热也像隧道窑烧成带烟气的传热一样,窑内以气体辐射传热为主。因窑墙、窑顶和窑内制品一起接收燃烧产物所放出的热量,可以认为窑墙、窑顶的内壁与制品间基本没有热量传递,温度也相同。

采用高速烧嘴的梭式窑,燃烧产物以很高的速度（100 m/s 以上）喷射入窑。这样,在整个烧成过程中,燃烧产物对流传热速率大大地提高,即使在高温阶段,对流传热的作用也很大。由高速气流在窑内形成强制循环,燃烧产物是以对流传热和辐射传热的形式把热量传给制品的。当装窑方法一定时,对流传热与烟气和制品之间的温差成正比,与窑内烟气的流速的 0.8 次方成正比。辐射传热与烟气和制品的绝对温度的四次方之差成正比。假若通过增大烟气与制品之间的温度差来提高传热效率,从传热的观点来说是好的,但从造成制品内外温差来讲是不好的。但采用高速调温烧嘴,烟气与制品间的温差不大,只通过增大烟气的流速（烟气的流速比使用一般的烧嘴增大数十倍）,就能使整窑制品都较均匀而迅速地加热,提高传热效率,实现制品允许的尽可能快的烧成目的。

引射式燃气梭式窑,制品在低温阶段时由于燃料燃烧量少,燃烧产物量不多,所以窑内烟气流速小,燃烧产物不易均匀地充满整个窑室,容易造成窑内温差大,以致使装在窑底部的制品温度低,但与此同时在喷火口附近的制品却升温过快易出现废品。这样,就限制了制品的升温速度,或者在喷火口附近不装制品。同样,制品在高温阶段主要是靠烟气的辐射传热,对流传热的作用很小,不可能在制品所允许的快速下烧成,使制品整个烧成时间延长,燃料消耗量增加。

因为梭式窑是间歇操作的,在升温过程中,窑墙、窑顶向外散失热量,并同时被加热升高温度,它们所积聚的热量在燃料消耗总量中所占比例很大,为 10% ~ 15%,这部分的热量不但不能利用,反而在冷窑过程中又放出,阻碍了产品的冷却,延长了冷窑时间。烧好的产品及加热至高温的窑具又带走大量的热,占燃料消耗量的 20% ~ 30%,冷却时也不易利用而浪费掉。同时,烟气离开吸火孔时的温度至少要比产品的烧成温度高 30 ~ 50 ℃,废气带走的热量占燃料消耗量的 30% ~ 50%。上述这些热量损失,是梭式窑单位制品燃料消耗的主要因素。在烟道中装设换热器,利用废气来加热空气作助燃气体,提高烧成温度,节省燃料;或把这些热空气送到干燥器去作干燥介质;也有在冷窑时用热风机把冷窑时的热空气抽送到干燥室去,充分利用余热。

在焙烧普通陶瓷或陶瓷磨具制品时,在低温阶段进行氧化分解反应,需要有足够的氧气吹过制品的表面,以便有足够的氧气进行化学反应。采用了高速调温烧嘴,由于气体迅速旋转,使氧化分解反应与传热都同时加快了。但在使用高速调温烧嘴时,制品码装时要留有适当的火焰通道,最好使窑内气流能形成一个旋转气流,避免高速的火焰直接冲刷到局部的制品,影响火焰的流动,造成较大的温差。且烧嘴在同一平面上应交错布置,以避免互相干扰,减弱高速喷射的作用。

(四)梭式窑设计

梭式窑的设计程序和内容基本上与隧道窑相同,设计及计算包括三部分:窑体主要尺寸及结构的计算和工艺系统确定;燃料燃烧及燃烧设备的计算;通风设备及其他附属设施计算。

1.设计基础资料

(1)生产任务:根据生产产品的种类、规格、烧成工艺制度、企业销售、生产计划及工厂的生产能力等情况,确定梭式窑的单窑产量(吨/窑)。

(2)烧成制度:产品的烧成制度包括温度制度、气氛制度和压力制度。温度制度是一条能满足烧成工艺要求的合理的温度曲线。气氛制度是不同产品烧成所需燃烧产物的性质。压力制度是为达到一定的温度制度和气氛制度所必需的。例如,刚玉制品需要中性或弱氧化气氛烧成,而碳化硅制品则需要强氧化气氛烧成。

(3)年生产能力:

年生产能力=单窑合格品产量×年生产窑次(吨/年);

年生产窑次=年工作日×24/(烧成全周期+辅助时间);

年工作日——按每年330～335天;

烧成全周期——包括在窑内烧成全过程的升温和冷却时间(h);

辅助时间——窑内窑车上烧好的产品出窑到下一个装好产品的窑车进窑开始烧成之间的时间(h)。

(4)燃料的种类及组成:根据当地的具体情况并考虑发展前景,确定所用燃料的种类,并了解其主要性能。

(5)窑型的选择:有了原始资料,应根据产品要求、燃料的特性及资金情况确定窑型,是选择高速烧嘴燃气梭式窑,还是引射式燃气梭式窑。

2.窑体主要尺寸的计算

(1)梭式窑容积的计算:梭式窑容积是根据生产任务、成品率、烧成时间及装窑密度四个因素确定的。装窑密度是根据制品对焙烧过程的要求和制品的尺寸等找到最合理的装车方法而计算出来的,也可从生产实践中收集经验数据。烧成时间是由烧成曲线决定的,生产任务是已知的数据,成品率是经验数据。则有

$$V = \frac{G \cdot \tau}{K \cdot g} \tag{6-46}$$

式中，V —— 梭式窑的容积，m^3；

$\qquad G$ —— 生产任务，kg/周期；

$\qquad \tau$ —— 烧成周期，包括烧成全周期+辅助时间；

$\qquad K$ —— 成品率，取经验数据；

　　　　g——装窑密度,普通陶瓷或磨具梭式窑装载密度一般在 $300\sim600\ \mathrm{kg/m^3}$。

　　在生产实践中,根据各企业习惯不同,梭式窑容积有两种计算方法,一种是梭式窑净空容积 V,指梭式窑内腔车台面以上的容积;另一种是梭式窑有效容积 V_e,指梭式窑内腔车台面以上用于装载制品的容积,即梭式窑净空容积减去窑内火道空间容积后的用于装载制品的有效容积。一般 $V_e=(0.75\sim0.9)V$。

　　(2)梭式窑主要尺寸的计算(内高、内宽和长度):梭式窑内高指窑内可装制品部分的空间高度,即窑车装载面至拱顶的高度。内宽指窑内两侧墙间的距离。内宽的确定原则要考虑到水平断面温度的均匀性,制品尺寸和装车方式。

　　对于不同的产品,设计时也可根据合理的装车图,首先确定窑车的尺寸,根据每车制品的装载量直接求出窑的总长度,再根据窑车宽和制品的装载尺寸,确定窑的内宽和内高。

　　3.工作系统的确定

　　窑型及窑的主要尺寸确定后,应确定窑的工作系统,即燃烧系统和通风系统。燃烧系统包括供油管路,燃烧室,排烟口,烟道和烟囱等的布置。通风系统包括冷却方式,是否用二次空气,如何利用余热,风机如何安排,是否设换热器等。同时,还要确定窑炉的控制方式、控制水平、控制系统基本配置、控制对象和控制内容。

　　工作系统的确定原则是要满足制品的焙烧要求,减少窑内温差,加速传热和充分利用余热,便于施工以及操作控制等。而且还要考虑当地实际情况,尽可能节约投资。

　　4.窑体材料及厚度的确定

　　窑墙、窑顶所用材料及厚度应根据传热计算,考虑该处的温度对窑墙、窑顶的要求,砖型及外形整齐等因素来决定。

　　由于梭式窑是间歇式窑炉,窑墙、窑顶随着制品一同被加热,是属于不稳定导热,用微分方程或相似论的方法不能准确确定这些传热计算,而用有限差量法计算又费时,且误差也大。所以窑墙、窑顶传热计算一般按最高设计使用温度下的稳定传热进行计算,以确保所选择材料能满足窑炉高温时的使用性能。

　　计算过程如下:第一,初步确定各段窑墙和窑顶多层材料的结构、种类和厚度;第二,根据窑墙和窑顶外表面的温度,计算散热损失热流 q;第三,根据热流和内壁最高温度,用试算法假设并计算和核算各层材料之间的界面温度和适宜的材料厚度;最后,进行材料的概算,逐段逐层地计算,确定全窑的材料消耗量。

　　5.窑体加固的计算

　　梭式窑采用拱顶结构时,要计算拱脚梁、横向拉杆及窑体立柱的强度后再选型。梭式窑采用平顶结构时,要计算横梁强度、挠度及窑体立柱的强度后再选型。梭式窑还要计算窑门结构的门柱、悬挂和运动装置的受力情况及设计选型。

　　6.燃料燃烧的计算

　　燃料燃烧的计算包括:燃烧所需空气量的计算,燃烧生成烟气量的计算及实际燃烧温度的计算。在已知燃料组成的情况下,可用列表计算的方法,较为精确地求出燃料燃烧所需的空气量、生成的烟气量及烟气的组成。也可根据经验公式简捷求得。

　　7.用经验数据决定燃料消耗量

　　梭式窑是间歇式窑炉,通过热平衡计算燃料消耗是很繁杂,而且这样算出的结果也不大准确。主要原因是梭式窑每小时的升温速度不同,每小时燃料消耗量不同,必须将升温速度大致相同的某一阶段作为热平衡计算的基准,逐个小阶段进行热平衡计算,然后折算在各个阶段中每小时燃料消耗量,并以最大的燃料消耗量(往往是窑内温度较高而升温又快的阶段)来设计燃烧系统。这种计算是十分繁杂的,并且在计算中必须选用一些经验数据。

燃料消耗量的计算,可直接选用经验数据。现代普通陶瓷或陶瓷磨具梭式窑产品的单位热耗一般在 8 000~15 000 kJ/kg。将平均每小时产量乘以产品的单位热耗,即为该窑每小时的平均热耗。最大的小时燃料消耗量一般为平均小时燃耗的 1.2~2.0 倍。

8.梭式窑的热平衡计算

梭式窑的热平衡计算分为两部分:一部分是加热阶段的热平衡,其目的是计算每小时或每周期的热耗或燃烧消耗量,保证升温速度能满足产品烧成曲线的要求;另一部分为冷却阶段的热平衡,其目的是计算每小时或每周期的冷空气鼓入量和热风抽出量,保证冷却速度能满足产品冷却阶段的要求。

梭式窑热平衡计算比较复杂,但是通过热平衡的计算,可以从热平衡的各个项目中看出窑的工作系统和结构等各方面是否合理,哪项热能大,能否采取措施改进等。

热平衡计算时应注意:

(1)确定热平衡的计算基准。因为梭式窑是间歇生产的,每小时的升温或冷却速度不同,燃料消耗量或冷却风量也不同,必须将升温或冷却速度大致相同的某一阶段作为热平衡计算的基准,逐个小阶段进行热平衡计算,然后折算在各个阶段中每小时燃料消耗量或冷却风量,计算时必须划出一个时间阶段来作为基准。也可以选用 1 周期作为计算基准。温度基准可选择 0 ℃。但要注意窑墙、窑顶和窑车随着制品一同被加热,既积热又向外散热,是属于不稳定的导热。

(2)确定热平衡的计算范围。计算燃料消耗量时,热平衡的计算范围为加热阶段。计算冷却空气用量时计算范围为冷却阶段。

(3)画出热平衡的热收入和热支出项目图。

9.烧嘴的选用及燃烧室的计算

算出每小时最大燃料消耗量后,可求每个烧嘴每小时的燃料消耗量,据此选用合适的烧嘴及进行燃烧室尺寸的计算。

10.烟道和管道计算,阻力计算和风机选型

梭式窑的工作系统已确定,但窑各部的具体尺寸,如排烟口、烟道、各金属管道的尺寸等尚未确定,必须进一步计算,并计算各部分的阻力,以便对风机选型。

(五)梭式窑施工制造与调试

梭式窑设计完成后,经过施工制造和调试后,方可投入生产。

1. 梭式窑施工工艺

梭式窑施工制造是一项系统工程,要综合优化组织各系统,使之合理交叉、有序高效。具体施工工艺和各系统的施工过程如下:

基础、烟道施工→轨道及风机安装→窑门、窑体及集气箱钢结构制作安装→砂封槽下部砌体和砂封槽施工→集气箱砌筑、窑墙砌筑施工→窑顶(一般为吊挂平顶)砌筑施工

→窑门砌筑→管道制作安装→电气及检测控制系统安装→管道清洗吹扫和试压→冷态试车→热态调试及试生产。

（1）土建基础工程：放线→挖土方→三七灰土垫层→支模→钢筋铺绑扎→混凝土浇筑（预埋件按位置按标高埋设）→养护。

（2）钢结构工程：材料检验→炉体、窑门、集气箱钢结构下料→检验→预制组件→焊接→检验→装配→半成品检验→防腐→炉体基础放线找平→分片组装→检验。

（3）轨道安装：土建基础检验→垫铁找平→道轨铺设→较平行度和标高→压板安装检验→二次混凝土浇筑。

（4）炉体砌筑：放中心线和定位点线→窑底烟道及集气箱砌筑施工→三面墙砌筑（并与窑车配砌）→窑顶搭模板砌筑→窑门砌筑→检验。

（5）电气仪表工程：预埋管施工→表盘的校验→调节阀和压力导管配合工艺管道安装→调校→联锁运转。

（6）工艺管道：材料准备和检验→管道制作→管道支架制作安装→管道安装→燃料管道水压试验或空气压力试验→风管空气压力试验→管道吹扫、复位、防腐→气密性试验→配合试运转。

（7）设备安装部分：设备到货检验→基础放线检查→基础面校平→设备就位找平→二次浇注→二次校平。

2.梭式窑施工制造技术要求

（1）土建工程基础部分：必须严格按施工图要求的标高和坐标放线定位，以保证炉体的位置及轨道的标高正确。

①确定窑炉安装用标高基础。用水准仪检验各定位处标高，在此基础上选取标高基准，使整个窑炉系统安装合理无误。

②根据图纸放出各相关部分的安装基准线。首先确定窑炉中心线位置，以此位置作为窑炉系统平面坐标尺寸的基准。标高基准及平面坐标基准原则上只设立一个，其他设备基准线均从此基准放出，允许根据需要加设若干个辅助基准，辅助基准的标高及平面坐标尺寸相对原基准允许偏差应小于 0.5 mm。

（2）钢结构窑体：窑体钢结构对角线误差（$x\pm3$）mm，窑体钢结构中心线与窑中心允许偏差（$x\pm2$）mm。窑体两侧钢结构装烧嘴的孔中心线标高允许偏差（$x\pm2$）mm。钢结构平面应平整。安装时放线必须仔细，标高误差按规范要求。轨道误差必须在要求范围内，轨道平面度允许误差（$x\pm1$）mm，在轨道校正合格后再浇注，轨道扭曲度、弯曲度均为千分之一。炉内轨道铺设和连接可靠，轨道平直，轨面水平度一致。窑车轨道中心线与窑中心线允许偏差（$x\pm1$）mm。其他配合尺寸必须保证砂封槽密封与窑车的进出自如。

（3）砌筑部分：保证烧嘴的安装稳定性和正确性，注意曲封砖与窑车的配合，膨胀缝按要求留设。

①砌筑施工须严格执行图纸中的各项施工要求和施工验收规范。

②所用砌筑材料必须有合格证及质量证明书。

③砌体应错缝砌筑，砌体砖缝内泥浆应饱满。

④砌砖过程中，随时用水平尺和靠尺检查墙的水平度和垂直度。垂直度 3 mm/m，全高不超过 6 mm，水平度 3 mm，全长不超过 10 mm。

⑤砌体灰缝要求：窑底、窑车及门灰缝为 3 mm，偏差（3±1）mm；窑墙及顶 2 mm，偏差（2±1）mm；莫来石砖缝偏差（$x\pm0.5$）mm。

⑥按图纸要求留设膨胀缝，膨胀缝允许误差 x_{-1}^{+2} mm。膨胀缝内填塞图纸要求的纤维棉。

⑦锚固式窑墙砌筑时，每砌 3 层，到第四层穿 d 10 mm 不锈钢钢筋，外面固定在钢板上，以便拉固墙砖。

⑧窑墙底部轻质黏土砖砌筑，四周曲封砖的凸凹槽应在同一水平面上，以防窑车不能顺利进出或影响密封。

⑨窑顶吊挂砖砌筑前，按砖的宽度和厚度进行分选，挂砖砌砖应在表面平整的木板或钢托板上进行，托板可分段设在窑墙或窑车上，其标高要严格控制，标高误差 x_{0}^{+5} mm，托板间相互留设 50~80 mm 的间隙，以便检查砖缝。吊挂砖用的吊挂装置应符合要求，砖挂上后砖缝应符合要求。砖自由垂挂，不受任何力，并调节螺帽，使砖在同一水平面上。窑顶平整度允许误差 x_{0}^{+3} mm。

⑩电气仪表部分：对控制柜及仪表和计算机系统，进行安装检验，必须合格且符合要求，并作好调校和联锁检验。

3.梭式窑施工验收标准

（1）窑炉基础施工规范：有《混凝土结构工程施工质量验收规范》（GB 50204—2015）等。（注：住建部和国家市场监督管理总局于 2021 年联合发布了此规范的局部修订条文征求意见稿。）

（2）设备和管道安装施工规范：有《工业炉砌筑工程施工与验收规范》（GB 50211—2014）；《机械设备安装工程施工及验收通用规范》（GB 50231—2009）；《工业金属管道工程施工规范》（GB 50235—2010）；《通风与空调工程施工质量验收规范》（GB 50243—2016）；《钢结构工程施工质量验收标准》（GB 50205—2020）；《现场设备、工业管道焊接工程施工规范》（GB 50236—2011）；《压缩机、风机、泵安装工程施工及验收规范》（GB 50275—2010）等。

（3）电气仪表施工规范：有《电气装置安装工程　电缆线路施工及验收标准》（GB 50168—2018）；《电气装置工程　盘、柜及二次回路接线施工及验收规范》（GB 50171—2012）；《电气装置安装工程施工及验收规范》（GB 50254~50259—2014）等。

（4）质量检验评定标准：有《通风与空调工程施工质量验收规范》（GB 50243—2016）；《建筑工程施工质量验收统一标准》（GB 50300—2013）；《工业安装工程施工质量验收统一标准》（GB 50252—2018）；《工业金属管道工程施工质量验收规范》（GB 50184—2011）；《工业炉砌筑工程质量验收标准》（GB 50309—2017）等。

4.梭式窑调试及试运转

1）冷态调试

梭式窑施工制造安装工作结束后，清理安装现场，检查安装质量。经检验合格，符合冷态调试条件后进行冷态调试。操作人员应熟悉梭式窑系统各设备的操作规程，按调试方案要求进行单机运行和联动冷调运行,检查记录冷态调试情况。例如窑炉、窑车运转间隙配合情况,风机 24 小时连续运行试验情况等。

2)热态调试

梭式窑冷态调试和系统联动调试完毕一切正常后,制定严格的窑炉烘窑方案,进行梭式窑的烘烤和热态调试。

梭式窑烘烤和第一炉热态调试合并进行,按预定的调试方案装烧一定量的产品,进行产品烧成热调试,第二炉即可按正常的产品烧成曲线烧成,窑炉达到设计指标正常后方可认为调试结束。

现代梭式窑的热态调试要注意窑内的温度均匀性和温度跟踪性。温度均匀性是按工艺要求选定的窑内空间测温位置测温,测量窑内的空间场温度。

温度均匀性 = │温度最大值−温度最小值│;

温度跟踪性 = │各点测温值的算术平均值−设定值│。

对于新建窑炉,窑内温度均匀性和温度跟踪性的测定,是在窑炉建成后的模拟焙烧和试烧产品调试时进行的。对于生产窑炉要在生产中定期进行标定。

窑炉调试结束后进行试生产,在窑炉设备的调试及试运转过程中,按照窑炉设备的使用要求和设计工艺参数,结合产品的烧成工艺特点,制定详细的调试计划,按计划对系统进行调试,使该窑炉能投入正式生产。

(六)梭式窑的操作

现代梭式窑烧成制度的特点:烧成产品不做运动,通过窑炉各功能系统随时间的变化来控制和实现整个烧成制度。梭式窑的温度曲线、气氛曲线和压力曲线在调节和控制中紧密相联,都是在同一时间内完成,在烧成过程中并随时间而变化。

梭式窑的参考温度曲线见表 6-17 和表 6-18。

表 6-17 国内现代梭式窑及钟罩窑的参考烧成温度曲线

温度/℃	时间/h					累计时间/h				
	曲线一	曲线二	曲线三	曲线四	曲线五	曲线一	曲线二	曲线三	曲线四	曲线五
室温~230	8	4	2	4	5	8	4	2	4	5
230~480	10	6	4	11	12	18	10	6	15	17
480~960	22	16	10	22	33	40	26	16	37	50
960~1280	8	10	8	7	14	48	36	24	44	64
1 280	7	6	4	7	8	55	42	28	51	72
1 280~960	2	2	2	3	4	57	44	30	54	76
960~760	11	6	6	8	13	68	50	36	62	89
760~400	16	8	8	15	15	84	58	44	77	104
400~60	15	6	4	10	31	99	64	48	87	135

表 6-18　国外梭式窑及钟罩窑的参考烧成温度曲线

温度/℃	时间/h			升温速度/(℃/h)		
	曲线一	曲线二	曲线三	曲线一	曲线二	曲线三
室温~170	1	1	1	120	120	120
170~250	2	2	3	40	40	26.6
250~350	4	5	6	25	20	16.6
350~700	13	16	18	27	21.8	19.4
700~1 000	12	15	18	25	20	16.6
1 000~1 210	5	6	7	42	35	30
1 210~1 250	3	4	4	13	10	10
1250	4	4	6	0	0	0
1 250~900	4	5	6	87.5	70	58.3
900~650	9	12	15	27	20.8	16.6
650~200	23	28	34	19.5	16	17.2
200~60	8	10	12	17.5	14	11.6
60~50	8	12	14	1.25	0.8	0.7
累计时间/h	96	120	144			
备注	$d \leqslant 610$ mm $\delta \leqslant 160$ mm	$d \leqslant 910$ mm $\delta \leqslant 310$ mm	$d \leqslant 1\ 200$ mm $\delta \leqslant 100$ mm			

压力制度通过排烟风机或烟囱的开度来调节。为保证烧成某一时刻的窑压值,当燃烧产物增多或向窑炉系统送入的风量增加时,需加大排烟风机或烟囱开度。反之则减小。

在压力制度稳定的前提下,温度制度控制主要是调节燃烧系统,调节每个烧嘴不同时间的燃烧或通风状态,控制窑炉的升温或冷却速率,实现温度曲线的调节和控制。为保障高温段烧成温度的稳定及节能,燃烧系统可采用具有较高温度的通过烟气换热的助燃空气。

调节每个烧嘴的燃烧状态,在实现温度制度的同时,达到气氛制度的调节与控制。

梭式窑的烧成操作要注意各温度阶段和产品出窑温度的控制。

常见的陶瓷磨具烧成梭式窑的压力制度如下:

900 ℃以前,窑压 0~5 Pa;900 ℃~保温:-1~0 Pa;冷却阶段:0~5 Pa。

常见的陶瓷磨具烧成梭式窑的气氛制度见表 6-19。

表 6-19 现代工业间歇窑的气氛制度

磨具类别	温度/℃	$\varphi(O_2)/\%$	$\varphi(CO_2)/\%$
刚玉磨具	~900	4~6	14~16
	>900	1~4	16~18
碳化硅磨具	~750	6~8	12~14
	>750	4~8	10~14

1.梭式窑操作与节能

在保障产品质量前提下,梭式窑操作还要注意节能。主要节能措施:①窑炉实现自动控制,可节能5%~10%;②采用低蓄热窑车和新型窑具;③新型燃烧系统,加强窑体密封和保温;④对余热加以利用;⑤按最佳烧成制度实现产品烧成;⑥采用合理的装车工艺,实现产品分类装烧。

现代梭式窑的装车方法有两种,一种是水平层装法,即以支柱和棚板构成长宽2 m左右的一层大装载面装载产品,由多层构成一个较大整体料垛。另一种是垛装法,即窑车由一个个独立的小料垛构成。前者装载稳定性好,有效装载利用率高,生产中多被采用。后者的传热及透气性优于前者。

梭式窑的装车要求与隧道窑基本一致。但要注意:①每车的料垛边部要留出足够的火道,高速烧嘴梭式窑中两窑车料垛间火道宽度为250~400 mm;②窑车边部料垛中的产品要避开火焰气流的冲击,以免将垫砂冲掉,造成产品开裂;③大、厚规格产品的装窑操作要放正、平稳。

2.梭式窑操作与环境保护

与人类生存和健康密切相关的大气污染物中,危害最大的是粉尘、硫氧化物、氮氧化物、一氧化碳和碳氢化合物等。光化学烟雾、酸雨、二氧化硫等大气污染对人类健康和环境都造成了极大破坏。大气污染还会对全球的气候产生影响,破坏全球气候平衡,造成全球性的气温变化,如二氧化碳(和水蒸气)造成的温室效应等。

窑炉产生的大气污染物主要来源于燃料燃烧和无机非金属材料(如陶瓷、耐火材料、砂轮等产品)加热中发生物理化学反应排出的气体。要减少其污染,一要采用高效清洁能源,如电能、天然气燃料等;二是采用高效、节能、低污染窑炉及其燃烧装置和技术,尽可能地减少燃料的消耗量,减少它们的排放量;三是采用先进的无污染产品工艺;四是对窑炉的烟气进行脱硫、除尘、二次焚烧等处理后排放,降低污染程度。

燃料燃烧产生的二氧化碳和水蒸气是对环境有害的温室气体,要减少它们的排放量,必须减少燃料的消耗量。窑炉要采用余热加热助燃空气和高效隔热材料等节能技术是减少燃料消耗量的可行措施。

燃料燃烧产生的硫氧化物(SO_2 和 SO_3)较高时,要对窑炉的烟气进行脱硫、除尘处理后排放。

为减少窑炉产生的氮氧化物 NO_x(主要是 NO 和 NO_2)对大气的污染,采用改善燃烧技术,如:采用低氧燃烧、二次燃烧、排气再循环、使用低 NO_x 燃烧器等,抑制 NO_x 的生成和燃料低氮化控制 NO_x 的生成。

在产品要求采用还原焰烧成时,窑炉烟气中 CO 浓度较高。要减少 CO 对大气的污染,应采用烟气二次焚烧。

3.窑炉操作和安全防爆

梭式窑是间歇操作,每次运行均需重新点火,其安全防爆比连续性窑炉要求更高。

1)窑炉爆炸的基本原因及其预防

窑炉爆炸主要是由于聚集在窑体内,或与窑体连通的管道内,或烟道和输送烟气至烟囱的风机内的可燃混合物被点燃所致。爆炸是由于操作人员操作顺序不正确,设备或控制系统设计不当,或设备、控制系统失灵所导致的。

在窑炉运行时,有多种情况会形成爆炸条件,最常见的有:①烧嘴的燃料或空气供应或点火热源中断,造成片刻熄火,恢复正常之后,又推迟了一段时间才再次点火;②一个或多个烧嘴熄灭而其余烧嘴仍正常工作,或者在点燃更多的烧嘴时,造成燃料和空气爆炸混合物聚集;③由于窑内火焰完全熄灭而造成燃料和空气的爆炸混合物聚集,此时聚集物被火花或其他火种点燃;④燃料漏入停用的窑内。

因此,安全防爆的要点是火焰熄灭时应立即停止供应燃料,防止易爆的燃料与空气混合物的形成和在窑内甚至车间内的聚集。

对任何一种燃料截止阀的要求:能被关死,做到零泄漏,对该系统任何故障都很敏感,应有手动关闭的功能。另外,希望有易于开启的机构和辅助电接点。

有的引进窑炉装有人工重设燃料截止阀。当控制电路中断,电磁阀的吸力消失,弹簧使阀门迅速关闭,截断燃料供应。当故障消除后,重新闭合电路,就可以手动打开阀门。如果故障尚未排除,电路仍旧中断。由于阀轴仍未与手柄脱开,即使人工扳动阀杆,阀门也不能打开,这就是所谓手动重设,它与自动重设燃料截止阀的不同之处在于后者是当重新供电时才能自动重设和开启。这种手动重设阀用于需要操作者确认故障已经排除,系统无危险才重新点火的情况下。

自动重设安全截止阀仅用于程序重新点火的回路中,该程序应包括预吹扫、后吹扫和定时点火吹扫等。它是用于先点着一个被监测的间断型点火小烧嘴,然后再点燃被监测的主火焰的系统。除用于能力很小的火焰(如点火烧嘴)外,自动重设阀门主要用于要求缓慢开启阀门,进行平稳点火,以及防止损坏调节设备,吹熄点火小火焰。

任何一种自动的燃料截止阀(包括人工重设和自动重设)在下列系统出现故障报警时必须关闭:①排烟风机、助燃或雾化风机;②调节输入的系统(如温度控制器);③燃烧器的空气压力;④燃烧器的燃料压力;⑤火焰探测器的信号;⑥来自其他安全装置的信号,如温度超高等。

燃料截止阀必须与上述所有的条件串联联锁。空气、燃料和蒸汽的压力可以通过压力开关和压力变送器等转换为电信号。

在使用人工重设安全截止阀时,瞬时的电力中断能使阀门关闭。可以安装"阀门关闭延时"装置,可对燃料截止自动阀维持 1 s 的供电,既跨过瞬时电力中断,但又足以避免燃料有害的聚集。一些火焰监测系统也使用这种关闭延时装置。

燃料截止阀是故障探测系统指令的最终执行机构,该阀的泄露或损坏是十分危险的。因此,应该使用两个截止阀串联,两阀门之间用排空阀通向室外(双重截止阀和排空阀),加上用于周期检漏的阀门。检漏的截止阀在安全截止阀的下游,如果安全截止阀发生泄露,阀门之间压力升高。最简单的检漏工具是一个带橡胶管的小旋塞,将橡胶管的开口端浸入盛水的容器中,如果泄露发生,就会有小煤气泡排出。

燃气窑炉的爆炸经常发生在点火的时候,这是由于有人无意地打开了已关闭的燃烧器的燃气阀门。因此,当主燃气阀开启时,燃气迅速充满窑炉。阀门检查系统可减少这种点火爆炸的可能性。

在每个烧嘴的燃料阀上安装压力开关就可构成阀门检查系统,仅在全部燃料阀门处于关死的位置时,安全截止阀的电路才能接通。

2)火焰监测装置

利用紫外监测器或火焰探棒监测器对火焰进行监测。紫外监测器仅对火焰燃烧时发出的紫外线敏感,对于可见光和红外线完全不敏感,因此不受红热耐火材料热辐射的干扰。紫外线射到阴极时,管内气体电离,当电压附加到两个电极上时,就能使直流电导通。

燃烧产物和水蒸气能吸收紫外线,因此,探头应尽量靠近火焰的根部,蒸汽雾化器的位置也必须专门设计。另外,应保证探头的工作不受邻近或对面燃烧器产生的紫外线干扰。同样,不允许探头受火花塞电弧的紫外线干扰。探头在火花塞放电停止后才投入工作是解决问题的可靠方法。如果探测器要透过密封的窗口去探测紫外线,窗口的透镜必须用透紫外线的材料(如石英玻璃)制作。

在760 ℃以下运行的任何窑炉,每一个烧嘴上都应设置火焰监测器。虽然燃烧室的运行温度通常都在760 ℃以上,但它们是在低于该温度下点火,烘炉和逐渐升温的这一阶段是危险的。760 ℃的温度水平是公认的,在这温度以上偶然漏入的燃料在产生爆炸危险之前就已被炎热的炉膛点燃了。对于在760 ℃以上长期连续运转的设备,温度达到760 ℃以后可以将紫外监测系统的电路断开或者实行保护性的储存。

有许多标准的或用户设计的单个或多个烧嘴及多个火焰检测器的系统。如果关闭一个以上烧嘴就会危害多烧嘴系统,每一个烧嘴必须有独立的控制装置。它需要每个烧嘴分别独立设置火焰检测器和燃料截止阀,即使一个烧嘴失灵,其他烧嘴仍能照常工作。

对于火焰监测器最常遇到的问题是本身产生故障造成的停窑。近年来开发的火焰监测系统的缺点已减少到了最低限度。例如安装接线所需的时间和费用,为检查故障关闭阀门造成的时间和费用损失等。一次爆炸或火灾造成的经济损失是远远超过火焰监测器的花费的。美国工业加热设备协会组织编写的《燃烧技术手册》中关于火焰监测器系统有以下的叙述:"对于火焰安全和程序控制系统的必要性已经通过实践建立起来了。但由于还存在一些潜在的恼人的困难,一直阻碍着保护控制系统的使用。但是,必须考虑可燃混合物进入有限的空间可能造成的损失,爆炸会造成财产损失、人身伤害和生产的停顿。"爆炸造成的生产停顿带来的经济损失是不可弥补的。因此,采用预防潜在危险的有效措施是完全必要的。

对安全控制系统的维护管理是非常重要的,由于使用它们的机会很少,很容易被遗忘掉,使安全控制系统形同虚设。要对电路和执行机构进行日常的检查和维护,确保它们没有锈蚀、磨损、接触不良、咬住卡死、堵塞、粘住、填塞等不正常现象的出现。如果一个互锁器或一个阀门几个月不动作,就有可能永远不能再使用了。

点火烧嘴和电点火火花塞必须正确地安装,使点火烧嘴的火焰或火花塞产生的电弧位于主燃烧器火焰内,并且在着火浓度范围内都能点着主火焰。

烧嘴(特别是大功率烧嘴)的点火通常在小火状态下进行。大多数现代化烧嘴本身就带有固定的点火器和火焰检测器的紧固装置,以确保上述定位的要求。

3)窑炉的安全防爆

对应直接电点火的中、小型燃气高速烧嘴,对操作人员应提出以下要求:

(1)至少有一名训练有素的操作人员负责点火的进行。

(2)操作人员在烧嘴处进行点火操作。

(3)操作人员要直接观看烧嘴和窑炉的情况。

操作人员在联锁装置的辅导下,可按下列程序点火:

①确认燃气压力低于上限而高于下限。

②启动排烟风机和助燃风机,打开窑门及排烟闸板。

③确认空气管路中的空气压力低于上限而高于下限。

(4)调节空气阀门使烧嘴额定空气流量的1/3~1/4的空气量吹扫烧嘴、窑室、烟道、换热器等持续5 min以上。

(5)开启燃气手动截止阀。

(6)逐一向紫外火焰监测器与点火器供电,按下点火按钮,燃气电动截止阀打开,燃气流量由调节阀和比例调节器控制。若首次点火,可以逐渐调节比例调节器的开度至满足工艺要求。

①点火15 s后,高压点火器停止工作,紫外火焰监测器投入工作,如确认火焰存在,可以将供热能力增大,尽快将燃烧器烧至红热后,即可转入正常运转。如紫外火焰监测器未能探测到火焰,延时2~4 s后,燃气电动截止阀自动关闭,并发出声光报警。

②操作人员按下复位按钮,声光报警停止。待操作人员消除故障后,可进行第二次点火,步骤同上。但在第二次点火前,至少要进行2 min以上的吹扫。

③完成对烧嘴的点火后,关闭窑门,调节烟道闸板或阀门至合适开度,窑炉投入正常运转。

(七)典型现代梭式窑举例

二十世纪八九十年代,我国开始引进、自行设计制造和全面采用新型现代梭式窑和钟罩窑。上海某合资企业引进了美国的燃城市煤气隧道窑和梭式窑及钟罩窑。第四砂轮厂和第一砂轮厂也先后引进了美国的燃重油和燃发生炉煤气钟罩窑。九十年代中后期,我国在先进计算机控制窑炉方面与国际先进水平同步发展。1994年,计算机集散控制系统燃气梭式窑在巢湖砂轮厂投产;1998 年,现场总线技术控制梭式窑在白鸽股份有限公司投产。

1.国内某公司现场总线技术控制梭式窑主要技术参数和特点

1)基本数据

(1)内腔净空尺寸:内宽×内高×内长 = 4.3×2.0×2.9 = 25 m^3,窑内容纳 1 辆窑车;

内宽×内高×内长 = 4.3×2.0×5.3 = 46 m^3,窑内容纳 2 辆窑车;

最高温度为 1 350 ℃(三角锥测定温度)。

(2)燃料:发生炉煤气 Q_{net}>1 250×4.186 kJ/ m^3。

(3)生产能力:9~11 吨/25 m^3 炉,18~22 吨/46 m^3 炉。

(4)炉温均匀性:升温段:(t±5) ℃,高温保温段:(t±3) ℃,冷却段:(t±15) ℃。

(5)窑炉及设备形式:烟气排放采用下排烟,转运车采用原有设备,采用水平回转窑门,采用轻质高强低蓄热窑车。

(6)装烧产品:d(100 ~ 1 600) mm,δ(10 ~ 600) mm。烧成磨具最大规格:d1 200 mm,δ 600 mm。

(7)温度闭环自控。

(8)烧成周期:≤(90~168)小时(冷~冷)。

(9)烧成合格率:≥99%。

(10)单位产品能耗:平均不大于 11 000 kJ/kg 普通砂轮。

2)窑炉特点

运用了世界先进的完美设计理念,采用窑炉集成技术,除功能设计外,还强化了工业美化设计,窑炉整体效果好。采用美国 FISHER-ROSE MOUNT 公司的 DCS 计算机集散控制系统,具有向上向下开放的功能,是基于以现场智能阀门和仪表为基础的现场总线技术控制系统,其控制功能、画面监控功能等极其完善,在控制和管理的结合上体现了完美的统一。控制系统可实现模拟量与开关量的控制,具有功能强、可靠性好等特点。配置上位机,能进行双向通信,带打印机可打印实时烧成工艺参数及储存的工艺曲线;可以菜单选项方式实现各种功能的选择。软件可完成对工艺曲线的总设定和修改,在显示器上显示工艺曲线,用实测值跟踪已设定的工艺曲线。软件可实现动态管理,对各区的给定、实测、偏差、控制状态进行适时显示与监控,并用功能键提示操作。软件可实现窑炉模拟图显示,并动态显示各烧嘴的燃烧状态及窑炉系统各检测控制参数值。软件可实现查看当前一年时间内的任一工艺曲线记录情况。

系统构成计算机—智能仪表—现场执行机构多级控制,采用窑炉群控技术,两座窑的上位机可相互热备,多级控制实现了双向无扰切换。

在产品烧成的整个点火—烧成—冷却全过程中,实现了全过程准确控制,窑内 6 个控温点温差(t±5) ℃,产品单耗低。

2.国内某砂轮厂 DCS 计算机集散控制系统控制梭式窑技术参数和特点

1)基本数据

内腔净空尺寸:内宽×内高×内长 = 4.3 m×2.0 m×7.0 m = 66 m^3,窑内容纳 3 辆窑车。

其他有关数据如同梭式窑 1。

2）窑炉特点

该砂轮厂计算机集散控制系统燃煤气陶瓷磨具梭式窑有两座，容积均为 66 m³，由一座十通道余热干燥炉，一台全自动转运车和一台大台面液压升降台组成。采用了窑炉集成技术，实施了窑炉的群控。

采用了工业控制计算机和美国 Honeywell S9000 小型 DCS 系统及美国 Keystone 煤气切断阀和高温助燃风电动调节阀，实现了空间形式及功能上的集散控制，两座梭式窑主控系统可互为备用，先进可靠。窑炉系统的温度、气氛和压力实现全自动控制操作，具有数据处理，趋势预测，工况动态监视和报表打印等功能。

采用高速调温烧嘴，在 60~1 350 ℃ 间均可保持高速性能，利于产品的烧成。

采用浮锚式钩挂窑墙，吊挂平顶，低蓄热窑车，烟气换热加热助燃风，风机变频调节。

窑门全自动开闭控制，转运车变频调速，且自动实现窑车上下驱动，全自动大台面液压升降台，实现了辅助系统自动化运行。

3.某砂轮厂燃天然气智能仪表控制梭式窑主要技术参数和特点

1）基本数据

窑容积为 25 m³，使用温度为 1 350 ℃，窑门及窑体采用全轻质内衬结构。最内层内衬采用 Morgen 集团生产的莫来石隔热砖。

2）窑炉特点

采用美国 Honeywell 公司煤气切断阀，国内优质高温助燃风电动调节阀和火焰检测器等，保证了功能有效可靠。

排烟风机采用风机变频技术控制。

采用平面轴承窑门旋转装置，窑门开启轻便灵活。

全过程按温度曲线控制运行，智能仪表控制，温差 t_{-5}^{+5}℃，节能环保效果突出。单位产品能耗平均不大于 9 000 kJ/kg 普通砂轮。

4.国外某公司生产陶瓷磨具梭式窑主要技术参数和特点

1）基本数据

（1）内宽×内高（至拱脚高）×内长 = 3.3 m×1.4 m×6.4 m = 29.57 m³，窑容积取 30 m³，容纳 2 辆窑车。

（2）燃料：城市焦炉煤气 Q_{net}>（3 800×4.186）kJ/m³。

（3）烧嘴类型：North-American 调温高速烧嘴，烧嘴个数为 8。

（4）窑门形式：倾斜升降式。

（5）生产能力：（6~7）吨/30 m³ 炉。

2）窑炉特点

该窑燃烧系统有 8 个调温高速烧嘴组成，分布在两侧窑墙和窑门上，沿四周切线旋流方向上下二排交错设置，上排 4 只烧嘴，下排 4 只烧嘴。排烟口设在窑车台面中部，下通地下烟道，采用排烟风机排烟。

窑内采用计算机控制，分区域控温，各区由单回路自控系统控制该区温度，可以菜单选项方式实现各种功能的选择。控制软件可完成上位机工艺曲线的总设定和修改,在显示器上显示工艺曲线,显示实测值跟踪已设定的工艺曲线情况。软件可实现动态管理,用功能键提示操作。软件可实现窑炉模拟图显示,并动态显示各烧嘴的燃烧状态及窑炉系统各检测控制参数值。软件可实现查看当前一年时间内的任一工艺曲线记录情况。

该窑窑体采用全轻质耐火材料。窑墙为挂钩式薄壁窑墙,这种挂钩是将耐火材料用专用组件钩挂在墙外钢壳上。窑顶为轻质拱顶结构。

窑车车衬为重质黏土砖,台面砖每块四周留有空隙。立柱与棚板材料全为氮化硅结合碳化硅。

5.其他梭式窑系列

总体上讲,现代梭式窑在窑体结构上采用全轻质窑体,如全纤维窑体、锚固式钩挂莫来石隔热砖与硅酸铝纤维复合窑墙,吊挂平顶。

窑内截面有效宽一般在 3 000~4 500 mm,窑内截面有效高在 1 500~2 500 mm,采用低蓄热窑车,全自动开启窑门。排烟有窑底排烟、侧墙排烟及窑顶排烟三种。在高速烧嘴的窑内,排烟方式对窑内的温度场影响不大。

烟气经过换热器对助燃风预热。燃烧系统采用高速调温烧嘴,烧嘴高压自动点火,火焰自动监测,喷出速度在 80 m/s 以上,调温范围 60~1 400 ℃。烧嘴通常采用立体交错布置在窑室的两侧墙上,使焰气在窑内立体交叉高速喷射,形成强烈的气流循环,强化对流换热,均匀窑内温度场。料垛间要留出 200~400 mm 火道。

风机采用变频调节,可实现全量程无级调节。窑炉整个升温及冷却过程采用计算机自动控制。

小型的燃气梭式窑也有采用多点烧嘴布置,窑墙侧排烟方式。

从投资上讲,以年生产能力为单位核算窑炉投资,窑炉容积越大,则单位产量的窑炉投资越小。

表6-20 为我国某专业设计研究院研发的陶瓷磨具现代梭式窑系列产品性能表。

表6-20 我国陶瓷磨具现代梭式窑系列产品性能表

净空容积/ m^3	3	8	25	46	60
净空尺寸/ m^3	2×1.3×1.2	2.3×2.3×1.6	2.9×4.3×2	5.3×4.3×2.0	7×4.3×2.0
有效装载容积 / m^3	1	3	15	28	41
每窑装产品重 /t	0.6	2	9~10	18~20	27~30
烧成全过程最大温差/℃	15	15	$t\pm5$	$t\pm5$	$t\pm5$
控温精度 /℃	$t\pm10$	$t\pm10$	$t\pm2$	$t\pm2$	$t\pm2$

续表 6-20

额定烧成温度/℃	1 350	1 380	1 380	1 380	1 380
可烧产品最大规格/mm	d 400 以下	d 1 200 以下	d 1 600 以下	d 1 600 以下	d 1 600 以下
燃料	液化气	各种燃气、柴油	各种燃气、柴油	各种燃气、柴油	各种燃气、柴油
单位产品燃耗/(kJ/kg)	1.5×10^4	1.4×10^4	1.0×10^4	0.9×10^4	0.8×10^4
控制方式	手动	手动、智能仪表控制	手动、智能仪表控制 计算机控制	手动、智能仪表控制 计算机控制	手动、智能仪表控制 计算机控制
年生产能力/t	50	100	500	1 000	1 500

二、现代钟罩窑

(一)钟罩窑

钟罩窑(bell car kiln)又称罩式窑或高帽窑(top cap kiln),也是现代间歇窑的一种。其上部结构是一座可以上下移动的罩形整体,窑底是可移动窑车,故又称车罩窑。

钟罩窑的窑体可以是圆形的,也可以是方形或长方形的。窑顶有拱顶和平顶。窑罩为一牢固的钢框架结构,外壳的薄钢板、风机、燃烧装置及窑衬都装在窑罩上。窑罩的下部装有砂封及密封装置。窑罩的升降通常由液压缸来实现。钟罩窑的内衬为全轻质结构,由轻质隔热砖与耐火纤维构成。燃烧系统采用调温高速烧嘴。

钟罩窑的烧嘴布置沿窑墙四周安设一层或数层,每个烧嘴的安装位置都使火焰喷出方向与窑横截面的圆周成切线方向。大型钟罩窑的烧嘴布置采用上下左右双交叉布置,形成高速循环搅动气流。钟罩窑常备有两个或数个窑底,在每个窑底上都设有吸火孔以及与主烟道相连接的支烟道。窑底的结构分窑车式和固定式两种。窑车钟罩窑在使用时,先通过液压设备将窑罩提升到一定的高度,然后将装载制品的窑车推入窑罩下,降下窑罩,严密砂封窑罩和窑车之间的接合处,即可开始烧窑。固定底式钟罩窑在使用时,利用起吊设备将窑罩吊起,移至装载好制品的一个固定窑底上,密封窑罩与窑底,即可烧窑。制品经烧成并冷却至一定温度之后,便将窑罩提升,推出窑车,再推入另一辆装好制品的窑车,或将窑罩吊起,移至另一固定窑底上,继续烧另一窑产品。

这种窑可以取消通常窑炉所需的窑门,但由于窑墙、窑顶是整体可移动的结构,故窑的容积受到窑罩结构和起升设备的限制而不能加大。因此,大容积的现代间歇窑常为梭式窑。

钟罩窑的窑炉工作原理与梭式窑相同,不同之处是由于没有窑门,窑车与窑体密封可靠,气密性较好。但对于设计制造优良的梭式窑,二者的区别相差不大。我国无机非金属材料行业使用的有燃重油及燃发生炉煤气钟罩窑,容积在 $12\sim41\ m^3$。其简单结构示意图见图 6-24。

钟罩窑与梭式窑一样,具有灵活的烧成制度,窑内温度均匀,烧成周期短,可烧制不同规格品种的产品,适应市场变化能力强。窑炉可实现烧成温度和烧成气氛的精确控制,保障产品的烧成质量,是无机材料烧成的理想设备,被国内外无机材料企业普遍采用。我国机械工业第六设计研究院开发有 $8\sim60\ m^3$ 不同类型现代钟罩窑。

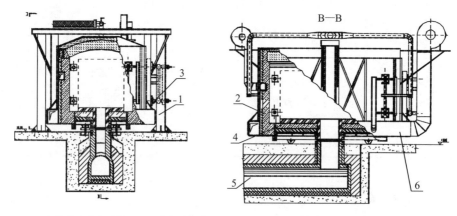

1—窑体液压升降系统;2—活动窑罩窑体;3—高速烧嘴;4—窑车;5—地下烟道;6—通风系统。

图 6-24　燃气钟罩窑结构示意图

同样,钟罩窑是在窑外装卸制品的,与传统的倒焰窑相比,大大地改善了劳动条件和减轻了劳动强度。同时,与梭式窑一样,使用高速调温烧嘴以提高传热速率,缩短烧成时间,提高产品质量,节省燃料消耗量,尤其是使用轻质耐高温的隔热材料为窑衬,不但减少窑体向外散热和蓄热量,而且大大地减轻窑罩的金属钢架结构和起吊设备的负担,并且可以像梭式窑一样采用程序控制系统,实现窑炉升温各阶段的自动控制。

(二)升降窑

升降式窑(elevator kiln)是将窑罩固定在高于地平面的牢固钢架上,利用窑车由升降机构上下移动来完成产品装烧的一种间歇窑,因其结构特点而得名,也是钟罩窑的另一种形式,其主要特点有:

(1)在开始运转时,先将窑车推至窑罩下方,然后,在升降机上将窑车升举至窑罩内进行烧成。

(2)升降式窑的上部结构(窑墙、窑顶和燃烧装置)也像钟罩窑一样构成一罩形整体,但该窑罩是固定在高于地平的牢固的钢架上不能上下移动,窑罩下方设有升降机,可将窑车提升至窑罩内。

(3)升降式窑与罩式窑的不同在于罩式窑升降窑罩,升降式窑升降窑车。它们共同的优点是取消了窑门,改善了窑车的密封,保证了窑炉的气密性,使窑内温度与气氛更均匀。

由于窑车的结构远比窑罩简单,因此对升降窑车的技术和设备的要求应比升降窑罩的低。由于固定的窑体不易损坏,所以,升降式窑使用寿命比罩式窑明显增加。但是,升降式窑应注意坯件码放的稳定性,窑车的升降也要平稳。另外,升降式窑的排烟口如果设在窑车上,会增加窑车的重量,并使排烟系统复杂化。因而通常将排烟口设置在固定的窑罩上。

升降式窑在进行烧制时,另一台窑车可以在窑下面的轨道上运行,便于窑车的调动与生产的组织,可省去托车。

(三)典型钟罩窑介绍

1.国外某公司燃气 10 m³ 钟罩窑主要技术指标

窑的有效容积:10 m³;

最高使用温度:1 400 ℃;

电力为动力用电:380 V,50 Hz,3 相;

控制用电:110 V,50 Hz,单相;

烧成周期:30~164 h;

耐火材料衬里:230 mm 轻质莫来石隔热砖+38 mm 轻质耐火砖+陶瓷纤维;

控温组:4 组自动控制程序;

调温空气控制:1 组自动程控;

窑内压力控制:自动控制;

热电偶:5 支 Pt-PtRh 型热电偶;

鼓风机:两台(助燃空气、调温空气各 1 台);

排烟机:1 台;

燃料:高热值净化燃气;

燃烧系统:Bickley 喷嘴混合型调温高速烧嘴 8 个。

该窑的窑罩是长方形牢固的钢结构,由钢管道、型材和板材构成。窑壁全部衬用轻质耐火砖,用耐热钢锚固件将轻质砖锚定在窑罩的钢壳上,同时允许耐火砖自由地膨胀与收缩,这一技术可大大地延长耐火砖衬里的使用寿命。窑罩是由大型液压缸来支撑,液压缸使用阻燃液体(甘油-水混合液)在 2 MPa 下工作。

使用时,液压缸将窑罩举起,将窑车推至窑罩的下方。当窑罩下降时与其下方的窑车自动对中,窑罩上的砂封刀插入窑车周边的砂封槽内,在窑底的周边形成可靠的密封。高温窑采用水冷砂封槽,防止砂封槽的过热。窑罩完全落下时,窑罩的重量仍由液压缸支承,窑车和窑罩不增加任何荷载。

该窑使用 Bickley 公司的专利——ISO-JET 调温高速烧嘴。该烧嘴的焰气高速喷入窑内火道中,在窑内形成强烈的循环气流。烧嘴的能力可以使满载的窑炉按指定的温度曲线加热与冷却。这些特制的 Bickley 烧嘴有很大的调节比,它们与 Bickley 专利的调温空气系统联用,可使窑内维持很低的恒定温度,并使窑内给热量大而坯体不会局部过热。

燃气与助燃空气在烧嘴内进行完全燃烧后,独立调节的调温空气能以很高的比率兑入,使烧嘴能在很低的放热量的条件下仍维持很高的焰气喷出速度。

窑车上的排烟口位于料垛底部的中央,烟气向下流动,排出窑内,这种倒焰式的排烟系统可抵制热气上浮的倾向,有利于改善窑内温度的均匀性。

为了进一步提高窑内温度均匀性,将窑内 8 个烧嘴分成四组(上部两组,下部两组),每组烧嘴配有一支热电偶和控制助燃空气流量的电动调节阀。每个烧嘴装置一台自力式调节器,维持给定的燃料与空气比率,使燃料处于最佳的状态。

每个烧嘴配备有助燃空气阻力平衡阀和测压嘴,燃料喷嘴节流阀和燃料截止阀,调温空气阻力平衡阀,以便对每一烧嘴进行单独调节。

该窑配助燃风机一台,装在窑罩上。助燃空气管道上装有压力开关,当助燃空气出现故障时自动停窑。

该窑配有燃料超高和超低压力开关,人工复位紧急截止阀,当燃料或电力出现故障时自动停窑,通过软管向该窑供应燃料。

窑罩上还装有调温风机 1 台,通过独立的管线与每台烧嘴连接。该管线上装有电动调节阀,以控制调温空气总流量。

每台烧嘴装备有 1 台点火器,1 台紫外线火焰监测器,1 台电磁阀。仪表盘上备有烧嘴点火按钮。按动启动按钮,在正常情况下,会产生以下动作:①电点火器启动;②烧嘴前电磁阀开启,燃气进入烧嘴;③紫外线火焰监测器投入运转,感测到主烧嘴的火焰存在;④电点火器关闭,烧嘴可投入正常运转。

在窑顶还装有一只热电偶检测窑内温度,它与一只独立的开关控制器相连。运行时该开关设定在高于最高窑温 14 ℃处,若窑温达到此温度时,立即报警,并自动停窑。

该窑用排烟机排出烟气,根据窑压控制器的信号,调节排烟机的挡板,以保持砂封面的表压为 0。该排烟机排烟温度为 427 ℃,配有一台可调风挡,可让室温空气按控制量进入排烟机,以防排烟机过热。

2.德国某公司的升降式钟罩窑

该系列窑的标准容量有 0.5 m³、1.0 m³、1.6 m³、2 m³、3 m³、5 m³、10 m³、20 m³等,现列出有效容积 1 m³升降式窑的主要技术参数如下:

有效使用尺寸:1.53 m×0.63 m×1.0 m;

烧成温度范围:1 250~1 450 ℃;

烧成周期:根据产品要求确定;

燃料:天然气;

燃烧器:4 个中速烧嘴;

烧成气氛:氧化或还原。

该窑有完善的密封装置,高的结构强度和长的使用寿命。该窑不需要托车,窑炉正在烧成时,窑车可以在窑炉下面的轨道上运行。

德国 Energo 公司窑备有余热预热助燃空气的设备,将助燃空气预热至 600 ℃,还可装备净化烟气系统,以减轻对环境的污染。

3.电热罩式窑

现在电热罩式窑大都采用最大直径的等径硅碳棒作为发热棒。这种硅碳棒电阻小,使用寿命长,炉温均匀。电热罩式窑有方形的和长方形的。前者因受硅碳棒长度的限制,容积通常都小于 1 m³,但窑温均匀,特别是从四面鼓风时有利于窑内制品均匀冷却,适宜于烧制温度需要急升急降的试验制品。长方形的罩式窑可按其长度方向分成多组,容积可以做得稍大一些。

由于电热罩式窑窑车尺寸小,质量轻,结构牢固,而窑罩的尺寸大,质量大,结构复杂,特别是脆性的硅碳棒和超轻质耐火衬里易破损,因而,它们大都设计成窑罩固定,窑车上下运动的构型,理应称为升降式窑,但多年来已习惯称之为罩式窑。

某型电热罩式窑的结构特点如下:

1)窑体

窑体属于全耐火纤维结构,由各种硅酸铝纤维毡、板和各类氧化铝纤维板构成。侧墙是混合纤维大板块,按温度降低方向各层纤维板使用温度也逐渐降低,这既符合耐火隔热保温要求,又利于降低成本。为了增加混合纤维板的抗弯强度,窑顶内层纤维板采取侧放。窑墙各层纤维毡板除用高温胶粘贴,还用陶瓷钉加固。侧墙底层砖采用超轻质耐火砖,窑体轻、散热、蓄热少,有利于快速烧成,为大幅度地降低能耗提供了极为有利的条件。

2)窑车

窑车采用液压升降,既缓慢又平稳。窑车衬砖采用轻质砖三层互相镶嵌,形成牢固的整体。上层砖砌成 5 个料垛,砖垛之间留有一定的空间,每组下部有两根硅碳棒通过,这有利于提高窑下部温度,促使窑室内温度分布均匀。同时,砖垛上面平铺碳化硅垫板,因其导热系数大,有利于提高底部温度,也是促使窑内温度分布均匀的重要措施。

窑车上升靠行程开关定位,窑车砌体台阶砖与窑体下层台阶砖能较好地靠拢,起到密封作用。如果对密封要求严,可在接合处粘贴纤维毡或采取砂封。

3)发热体

采用 16/250/600/250 等直径硅碳棒,共分六组,每组 8 根。不等距离分布,上稀下密。把两根硅碳棒安装在底部平面以下,以提高窑底部的温度,促使窑室内温度分布均匀。

4)热电偶测温

全窑 6 根热电偶,分别安装在每组 8 根硅碳棒的第 4 根与第 5 根之间,靠窑中部偏下,此处温度代表了中间水平面的温度。每组独立控温,这有利于调整各组温度。热电偶伸进窑内 250 mm,此处温度最敏感,有利于及时调整温度。

5)进气管与排气管

进气管与排气管都采用刚玉瓷管。进风管 5 个,分布在窑的左侧,两组硅碳棒之间,距离窑顶较近的位置。虽然进风管一侧安置,但刚玉瓷管开了许多小孔,窑内进风是均匀的。排气管 4 个,分布在窑的右侧,正对各组硅碳棒的下方。虽然排气管也安置在窑的一侧,但刚玉瓷管同样开了许多小孔,从窑内吸气也是均匀的。

6)窑壳支架

罩式窑外壳是型钢支架,外围是钢板。所有零件都经机加工,尺寸误差在$(x \pm 1)$ mm。所有焊点都经砂轮打磨,做工精细,漆银粉漆。四周最外层是挂板,由四大块经抛光的不锈钢板组成,反射辐射热,降低环境温度,改善工人操作条件。

7)计算机控温

控温系统由数字程序设定器,数字指示调节器,记录报警器,可控硅调节器,交流器,SCR 可调变压器和控温盘等组成。微机显示分辨能力为 0.1 ℃,输出精度为$(x \pm 1)$ ℃。

计算机控温运行多年,性能稳定、可靠。

罩式窑是新型间歇窑,它灵活机动,能及时调整烧成曲线,适应多品种的生产,特别是它能避让高峰负荷,晚上烧窑,白天冷却,做到合理用电,其社会效益是不言而喻的。

第七节　工业窑炉用新型耐火材料

无机材料工业热工设备的发展与新型高性能耐火材料的发展相辅相成。现代窑炉热工设备的发展,对耐火材料的性能提出了更高的要求,并带动了耐火材料的研发与生产。新型耐火材料的出现,又促进了现代窑炉热工设备使用性能的不断提高。

随着国内外新型耐火材料的发展,无机非金属材料工业热工设备经历了从采用传统的高铝质和黏土质铝硅系列重质耐火材料、隔热材料、普通硅酸铝纤维、岩棉以及黏土结合碳化硅窑具为主,发展到以莫来石隔热砖、莫来石纤维、高铝纤维、氧化铝纤维、硅酸钙隔热板,以及重结晶碳化硅、反应烧结碳化硅、氮化硅结合碳化硅、塞隆结合碳化硅窑具等为主的发展过程,使无机非金属材料工业热工设备逐步向轻型化、节能化、装配化和快速烧成化方向发展。

一、耐火材料的特点

耐火材料是指耐火度不低于 1 580 ℃的无机非金属材料及其制品。在建造和维修热工设备时,掌握各类耐火材料的品种,规格及性能,合理并正确选择使用各种材料,对确保满足生产工艺要求,提高设备使用寿命,降低维修费用以及节约能源都具有重要的意义。

耐火材料的种类很多,按照不同的共性,可以进行不同的分类。

(1)按原料的化学成分分:氧化物耐火材料和非氧化物耐火材料。

(2)按主要成分的化学性质分(表 6-21):

表 6-21　耐火材料按主成分的化学性质分类表

类别	高温耐侵蚀性能	主要化学成分	举例
酸性耐火材料	对酸性物质的抵抗性强	SiO_2、ZrO_2 等四价氧化物（RO_2）	硅质、半硅质、黏土质、锆质和锆英石质
中性耐火材料	对酸性和碱性物质的侵蚀性,具有相近的抵抗能力	Al_2O_3、Cr_2O_3 等三价氧化物（R_2O_3）和 SiC、C 等强共价键结晶矿物	高铝质、刚玉质、铬质、碳质、碳化硅质、氮化硅质等
碱性耐火材料	对碱性物质的抵抗性强	MgO、CaO 等二价氧化物（RO）	镁质、白云石质、镁铝质、镁铬质等

（3）按化学成分和矿物组成分（表6-22）：

表6-22 耐火材料按化学成分和矿物组成分类表

分类	类别	主要化学成分	主要矿物成分
硅质制品	硅砖	SiO_2	鳞石英、方石英
	熔融石英制品	SiO_2	石英玻璃
硅酸铝制品	半硅砖	SiO_2、Al_2O_3	方石英、莫来石
	黏土砖	SiO_2、Al_2O_3	莫来石、方石英
	高铝砖	Al_2O_3、SiO_2	莫来石、刚玉
镁质制品	镁砖（方镁石砖）	MgO	方镁石
	镁铝砖	MgO、Al_2O_3	方镁石、镁铝尖晶石
	镁橄榄石砖	MgO、SiO_2	镁橄榄石、方镁石
	镁钙砖	MgO、CaO	方镁石、硅酸二钙
	镁硅砖	MgO、SiO_2	方镁石、镁橄榄石
	镁碳砖	MgO、C	方镁石、无定形碳（或石墨）
白云石质制品	白云石砖	CaO、MgO	氧化钙、方镁石
	镁白云石砖	MgO、CaO	方镁石、氧化钙
铬质及含铬制品	铬砖	Cr_2O_3、FeO	亚铁尖晶石
	镁铬砖	MgO、Cr_2O_3	方镁石、镁铬尖晶石
	铬镁砖	Cr_2O_3、MgO	铬尖晶石、方镁石
锆质制品	锆英石砖	ZrO_2、SiO_2	锆英石
	锆刚玉砖	ZrO_2、Al_2O_3	刚玉、高温型 ZrO_2（四方晶系）
	锆莫来石砖	ZrO_2、Al_2O_3、SiO_2	刚玉、莫来石、高温型 ZrO_2（四方晶系）
碳质制品	碳砖	C	无定型碳、石墨
	石墨化碳砖	C	石墨、无定型碳
氮化物制品	氮化硅制品	Si_3N_4	氮化硅
	氮化硼制品	BN	氮化硼
碳化硅制品	硅酸铝结合碳化硅	SiC、Al_2O_3、SiO_2	碳化硅
	二氧化硅结合碳化硅	SiC、SiO_2	碳化硅
	氧氮化硅结合碳化硅	SiC、Si_2ON_2	碳化硅、氧氮化硅
	氮化硅结合碳化硅	SiC、Si_3N_4	碳化硅、氮化硅
	反应烧结碳化硅	SiC	碳化硅
	重结晶碳化硅	SiC	碳化硅

续表 6-22

分类	类别	主要化学成分	主要矿物成分
纯氧化物制品	氧化铝制品	Al_2O_3	刚玉
	氧化锆制品	ZrO_2	高温型 ZrO_2（四方晶系）
	氧化镁制品	MgO	方镁石
	氧化钙制品	CaO	氧化钙

（4）按外观分（表 6-23）：

表 6-23　耐火材料按外观分类表

分类	种类
耐火砖	烧结砖、不烧砖、电熔砖(熔铸砖)、隔热耐火砖(轻质砖)
不定型耐火材料	耐火浇注料、捣打料、喷射料、可塑料、投射料、耐火泥浆等
耐火纤维	耐火纤维棉、毡、块、毯、带等

（5）按耐火度分：普通耐火制品（1 580~1 770 ℃），高级耐火制品（1 770~2 000 ℃），特高级耐火制品（2 000 ℃以上）。

（6）按形状和尺寸分：标准型砖、异型砖、特异型砖、大异型砖以及实验室和工业用坩埚、皿、管等特殊耐火制品。

（7）按制造工艺方法分：泥浆浇注制品，可塑成型制品，半干压成型制品，由粉状非可塑泥料捣固成型制品，由熔融料浇注的制品以及由岩石锯成的制品。

（8）按用途分：浇钢用耐火材料，筑炉用耐火材料，精密耐火材料（又称功能耐火材料）等。

二、耐火材料主要性质指标

（一）耐火材料的结构性质

1.气孔率

耐火材料中的气孔分为密闭气孔、开口气孔和贯通气孔。耐火材料中开口气孔与贯通气孔的体积之和占制品总体积的百分率表示为耐火材料的显气孔率。

2.体积密度

体积密度是指耐火材料制品干重与总体积之比值，又称容积重量。

3.真比重

真比重是指耐火材料干燥材料的质量与其真体积(不包括气孔体积)之比值。

（二）耐火材料的热学性质

1.热膨胀性

热膨胀性是指耐火材料在加热过程中的长度或体积的变化。一般用线膨胀率和线膨胀系数来表示,均应标明温度区间。线膨胀率是指由室温至试验温度之间试样长度的相对变化率。线膨胀系数是指由室温至试验温度之间,每升高 1 ℃试样长度的相对变化率。

2.导热系数

导热系数是指在单位温度梯度下,通过单位长度的热流速率,用 W/(m·K)表示。

3.比热容

比热容是指常压下加热 1 kg 制品使之升温 1 ℃所需的热量,用 kJ/(kg·K)表示。

4.耐火度

耐火度是指材料在无荷重时抵抗高温作用而不熔化的性能,其意义与熔点不同。耐火度的测定方法是将材料做成截头三角锥,在规定的加热条件下,与标准高温锥弯倒情况作比较,直至试样锥顶部弯倒接触底盘,此时与试锥同时弯倒的标准高温锥代表的温度即为试锥的耐火度。

5.荷重软化温度

荷重软化温度为耐火制品在持续升温条件下,承受恒定载荷产生变形的温度。它表示耐火材料抵抗高温和荷载两方面的能力。

荷重软化温度的测定一般是加压 0.2 MPa,随着温度按规定的速率逐渐升高,试样发生热膨胀,从试样膨胀的最高点压缩至原始高度的 0.6%为软化开始温度,4%为软化变形温度,40%为变形温度。

6.重烧线变化

重烧线变化是指耐火制品试样加热到规定温度,保温一定时间并冷却至室温后,其长度方向所产生的残余膨胀或收缩。

7.热稳定性

热稳定性是指耐火材料抵抗温度急剧变化而不被破坏的性能。检测方法是将试样所处环境急剧冷热交换,记录其不损坏次数;或记录其损坏到一个统一规定程度并记录其次数;或测定经规定的热交换测试后的残余强度值。加热方式有整体加热或单面加热。冷却方式有水冷或风冷。

(三)耐火材料的力学性质

1.耐压强度

耐压强度是指耐火材料试样按标准尺寸规定测得的单位面积上所能承受而不被破坏时的极限压应力,用 MPa 表示。有常温和高温耐压强度。

2.抗折强度

抗折强度是指耐火材料试样按标准规定尺寸测得的三点弯曲载荷下所能承受的极限应力,用 MPa 表示。有常温和高温抗折强度。

3.高温蠕变性

高温蠕变性是指耐火材料制品在恒定温度和恒定载荷下长时间作用,其形变与时间的关系曲线。

三、工业窑炉用新型隔热耐火材料的主要品种

根据热工设备的不同使用条件和使用要求,采用的耐火材料也不相同。现代工业窑炉用耐火材料种类很多,鉴于篇幅所限,本节仅介绍新型隔热耐火材料的主要品种。

(一)氧化铝空心球砖

氧化铝空心球及其制品是一种性能良好的高级隔热耐火材料。它们不仅具有普通隔热耐火制品体积密度小、热容小和隔热保温的功能,而且还具有强度高,热稳定性好,能在较高温度条件下长期使用的独特性能。

氧化铝空心球制品是以氧化铝空心球和氧化铝细粉为原料,加入外加剂(如硫酸盐或磷酸盐等),成型后根据需要或高温烧成或低温轻烧而成。国产氧化铝空心球制品的理化性能见表6-24。

表6-24　氧化铝空心球制品的理化性能

项目		Ⅰ型	Ⅱ型	Ⅲ型
化学成分/%	Al_2O_3	≥99	≥98	≥98.5
	SiO_2	≤0.2	≤0.5	—
	Fe_2O_3	≤0.15	≤0.7	—
显气孔率/%		50~67	≥62	60~67
体积密度/(g/cm^3)		1.25~1.70	≤1.40	1.3~1.4
常温耐压强度/MPa		≥10	≥5	≥9.8
荷重软化温度/℃		>1 770	>1 420	>1 770
重烧收缩		$x(1±0.3\%)$ (1 600 ℃,3h)	$x(1±0.2\%)$ (1 400 ℃,2h)	—
热膨胀系数/$(×10^{-6}/℃)$		8.6 (1 300 ℃)	—	0.7%~0.8% (1 300 ℃,线膨胀率)
导热系数/$(W/m·K)$		≤0.09	≤0.163	0.7~0.8
热震稳定性(1 100 ℃空气冷却)		>20 次	—	—
主晶相		$\alpha-Al_2O_3$	—	$\alpha-Al_2O_3$

(二)莫来石质隔热砖

莫来石质隔热砖是以莫来石或氧化铝粉为主要原料制成的隔热耐火制品,成品中以莫来石含量为主。所有级别均加有严格分类的有机充填物或木屑,这些充填物在产品生产过程中被烧掉以产生经控制的、均匀一致的孔隙结构。成型方法有浇注成型、压制成型和挤压成型。使用温度范围为1 260~1 760 ℃。莫来石质隔热砖具有导热率低、热容小、热态耐压强度高及热稳定性能好等特点,可直接接触火焰,用作各种陶瓷磨具烧成窑

的内衬。

(三)高铝质隔热砖

高铝质隔热砖是以铝矾土为主要原料制成的 Al_2O_3 含量不小于 48% 的隔热耐火制品。可用于砌筑隔热层和无强烈气流冲击的部位。直接与火焰接触时,一般高铝质隔热砖的表面接触温度不得高于 1 350 ℃。国家标准《高铝质隔热耐火砖》(GB/T 3995—2014)将高铝质隔热砖按体积密度分为 LG-1.2、LG-1.0、LG-0.8、LG-0.7、LG-0.6 和 LG-0.5 等 6 个牌号。其理化指标和尺寸偏差见国标(GB/T 3995—2014)。

(四)黏土质隔热砖

黏土质隔热砖是以耐火黏土为主要原料制成的 Al_2O_3 含量不小于 30%~48% 的隔热耐火制品。可用于砌筑隔热层。国家标准《粘土质隔热耐火砖》(GB/T 3994—2013)将黏土质隔热砖按体积密度分为 NG-1.5、NG-1.3、NG-1.2、NG-1.0、NG-0.8、NG-0.6 和 NG-0.5 等 7 个牌号。其理化指标和尺寸偏差见国标(GB/T 3994—2013)。

(五)耐火纤维及其制品

1.耐火纤维

耐火纤维又称陶瓷纤维,是一种人造无机非金属材料。主要品种有耐火纤维棉、含锆耐火纤维棉和含铬耐火纤维棉等。

耐火纤维棉不含结合剂和其他腐蚀性物质,具有优良的热稳定性,低导热率,优良的化学稳定性,高温下弹性好,低热容及优良的吸音性能等。其可用于加工成带、线、绳、毯、毡、异形件等;也可作为边角及复杂空间的隔热充填材料、膨胀缝的填塞材料、短期隔热修补的填塞材料,隔热混凝土、结合剂的纤维增强材料和工程纤维材料的先驱体等。

2.耐火纤维毯

耐火纤维毯与其相应的纤维棉一样均具有优良的化学稳定性,优良的隔热性能,抗大多数化学物质的侵蚀(氢氟酸、磷酸和强碱除外)和优良的热稳定性(纤维抗结晶性能良好)等。根据种类不同可分别用作炉窑内衬、炉窑隔热层和窑门密封等。

3.耐火纤维毡

耐火纤维毡是一种热压成型的隔热耐火纤维毡,是采用耐火纤维棉加有机结合剂制成的,结合剂可在 180 ℃时烧失。耐火纤维毡具有半硬性、韧性(取决于选用材料的容重)、耐高温、重量轻、良好的化学稳定性、抗热冲击和良好的吸音性能等。耐火纤维毡有多种容重和厚度,是一种多用途产品,可满足众多的使用要求。在磨具工业窑炉中常用于隔热层和高温密封。国家标准《耐火纤维及制品》(GB/T 3003—2017)规定,普通硅酸铝耐火纤维毡的牌号为 PXZ-1000。其化学成分和物理性能见国标(GB/T 3003—2017)。

4.耐火纤维模块

耐火纤维模块是一种轻质隔热的炉衬材料,制成块状并直接安装在窑炉的炉壳上。使用耐火纤维毯、含锆耐火纤维毯或含铬耐火纤维毯时,将其折叠成手风琴状的隔热块,可直接固定于炉壳上。组件固定于炉壳上后,去掉包扎带,组件膨胀并相互挤紧形成一个无缝隙的整体隔热衬。所有金属件因处在炉衬的冷面而不承受高温。

选择用于制作组件的纤维毯应根据窑炉的特点和操作情况而定,如操作温度(连续

或间歇),炉内物件的特征,使用的能源(电、气或油)和炉内气氛等。使用耐火纤维模块具有以下优点:

(1)安装迅速。经过基本培训的工人便可快速、简便地安装组件,对新炉衬来说,安装组件所需的时间比层铺法安装纤维毯或砌耐火砖要少得多。

(2)安装设计合理有效。与折叠毯固定一体的金属锚固件处于炉衬的冷面,这样消除了高温氧化对金属锚固件的损害。

(3)无缝隙炉衬。组件压缩成手风琴状,安装完毕后解除组件的包扎使之膨胀并相互挤紧,采用合理的安装排列,使组件的膨胀可阻止高温下收缩缝的产生,并防止接缝处的纤维毯在高温下产生开口缝。

(4)重量轻。耐火纤维衬比轻质隔热砖衬轻 75% 以上,比轻质浇注料衬轻 90% ~ 95%。窑体轻可减轻窑炉钢结构的重量。

(5)低热容。热容一般与炉衬的重量成正比。低热容意味着窑炉在往复操作中升高和降温速度大大加快,因此增加了生产能力。

(6)抗热震。纤维折叠组件对剧烈的温度波动具有优良的抵抗性能,在加热件能承受的前提下,纤维炉衬可以任意快的速度加热或冷却。

(7)抗机械震动。纤维毯或毡具有柔性和弹性,而且不易破损,安装完毕的整体窑炉在受冲击或受路途运输的振动时不易损坏。耐火纤维衬特别适于在生产厂将炉衬安好后外运。

5.耐火纤维板

耐火纤维板是指一种耐火纤维材质并具有标准厚度的平板,由耐火纤维浆和结合剂制成,有机结合剂含量很低。采用不同的耐火纤维,无机和有机结合剂,并按不同的比例混合,可生产出各种纤维板以适用于不同的使用温度。

耐火纤维板良好的高温稳定性,低导热率,低热容,抗热震性,抗侵蚀性,硬质和自身内部的高粘合强度,使其具有可机加工性能和切割性能。耐火纤维板可直接接触火焰,可用于磨具工业的窑衬和窑车隔热。

6.耐火纤维纸

耐火纤维纸是由耐火纤维加上少量的有机结合剂生产而成,具有极好的隔热性能,高强抗撕扯,高柔韧性,低渣球含量,精确的厚度,双面光滑,抗热冲击,极低的导热率,可手持搬运,施工方便,可应用于窑炉水平膨胀缝,阻隔热短路和隔热密封垫等。

7.纤维贴面块

纤维贴面块由不同级别的耐火纤维毯制成,制作时将纤维毯裁成条,厚度方向叠放,按不同容重要求施以压缩后用网布包扎,形成一定面积和厚度的方块。当炉子加热时,包扎网布烧掉,此时贴面块膨胀开而形成一个相互挤紧的、平整的炉衬。贴面块只是整个贴面系列产品中的一种。采用贴面黏结剂,可将贴面块粘贴于各种不同耐火衬的表面上。贴面涂料通常涂在贴面块的热面上以形成一个具有热稳定性的抗化学侵蚀的表层。

主要使用优点:优良的隔热性能;在不更换原耐火衬的前提下改善炉子的隔热效果,在原耐火衬上施工也较方便;使用温度可高达 1 600 ℃;可粘贴于以陶瓷磨具窑炉的耐火衬热面。

（六）硅钙板

硅钙板又称硅酸钙板,是以硅藻土和石灰为原料,加入增强纤维制成的隔热耐火制品。硅钙板可锯可钉,可制成板、块或管等形状,在磨具工业炉窑中主要用作隔热层,也可用于高温干燥窑和烧成窑窑车台面的隔热层。国家标准《硅酸钙绝热制品》(GB/T 10699—2015)规定了硅酸钙绝热制品的理化性能。

硅酸钙绝热制品最高使用温度为 1 000 ℃,又称高温硅酸钙绝热制品,物相主晶相为硬硅钙石。

（七）耐火泥浆

耐火泥浆是由细粒、耐火骨料、耐火细粉料、结合剂和外加剂配制而成的。主要用于砌筑工业炉耐火砖砌体的接缝材料。耐火泥浆的功能是将耐火砖砌体黏结成整体,使之具有良好的结构稳定性和气密性,并能经受高温下各种化学和物理作用,保证热工设备安全地运行,达到高效、长寿、低消耗的要求。因此,耐火泥浆必须具有与所砌耐火砖相近或相同的理化性能,同时还必须具有良好、适宜的砌筑性能。

四、工业窑炉耐火材料的使用

（一）耐火材料结构的经济厚度和材料选择

不同类型的工业窑炉以及窑体的不同部位,工作条件是各不相同的,要充分考虑相应窑体工作的特点,正确选择窑体材料和窑体结构,使窑炉在生产中取得优质、高产、低能耗的效果。在保证足够耐火度的前提下,尽量选用导热系数和体积密度都比较小的材料,以便使窑体减薄和轻便。各层的厚度应由窑炉工作温度、各层材料的允许使用温度和窑墙高度等因素来决定。

随着窑体厚度的增加,窑体材料及蓄热损失均增加,但散热损失将减小。因此,应当有一个最经济的窑衬厚度。当求得最经济窑衬厚度后,应同时参照以下原则:

(1)在气候炎热地区,为了降低环境温度也可适当增加窑衬厚度。

(2)当外壁温度超过窑炉规定的温度时,允许将最经济窑衬厚度的计算值适当加大。国家标准 GB/T 3486《评价企业合理用热技术导则》规定了工业炉窑炉体外表面的最高温度,见表6-25。

表 6-25 工业炉炉体外表面的最高温度表

炉内温度/℃	外表面最高温度/℃	
	侧墙	炉顶
700	60	80
900	80	90
1 100	95	105
1 300	105	120
1 500	120	140

(二)热工设备耐火材料的使用结构

窑炉各部位耐火材料结构沿厚度方向一般用不同的材料组成,内部靠近高温的一层为耐火层(工作层),中间为保温层(隔热层),最外层用钢板或其他坚实材料作保护,称之为保护层(外层)。

传统工业热工设备一般耐火层由重质耐火砖组成,保护层为红砖结构。窑体蓄热和散热损失都很大,所以,窑炉热效率偏低。

新型烧成窑炉多采用全轻质复合结构或全纤维结构,工作层直接采用新型的保温隔热材料,有效地减少了窑体向周围环境散热和炉体蓄热。

窑炉用耐火材料在砖型上应尽量选用国家标准规定的标准砖、普型砖、异型砖和特异型砖。自行设计的异型砖要做到结构尺寸合理。窑炉用耐火砖应使用相应材质的耐火泥或黏结剂。

1.砌砖炉墙结构形式

隧道窑采用莫来石隔热砖直接与火焰接触的内衬材料。用作窑墙时,采用不同材质的隔热砖和耐火纤维及硅钙板的复合窑墙结构。用作拱顶结构时,采用直接砌筑和咬砌施工结构。用作平顶结构时,与抽屉窑一样,采用钩挂锚固窑墙结构。

窑墙拉砖结构就是窑内衬采用莫来石隔热砖,在砖上开槽并放入耐热钢拉杆,通过砖拉钩和砖拉杆将窑墙与窑体钢结构联系起来,增强窑墙的稳定性。

隧道窑沿窑炉长度方向和高度方向均应留设膨胀缝,通过纵向膨胀缝和水平滑动缝将窑墙有效地模块化,降低或避免砌体膨胀和温度应力对窑墙的损害。膨胀缝的宽度应有窑炉最高操作温度,耐火材料的线膨胀系数以及膨胀缝之间窑墙的长度等计算而得。

每段直墙的长度和高度应尽量设计为标准砖尺寸的模数。国家标准规定的标准砖尺寸为长 $230 \text{ mm} \times 114 \text{ mm} \times 65 \text{ mm}$,若砌体的灰缝厚度为 c,则墙长度应为 $(114+c) \text{ mm}$ 的整倍数,高度应为 $(65+c) \text{ mm}$ 的整倍数。

2.纤维结构

根据耐火纤维制品的固定方式,全纤维结构可分为层铺式和叠砌式两种。

根据磨具工业窑炉的使用温度,多采用莫来石纤维或含锆纤维作全纤维结构。采用内层为莫来石纤维板的多层纤维结构时,采用层铺式结构。采用锆纤维作全纤维结构时,多采用叠砌式结构。

层铺式耐火纤维毡(板、毯)通常是以锚固件进行连接和固定。锚固件的结构形式有多种,陶瓷磨具烧成窑根据其操作温度采用陶瓷锚固结构为佳。同时应根据所采用的耐火纤维的具体情况确定锚固件的分布方式。

层铺式耐火纤维内衬一般由隔热层和纤维毡复合组成。纤维毡在厚度方向上是多层叠合,在平面方向上是多块纤维毡拼接。一般耐火纤维内衬由隔热层和纤维毡复合组成。因而耐火纤维的铺设应注意拼接和搭接合理。

叠砌式分为穿串固定法和模块(组合件)固定法。穿串固定法是将耐火纤维毡切割成宽度等于窑墙厚度的长方形纤维条,将其预压缩(压缩率为 $15\% \sim 20\%$),再用耐热钢销钉穿串固定。模块固定法是将耐火纤维毯折叠压缩后组成模块,再通过锚固件固定在窑体钢板上。

3.窑顶结构形式

1)拱顶结构形式

传统工业窑炉的拱顶内衬材料多采用重质耐火材料,如高铝耐火砖、黏土耐火砖等。拱顶采用单心拱(图6-25)。由于拱顶跨度的不同,拱的中心角度为60°或90°。新型拱顶窑炉为了降低拱顶高度,改善拱顶受力情况,减少窑炉断面温差,除采用传统的60°或90°拱外,还可砌筑成双心拱或三心椭圆拱。

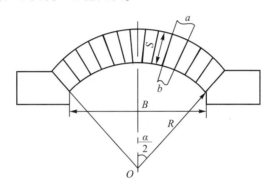

图6-25　用楔形砖砌筑拱顶图

烟道内层拱顶和检查孔拱顶仍采用180°中心角度的拱顶。

拱顶用砖应尽量选用国家标准规定的普形楔形砖,以避免重新设计异型砖。常用的有60°和90°,拱顶的配砖可从窑炉高等设计手册中直接查出。

当需设计窑顶所需材料楔形砖尺寸时,按以下计算方法进行:

若砌一圈拱顶用 n 块单一楔形砖,每块砖的内宽为 b,外宽为 a,灰缝为 c,拱厚度为 s,则:

外弧长:
$$n(a+c)=2\pi(R+s)\frac{\alpha}{360}$$

内弧长:
$$n(b+c)=2\pi R\frac{\alpha}{360}$$

两式相除得:
$$\frac{n(a+c)}{n(b+c)}=\frac{2\pi(R+s)\dfrac{\alpha}{360}}{2\pi R\dfrac{\alpha}{360}}$$

$$\frac{a+c}{b+c}=\frac{R+s}{R} \tag{6-47}$$

上式中,s、R 是已知的,灰缝是根据要求定出的,则 a、b 和 R、s 的关系可求得,据此选用标准楔形砖,或自行设计楔形砖。

又由外弧长的公式可求出每圈用砖数:

$$n=\frac{2\pi(R+s)\alpha}{360(a+c)}=\frac{\pi(R+s)\alpha}{180(a+c)} \tag{6-48}$$

当单一楔形砖不能满足要求,而需夹用直型砖时,则楔形砖块数 n_1 和直型砖块数 n_2 可按式(6-49)和式(6-50)计算:

$$n_1 = \frac{\pi\alpha s}{180(a-b)} \qquad (6-49)$$

$$n_2 = \frac{\pi\alpha s(R+s)}{180(a+c)} \qquad (6-50)$$

直形砖的尺寸和楔形砖的大头相适应。拱顶中每环中夹砌的直形砖块数必须满足国家标准规定。现代工业窑炉的拱顶材料直接采用轻质高强度的莫来石隔热砖作内衬或采用纤维顶结构。

2）吊挂平顶结构形式

采用平顶结构使宽断面窑炉成为可能，同时更加有效地减少了窑炉断面温差，提高了窑炉装载率。吊挂平顶结构用莫来石质隔热砖做工作层，上面覆盖耐火纤维加强隔热。

现代新型的烧成窑炉常用吊顶结构，用异型耐火砖作吊挂件串挂加工好的带槽窑顶莫来石隔热砖，耐火砖通过吊钩挂在方钢管（或角钢）上，方钢管搭在窑顶横梁上。莫来石顶砖用专用黏结剂黏结。

另外一种吊挂结构是将每一吊顶异型块由两块异型隔热轻质砖组成，采用胶泥黏结，将砖和不锈钢吊挂件粘成一体，然后把不锈钢吊挂件和窑顶钢结构连接起来。

还有一种串挂结构是用串砖杆把窑顶砖串起，然后把串砖杆和窑顶钢结构连接起来。

五、热工设备用窑具的种类和性能

窑具是指在工业窑炉中循环用于支撑或保护被烧产品的耐火制品。装车或装窑时，用于搭构装载制品坯体。根据窑具的形状或作用分为棚板、支柱、横梁、耐火圈、瓦、盆。窑具的功能已不仅仅是能用于支撑被烧制品，更重要的是窑具应具有高温强度高、使用寿命长的特点，形状结构必须轻巧、合理。重量轻以减少窑具与制品的比例，尤其是在窑炉使用清洁燃料后，节能就变得更加重要。所使用的窑具的承载重量越大，必须具有更高的高温抗折强度。窑具的设计也必须更专业、更合理。

窑具是影响产品烧成效率与生产成本的重要因素。选择窑具时主要从两个方面考虑：一是考虑窑具要具有优良的理化性能指标，如耐压强度，高温抗折强度，导热系数，荷重软化点和抗热震性等；二是考虑窑具要具有适宜的性能价格比。

传统的窑具材料主要是高铝质耐火制品及黏土结合碳化硅窑具制品，具有制造简单，价格低的特点，但使用性能较差，主要表现为耐压强度及抗折强度较低。窑具尺寸较为笨重，减小了产品的装载容积，增加了产品烧成能耗。热稳定性能较差，窑具产品使用寿命短。因此，传统耐火窑具使制品烧成周期较长。传统的窑具用于烧成陶瓷磨具，产品与窑具的重量比为 $1:(1.1\sim1.3)$。目前，陶瓷磨具生产中，传统窑具材料已经逐步被新型窑具材料所取代。

新型窑具材料以重结晶碳化硅和碳化硅复合材料为主。碳化硅复合材料主要包括 Si_3N_4 结合 SiC，SiAlON 结合 SiC，反应烧结 SiC，金属硅填充 SiC，新型氧化物结合 SiC 及莫来石结合 SiC。从性能价格比考虑,多采用重结晶 SiC,反应烧结 SiC 和金属硅填充 SiC 材料作空心横梁窑具。与传统窑具材料相比,新型 SiC 窑具材料具有很多优良性能,窑具可以做到轻薄和大规格,使用寿命成倍提高,一般可达 80~100 次以上,优者能达 200~300 次,可以大大减少窑具的年消耗量,提高产品的装载密度,降低窑具与产品的装载比,提高窑炉的热效率。

除新型 SiC 窑具外,国内外的无机材料制品生产中还采用堇青石-莫来石,莫来石及硅线石材料作支柱和棚板。当莫来石和硅线石类棚板用于烧成刚玉材料时,其膨胀系数接近于刚玉材料,可减少因棚板与产品膨胀系数相差太大而引起的烧成缺陷。

采用新型窑具焙烧无机材料制品,产品与窑具的重量比增大至 1:(0.3~0.5),提高了产品的有效装载量及产品热效率,降低了产品单耗及生产成本,并使装载方便灵活。

根据装窑、装车及所烧产品规格种类的具体情况,确定窑具的规格尺寸。空心横梁一般用于支撑棚板,以减少立柱数量,增大装载净空间,适应大规格产品的装载或增加装载量。无机材料制品行业常用的多为长方形或方形空心梁。截面尺寸:(50×50/30×30) mm,(50×60/30×40) mm,(50×70/30×50) mm,长度最大可达 3.5 m。

棚板的常用规格有 680 mm×480 mm×25 mm,600 mm×400 mm×20 mm 等,最大规格可制成 1 000 mm×650 mm 或 800 mm×800 mm,厚度 6~25 mm。

传统的立柱采用高铝砖,形状有标形、薄形、半圆、圆形、六角形及八角形等,高度由确定的装载高度所定,一般为 180~300 mm。新型立柱一般是新型碳化硅制品,并配合空心方梁一起使用。现代窑炉的装车窑具多由新型棚板、空心梁和立柱三组件搭构组成。

1.窑具性能

窑具性能可分别按氧化物和非氧化物来描述。氧化物类窑具主要是指:堇青石窑具,莫来石窑具,堇青石-莫来石窑具和刚玉-莫来石窑具。其主要理化性能指标见表 6-26。

表 6-26　氧化物类窑具主要理化性能指标

项目	堇青石	莫来石窑具	堇青石-莫来石窑具	刚玉-莫来石窑具
Al_2O_3/%	≥32	≥68	≥57	≥80
Fe_2O_3/%	≤1.5	≤1.2	≤1.5	≤1.2
显气孔率/%	2.0	2.4	2.2	2.7
热膨胀系数/($\times 10^{-6}$/℃)	0.15	0.3	0.27	0.33
耐火度/℃	≥1 690	≥1 750	≥1 700	≥1 790
热稳定性(次数)	≥70	≥50	≥40	≥15
安全使用温度/℃	≤1 250	≤1 350	≤1 300	≤1 450

非氧化物类窑具主要是指碳化硅窑具,包括:黏土结合碳化硅窑具,氧化硅结合碳化硅窑具,氮化硅结合碳化硅窑具,重结晶碳化硅窑具及反应烧结碳化硅窑具。其主要理化性能指标见表 6-27。

表 6-27　非氧化物类窑具主要理化性能指标

项目	黏土结合碳化硅	氧化硅结合碳化硅	氮化硅结合碳化硅	重结晶碳化硅	反应烧结碳化硅
SiC/%	>65	89	>70	>99	>98
Fe_2O_3/%	<0.5	<0.3	<0.3	<0.2	<0.2
显气孔率/%	<14	<14	17	17	<14
密度/(g/cm^3)	2.5~2.65	2.65~2.75	2.65~2.8	2.7	1.8
常温耐压强度/ MPa	>100	>90	>160	>300	>400
常温抗折强度/ MPa	25	>40	>40	90~110	110
高温抗折强度/ MPa	19	>56	>56	>100	130
热膨胀系数/($\times 10^{-6}$/℃)	5.6	4.8	4.4	4.4	4.4
最高使用温度/℃	1 350	1 400	1 600	1 700	1 400
荷重软化温度/℃	1 450	>1 700	—	—	—

2.各类碳化硅窑具的性能对比

1)氮化硅结合碳化硅窑具

Si_3N_4-SiC 和 SiAlON-SiC 类材料是英国最先开发出来的,但很短的时间内美国、英国、法国和日本等也相继开发出了同类产品。目前美国 Norton 公司的制品理化性能指标处于世界领先水平。国内对此种材料的研究是从二十世纪八十年代初开始,主要用于无机非金属材料行业、冶金和有色金属行业。主要产品形式是砖材,用作高炉内衬或铝电解槽内衬。主要理化性能见表 6-28。

表 6-28　各国氮化硅结合碳化硅窑具的理化性能

项目	美国 Norton	英国	日本 HTK	苏联	三磨所
SiC/%	>75	75	78	75	>75
Si_3N_4/%	>22	22	20	23	>20
显气孔率/%	15~18	7~8	15~18	—	15~18
体积密度/(g/cm^3)	2.8	2.65	2.6	—	2.6
常温抗折强度/ MPa	45	50	50	45	45~50
1 300 ℃抗折强度/ MPa	50~55	55	55	50	50
弹性模量/GPa	190	190	190	—	190
比热/(kJ/kg·K)	1.050	1.120	1.050	—	—
热膨胀系数/($\times 10^{-6}$/℃)	4.4	4.5	4.4	—	4.4

郑州市某耐火材料厂在原氮化硅结合碳化硅合成理论的基础上,采用注浆成型工

艺,利用独特的设计,生产的空心薄壁窑具成功应用于无机非金属材料行业,其主要特点是:制品全部是空心薄壁的,且空心板的尺寸规格甚至超过压制成型制品,如将其和重结晶碳化硅横梁配合使用,可以极大地提高窑炉的装载率,不需要留专门的火道也能保证制品能均匀地加热和冷却,从而达到降低成本,提高产品产量和质量的目的。其多功能组合窑具,薄板规格空心立柱和空心梁组合使用,使产品装载密度和烧成质量都有大幅度的提高,特别使碳化硅制品烧成时不易出现"黑心"现象,产品与窑具的比例可提高为5:1,与一般新型窑具相比,装窑密度提高 30% 左右,能耗降低 20%～30%,窑具的使用寿命达到两年以上。

2)重结晶碳化硅窑具

重结晶碳化硅窑具最早由美国诺顿公司在二十世纪五十年代研制生产,具有一系列优异性能,最适合做重载荷窑具。无机非金属材料生产中,多用作空心横梁。欧美等一些发达国家均生产重结晶碳化硅窑具,如:美国的 Norton 公司、Carborundum 公司,挪威的 Annaweek 公司,德国的 FCT 公司等,主要技术指标见表 6-29。我国企业也有工业化生产的产品,如唐山和沈阳某陶瓷技术有限公司(从德国福斯特公司引进了重结晶碳化硅的生产技术和关键设备),郑州某重结晶碳化硅制品厂(从美国一家公司引进了重结晶碳化硅的生产技术和高温烧结炉)。

表 6-29 国外公司重结晶碳化硅窑具主要技术指标

项目	美国 Norton	美国 Carborundum	日本 HTK	挪威 Anaweek	德国 FCT	苏联
SiC/%	99	99	99	99	99	99
显气孔率/%	15～18	7～8	15～18	15～18	17	15～18
体积密度/(g/cm³)	2.7	2.8	2.6	—	2.7	2.6
常温抗折强度/MPa	100	70	100		100	100
1 300 ℃抗折强度/MPa	130	108	130		130	—
弹性模量/GPa	210	210	210	210	210	210
比热/(kJ/kg·K)	1.050	1.120	1.050	—	1.050	—
热膨胀系数/(×10⁻⁶/℃)	4.8	4.5	4.8	4.8	4.8	4.6

3)反应烧结碳化硅窑具

反应烧结碳化硅窑具(reaction bonded silicon carbide,简称 RBSC)是以碳化硅粉和少量碳粉为原料成坯,在高温下渗硅烧结而成。在国际上此种材料用做窑具始于 20 世纪 90 年代初期。其最大特点是气孔率几乎为零,抗折强度和抗氧化性约是 R-SiC(重结晶 SiC)的 3 倍,在 1 350 ℃以下其使用寿命比 R-SiC 长 1 倍以上,但其最高使用温度不能超过 1 350 ℃。国内潍坊某精细陶瓷技术有限公司从德国 FCT 公司引进生产线已全面投产,其生产工艺特点是:用工业碳素取代人工合成的碳化硅制成碳坯,经渗硅烧结而成,产品简称为 PCRBSC。将碳化硅原料的合成和碳化硅烧结在一步高温过程中完成。不同种类反应烧结碳化硅窑具主要理化性能指标见表 6-30。

表 6-30　反应烧结碳化硅窑具主要理化性能指标

项目	PCRBSC	RBSC	硅化石墨
显气孔率/%	≤0.1	≤0.1	0.5~1
密度/(g/cm³)	3.03~3.15	≥3.02	1.79~3.10
抗折强度/MPa	400~600	260	60~198
热膨胀系数/(×10⁻⁶/℃)	4.2	4.2	3.8~4.2
弹性模量/GPa	300	300	—

4) 氧化硅结合碳化硅窑具

氧化硅结合碳化硅窑具，是以碳化硅粉和适量硅粉为原料成坯，在高温氧化气氛下硅反应生成二氧化硅烧结而成。此类窑具生产设备较简单，成本远低于上述几种高级碳化硅产品，比黏土结合 SiC 略高，但使用寿命却比黏土结合 SiC 要长得多，目前已基本取代黏土结合 SiC 窑具，成为 1 300 ℃以上烧成普通陶瓷制品的理想板类窑具，将来的使用量会仅次于董青石-莫来石产品，将成为第二大窑具品种。

第八节　工业窑炉热工测量和自动控制

优质产品除要有优良的工艺与先进的生产设备外，还必须有准确的测量和自动控制方法。热工测量和自动控制是对正在操作的窑炉测定一些参数(主要有温度、气氛、压力及流量等)，以保障制品烧成提供所需的热工制度。同时，也可通过热工测量用来衡量窑炉设计是否合理，操作是否正常，而后再通过自动调节确保窑炉能自动按要求的参数稳定地运转。

一、温度测量

温度测量的方法有仪表测温和烧结标定测温。仪表测温分接触式测温和非接触测温。接触式测温仪表包括热电偶和热电阻。非接触式仪表包括光学高温计、辐射高温计和光电高温计。烧结标定测温包括测温三角锥和测温环(片)。常用的测温仪表见表 6-31。

表 6-31　常用的测温仪表种类

仪表种类	名称	使用范围/℃	可能使用范围/℃
普通温度计	膨胀式温度计	-100~600	-200~600
	双金属温度计	-80~600	-100~600
	压力式温度计	-100~600	-120~600
	玻璃液体温度计	-100~600	-200~600

续表 6-31

仪表种类	名称	使用范围/℃	可能使用范围/℃
热电阻	铂热电阻	−200~650	−258~900
	铜热电阻	−50~150	−200~150
	镍热电阻	−60~180	−150~300
	热敏电阻	−40~150	−50~300
	低温热电阻	−269~0	−269~0
热电偶	铂铑 30-铂铑 6 热电偶	0~1 800	0~1 800
	铂铑 10-铂热电偶	0~1 600	0~1 600
	镍铬-镍硅热电偶	0~1 300	0~1 300
	镍铬-考铜热电偶	0~800	−200~800
	铜-康铜热电偶	−200~400	−200~400
	金铁-镍铬热电偶	−269~0	−269~0
	钨-铼热电偶	1 000~2 800	1 000~2 800
光学高温计		800~3 200	700~3 200
辐射温度计		100~2 000	100~3 200
部分辐射温度计		0~1 500	~3 200
比色温度计		50~2 000	~3 200

（一）热电偶

热电偶是无机非金属材料工业上最常用的温度测量仪表。在产品烧成全过程中,能连续测量热工设备内各有关介质的温度及有关介质温度场的变化热曲线。

热电偶通常是由两种不同的金属丝组成。将金属丝一端焊接在一起,在相同的某一温度下,由于两种金属原子中放出电子的数量不同,形成电势差,并随着温度的变化,其电势差也按一定规律变化。由此原理,测量热电偶的电势,就可按函数关系测出相应的温度值。

热电偶一般由热电极、绝缘管、保护套管及接线盒组成。由于热电偶的材料一般都比较贵重(特别是采用贵金属时),而测温点到仪表的距离都很远,为了节省材料,降低成本,通常采用补偿导线把热电偶的冷端(自由端)延伸到温度比较稳定的控制室内,连接到仪表端子上。必须指出,热电偶补偿导线的作用只起延伸热电极,使热电偶的冷端移动到控制室的仪表端子上,它本身并不能消除冷端温度变化对测温的影响,不起补偿作用。因此,还需采用其他修正方法来补偿冷端温度。

为了保证热电偶稳定地工作,组成热电偶的两个热电极的焊接必须牢固,两个热电极彼此之间应很好地绝缘,补偿导线与热电偶自由端的连接要方便可靠,保护套管应能保证热电极与有害介质充分隔离。

常用的热电偶及使用情况如下:

1.廉价金属热电偶

1)铜-康铜热电偶

铜-康铜热电偶的测温范围为-200~350 ℃,在此范围是最为准确的廉价金属热电偶,分度号为 T。

2)铁-康铜热电偶

铁-康铜热电偶测温范围为-40~750 ℃,价廉灵敏,可在氧化性气氛和还原性气氛中应用,分度号为 J。

3)镍铬-镍铝及镍铬-镍硅热电偶

镍铬-镍铝热电偶的测温范围为-200~1 100 ℃,高温时易受还原性气体以及硫、硅、碳等产生的蒸气侵蚀变质,因为这个原因多用镍铬-镍硅热电偶代替。镍铬-镍硅热电偶的特性和镍铬-镍铝热电偶的热电特性是一样的,用同一个分度表。由于镍硅的抗氧化作用强,故其应用上限短时间可达 1 300 ℃,分度号为 K。

4)镍铬-康铜热电偶

镍铬-康铜热电偶的测温范围为-200~900 ℃,在氧化气氛中使用可达 1 000 ℃,分度号为 E。

2.贵金属热电偶

1)铂铑系(Pt、Rh)热电偶

铂铑合金组成的热电偶是贵金属热电偶中最重要的一类,也是无机非金属材料工业热工设备温度测量中用的最多的一类,在氧化气氛中是最稳定的,在真空中使用也是可靠的,但在中性气氛中稍稍有一点不稳定。铂铑系列的热电偶在还原气氛和在金属蒸气以及氧化硅(SiO_2)、氧化硫(SO_2)等气氛中使用时,会很快地被污染变质,必须另加套管。

铂铑 10-铂($Pt_{10}Rh-Pt$)热电偶为其中最稳定的一种,测温范围为 0~1 600 ℃,分度号为 S。常作为基准或标准热电偶来使用。

铂铑 13-铂($Pt_{13}Rh-Pt$)热电偶和铂铑 10-铂($Pt_{10}Rh-Pt$)热电偶相比,除热电势稍大之外,没有其他太大不同。测温范围为 0~1 600 ℃,分度号为 R。

铂铑 30-铂铑 6($Pt_{30}Rh-Pt_6Rh$)双铂铑热电偶,测温范围为 0~1 800 ℃,在国际上被广泛使用,分度号为 B。

2)铱铑系(IrRh-Ir)热电偶

在空气中所测量温度比铂铑系热电偶所测温度高,它可以在氧化气氛、中性气氛或真空中测温到 2 200 ℃,但不宜在还原气氛中使用。$Ir_{40}Rh-Ir$、$Ir_{50}Rh-Ir$ 和 $Ir_{60}Rh-Ir$ 三种热电偶应用较多。铱铑热电偶的主要缺点是使用寿命不长,在 2 000 ℃空气中使用,其寿命只有 20 小时。

(二)热电阻

热电阻是中低温区(300 ℃以下)最常用的一种温度检测器。热电阻是基于金属导体的电阻值随温度的增加而增加这一特性来进行温度测量的。热电阻大都由纯金属材料制成,目前应用最多的是铂和铜。此外,现在已开始采用镍、锰和铑等材料制造热电阻。

热电阻测温系统一般由热电阻、连接导线和显示仪表组成。常用的热电阻使用情况简述如下:

1.普通型热电阻

工业常用热电阻感温元件(电阻体)的种类见表6-31。从热电阻的测温原理可知,被测温度的变化是直接通过热电阻阻值的变化来测量的。因此,热电阻体引出的各种导线电阻的变化会给温度测量带来影响。为消除引线电阻的影响一般采用三线制或四线制。

2.铠装热电阻

铠装热电阻是由感温元件(电阻体)、引线、绝缘材料和不锈钢套管组合而成的坚实体,与普通型热电阻相比,主要特点是:体积小,内部无空隙,测量滞后小,机械性能好,耐振和抗冲击性能好,便于安装,使用寿命长。

3.端面热电阻

端面热电阻感温元件是由特殊处理的电阻丝材料绕制而成,紧贴在温度计端面,它与一般轴向热电阻相比,能更正确和快速地反映被测端面的实际温度,适用于测量轴瓦和其他机件的端面温度。

(三)光学高温计

光学高温计适于测量温度大于700 ℃的场所。光学高温计主要由物镜、目镜、灯丝、电池、滤光片(灰色、红色)和滑线电阻等组成。

光学高温计是利用物体的光谱单色辐射亮度随温度升高而增长的原理进行测温的。工业用光学高温计在800~1 500 ℃范围内的基本误差为$(t\pm22)$ ℃~$(t\pm33)$ ℃。光学高温计使用时要与被测对象有一定的距离,一般要大于700 mm。

无机非金属材料烧成生产中,常采用光学高温计测定窑内料垛或产品的表面温度以及窑内各部位料垛或产品的温差,也可用于烧成止火温度的参考标定。

(四)辐射高温计

当测量温度在1 300 ℃以上时,也可以选用辐射高温计。使用时,可将高温陶瓷管插入窑体,使管底略突出窑内。辐射高温计镜头对准管底,通过测量管底温度间接得知窑内温度。表6-32为常用的WFT-202辐射高温计主要技术特性。

表6-32　WFT-202辐射高温计主要技术特性

测量范围/℃	透镜材料	基本允许误差/℃		显示仪表
		温度范围	误差值	
400~1 000 600~1 200	石英玻璃 (分度号 F_1)	<700	$t\pm12$	电子电位差计
		<900	$t\pm14$	
		<1 100	$t\pm18$	
		>1 100	$t\pm22$	
700~1 400 900~1 800 1 100~2 000	石英玻璃 或 K9 玻璃 (分度号 F_2)	<700	$t\pm12$	电子电位差计或毫伏计
		<900	$t\pm14$	
		<1 100	$t\pm18$	
		>1 100	$t\pm22$	

（五）测温三角锥

测温三角锥是由石英、长石、高岭石、大理石及氧化铁、氧化硼、氧化铅等材料，按不同配比制成的三角锥台体。各种材料的配比不同，使三角锥具有不同熔化温度，编成号码，不同号码代表不同的温度。

在烧成中，安装好的测温三角锥的锥顶端弯倒恰等于底座刚好接触时的温度，即是该锥的标定号软化温度。

无机非金属材料烧成的生产中，常将锥号软化温度值与烧成温度值相近的三个相邻号测温锥作为一组，一起放置在窑内的测温点，用于测定或标定窑炉的最高温度或最高温度状态。在烧后弯倒的一组测温锥中，在精度20℃范围（多数情况下为一个锥号），测温锥的标定比较明显，精度20℃以内时，要靠锥的弯倒情况来模糊推算。如：锥弯二分之一状态为10℃，弯三分之一状态为6~7℃。

测温三角锥的安装状态，烧成时的气氛，高温保温时间和测温锥放置位置的气流状态等，对测温三角锥的测定值都有影响。

测温三角锥安装时要求：锥体插入底座10 mm，倾斜角度80°~82°。国产测温三角锥锥号与软化温度对照见表6-33。

表6-33　国产测温三角锥锥号与软化温度对照表

锥号	软化点温度/℃	锥号	软化温度/℃	锥号	软化温度/℃	锥号	软化温度/℃	锥号	软化温度/℃	锥号	软化温度/℃
60	600	85	850	106	1 060	7	1 270	17	1 470	27	1 670
65	650	88	880	108	1 080	8	1 290	18	1 490	28	1 690
67	670	90	900	110	1 100	9	1 310	19	1 510	29	1 710
69	690	92	920	112	1 120	10	1 330	20	1 530	30	1 730
71	710	94	940	1	1 150	11	1 350	21	1 550	31	1 750
73	730	96	960	2	1 170	12	1 370	22	1 570	32	1 770
75	750	98	980	3	1 190	13	1 390	23	1 590	33	1 790
79	790	100	1 000	4	1 210	14	1 410	24	1 610	34	1 810
81	810	102	1 020	5	1 230	15	1 430	25	1 630	35	1 830
83	830	104	1 040	6	1 250	16	1 450	26	1 650	—	—

（六）测温环（片）

测温环（片）是经过对原材料通过粒度分布和成型密度等工艺严格制作的具有高精度、高安全性和稳定性的陶瓷材料，常作为标准物质来使用。测温环（片）烧结后的测温精度达1℃，可用于无机非金属材料产品烧成的精确测温。在生产中常用于测量窑炉各测量点的温度及被烧物的热效应指标。测温环的直径与温度之间有对应关系，参见表6-34。

表 6-34　测温环直径(d)和温度(T)对照表

d/mm	T/℃	d/mm	T/℃	d/mm	T/℃	d/mm	T/℃
53.82	1 370	54.06	1 360	54.28	1 350	54.50	1 340
53.84	1 369	54.08	1 359	54.30	1 349	54.53	1 339
53.86	1 368	54.10	1 358	54.33	1 348	54.56	1 338
53.88	1 367	54.13	1 357	54.36	1 347	54.58	1 337
53.90	1 366	54.16	1 356	54.38	1 346	54.60	1 336
53.93	1 365	54.18	1 355	54.40	1 345	54.63	1 335
53.96	1 364	54.20	1 354	54.42	1 344	54.66	1 334
53.98	1 363	54.22	1 353	54.44	1 343	54.68	1 333
54.00	1 362	54.24	1 352	54.46	1 342	54.70	1 332
54.03	1 361	54.26	1 351	54.48	1 341	54.72	1 331

测温环(片)的使用方法:把测温环(片)放在炉内各管理点,或与产品同步烧成,待冷却后,用专用的电子数字显示卡尺,或其他测微仪对其外径对角两个点,测出其直径,并转动测温环(片),测量 2～3 次,取其平均值,即为得出的测定尺寸。不同的炉温将产生不同的尺寸,根据对照表可查出所指示的温度值。

目前国内某公司销售测温环(片)有大小两种规格:大片外径为 58 mm,小片外径为 20 mm。其使用温度有:高温(G)1 400～1 700 ℃,中温(Z)1 200～1 450 ℃,偏中温(PZ)900～1 300 ℃,低温(D)600～1 000 ℃。

(七)膨胀式温度计

利用物体热胀冷缩的原理来实现温度测量的温度计称为膨胀式温度计,主要有玻璃液体温度计和双金属温度计两种。

1.双金属温度计

双金属温度计是利用两种膨胀系数不同的金属焊在一起成为双金属片,当温度升高时,则会产生弯曲变形,温度愈高则弯曲愈大。与水银温度计相比,双金属温度计抗震性能好,用它代替水银温度计既便于读数又可避免水银污染。但其测量精度低,量程小。

2.玻璃液体温度计

玻璃液体温度计是利用感温液体与玻璃的相对热膨胀的原理测温的。玻璃液体温度计一般用水银作为感温液体。在温度低于水银凝固点以下时,用有机液体作为感温液体。

工业用的玻璃液体温度计,有一种是为了防止碰碎和安装方便的,本身带有金属保护套管,还可以做成 90°直角型和 135°钝角型。

二、压力测量

无机非金属材料工业热工设备在操作过程中压力的测量是非常重要的,主要包括煤气压力、空气压力、窑内压力及烟道压力等的测量,尤其是窑内压力测量的准确与否直接影响着窑内各处温度制度和气氛制度是否正常。

工程上压力有几种不同的表示方法:

(一)绝对压力

绝对压力是指作用于物体表面积上的全部压力,其压力的零点以绝对真空为基准,又称总压力或全压力。

(二)大气压力

大气压力是指地球表面的空气柱重量产生的平均压力值,它随时间和地点而变化,其值可用气压计测定。

(三)相对压力

相对压力是指绝对压力与大气压力之差,又称表压力。常用的测压仪表大部分都是将被测压力与大气压力相比较,测出相对压力确定被测压力值。按绝对压力与大气压力之差又分为正压力和负压力,负压力的绝对值称为真空度。

(四)差压

任意两个压力互相比较,其差值称为差压。

无机非金属材料工业热工设备常用的测压仪表见表6-35。

选择压力表要了解被测压力范围、测量精度、对附加装置的要求、被测介质性质及测量现场环境条件等。测压仪表安装时应注意正确选择测量点,注意导压管的铺设要符合规范要求,便于维护和修理。

表6-35 压力仪表的分类及用途

名称	类别	等级	测量范围	用途
液柱式压力表	U形管式、单管式、斜管式、补偿式等	0.02~1.5	液柱高度2 000 mm以内	低压或作标准计量仪器
活塞式压力计	单活塞式、双活塞式	0.2~0.02	$-0.1 \sim 0.25$ MPa;$5 \sim 250$ MPa	一般用压力表
弹性式压力标	弹簧管式(单圈和多圈)、膜片式、膜盒式、波纹管和板簧式	0.1~1.5	$-0.1 \sim 0$ MPa $0 \sim 0.06$ MP $0 \sim 1\,000$ MPa	压力指示或远传集中控制、记录或报警
压力传感器	电位器式、应变式、电感式、霍尔式、压电式和电容式等	0.1~1.5	$7 \times 10^{-9} \sim 5 \times 10^{2}$ MPa	用于压力信号的远传或集中控制

三、流量测量

(一)流量的概念

工业中的流量通常是指在单位时间内通过管道横截面的流体数量。流体量以质量表示时称"质量流量",SI 单位为千克每秒(kg/s),流体量以体积表示时称"体积流量",SI 单位为立方米每秒(m³/s)。

无机非金属材料工业热工设备流量的测量主要用于测量干燥室空气流量、燃料燃烧空气用量、抽热风处空气流量、燃耗量以及用于对二者的比例燃烧控制等。

(二)流量计分类

流量测量仪表的选用应综合考虑流量的测量范围、压力损失、使用工况、流量计对测量介质的适应性等。采用节流装置测量流量时,应注意节流装置的安装要求和配套的差压计。常用流量计分类与性能见表 6-36。

表6-36 常用流量计分类与性能

类别		被测介质	管径/mm	流量范围 /(m³/h)	最大工作温度/℃	精度	安装要求
节流装置	孔板	液、气、蒸汽	50~1000	5~9 000 1.6~100 000	500	1~2	需直管段
	喷嘴	液、气、蒸汽	50~400	5~2 500 50~26 000	500	1~2	
	文丘利管	液、气、蒸汽	150~400	30~1 800 240~1 800	500	1~2	
转子流量计		液、气	4~150	0.001~1 000	120~150	1~2.5	垂直安装
容积式流量计		液、气	10~300	0.005~1 000	60~120	0.2~0.5	装过滤器
速度式叶轮流量计		液、气	4~500	0.04~8 000	40~100	0.5~2	需直管段及过滤器

四、成分分析

气体成分分析与测量对于控制窑炉的烧成气氛至关重要,其测量仪器有实验室用仪器和过程分析仪器两大类。

无机非金属材料行业常采用奥氏气体分析器对窑内气体成分或烟气成分进行分析,为控制窑炉内气氛提供数据,也可利用气相色谱仪对窑内气体成分进行分析。前者分析误差较大,实验过程也较复杂,但仪器设备投资费用较低。后者虽然投资费用较高,但分析精确度较高,尤其是对含量较低的成分,如 CO、H_2 成分的测量等。

常见的气体分析仪器除以上两种以外,还有热导式气体分析器、磁氧气体分析器、氧化锆式氧量分析器和红外线气体分析器等。

五、火焰监测

火焰监测是无机非金属材料窑炉自动控制中必备的检测手段,通过监测烧嘴的火焰以保证烧嘴的开闭状态,保障窑炉安全运行。

火焰监测器分非接触式和接触式两类。无机非金属材料窑炉中使用较多的是非接触式的紫外火焰监测器,其敏感元件为紫外光敏管,置放在离开火焰但能"看见"火焰的地方。具有灵敏度高、响应速度快、抗干扰能力强的特点。火焰导电电极式检测器属于接触式火焰监测器,它是基于火焰导电的原理,将耐热钢探针伸入火焰中并在电极与燃烧器之间施加交流或直流电,存在火焰时会产生直流电流信号,经放大后即可实现对火焰的监测。

六、显示、调节仪表、执行器和过程控制计算机

(一)显示仪表

显示仪表具有模拟量或数字量的指示、记录或报警等功能。按仪表所使用的能源可以分为气动仪表、电动仪表和液动仪表。按仪表组合形式可以分为基地式仪表、单元组合仪表和综合控制装置。按仪表安装形式可以分为现场仪表、盘装仪表和架装仪表。根据仪表是否引入微处理机可分为智能仪表与非智能仪表。根据仪表信号的形式可分为模拟仪表和数字显示仪表。根据记录和指示、模拟与数字等功能可分为记录仪表和指示仪表、模拟仪表和数显仪表等。

(二)调节仪表

调节仪表可把来自检测仪表的信息进行综合,再按预定的规律控制执行器工作,控制被调参数符合工艺要求。按工作能源分为自力式、电动式、气动式和液动式等。

(三)执行器

执行器的作用是代替人的操作,由执行机构和调节阀两部分组成。执行机构按能源划分有气动执行器、电动执行器和液动执行器;按结构形式可以分为薄膜式、活塞式和长行程执行机构。调节阀根据其结构特点和流量特性不同进行分类,按结构特点分为直通单座、直通双座、三通、角形、隔膜、蝶形、球阀、偏心旋转和阀体分离等多种形式;按流量特性分为直线、对数、抛物线和快开等形式。

以上分类方法相对比较合理,仪表覆盖面也比较广,但任何一种分类方法均不能将所有仪表分门别类地划分得井井有条,它们中间互有渗透,彼此也有沟通。例如变送器具有多种功能,温度变送器可以划归温度检测仪表,差压变送器可以划归流量检测仪表,压力变送器可以划归压检测仪表,若用差压法测液位可以划归物位检测仪表。

(四)过程控制计算机

在工业生产过程中常用计算机进行过程控制。由于计算机的输入输出都是数字信号,因此有将模拟信号转换为数字信号的 A/D 转换器,还有将数字信号转换为模拟信号的 D/A 转换器。

应用于过程控制的计算机系统,通常由硬件和软件两部分组成。硬件部分包括工控机主机、外部设备、输入输出通道、接口电路、自动化仪表和操作台等。软件部分通常有两大类:一类是主机使用的基本软件,一般包括程序设计系统、操作系统、监控程序和诊断程序等;另一类是用于控制目的的、由用户编制的应用程序。

在现代工业生产过程中,根据不同的控制对象和工艺要求,用于过程控制的计算机控制系统有下面几种类型:巡回检测和数据处理,直接数字控制系统(DDC),监控系统(SCC),计算机多级控制系统。

七、工业窑炉热工设备自动控制系统分类及举例

(一) 开环控制

被控制量只能受控于控制量,而对控制量不能反施任何影响的系统称为开环控制系统。在开环控制系统中,就控制需要来说,输出量无需反馈到输入端与输入量进行比较。开环控制系统的职能方块图如图 6-26 所示。

图 6-26　开环控制系统的职能方块图

所有妨碍控制量对被控制量按要求进行正常控制的因素叫作扰动量。而消除扰动因素影响从而保持被控制量按要求变化的过程称为控制过程。把不需要人直接参与,而使被控制量自动地按预定规律变化的过程叫作自动控制。

(二) 闭环控制

对一个系统来说,控制量通过控制器去控制被控制量,而被控制量又被反馈到输入端和控制量进行相减运算的比较(即形成负反馈),比较后产生偏差,偏差再经过控制器的适当变换取控制被控制量。整个控制系统形成一个闭合的环路,我们把这种输出与输入间存在负反馈的系统叫作闭环控制系统或反馈控制系统。闭环控制系统的职能方块图如图 6-27 所示。

(三) PID 调节规律

由于扰动的作用,使被调节参数偏离给定值,产生了偏差。偏差信号作为输入量送入调节器,在调节器中进行一定规律的运算后,给出输出信号进行调节,以补偿扰动的影响,使被调节参数回到给定值。被调节参数能否准确地回到给定值,以及经过多长时间,以什么样的途径回到给定值,即调节过程的品质如何,不仅与对象特性有关,也与调节器的特性有关。

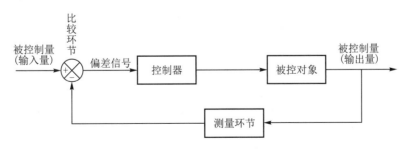

图 6-27　闭环控制系统的职能方块图

调节器特性是指它的输出信号随输入信号变化的规律,又称为调节规律。调节器的输入信号是偏差 ΔX,输出信号相对于 ΔX 的输出变化量是 ΔY。习惯上称 $\Delta X>0$ 为正偏差,$\Delta X<0$ 为负偏差。如 $\Delta X>0$,调节器输出 $\Delta Y>0$,称为正作用调节器;如 $\Delta X>0$,调节器输出 $\Delta Y<0$,称为反作用调节器。

比例调节器的输出与输入成正比,偏差一出现,就能及时产生与之成比例的调节作用,因此具有调节及时的特点,它是最基本的一种调节规律。但是要注意,如用仅具有比例调节作用的调节器构成系统时,会产生静态偏差(简称静差)。静差系指调节过程终止时,被调节参数测量值与给定值之差。

(四)现代工业生产对无机非金属材料工业窑炉烧成自动控制的要求

(1)在满足生产工艺对温度要求的前提下,做到燃烧合理,节约能源,提高燃烧效率。

(2)控制性能要好,控制精度要高,当负荷变化时,系统的响应速度要快,稳定性要高。

(3)尽量减少废气中 NO_x 和 SO_2 的生成量,防止大气污染,保护环境卫生。

(4)确保生产安全,防止事故发生。

(五)无机非金属材料工业窑炉自动控制的内容

无机非金属材料工业窑炉自动控制的内容主要是窑炉各功能系统的温度、压力及流量参数。例如:窑内温度、燃气及助燃风温度、烟气温度、换热器温度等的控制;燃气及助燃风流量的调节与控制;窑内压力、燃气和助燃风压力及其他风系统压力等调节与控制;燃烧系统的比例调节与控制等。图6-28为某陶瓷磨具抽屉窑的控制工艺系统图。

(六)现代窑炉的自动控制方式

现代窑炉的自动控制方式有:智能式调节器控制(单回路、多回路),DDC 直接数字控制系统控制,批量控制器控制,可编程序控制器控制,计算机集中分散控制系统控制,计算机现场总线控制系统控制。

图6-29为机械工业第六设计研究院设计制造的基于现场总线技术控制的现代抽屉窑控制系统。

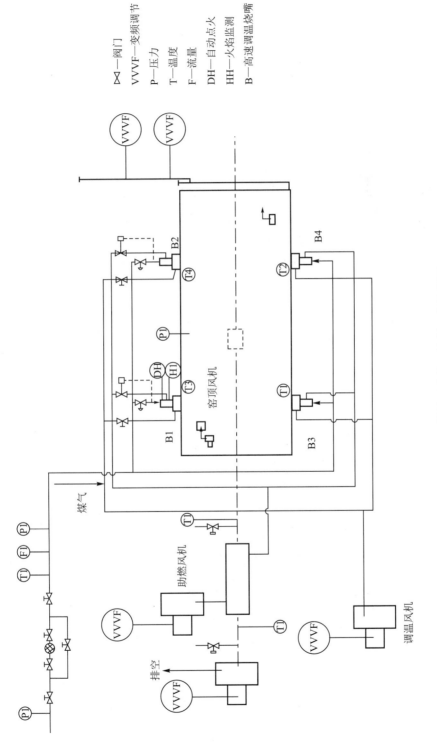

图 6-28　某抽屉窑热工控制工艺流程图

图例说明：
◁▷—阀门
VVVF—变频调节
P—压力
T—温度
F—流量
DH—自动点火
HH—火焰监测
B—高速调温烧嘴

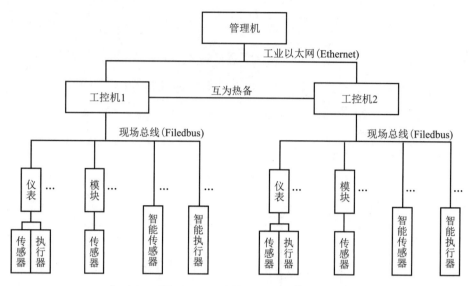

图 6-29　现代抽屉窑控制系统

窑炉设计题

◆ **连续式窑炉**

第1组:年产20万件卫生陶瓷隧道窑设计(表6-37)

表6-37 连续式窑炉第1组设计数据

1	年产量	20万件		
2	年工作日	300天		
3	产品合格率	95%		
4	烧成温度	1 230 ℃		
5	坯体入窑水分	1.5%		
6	烧成曲线	20~1 050 ℃ 7 h		
		1 050~1 230 ℃(烧成温度) 2.5 h		
		1 230 ℃保温 1 h		
		1 230~80 ℃ 9.5 h		
7	烧成周期	20 h		
8	烧成气氛	氧化气氛		
9	燃料种类	天然气,$Q_{低}$=35 000 kJ/m³		
10	坯体化学组成	SiO_2	Al_2O_3	其他
		65%	25%	10%
11	产品尺寸	产品一:长×宽×高=610 mm×340 mm×500 mm		
		产品二:长×宽×高=420 mm×255 mm×500 mm		
12	产品单重	大小件均按每件18 kg计		

第2组:年产23万件卫生陶瓷隧道窑设计
除产量外,其他参数同上。

第3组:年产26万件卫生陶瓷隧道窑设计
除产量外,其他参数同上。

第4组:年产29万件卫生陶瓷隧道窑设计
除产量外,其他参数同上。

第5组:年产陶瓷磨具3 000吨隧道窑设计(表6-38)

表 6-38 连续式窑炉第 5 组设计数据

1	年产量	3 000 t 棕刚玉砂轮
2	年工作日	350 天
3	成品率	99%
4	烧成温度	1 350 ℃
5	制品入窑水分	0.5%
6	烧成曲线	20~900 ℃　26 h
		900~1 250 ℃　18 h
		1 350 ℃保温　10 h
		1 280~80 ℃冷却　48 h
7	烧成周期	102 h
8	烧成气氛	氧化气氛
9	燃料种类	城市煤气($Q_{低} = 15\ 500$ kJ/m³)
10	产品组成	陶瓷结合棕刚玉砂轮
11	产品尺寸	最大规格砂轮直径 600 mm

第 6 组:62.7 m×1.48 m 燃气陶瓷砂轮隧道窑(表 6-39)

表 6-39 连续式窑炉第 6 组设计数据

1	产品品种	砂轮磨具
2	烧成周期	140 h 和 100 h 两种
3	年产量	600~850 t
4	燃料种类	天然气,热值 8 400 Kcal/m³,供气压力约 0.1 MPa
5	烧成温度	900~925 ℃,最高设计温度 1 300 ℃
6	年工作日	340 天
7	窑炉长度	受车间长度限制,窑炉长度控制在 61.875 m,宽度定为 1.482 m,车台面至窑顶高度 1 088 mm
8	产品规格	直径 ϕ14~ϕ30 英寸(ϕ355.6 mm~ϕ762 mm)、厚度从 1~8.5 英寸(25.4~215.9 mm)带磨料的砂轮
9	窑车尺寸	根据装车图定为 2 210 mm×1 370 mm
10	窑炉温度、压力要求	计算机自动控制,配置较高水平,风机变频控制
11	烧成成品率	要求≥95%
12	能耗指标	≤25 m³/t(210 Kcal/kg),窑炉尽可能轻型化,节能
13	生产能力	按照装车情况,平均 1.3 t/车,按照 140 h 烧成周期,隧道窑产能可以达到年产 2 009 t,按照 100 小时烧成周期,隧道窑产能可以达到年产 2 812 t

◆梭式窑

第1组：25 m³陶瓷磨具梭式窑(表6-40)

表6-40　梭式窑炉第1组设计数据

1	内腔净空尺寸	内宽×内高×内长 = 4.3×2.0×2.9 = 25 m³,窑内容纳1辆窑车
2	最高温度	1 350 ℃(三角锥测定温度)
3	燃料	发生炉煤气 Q_{net}>1 250×4.186 kJ/m³
4	生产能力	9~11 t/25 m³炉
5	炉温均匀性	升温段(t±5)℃,高温保温段(t±3)℃,冷却段(t±15)℃
6	窑炉及设备形式	烟气排放采用下排烟,转运车采用原有设备,采用水平回转窑门,采用轻质高强低蓄热窑车
7	装烧产品	d(100~1 600) mm,δ(10~600) mm 烧成磨具最大规格:d 1 200 mm,δ 600 mm
8	温度闭环自控	
9	烧成周期	≤90~168 h(冷~冷)
10	烧成合格率	≥99%
11	单位产品能耗	平均不大于11 000 kJ/kg普通砂轮

第2组：46 m³陶瓷磨具梭式窑(6-41)

表6-41　梭式窑炉第2组设计数据

1	内腔净空尺寸	内宽×内高×内长 = 4.3×2.0×5.3 = 46 m³,窑内容纳2辆窑车
2	最高温度	1 350 ℃(三角锥测定温度)
3	燃料	天然气 $Q_{低}$ = 35 000 kJ/m³
4	生产能力	18~22 t/46 m³炉
5	炉温均匀性	升温段(t±5)℃,高温保温段(t±3)℃,冷却段(t±15)℃
6	窑炉及设备形式	烟气排放采用下排烟,转运车采用原有设备,采用水平回转窑门,采用轻质高强低蓄热窑车
7	装烧产品	d(100~1 600) mm,δ(10~600) mm 烧成磨具最大规格:d 1 200 mm,δ 600 mm
8	温度闭环自控	
9	烧成周期	≤90~168 h(冷~冷)
10	烧成合格率	≥99%
11	单位产品能耗	平均不大于11 000 kJ/kg普通砂轮

第3组：5 m³特种耐火材料烧成用燃液化石油气高温梭式窑设计(表6-42)

表 6-42　梭式窑炉第 3 组设计数据

1	有效容积	5 m³;窑内容纳 1 辆窑车; 梭式窑装载产品空间约为 1 600 mm(宽)×2 400 mm(长)×1400 mm(高)
2	设备	液化气调温高速烧嘴四套(低 NO$_x$ 二次燃烧型),每套含自力式燃气——空气自动比例阀(可选配紫外火焰监测和电子自动点火)
3	使用温度	1 650~1 700 ℃
4	燃料	液化石油气(热值 50 000 kJ/kg)

第 4 组:8 m³ 工程陶瓷烧成用燃天然气梭式窑设计(表 6-43)

表 6-43　梭式窑炉第 4 组设计数据

1	烧成产品	工程陶瓷
2	最高烧成使用温度	1 350 ℃
3	每窑产量	容积 8 m³,两个炉车
4	烧成使用燃料	天然气,标称发热量 39.5 mJ/m³
5	其他	(1)电动窑门垂直上升式 (2)每一个炉车设置:约 6 000 kg(2 000 kg 炉车架+4 000 kg 需烧的产品) (3)最大烧制产品的尺寸:1 100 mm×100 mm 或者 500 mm×200 mm (4)烧制周期长度:最多 105 h (5)配置热交换器,用于空气预加热燃烧的废气热量回收热量二次燃烧系统 (6)烟囱使用不锈钢制作

第 5 组:30 m³ 绝缘子电瓷烧成用燃天然气梭式窑设计(表 6-44)

表 6-44　梭式窑炉第 5 组设计数据

1	年产量	600 t
2	尺寸	直径:200~500 mm
3	自动控制	
4	最高温度	1 300 ℃
5	工作温度	1 180~1 250 ℃
6	燃料	天然气,$Q_{低}$=35 000 kJ/m³

参考文献

[1] 李国斌,刘春泽.热工学基础[M].4版.北京:机械工业出版社,2021.

[2] 王鸿雁,张花.冶金炉热工基础[M].2版.北京:化学工业出版社,2015.

[3] 傅秦生,何雅玲.热工基础与应用[M].3版.北京:机械工业出版社,2016.

[4] 刘彦丰,高正阳.传热学[M].北京:中国电力出版社,2021.

[5] 李家驹,缪松兰,马铁成,等.陶瓷工艺学[M].2版.北京:中国轻工业出版社,2018.

[6] 何燕,张晓光.传热学[M].北京:化学工业出版社,2015.

[7] 于秋红.热工基础[M].2版.北京:北京大学出版社,2015.

[8] 潘永康,王喜忠.现代干燥技术[M].3版.北京:化学工业出版社,2022.

[9] 徐利华,延吉生.热工基础与工业窑炉[M].北京:冶金工业出版社,2006.

[10] 张美杰,程玉宝.无机非金属材料工业窑炉[M].北京:冶金工业出版社,2008.

[11] 刘振群.陶瓷窑炉与热工研究[M].广州:华南理工大学出版社,1992.

[12] 宋嵩.现代陶瓷窑炉[M].武汉:武汉工业大学出版社,1996.

[13] 肖奇,黄苏萍.无机材料热工基础[M].北京:冶金工业出版社,2010.

[14] 孙晋涛.硅酸盐工业热工基础[M].重排版.武汉:武汉工业大学出版社,2005.

[15] 李志明,樊德琴.硅酸盐工业热工基础[M].北京:中国建筑工业出版社,1986.

[16] 姜金宁.硅酸盐工业热工过程及设备[M].2版.北京:冶金工业出版社,2006.

[17] 姜洪舟.无机非金属材料热工设备[M].5版.武汉:武汉理工大学出版社,2015.

[18] 徐兆康.工业炉设计基础[M].上海:上海交通大学出版社,2004.

[19] 陆德民.石油化工自动控制手册[M].3版.北京:化学工业出版社,2020.

[20] 程玉保.耐火材料工业窑炉[M].大连:大连海运学院出版社,1990.

[21] 刘振群.陶瓷工业热工设备[M].武汉:武汉工业大学出版社,1989.

[22] 王秉铨.工业炉设计手册[M].3版.北京:机械工业出版社,2012.

[23] 胡国林,陈功备.窑炉砌筑与安装[M].武汉:武汉理工大学出版社,2005.

[24] 郭海珠,余森.实用耐火材料手册[M].北京:中国建筑工业出版社,2000.

[25] 李志宏.陶瓷磨具制造[M].北京:中国标准出版社,2000.

[26] 中国磨料磨具工业公司.磨料磨具技术手册[M].北京:兵器工业出版社,1993.

[27] 姜金宁.耐火材料工业热工过程及设备[M].北京:冶金工业出版社,1984.

[28] 宋嵩.热工测试技术及研究方法[M].北京:中国建筑工业出版社,1986.

[29] 宋嵩.陶瓷窑炉热工分析与模拟[M].北京:中国轻工业出版社,1993.

[30] 王秦生.金刚石烧结制品[M].北京:中国标准出版社,2000.

[31] 邹文俊.有机磨具制造[M].北京:中国标准出版社,2001.

[32] 江尧忠.工业电炉[M].北京:清华大学出版社,1993.

[33] 胡国林.建筑工业辊道窑[M].北京:中国轻工业出版社,1998.

[34] 葛霖.筑炉手册[M].北京:冶金工业出版社,2002.

[35] 胡国林,周露亮,陈功备.陶瓷工业窑炉[M].武汉:武汉理工大学出版社,2010.

[36] 于丽达,陈庆本.陶瓷设备热平衡计算[M].北京:中国轻工业出版社,1990.

[37] 崔海亭,杨峰.蓄热技术及其应用[M].北京:化学工业出版社,2004.

[38] 徐德龙,谢峻林.材料工程基础[M].武汉:武汉理工大学出版社,2008.

[39] 蔡悦民.硅酸盐工业热工技术[M].武汉:武汉工业大学出版社,1997.

[40] 曹恒武,田振山.干燥技术及其工业应用[M].北京:中国石化出版社,2004.

[41] 贺成林.冶金炉热工基础[M].2版.北京:冶金工业出版社,1990.

[42] 王改民.磨具工业热工过程及设备[M].北京:中国标准出版社,2005.

[43] 傅秦生.热工基础与应用重点难点及典型题精解[M].西安:西安交通大学出版社,2002.

[44] 张学学,李桂馥.热工基础[M].3版.北京:高等教育出版社,2015.

[45] 宋崇.现代陶瓷窑炉[M].武汉:武汉工业大学出版社,1996.

[46] 胡国林.建陶工业辊道窑[M].北京:中国轻工业出版社,1998.

[47] 轻工业部第一轻工业局.日用陶瓷工业手册[M].北京:轻工业出版社,1984.

[48] SALMANG H,SCHOLZE H.陶瓷学[M].黄照柏,译.北京:轻工业出版社,1989.

[49] 奥德日哈.陶瓷的烧成.[M].刘桢,译.北京:中国建筑工业出版社,1989.

[50] 曾汉才.燃烧与污染.[M].武汉:华中理工大学出版社,1992.

[51] 中国硅酸盐学会.硅酸盐辞典[M].2版.北京:中国建筑工业出版社,2021.

[52] 刘桢.引进陶瓷窑炉及运转评估[M].景德镇:《陶瓷》导刊编辑部,1992.

[53] 王改民,张红霞,陈金身,等.烧液化气梭式窑在陶瓷磨具行业中的应用前景[J].金刚石与磨料磨具工程,2004(4):72-74.

[54] 马成良,武立云.间歇式陶瓷烧成窑炉操作制度的研究[J].工业加热,2002,31(3):32-34.

[55] 马成良,武立云.无机材料工业烧成窑炉若干发展趋势的探讨[J].金刚石与磨料磨具工程,2000,120(6):46-77.

[56] 杨景鑫,赵新力,崔运章.陶瓷磨具快速烧成的探讨[J].金刚石与磨料磨具工程,1997(2):22-28.

[57] 李志宏,王孝琪.陶瓷磨具快速烧成工艺的试验探索[J].金刚石与磨料磨具工程,1996(5):19-22.

[58] 赵新力.高精度全自动陶瓷磨具抽屉窑[J].磨料磨具通讯,1999(2):11-13.

[59] 赵宏,翁善勇.一种新型燃料:奥里油在工业炉的燃烧试验研究[J].工业炉,1999,21(1):5-8.

[60] 吴丕贤,赵新力.41 m³全自动微机控制抽屉窑[J].金刚石与磨料磨具工程,1997(2):36-39.

[61] 马成良,武立云.新型高效间歇窑的研制及应用[J].金刚石与磨料磨具工程,1995,88(4):39-41.

[62] 唐黔,王树海,周领弟,等.工业炉窑烟气污染及治理(下)[J].工业炉,1996(2):

41-49.

［63］赵新力.中小陶瓷磨具企业烧成窑炉改造势在必行[J].磨料磨具通讯,1999(8):6-8.

［64］赵新力.谈炉窑系统风机的变频调节[J].工业炉,1999(4):14-16.

［65］KINGERY W D,BOWEN H K,UHLMANN D R.Introduction to Ceramics［M］.NewYork：John Wiley&Sons Press,1976.

［66］INCROPERA F P,DEWITT D P,BERGMAN T L,et al.Fundamentals of heat and mass transfer［M］.NewYork：John Wiley&Sons Press,2007.

附　录

附录一　常用局部阻力系数表

序号	阻力类型	简图	计算速度	局部阻力系数 ξ										
1	突然扩大	A_0 v_0 → A v	v	\$\$\xi=\left(1-\dfrac{A_0}{A}\right)^2\$\$										
				A_0/A	0	0.1	0.2	0.3	0.4	0.5	0.6	0.7	0.8	0.9	1.0
				ξ	1.0	0.81	0.64	0.49	0.36	0.25	0.16	0.09	0.04	0.01	0
2	突然收缩	A v → A_0 v_0	v_0	\$\$\xi=0.7\left(1-\dfrac{A_0}{A}\right)-0.2\left(1-\dfrac{A_0}{A}\right)^2\$\$										
				A_0/A	0	0.1	0.2	0.3	0.4	0.5	0.6	0.7	0.8	0.9	1.0
				ξ	0.5	0.47	0.42	0.38	0.34	0.30	0.25	0.20	0.15	0.09	0

$$\xi=\left(1-\frac{A_0}{A}\right)^2\left(1-\cos\frac{\alpha}{2}\right)$$

序号 3　逐渐扩大　简图：A_0 v_0 → A v（夹角 α）　计算速度 v

断面形状	A/A_0	α					
		10°	15°	20°	25°	30°	45°
圆形管	1.25	0.01	0.02	0.03	0.4	0.05	0.06
	1.50	0.02	0.03	0.05	0.08	0.11	0.13
	1.75	0.03	0.05	0.07	0.11	0.15	0.02
	2.00	0.04	0.06	0.10	0.15	0.20	0.27
	2.25	0.05	0.08	0.13	0.19	0.27	0.34
	2.50	0.06	0.10	0.15	0.23	0.32	0.40
方形管	1.25	0.02	0.03	0.05	0.06	0.07	
	1.50	0.03	0.06	0.10	0.12	0.13	
	1.75	0.05	0.08	0.14	0.17	0.19	
	2.00	0.06	0.13	0.20	0.23	0.26	
	2.25	0.08	0.16	0.26	0.30	0.33	
	2.50	0.09	0.19	0.30	0.36	0.39	
矩形管	1.25	0.02	0.02	0.02	0.03	0.04	
	1.50	0.03	0.03	0.05	0.07	0.08	
	1.75	0.05	0.05	0.06	0.09	0.11	
	2.00	0.07	0.07	0.09	0.13	0.15	
	2.25	0.09	0.08	0.12	0.17	0.19	
	2.50	0.10	0.10	0.14	0.20	0.23	

续表

<table>
<tr><th>序号</th><th>阻力类型</th><th>简图</th><th>计算速度</th><th>局部阻力系数 ξ</th></tr>
<tr><td>4</td><td>逐渐收缩</td><td>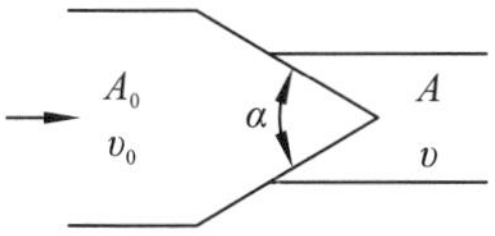
</td><td>v_0</td><td>

$$\xi = 0.47\sqrt{\tan\frac{\alpha}{2}\left(\frac{A}{A_0}\right)^2}$$

<table>
<tr><th rowspan="2">A/A_0</th><th colspan="7">α</th></tr>
<tr><th>5°</th><th>10°</th><th>15°</th><th>20°</th><th>25°</th><th>30°</th><th>45°</th></tr>
<tr><td>1.25</td><td>0.15</td><td>0.22</td><td>0.27</td><td>0.31</td><td>0.33</td><td>0.38</td><td>0.47</td></tr>
<tr><td>1.50</td><td>0.22</td><td>0.31</td><td>0.38</td><td>0.44</td><td>0.48</td><td>0.55</td><td>0.68</td></tr>
<tr><td>1.75</td><td>0.30</td><td>0.43</td><td>0.52</td><td>0.61</td><td>0.65</td><td>0.75</td><td>0.93</td></tr>
<tr><td>2.00</td><td>0.39</td><td>0.56</td><td>0.68</td><td>0.79</td><td>0.85</td><td>0.98</td><td>1.21</td></tr>
<tr><td>2.25</td><td>0.50</td><td>0.70</td><td>0.86</td><td>1.00</td><td>1.08</td><td>1.23</td><td>1.53</td></tr>
<tr><td>2.50</td><td>0.62</td><td>0.87</td><td>1.07</td><td>1.24</td><td>1.33</td><td>1.52</td><td>1.89</td></tr>
</table></td></tr>
<tr><td>5</td><td>截面不变的 90° 转弯</td><td>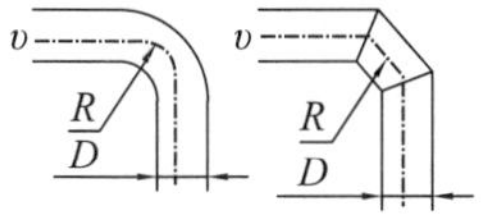
</td><td>v</td><td><table>
<tr><td>R/D</td><td>0.5</td><td>0.6</td><td>0.8</td><td>1.0</td><td>2.0</td><td>3.0</td><td>4.0</td><td>5.0</td></tr>
<tr><td>圆管</td><td>1.2</td><td>1.0</td><td>0.52</td><td>0.26</td><td>0.20</td><td>0.16</td><td>0.12</td><td>0.10</td></tr>
<tr><td>方管</td><td>1.5</td><td>1.0</td><td>0.80</td><td>0.70</td><td>0.35</td><td>0.23</td><td>0.18</td><td>0.15</td></tr>
</table></td></tr>
<tr><td>6</td><td>截面变化的 90° 转弯</td><td>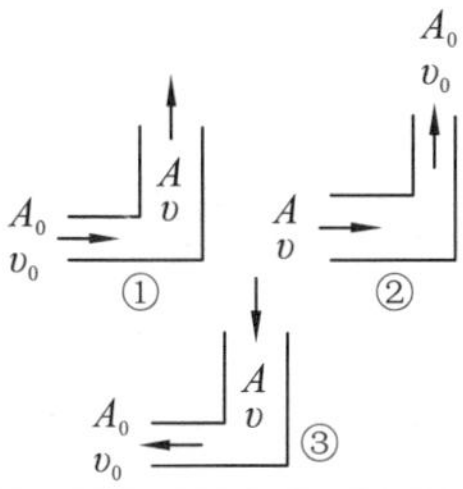
</td><td>v</td><td><table>
<tr><td>A_0/A</td><td>0</td><td>0.2</td><td>0.4</td><td>0.6</td><td>0.8</td><td>1.0</td></tr>
<tr><td>ξ_1</td><td>1.0</td><td>1.0</td><td>1.0</td><td>1.02</td><td>1.04</td><td>1.10</td></tr>
<tr><td>ξ_2</td><td>0.42</td><td>0.44</td><td>0.52</td><td>0.66</td><td>0.85</td><td>1.10</td></tr>
<tr><td>ξ_3</td><td>0.77</td><td>0.80</td><td>0.86</td><td>1.02</td><td>1.20</td><td>1.45</td></tr>
</table></td></tr>
<tr><td>7</td><td>连续两个 45°转弯</td><td>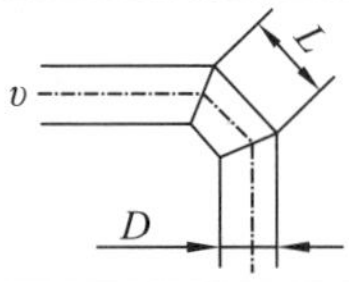
</td><td>v</td><td><table>
<tr><td>L/D</td><td>1</td><td>2</td><td>3</td><td>4</td><td>5</td><td>6</td></tr>
<tr><td>ξ</td><td>0.37</td><td>0.28</td><td>0.35</td><td>0.38</td><td>0.40</td><td>0.42</td></tr>
</table></td></tr>
<tr><td>8</td><td>连续两个 90°U 形转弯</td><td>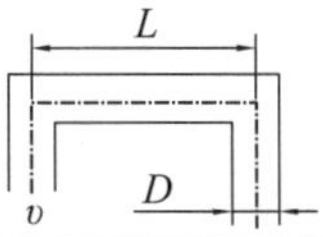
</td><td>v</td><td><table>
<tr><td>L/D</td><td>1</td><td>2</td><td>3</td><td>6</td><td>8 以上</td></tr>
<tr><td>ξ</td><td>1.2</td><td>1.3</td><td>1.6</td><td>1.9</td><td>2.2</td></tr>
</table></td></tr>
<tr><td>9</td><td>连续两个 90°Z 形转弯</td><td>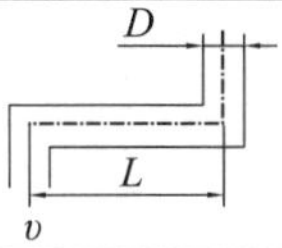
</td><td>v</td><td><table>
<tr><td>L/D</td><td>1.0</td><td>1.5</td><td>2.0</td><td>5.0 以上</td></tr>
<tr><td>ξ</td><td>1.9</td><td>2.0</td><td>2.1</td><td>2.2</td></tr>
</table></td></tr>
<tr><td>10</td><td>叉管（90°）分流</td><td>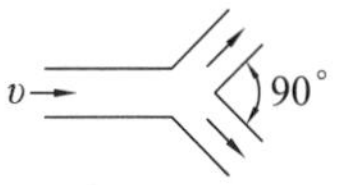
</td><td>v</td><td>$\xi=1.0$</td></tr>
<tr><td>11</td><td>叉管(90°)汇流</td><td>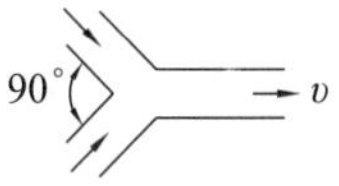
</td><td>v</td><td>$\xi=1.5$</td></tr>
<tr><td>12</td><td>等径三通分流</td><td>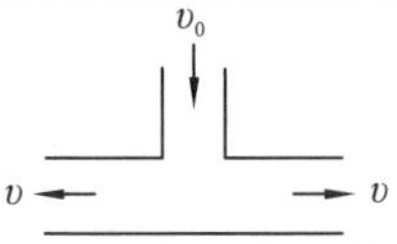
</td><td>v</td><td>$\xi=1.5$</td></tr>
</table>

续表

序号	阻力类型	简图	计算速度	局部阻力系数 ξ									
13	等径三通汇流		v	$\xi_1 = 3.0$ $\xi_2 = 2.0$									
14	异径三通			$\xi =$ 等径三通 $\xi +$ 突扩（或突缩）ξ									
15	集流与分流		v	$\xi_{集流} = 1.5$ $\xi_{分流} = 0$									
16	对称的合流三通		v	α	A_0/A	v_0/v							
						0.3	0.4	0.5	0.6	0.7	0.8	1.0	1.5	2.0
				$\leqslant$ 45°	0.2								0	0.3
					0.6			−0.3	0.1	0.3	0.4	0.5	0.5	0.5
					1.0	−0.6	0.2	0.35	0.5	0.5	0.5	0.5	0.5	0.5
				60°	0.2							0	0.5	0.7
					0.6		0	0.5	0.7	0.8	0.85	0.85	0.85	0.85
					1.0		0.5	0.8	0.85	0.85	0.85	0.85	0.85	0.85
				90°	0.2							15	4	1.8
					0.6		15	9	6	3.5	2.7	2	1.7	1
					1.0	13	8	5	3.2	2.8	2.4	1.8	1.2	1.3
17	管道出口		v	$\xi = 1.0$									
18	进入一群通道		v	方形孔口 $\quad \xi = 2.0 \sim 1.5$ 圆形孔口 $\quad \xi = 2.5 \sim 3.5$ 矩形孔口 $\quad \xi = 1.5 \sim 2.0$									

19	进入平行直分道		v_2	A_1/A_2	0.2	0.4	0.5	0.6	0.7	0.8	0.9	1.0
					33	6.0	3.8	2.2	1.3	0.79	0.52	0.50

20	烟道闸板		h/D	0.1	0.2	0.3	0.4	0.5	0.6	0.7	0.8	0.9	1.0
			矩形闸板	200	40	20	8.4	4.0	2.2	1.0	0.4	0.12	0.01
			圆形闸板	155	35	10	4.6	2.06	0.98	0.41	0.17	0.06	0.01
			平行式闸阀		22	12	5.3	2.8	1.5	0.8	0.3	0.15	

附录二　综合阻力系数表

序号	阻力类型	简图	计算速度	综合阻力系数
1	蓄热室格子体		v	西门子式　$\xi = \dfrac{1.14}{d_e^{0.25}}h$ 李赫特式　$\xi = \dfrac{1.57}{d_e^{0.25}}h$ 式中,h——格子体高度,m; 　　　d_e——格孔当量直径,m。
2	换热器直排管束		v	$Re \geqslant 5\times10^4$: $$\xi_{直} = n\frac{s}{b}a + \beta$$ 式中,n——沿流向的排数; 　　　a——$a = 0.028\left(\dfrac{b}{\delta}\right)^2$; 　　　β——$\beta = \left(\dfrac{b}{\delta}-1\right)^2$。 $Re < 5\times10^4$: $$\xi = k_1\xi_{直}$$ <table><tr><td>Re</td><td>3×10^4</td><td>10^4</td><td>6×10^3</td><td>4×10^3</td></tr><tr><td>k_1</td><td>1.08</td><td>1.37</td><td>1.55</td><td>1.70</td></tr></table>
3	换热器错排管束		v	$Re \geqslant 5\times10^4$: $$\xi_{错} = (0.8\text{-}0.9)\xi_{直}$$ $Re < 5\times10^4$: $$\xi = k_2\xi_{错}$$ <table><tr><td>Re</td><td>3×10^4</td><td>10^4</td><td>6×10^3</td><td>4×10^3</td></tr><tr><td>k_2</td><td>1.05</td><td>1.22</td><td>1.32</td><td>1.40</td></tr></table>
4	散料层		空腔流速 v	$$\xi = 2.2\zeta\frac{h}{d}\frac{(1-\varepsilon)^2}{\varepsilon^3}\frac{1}{\varphi^2}$$ 式中,d——料粒度,m; 　　　ε——堆料孔隙度,球块 $\varepsilon = 0.263$; 　　　φ——形状系数,球块 $\varphi = 1$,其他 $\varphi < 1$。 <table><tr><td>Re</td><td><30</td><td>$30\sim700$</td><td>$700\sim7000$</td><td>>7000</td></tr><tr><td>ζ</td><td>$220Re^{-1}$</td><td>$28Re^{-0.4}$</td><td>$7Re^{-0.2}$</td><td>1.26</td></tr></table>
5	料垛		料垛空隙中流速 v	经验数据:料垛每米长的阻力为 1 Pa 不同坯件、不同码法时料垛的阻力计算式可参阅《烧结砖瓦工艺设计》一书(中国建筑工业出版社,1983 年)

附录三　常用耐火材料的热物理性质

材料名称	材料最高允许温度 t/℃	密度 ρ/(kg/m³)	导热系数 λ/[W/(m·K)]
黏土砖	1 300~1 450	1 800~2 040	$(0.7\sim0.84)+0.000\,58t$
高铝砖	1 500~1 600	2 200~2 500	$1.52+0.000\,18t$
刚玉砖(烧结)	1 650~1 800	2 600~2 900	$2.1+0.001\,85t$
硅砖	1 850~1 950	1 900~1 950	$0.93+0.000\,7t$
镁砖	1 600~1 700	2 300~2 600	$2.1+0.000\,19t$
铬砖	1 600~1 700	2 600~2 800	$4.7+0.000\,17t$
莫来石砖(烧结)	1 600~1 700	2 200~2 400	$1.68+0.000\,23t$
莫来石砖(电融)	1 600	2 850	$2.33+0.000\,163t$
熔融镁砖		2 700~2 800	$4.63+0.005\,75t$
镁铬砖	荷重软化下 1 500~1 600	2 700	$4.3-0.000\,477t$
碳素砖	2 000	1 350~1 500	$23+0.034\,7t$
石墨砖	2 000	1 600	$162-0.040\,5t$
锆英石砖	1 900	3 300	$1.3+0.000\,64t$

附录四　常用隔热材料的物理性质

材料名称	材料最高允许温度 $t/℃$	密度 $\rho/(kg/m^3)$	导热系数 $\lambda/[W/(m·K)]$
轻质黏土砖	1 400	1 300	$0.41+0.000\ 35t$
	1 300	1 000	$0.29+0.000\ 26t$
	1 250	800	$0.26+0.000\ 23t$
	1 150	400	$0.092+0.000\ 16t$
轻质高铝砖	1 250	770	$0.66+0.000\ 08t$
	1 400	1 020	
	1 450	1 330	
	1 500	1 500	
轻质硅砖	1 500	1 200	$0.58+0.000\ 43t$
硅藻土砖	900	520	$0.039\ 5+0.000\ 19t$
	900	550	$0.047\ 7+0.000\ 2t$
膨胀珍珠岩	1 000	55	$0.042\ 4+0.000\ 137t$
岩棉保温板	560	118	$0.027+0.000\ 17t$
矿渣棉	550~600	350	$0.067\ 4+0.000\ 215t$
矿渣棉砖	750~800	350~450	$0.47+0.000\ 16t$
水泥蛭石制品	800	420~450	$0.103+0.000\ 198t$
水泥珍珠岩制品	600	300~400	$0.065\ 1+0.000\ 105t$
粉煤灰泡沫砖	300	300	$0.099+0.000\ 2t$
微孔砖酸钙	560	182	$0.044+0.000\ 1t$
微孔硅酸钙砖	650	≤250	$0.041+0.000\ 2t$

<h4 style="text-align:center">附录五　建筑材料的物理性质</h4>

材料名称	密度 ρ/(kg/m³)	比热 c_p/[kJ/(kg·K)]	导热系数 λ/[W/(m·K)]
干土	1 500		0.138
湿土	1 700	2.01	0.69
鹅卵石	1 840		0.36
干沙	1 500	0.795	0.32
湿沙	1 650	2.05	1.13
混凝土	2 300	0.88	1.28
轻质混凝土	800~1 000	0.75	0.41
钢盘混凝土	2 200~2 500	0.837	$1.55+2.9\times10^{-1}$
块石砌体	1 800~7 000	0.88	1.28
地沥青	2 110	2.09	0.7
石膏	1 650		0.29
玻璃	2 500		0.7~1.04
干木板	250		0.06~0.21

附录六 烟气的热物理性质

$t/℃$	$\rho/$ (kg/m^3)	$c_p/$ $[kJ/(kg \cdot ℃)]$	$\lambda \times 10^2/$ $[W/(m \cdot ℃)]$	$a \times 10^5/$ (m^2/s)	$\eta \times 10^6/$ $[kg/(m \cdot s)]$	$\nu \times 10^6/$ (m^2/s)	Pr
0	1.295	1.042	2.28	16.9	15.8	12.20	0.72
100	0.950	1.068	3.13	30.8	20.4	21.54	0.69
200	0.748	1.097	4.01	48.9	24.5	32.80	0.67
300	0.617	1.122	4.84	69.9	28.2	45.81	0.65
400	0.525	1.151	5.70	94.3	31.7	60.38	0.64
500	0.457	1.185	6.56	121.1	34.8	76.30	0.63
600	0.405	1.214	7.42	150.9	37.9	93.61	0.62
700	0.363	1.239	8.27	183.8	40.7	112.1	0.61
800	0.330	1.264	9.15	219.7	43.4	131.8	0.60
900	0.301	1.290	10.00	258.0	45.9	152.5	0.59
1 000	0.275	1.306	10.90	303.4	48.4	174.3	0.58
1 100	0.257	1.323	11.75	345.5	50.7	197.1	0.57
1 200	0.240	1.340	12.62	392.4	53.0	221.0	0.56

注:本表是指烟气在压力等于 101 325 Pa(760 mmHg)时的物性参数。烟气中组成气体的容积成分为:$V_{CO_2} = 13\%$,$V_{H_2O} = 11\%$,$V_{N_2} = 76\%$。

附录七　干空气的热物理性质($p = 1.01\,325 \times 10^5\,Pa$)

$t/℃$	$\rho/$ (kg/m^3)	$c_p/$ $[kJ/(kg \cdot K)]$	$\lambda \times 10^2/$ $[W/(m \cdot K)]$	$a \times 10^6/$ (m^2/s)	$\eta \times 10^6/$ $[kg/(m \cdot s)]$	$\nu \times 10^6/$ (m^2/s)	Pr
−50	1.584	1.013	2.04	12.7	14.6	9.23	0.728
−40	1.515	1.013	2.12	13.8	15.2	10.04	0.728
−30	1.453	1.013	2.20	14.9	15.7	10.80	0.723
−20	1.395	1.009	2.28	16.2	16.2	11.61	0.716
−10	1.342	1.009	2.36	17.4	16.7	12.43	0.712
0	1.293	1.005	2.44	18.8	17.2	13.28	0.707
10	1.247	1.005	2.51	20.0	17.6	14.16	0.705
20	1.205	1.005	2.59	21.4	18.1	15.06	0.703
30	1.165	1.005	2.67	22.9	18.6	16.00	0.701
40	1.128	1.005	2.76	24.3	19.1	16.96	0.699
50	1.093	1.005	2.83	25.7	19.6	17.95	0.698
60	1.060	1.005	2.90	27.2	20.1	18.97	0.696
70	1.029	1.009	2.96	28.6	20.6	20.02	0.694
80	1.000	1.009	3.05	30.2	21.1	21.09	0.692
90	0.972	1.009	3.13	31.9	21.5	22.10	0.690
100	0.946	1.009	3.21	33.6	21.9	23.13	0.688
120	0.898	1.009	3.34	36.8	22.8	25.45	0.686
140	0.854	1.013	3.49	40.3	23.7	27.80	0.684
160	0.815	1.017	3.64	43.9	24.5	30.09	0.682
180	0.779	1.022	3.78	47.5	25.3	32.49	0.681
200	0.746	1.026	3.93	51.4	26.0	34.85	0.680
250	0.674	1.038	4.27	61.0	27.4	40.61	0.677
300	0.615	1.047	4.60	71.6	29.7	48.33	0.674
350	0.566	1.059	4.91	81.9	31.4	55.46	0.676
400	0.524	1.068	5.21	93.1	33.0	63.09	0.678
500	0.456	1.093	5.74	115.3	36.2	79.38	0.687
600	0.404	1.114	6.22	138.3	39.1	96.89	0.699
700	0.362	1.135	6.71	163.4	41.8	115.4	0.706
800	0.329	1.156	7.18	188.8	44.3	134.8	0.713
900	0.301	1.172	7.63	216.2	46.7	155.1	0.717
1 000	0.277	1.185	8.07	245.9	49.0	177.1	0.719
1 100	0.257	1.197	8.50	276.2	51.2	199.3	0.722
1 200	0.239	1.210	9.15	316.5	53.5	233.7	0.724

附录八 干饱和水蒸气的热物理性质

$t/℃$	$p \times 10^{-5}/$ Pa	$\rho''/$ (kg/m³)	$h''/$ (kJ/kg)	$r/$ (kJ/kg)	$c_p/$ [kJ/(kg·K)]	$\lambda \times 10^2/$ [W/(m·K)]	$a \times 10^3/$ (m²/h)	$\eta \times 10^6/$ [kg/(m·s)]	$\nu \times 10^6/$ (m²/s)	Pr
0	0.006 11	0.004 851	2 500.5	2 500.6	1.854 3	1.83	7 313.0	8.022	1 655.01	0.815
10	0.012 28	0.009 404	2 518.9	2 476.9	1.859 4	1.88	3 881.3	8.424	896.54	0.831
20	0.023 38	0.017 31	2 537.2	2 453.3	1.866 1	1.94	2 167.2	8.84	509.90	0.847
30	0.042 45	0.030 40	2 555.4	2 429.7	1.874 4	2.00	1 265.1	9.218	303.53	0.863
40	0.073 81	0.051 21	2 573.4	2 405.9	1.885 3	2.06	768.45	9.620	188.04	0.883
50	0.123 45	0.083 08	2 591.2	2 381.9	1.898 7	2.12	483.59	10.022	120.72	0.896
60	0.199 33	0.130 3	2 608.8	2 357.6	1.915 5	2.19	315.55	10.424	80.07	0.913
70	0.311 8	0.198 2	2 626.1	2 333.1	1.936 4	2.25	210.57	10.817	54.57	0.930
80	0.473 8	0.293 4	2 643.1	2 308.1	1.961 5	2.33	145.53	11.219	38.25	0.947
90	0.701 2	0.423 4	2 659.6	2 282.7	1.992 1	2.40	102.22	11.621	27.44	0.966
100	1.013 3	0.597 5	2 675.7	2 256.6	2.028 1	2.48	73.57	12.023	20.12	0.984
110	1.432 4	0.826 0	2 691.3	2 229.9	2.070 4	2.56	53.83	12.425	15.03	1.00
120	1.984 8	1.121	2 703.2	2 202.4	2.119 8	2.65	40.15	12.798	11.41	1.02
130	2.700 2	1.495	2 720.4	2 174.0	2.176 3	2.76	30.46	13.170	8.80	1.04
140	3.612	1.965	2 733.8	2 144.6	2.240 8	2.85	23.28	13.543	6.89	1.06
150	4.757	2.545	2 746.4	2 114.1	2.314 2	2.97	18.10	13.896	5.45	1.08
160	6.177	3.256	2 757.9	2 085.3	2.397 4	3.08	14.20	14.249	4.37	1.11
170	7.915	4.118	2 768.4	2 049.2	2.491 1	3.21	11.25	14.612	3.54	1.13
180	10.019	5.154	2 777.7	2 014.5	2.595 8	3.36	9.03	14.965	2.90	1.15

续表

$t/℃$	$p×10^{-5}/$ Pa	$\rho''/$ (kg/m³)	$h''/$ (kJ/kg)	$r/$ (kJ/kg)	$c_p/$ [kJ/(kg·K)]	$\lambda×10^2/$ [W/(m·K)]	$a×10^3/$ (m²/h)	$\eta×10^6/$ [kg/(m·s)]	$\nu×10^6/$ (m²/s)	Pr
190	12.502	6.390	2 785.8	1 978.2	2.712 6	3.51	7.29	15.298	2.39	1.18
200	15.537	7.854	2 792.5	1 940.1	2.842 8	3.68	5.92	15.651	1.99	1.21
210	19.062	9.580	2 797.7	1 900.0	2.987 7	3.87	4.86	15.995	1.67	1.24
220	23.178	11.61	2 801.2	1 857.7	3.149 7	4.07	4.00	16.338	1.41	1.26
230	27.951	13.98	2 803.0	1 813.0	3.331 0	4.30	3.32	16.701	1.19	1.29
240	33.446	16.74	2 802.9	1 765.7	3.536 6	4.54	2.76	17.073	1.02	1.33
250	39.735	19.96	2 800.7	1 715.4	3.772 3	4.84	2.31	17.446	0.873	1.36
260	46.892	23.70	2 796.1	1 661.8	4.047 0	5.18	1.94	17.848	0.752	1.40
270	54.496	28.06	2 789.1	1 604.5	4.373 5	5.55	1.63	18.280	0.651	1.44
280	64.127	33.15	2 779.1	1 543.1	4.767 5	6.00	1.37	18.750	0.565	1.49
290	74.375	39.12	2 765.8	1 476.7	5.252 8	6.55	1.15	19.270	0.492	1.54
300	85.831	46.15	2 748.7	1 404.7	5.863 2	7.22	0.96	19.839	0.430	1.61
310	98.557	54.52	2 727.0	1 327.6	6.650 3	8.06	0.80	20.691	0.380	1.71
320	112.78	64.60	2 699.7	1 238.5	7.721 7	8.65	0.62	21.691	0.336	1.94
330	128.81	77.00	2 665.3	1 140.4	9.361 3	9.61	0.48	23.093	0.300	2.24
340	145.93	92.68	2 621.3	1 027.6	12.210 8	10.70	0.34	24.692	0.266	2.82
350	165.21	113.5	2 563.4	893.0	17.150 4	11.90	0.22	26.594	0.234	3.83
360	186.57	143.7	2 481.7	720.6	25.116 2	13.70	0.14	29.193	0.203	5.34
370	210.33	200.7	2 338.8	447.1	76.915 7	16.60	0.04	33.989	0.169	15.7
374.99	220.64	321.9	2 085.9	0.0	∞	23.79	0.00	44.992	0.143	∞

附录九 饱和水的热物理性质

$t/°C$	$p×10^{-5}/$ Pa	$\rho/$ (kg/m³)	$h'/$ (kJ/kg)	$c_p/$ [kJ/(kg·K)]	$\lambda×10^2/$ [W/(m·K)]	$a×10^8/$ (m²/s)	$\eta×10^6/$ [kg/(m·s)]	$\nu×10^6/$ (m²/s)	$\beta×10^4/$ (K⁻¹)	$\sigma×10^4/$ (N/m)	Pr
0	0.006 11	999.9	0	4.212	55.1	13.1	1 788	1.789	-0.81	756.4	13.67
10	0.012 27	999.7	42.04	4.191	57.4	13.7	1 306	1.306	+0.70	741.6	9.52
20	0.023 38	998.2	83.91	4.183	59.9	14.3	1 004	1.006	2.09	726.9	7.02
30	0.042 41	995.7	125.7	4.174	61.8	14.9	801.5	0.805	3.05	712.2	5.42
40	0.073 75	992.2	167.5	4.174	63.5	15.3	653.3	0.659	3.86	696.5	4.31
50	0.123 35	988.1	209.3	4.174	64.8	15.7	549.4	0.556	4.57	676.9	3.54
60	0.199 20	983.1	251.1	4.179	65.9	16.0	469.9	0.478	5.22	662.2	2.99
70	0.311 6	977.8	293.0	4.187	66.8	16.3	406.1	0.415	5.83	643.5	2.55
80	0.473 6	971.8	355.0	4.195	67.4	16.6	355.1	0.365	6.40	625.9	2.21
90	0.701 1	965.3	377.0	4.208	68.0	16.8	314.9	0.326	6.96	607.2	1.95
100	1.013	958.4	419.1	4.220	68.3	16.9	282.5	0.295	7.50	588.6	1.75
110	1.43	951.0	461.4	4.233	68.5	17.0	259.0	0.272	8.04	569.0	1.60
120	1.98	943.1	503.7	4.250	68.6	17.1	237.4	0.252	8.58	548.4	1.47
130	2.70	934.8	546.4	4.266	68.6	17.2	217.8	0.233	9.12	528.8	1.36
140	3.61	926.1	589.1	4.287	68.5	17.2	201.1	0.217	9.68	507.2	1.26
150	4.76	917.0	632.2	4.313	68.4	17.3	186.4	0.203	10.26	486.6	1.17
160	6.18	907.5	675.4	4.346	68.3	17.3	173.6	0.191	10.87	466.0	1.10
170	7.92	897.3	719.3	4.380	67.9	17.3	162.8	0.181	11.52	443.4	1.05
180	10.03	886.9	763.3	4.417	67.4	17.2	153.0	0.173	12.21	422.8	1.00

续表

$t/℃$	$p×10^{-5}/$ Pa	$ρ/$ (kg/m³)	$h'/$ (kJ/kg)	$c_p/$ [kJ/(kg·K)]	$λ×10^2/$ [W/(m·K)]	$a×10^8/$ (m²/s)	$η×10^6/$ [kg/(m·s)]	$ν×10^6/$ (m²/s)	$β×10^4/$ (K⁻¹)	$σ×10^4/$ (N/m)	Pr
190	12.55	876.0	807.8	4.459	67.0	17.1	144.2	0.165	12.96	400.2	0.96
200	15.55	863.0	852.8	4.505	66.3	17.0	136.4	0.158	13.77	376.7	0.93
210	19.08	852.3	897.7	4.555	65.5	16.9	130.5	0.153	14.67	354.1	0.91
220	23.20	840.3	943.7	4.614	64.5	16.6	124.6	0.148	15.67	331.6	0.89
230	27.98	827.3	990.2	4.681	63.7	16.4	119.7	0.145	16.80	310.0	0.88
240	33.48	813.6	1 037.5	4.756	62.8	16.2	114.8	0.141	18.08	285.5	0.87
250	39.78	799.0	1 085.7	4.844	61.8	15.9	109.9	0.137	19.55	261.9	0.86
260	46.94	784.0	1 135.7	4.949	60.5	15.6	105.9	0.135	21.27	237.4	0.87
270	55.05	767.9	1 185.7	5.070	59.0	15.1	102.0	0.133	23.31	214.8	0.88
280	64.19	750.7	1 236.8	5.230	57.4	14.6	98.1	0.131	25.79	191.3	0.90
290	74.45	732.3	1 290.0	5.485	55.8	13.9	94.2	0.129	28.84	168.7	0.93
300	85.92	712.5	1 344.9	5.736	54.0	13.2	91.2	0.128	32.73	144.2	0.97
310	98.70	691.1	1 402.2	6.071	52.3	12.5	88.3	0.128	37.85	120.7	1.03
320	112.90	667.1	1 462.1	6.574	50.6	11.5	85.3	0.128	44.91	98.10	1.11
330	128.65	640.2	1 526.2	7.244	48.4	10.4	81.4	0.127	55.31	76.71	1.22
340	146.08	610.1	1 594.8	8.165	45.7	9.17	77.5	0.127	72.10	56.70	1.39
350	165.37	574.4	1 671.4	9.504	43.0	7.88	72.6	0.126	103.7	38.16	1.60
360	186.74	528.0	1 761.5	13.984	39.5	5.36	66.7	0.126	182.9	20.21	2.35
370	210.53	450.5	1 892.5	40.321	33.7	1.86	56.9	0.126	676.7	4.709	6.79

附录十　常用材料表面法向发射率

材料名称及表面状况	t /℃	ε_n
铝：高度抛光，纯度98%	50~500	0.04~0.06
工业用铝板	100	0.09
严重氧化的	100~150	0.2~0.31
黄铜：高度抛光的	260	0.03
无光泽的	40~260	0.22
氧化的	40~260	0.45~0.56
铬：抛光板	40~550	0.08~0.27
铜：高度抛光的	100	0.02
轻微抛光的	40	0.12
氧化变黑的	40	0.76
金；高度抛光的纯金	100~600	0.02~0.035
钢铁：钢，抛光的	40~260	0.07~0.1
钢板，轧制的	40	0.65
钢板，严重氧化的	40	0.80
铸铁，抛光的	200	0.21

附录十一　湿空气 h-d 图（p = 99.3 kPa, t = -10 ~ 200 ℃)

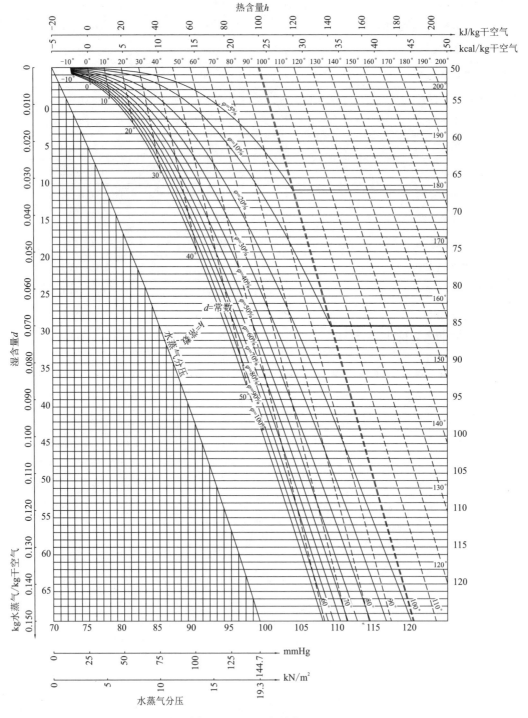

注：图中 -10 ~ 200 ℃ 表示为 -10° ~ 200°。

附录十二　湿空气 h–d 图(p=99.3 kPa,t=0~1 450 ℃)

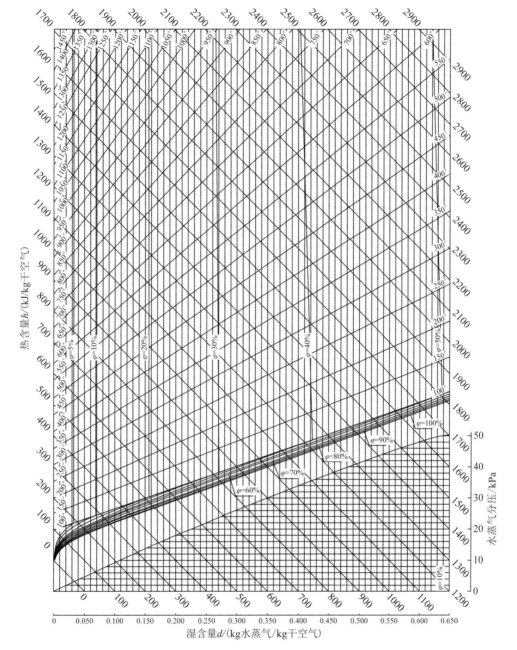

注:图中 0~1 450 ℃表示为 0°~1 450°。